"十三五"输电线路工程系列教材

架空输电线路运行与检修

主　编　罗朝祥　高虹亮

副主编　邓长征　智　李

编　写　石　毅　王　爽　李方宇

　　　　常　鹏　邱　立　李进杨

　　　　邓海峰

主　审　肖　琦

中国电力出版社
CHINA ELECTRIC POWER PRESS

内 容 提 要

本书作为输电线路工程专业的专业课程教材，全书以架空输电线路作为研究对象，分 8 章介绍了架空输电线路运行的基本要求、输电线路常见故障及预防、运行中的巡视与测试、架空输电线路的停电检修、带电作业、架空输电线路的状态检修、架空线路运行中的管理、特高压输电线路的运行维护。

全书符合我国现行各级电压等级架空输电线路的最新国家和行业标准、规程、规范。

本书可作为高等学校相关专业的课程教材，也可供从事输电线路设计、施工、运行检修等工程技术人员参考。同时可作为输电线路运行维护培训教材。

图书在版编目（CIP）数据

架空输电线路运行与检修/罗朝祥，高虹亮主编 . —北京：中国电力出版社，2017.4（2023.8 重印）
"十三五"普通高等教育本科规划教材 . 输电线路工程系列教材
ISBN 978-7-5123-9993-8

Ⅰ . ①架… Ⅱ . ①罗… ②高… Ⅲ . ①架空线路-输电线路-电力系统运行-高等学校-教材②架空线路-输电线路-检测-高等学校-教材 Ⅳ . ①TM726.3

中国版本图书馆 CIP 数据核字（2017）第 036588 号

出版发行：中国电力出版社
地　　址：北京市东城区北京站西街 19 号（邮政编码 100005）
网　　址：http://www.cepp.sgcc.com.cn
责任编辑：陈　硕（010-63412532）代　旭
责任校对：常燕昆
装帧设计：王英磊　张　娟
责任印制：吴　迪

印　　刷：三河市百盛印装有限公司
版　　次：2017 年 4 月第一版
印　　次：2023 年 8 月北京第五次印刷
开　　本：787 毫米×1092 毫米　16 开本
印　　张：18.75
字　　数：457 千字
定　　价：42.00 元

前　言

改革开放以来，电力工业走过了一条辉煌的改革发展之路。电力结构不断优化，电力工业装备和技术水平已跻身世界大国行列。电网改造和大电网建设速度不断加快，输电线路的规模和输电电压等级均处于世界前列，输电线路建设发展水平已处于世界先进地位。为保障我国强大电网的安全可靠运行，适应输电线路的智能巡视、状态检修以及数字化运行的发展趋势，需要培养更多输电线路工程专业高层次人才，满足电力行业的需求。

输电线路工程专业是一个根据电网发展形成的新型专业，属于高校本科专业目录外的跨学科专业，当前用于教学的输电线路运行维护教材甚少，因此，我们组织具有输电线路工程专业教学经验的教师和电网公司工程技术及管理人员共同编写了本书。本书将作为输电线路工程专业的系列教材之一。

本书是在丰富的教学经验的基础上编写完成的，并结合电网公司运行单位的经验以及国家和行业的标准、规程、规范。教材彰显输电线路工程专业理论和实践并重教育的特色，教材编写内容保证理论知识，突出实践知识，力求新技术、新工艺的全面覆盖。作为输电线路工程专业的系列教材，全面系统地阐述了输电线路运行、检修、管理方面的知识，突出输电线路工程的特色专业教育。

本书是以运行中的架空输电线路作为对象，涉及线路的各主要组成元件。研究内容包括两大部分。一是运行部分，介绍线路正常运行的要求、保证措施及方法。内容包括：①线路运行的基本概念、保证线路正常运行的条件及要求等，针对架空线路的运行环境，从设计、施工、维护等角度对线路的各组成元件及整体提出一些具体的要求。②保证线路正常运行的措施；介绍运行中的巡视、检测项目、方法及要求等。③线路运行中的常见故障及预防措施；介绍线路在运行过程中发生故障的起因、现象、影响因素及预防措施等。④运行线路的管理；简要介绍线路运行的管理制度及技术管理、缺陷管理和设备评级等内容。二是检修部分，介绍正常维护、事故检修的方法及措施等。内容包括：①架空输电线路的常规检修项目及检修标准等；②停电检修的方法，安全、技术和组织措施等；③带电作业的基本原理、方法及安全技术要求等；④状态检修的技术支持、依据、检修策略、实施标准及管理体系等。

本书编写组人员来自三峡大学和电网公司。罗朝祥、高虹亮、邓长征、智李、邱立、李方宇、常鹏、王爽为三峡大学教师；李进扬来自湖北省电力公司运检部；石毅来自湖北电力检修公司宜昌运维部；邓海峰来自宜昌供电公司运维检修部。全书由罗朝祥、高虹亮作主编，邓长征、智李作副主编，编写组成员共同完成教材的编写、校对工作。本书在编写中参考和引用了部分专家、学者的专著和研究成果，在此表示衷心的感谢。

编　者

2017 年 1 月于三峡大学

目　　录

1 架空输电线路运行的基本要求

1.1 概 述

电力线路是电力系统的重要组成部分，其主要任务是输送和分配电能，是联系电源与用户的桥梁和纽带。其中由电源向电力负荷中心输送电能的线路为输电线路；担负分配电能任务的线路为配电线路。而随着电网规模不断扩大，高压、大容量、长距离的架空输电线路越来越多，线路结构也发生了较大的变化。这种高压、大容量的输电线路能够满足人们生产生活的电力需求，但与此同时，也对架空输电线路的运行与维护提出了更高的要求。

截至 2013 年，全国 220kV 以上交流输电线路总长达到 52.39 万 km。目前，皖电东送淮南至上海 1000kV 特高压交流输变电示范工程、浙北—福州 1000kV 特高压交流输变电工程已投入运行，目前还拟建多条特高压输电线路。

截至 2013 年，全国 ±400kV 及以上输电线总长达到 19 988km，糯扎渡—广东、哈密南—郑州、溪洛渡—浙西等 ±800kV 特高压直流输电线路已投入运行，目前还拟建包括 ±800kV 直至 ±1100kV 在内的多条特高压直流输电线路。

目前已建成了广东南澳（±160kV/200MW）三端柔性直流输电工程和浙江舟山（±200kV/400MW）五端柔性直流输电工程，其中南澳工程是世界上第一个多端柔性直流输电工程。目前在建厦门柔性直流输电工程（±320kV/1000MW）和云南柔直背靠背联网工程（±350kV/1000MW）。

截至 2013 年，我国超高压、特高压架空输电线路长度见表 1-1。

表 1-1　　　　　　　　　超高压、特高压输电线路发展情况

交流输电线路				直流输电线路			
电压等级（kV）	500	750	1000	电压等级（kV）	±400	±500	±660	±800
长度（km）	146 166	12 666	1936	长度（km）	1031	10 653	1400	6904

架空线路具有建设费用低、施工期短、技术要求低、维修方便、运行维护成本低等特点。目前除特殊情况外，优先采用架空输电线路。架空输电线路虽然具备上述优点，同时也存在一些不足和影响输电线路正常运行的问题。

（1）运行状况要受到自然环境的影响。架空线路露置于野外（翻山越岭、跨江过河），受恶劣自然气象条件的侵蚀、环境污染和人为破坏等。

（2）占用土地。架空输电线路需要设置线路走廊，线路建设必须征用土地，从而使线路建设的初期投资费用大大增加。

（3）影响环境。高压线路对环境的影响主要体现在电磁场对生态、通信的影响；电晕有可能产生可听噪声；对自然环境造成一定破坏，城市区域的架空线路还影响市容，线路建设时开山放炮、侵占耕地、毁林毁苗等；同时随着电网的发展建设，线路密度不断增大，纵横交错线路影响自然环境。

处于自然环境的架空输电线路除了输送电能以外，还需承载各种外力、自然环境和恶劣气象条件的影响，因此架空输电线路的建设需考虑以下4点。

1. 能耐受沿线恶劣气象的考验

处于自然条件的输电线路能否经受线路沿线恶劣气象条件的考验，是保证线路安全运行的基本条件，主要从设计阶段开始，一是要合理选择线路：①综合考虑施工、运行、交通条件、线路长度以及存在大跨越情况等因素，进行方案比较，做到既安全可靠，又经济合理、技术先进；②应根据当地环境及运行经验，应尽量避开人口密集区、林区、不良地质地带、采矿（石）区、重冰区、重污秽区以及严重影响安全运行的其他地区；③应考虑与邻近公共设施，如通信设施、机场、弱电线路、铁路、公路、航道以及经济开发区等的相互影响；④对江河大跨越，应考虑洪水淹没区和河岸冲刷变迁的影响。同时尽量避开东西方向大跨越。二是线路设计所选择的线路经过地区的控制气象（组合气象条件）来加以保证，即气象条件三要素：风速、覆冰厚度、温度。气象条件直接影响架空线路的电气性能、绝缘强度、机械性能（元件的强度、刚度等）。设计时必须考虑：①线路在大风、覆冰、最低气温时，仍能正常运行；②线路在事故情况下（指断线事故），不使事故范围扩大，即杆塔不致倾斜；③线路在安装或检修过程中不致发生人身或设备损坏事故；④线路在正常运行情况下，在任何季节气象条件下保持足够的对地面或其他构筑物的安全距离；⑤线路在长期运行中应保证导线、地线有足够的耐振性能。

2. 合理地选择导线和地线的型式、截面积和应力

合理地选择导线和地线的型式、截面积和应力是保证线路安全运行及具有一定经济性的必要条件之一，直接关系到电能的输送能力、机械荷载的承受能力、使用寿命和经济性能。

3. 必须满足电气间隙和防护要求

线路的电气间隙主要指两方面，①导线与导线、地线之间的距离要求；②导线与杆塔接地部分、被交叉跨越物及地面之间的距离要求。输电线路对于来自大自然的危害和人为的外力破坏应具有防护要求，防雷、防振动是基本的保护措施。

4. 具有良好的综合性能

线路的综合性能是由线路元件性能来决定的，因此线路主要元件应能承受各种运行情况下的荷载作用。

电力架空线路由导线、地线（避雷线）、绝缘子、杆塔、基础、拉线、接地装置和各种金具等组成。输电线路的运行状态是指线路不间断地向用户输送电能的状态。其包括正常运行状态和异常运行状态。由于架空输电线路长期处于野外露天，线路设备除受到正常的机械载荷和电力负荷的作用外，还要经受风、雨、雪、冰、霜、雾、雷电、大气污染、气温变化等各种自然条件的长期影响，可能导致线路设备老化及线路事故。

当然，输电线路的正常运行取决于架空线路各元件的运行可靠性。在设计合理的前提下，其主要是由线路的施工和运行维护来保障的。输电线路的运行维护要求对各个设备经常进行监视、维护、定期试验和检修，使设备处于完好的运行状态，并应在系统中建立必要的备用容量以备急需，防止发生事故。

1.2 导线、地线的要求

架空导线不仅通过电流，同时还承受机械载荷，任何导线故障，均能引起或发展为导线断线事故。

避雷线又称架空地线，架设于导线的上方，其作用是保护导线不受直接雷击，如果避雷线发生故障，造成断线，避雷线断线后可能碰撞导线，即能造成导线间的短路，影响正常供电。

总之，输电线路设计时选择具有良好电气性能、机械性能和经济性能的导线、地线；采用合理的施工工艺；保证安全可靠的运行参数（限距、弧垂、交叉跨越距离等）。

1.2.1 导线、地线材料

1. 导线材料的要求

导线的功能是传输电能，运行中需要承载电力负荷和承受机械荷载。因此导线材料应具有良好的导电性能及足够的机械强度，能经受自然界各种因素的影响，具有一定的耐腐蚀、耐高温和可加工性能，且质量轻、性能稳定、耐磨损、价格低廉等。一般采用铜、铝、钢及铝合金。

铜导线具有优良的导电系数 $\gamma = 53m/(\Omega \cdot mm^2)$ 和足够的机械强度（$\sigma = 38kg/mm^2$），比重为 $8.9g/cm^3$。铜导线耐腐蚀性强，能抵抗气候的影响和空气中大量化学杂质的侵蚀，但是铜导线造价高。

铝导线的导电系数，机械强度都不及铜导线。铝和铜相比较，铝的导电系数 $\gamma = 32m/(\Omega \cdot mm^2)$，是铜导线系数的 1/1.6 倍；铝的机械强度 $\sigma = 16kg/mm^2$ 也比较小；但铝的质量轻，比重为 $2.7g/cm^3$。由于铝的机械强度较小，铝导线对气候影响的抵抗性弱，对化学作用方面的抵抗性也较弱，因此在沿海和化工厂附近不宜采用。

钢绞线的导电系数比较小 $\gamma = 7.52m/(\Omega \cdot mm^2)$，机械强度高，单股钢线 $\sigma = 37kg/mm^2$，多股钢线 $\sigma = 60 \sim 70kg/cm^2$。

为了充分利用铝和钢两种材料的优点而补其缺点，就把它们结合起来制成了钢芯铝绞线。钢芯铝绞线有较好的机械强度，其所承受的机械应力是由钢导线和铝导线共同分担的。

由于交流电的集肤效应，钢芯铝绞线的钢芯中通过的电流可认为等于零，全部电流都通过铝导线，因此导电系数较高。由于钢芯铝绞线导线具有不少优点，因此广泛地应用于高压和超高压架空线路中。对大跨越的输电线路有时采用加强型钢芯铝绞线和铝包钢绞线等特种导线。

在架空线路中，还采用由铝、镁、硅制成的铝合金导线，其机械强度接近铜，导电系数及质量接近铝。

对于架空输电线路，导线本身的费用占总投资费用的 30% 左右，且其尺寸、质量及材料将直接影响铁塔、基础的费用和电能的损失。因此，对于导线的选择主要从导电性能、机械性能、防腐、防振、防覆冰及经济性等出发，根据所架设线路的环境条件、气象条件、档距、综合造价等因素，参照导线的物理机械性能进行选择，再用允许运行温度、电晕及无线电干扰等条件进行校验后确定。

2. 地线材料的要求

输电线路跨越广阔的地域，在雷雨季节容易遭受雷击而引起送电中断，成为电力系统中发生停电事故的主要原因之一。架空地线是高压输电线路结构的重要组成部分，架空地线的主要作用是引雷入地，减少雷击线路而跳闸的机会，提高线路的耐雷水平，保证线路安全送电。

架空地线由于不负担输送电流的功能，所以不要求具有与导线相同的导电率和导线截面积，通常多采用钢绞线组成。线路正常送电时，架空地线中会受到三相电流的电磁感应而出现电流，因而增加线路功率损耗并且影响输电性能。地线包括普通避雷线、绝缘架空避雷线、屏蔽架空避雷线和复合光纤架空避雷线。普通架空地线的架设不与杆塔绝缘，只起引雷入地的作用；一般地线均采用普通钢绞线，它只要求有较高的机械性能及良好的耐腐蚀性能。绝缘架空地线的架设与杆塔绝缘，起引雷入地的作用，还可作载波通信的通道、地线自身的融冰、检修时电动电源及小功率用户的供电等。绝缘架空地线可采用钢芯铝绞线或特殊架空电缆，如架空地线复合光缆（OPGW）——集光纤通信功能与输电线路避雷功能于一体的复合架空地线；架空地线缠绕式光缆（GWWOP）等。绝缘架空地线具有较高的机械性能、良好的耐疲劳性、耐腐蚀性能及良好的导电性。一般采用钢芯铝绞线、铝镁合金绞线和铝包铜绞线等，以降低通信衰减，提高通信质量。

1.2.2　导线线间距要求

导线的线间距离主要指导线间的水平距离、垂直距离和水平偏移距离。确定导线线间距的依据是保证足够的电气间隙，确保导线之间及导线与杆塔接地之间有足够的净空气间隙。

导线的线间距离主要取决于以下情况：

（1）导线风偏后对杆塔的最小空气间隙应满足规程要求；

（2）档距中央导线之间不得发生闪络和鞭击现象。

实践证明：对110kV以上的线路，因为其绝缘子串较长，风偏角大，其线间距离一般由第一种情况控制。对110kV以下的线路，绝缘子串较短，而档距中央弧垂最大，故以第二种情况来限制导线间的距离。

在具体确定导线间的水平距离和垂直距离时，应根据不同情况，采取不同的计算公式。

1. 导线水平线间距的计算

（1）GB 50545—2010《110kV～750kV架空输电线路设计规范》规定对1000m以下档距，其水平线间距离可由式（1-1）计算

$$D = 0.4L_k + \frac{U_N}{110} + 0.65\sqrt{f_e} \tag{1-1}$$

式中　D——导线的水平线间距离，m；

　　　L_k——悬垂绝缘子串的长度，m；

　　　U_N——线路额定电压，kV；

　　　f_e——导线最大弧垂，m。

一般应结合运行经验确定其水平距离，在缺少运行资料时，可采用表1-2所列的数值。

（2）档距大于1000m时，推荐采用式（1-2）计算导线间的水平距离。

$$D = 0.4L_k + \frac{U}{110} + K\sqrt{f_e} \tag{1-2}$$

式中　K——系数，在0.8~1.0间选用，档距大时取大值。其他符号同前。

一般情况下，使用悬垂绝缘子串的杆塔可根据线路的电压等级及档距，直接查手册选用。

按照我国规程规定：输电线路导线水平相间距离10m时，允许档距为525m，相间距离

为 11m 时，允许的档距为 650m。而按美国、法国的规定，计算得出，相间距离 6.7m 时，允许的档距分别为 707m 和 808m。与国外 500kV 输电线路相间距离比较，我国规定的相间距离相对较为保守。

2. 导线间垂直距离确定

导线垂直排列时，其线间距离（垂直距离）除了应考虑过电压绝缘距离外，还应考虑导线积雪和覆冰使导线下垂以及覆冰脱落时使导线跳跃的问题。主要取决于导线覆冰及覆冰脱落时跳跃的大小。其主要与导线的弧垂和覆冰厚度有关。考虑到导线覆冰，尤其是覆冰厚度很大的情况是稀少的，且导线风偏摇摆也不能使上下层导线发生闪络；且导线的脱冰跳跃也是个别情况。因此一般认为，在相同线间距离时，导线垂直排列要比水平排列优越些，即允许的弧垂或档距可以放大些。也即导线间的垂直距离可以小于其导线间的水平距离。

根据我国双回路线路的运行经验，推荐导线间垂直距离宜采用式（1-1）、式（1-2）计算值的 75%。即

$$D_h = 0.75D \qquad\qquad (1-3)$$

一般情况下，使用悬垂绝缘子串的杆塔，其水平线间距离、垂直线间距离可根据线路的电压等级及档距，直接查手册或按表 1-2、表 1-3 所给数值选用，且不应小于表中所列数值。

表 1-2   **使用悬垂绝缘子串杆塔的水平线间距离与档距的关系**

标称电压（kV） ＼ 水平线间距离（m） ＼ 档距（m）	2.0	2.5	3.0	3.5	4.0	4.5	5.0	5.5	6.0	6.5	7.0	7.5	8.0	8.5	10	11
35	170	240	300													
110	300			300	375	450										
220	—			—	—	—		440	525	615	700					
330	—			—	—	—	—	—	—			525	600	700		
500	—			—	—	—	—	—	—						525	650

注　表中数值不适用于覆冰厚度 15mm 及以上的地区。

表 1-3   **使用悬垂绝缘子串杆塔的最小垂直线间距离**

标称电压（kV）	35	60	110	220	330	500
最小垂直线间距离（m）	2.0	2.25	3.5	5.5	7.5	10.0

需要注意的是：

（1）表 1-3 中数值在覆冰地区尚嫌不够，必须同时考虑导线间的水平偏移（上、下层导线间或导线、地线间的水平距离）；

（2）重冰区导线建议采用水平排列，导线与地线间的水平距离（偏移）较表 1-4 中设计冰厚 $b = 15$mm 栏内的数值至少增大 0.5m。对多回路杆塔不同回路的不同相导线的水平或垂直距离应比表 1-3 和表 1-4 中的线间距离大 0.5m。

表 1-4 导线间或导线与避雷线间的水平偏移

水平偏移（m） 标称电压（kV） 设计冰厚（mm）	35	110	220	330	500
10	0.2	0.5	1.0	1.5	1.75
15	0.35	0.7	1.5	2.0	2.5

注 设计冰厚 5mm 及以下的覆冰地区，上、下层相邻导线间或导线与避雷线的水平偏移可根据运行经验适当减少。

3. 导线三角形排列等效线间距确定

导线呈三角形排列时，其工作状态介于垂直排列与水平排列之间。DL/T 5092—1999 规定：导线的斜向线间距离 D_x 可化为等效水平线间距离，并按式（1-4）计算

$$D_x = \sqrt{D_p^2 + \left(\frac{4}{3}D_z\right)^2} \tag{1-4}$$

式中 D_x——导线三角形排列时的等效水平线间距离，m；

　　　D_p——导线水平投影距离，m；

　　　D_z——导线垂直投影距离，m。

此外，在多回路杆塔上，不同回路的不同相导线间的水平线间距离、垂直线间距离和等效水平线间距离的值应比相应的单回路的值增加 0.5m，并不得小于规程所规定的值，见表 1-5。

表 1-5 不同回路不同相导线间距离

标称电压（kV）	35	110	220	330	500
距离（m）	3	4	6	8	10.5

4. 导线与地线间距要求

在线路设计的绝缘配合内容中，在档距中央，导线与避雷线线间距离必须满足规程的要求，避雷线在塔头布置时也要满足这一要求。

在档距中央，导线与避雷线线间距离 D_{db} 在环境温度+15℃，无风情况下应满足式（1-5）

$$D_{db} \geqslant 0.012L + 1 \tag{1-5}$$

式中 L——线路的档距，m；

　　　D_{db}——满足防雷要求的导线与避雷线线间距离，m。

1.2.3 导线、地线的弧垂要求

导线在杆塔上由于自重及紧线的拉力形成弧垂，如图 1-1 中当导线悬挂点等高时，连接两悬挂点之间的水平线与导线最低点之间的垂直距离 f 即为弧垂。

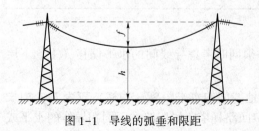

图 1-1 导线的弧垂和限距

弧垂过小，导线受力增大，当张力超过导线许可应力时会造成断线；弧垂过大，导线对地距离不符要求，剧烈摆动时可能引起线路短路。弧垂大小和导线的质量、空气温度、导线

的张力及线路档距等因素有关。

$$f = \frac{l^2 g}{8\sigma_0}$$

$$\sigma_0 = \frac{T_0}{A}$$

$$(1-6)$$

式中 f——导线弧垂，m；

     l——线路档距，m；

     g——导线的比重，$kg/(m \cdot mm^2)$；

     σ_0——导线最低点的应力，kg/mm^2；

     T_0——导线最低点的张力，kg；

     A——导线的截面积，mm^2。

架空输电线路运行规程对导线、地线弧垂的要求主要有以下方面：

（1）设计弧垂的计算允许偏差。一般情况下应在如下范围内：110kV 及以下的线路为 +6%、−2.5%，220kV 以上线路为+3.0%，−2.5%。而运行中的导线、地线的最大弧垂不得超过规定值的 5%，最小弧垂不得小于规定值的 2.5%。

（2）三相导线的弧垂在一档内应力求一致。一般情况下，各相间弧垂的允许偏差最大值为：110kV 及以下的线路为 200mm；220kV 及以上的线路为 300mm。

（3）相分裂导线同相子导线的弧垂允许偏差值：

垂直排列双分裂导线允许偏差值范围：+100mm，−0。

其他排列形式分裂导线允许偏差值范围：220kV 线路为 ±80mm；330、500kV 线路为 ±50mm。

1.2.4 导线对地距离及交叉跨越距离的要求

导线对地或跨越物如果距离较小，往往会造成导线放电事故。同时电磁波还会对通信线路产生干扰。这些情况往往会对人身和设备造成伤害，因此导线对地和跨越物须设定安全距离，方可保证供电安全和避免意外伤害。规定导线最低点对地面或建筑物之间的距离 h，称为安全距离或限距，如图 1-1 所示。

1. 导线对地及交叉跨越（房屋、铁路、道路、河流、管道、索道、山坡、树木及各种架空线路等）的最小允许距离的确定原则

（1）应根据在最高气温情况或覆冰无风情况下求得的最大弧垂和在最大风速情况或覆冰情况下求得的最大风偏进行计算。

（2）计算上述距离，应考虑导线架线后塑性伸长的影响和设计、施工的误差，但不应计入由于电流、太阳辐射、覆冰不均匀等引起的弧垂增大。

（3）当架空线路与标准轨距铁路、高速公路和一级公路交叉，且架空电力线路的档距超过 200m 时，最大弧垂应按导线温度+70℃计算。

2. 导线对地距离的确定

对于不同电压等级的线路，导线的对地距离取决于不同的因素。通常 330kV 及以下线路，其对地距离均由绝缘安全距离来确定；而 500kV 及以上的线路，则由产生静电效应的地面电场强度来决定。

（1）按绝缘强度确定。导线对地距离按绝缘强度确定的原则是保证线路对人、畜、树

木、房屋及交叉跨越物不产生闪络放电现象。

一般可根据线路所通过地区的类型选用不同的安全裕度来确定。

线路经过地区的类型：

居民区：人口密集区。如市区、城区、城镇等。

非居民区：有人车来往或农业机械到达，但无房屋或房屋稀少的地区。

交通困难地区：车辆、农业机械不能到达的地区。

对非居民区，以导线在 f_{max} 时，对导线下的往来车辆不发生闪络放电为原则，满足公式（1-7）要求。

$$H = h + S + a \qquad (1-7)$$

式中　H——导线在 f_{max} 处的对地距离；

h——车辆的装载高度，m；我国规定汽车的最大装载高度为 4.0m；

S——内过电压下，导线对车辆不发生闪络放电的最小空气间隙，一般查表确定；

a——裕度，一般取 1.0m。

对居民区，可较非居民区的导线在 f_{max} 处的对地距离 H 值再加 1.0m。

对交通困难地区，按人和牲畜驮运物品的最大高度考虑，一般式（1-7）中的 h 按人伸起手臂的最大高度 2.8m 取值。

（2）按静电感应影响确定。按静电感应影响确定导线的对地距离主要用于 500kV 以上电压等级的线路，以确保人畜等在导线下不产生静电感应为原则。

线路的静电感应现象是指在线路或附近的人畜或其他物体（车辆、金属屋顶、栏杆、铁丝网等）上感应有电荷、电流、电压的现象；感应电压越高，对人的影响就越严重。会使人产生麻电现象或导致人的精神恐慌，可能造成二次事故等。

我国规定：对 500kV 线路，以地面（跨越物）以上 1m 处的静电场强不大于 10kV/m 来考虑。

DL/T 5092—1999 提出："500kV 送电线路邻近民房时，房屋所在位置离地 1m 处最大未畸变电场不得超过 4kV/m"。

导线与地面的距离要求在最大计算弧垂情况下不应小于表 1-6 所列数值。

表 1-6　　　　　　　　　　　导线对地面最小距离　　　　　　　　　　（m）

线路经过地区	标称电压（kV）				
	66~110	220	330	500	750
居民区	7.0	7.5	8.5	14	19.5
非居民区	6.0	6.5	7.5	11（10.5）	15.5（13.7）
交通困难地区	5.0	5.5	6.5	8.5	11

注　1. 500kV 线路对非居民区，11m 用于导线水平排列，10.5m 用于导线三角排列的单回路。

　　2. 750kV 线路对非居民区，15.5m 用于导线水平排列单回路的农业耕作区，13.7m 用于导线水平排列单回路的非农业耕作区。

3. 导线对房屋建筑物的距离要求

线路导线不应跨越屋顶为易燃材料做成的建筑物。对耐火屋顶的建筑物，应尽量不跨越，特殊情况需要跨越时，电力主管部门应采取一定的安全措施，并与有关部门达成协议或取得当地政府同意。500kV 及以上输电线路不应跨越长期住人的建筑物。导线与建筑物之间的垂直距离，在最大计算弧垂情况下，不应小于表 1-7 所列数值。线路边导线与建筑物之间的水平距离，在最大计算风偏情况下，不应小于表 1-8 所列数值。

表 1-7　　　　　　　　　　导线与建筑物之间的最小垂直距离

线路电压（kV）	66~110	220	330	500	750
最小垂直距离（m）	5.0	6.0	7.0	9.0	11.5

表 1-8　　　　最大计算风偏情况下边导线与建筑物之间的最小水平距离

线路电压（kV）	66~110	220	330	500	750
水平距离（m）	3.5	4.0	5.0	6.0	8.5

在无风情况下，边导线与建筑物之间的水平距离，不应小于表 1-9 所列数值。

表 1-9　　　　　　　无风情况下边导线与建筑物之间的水平距离

线路电压（kV）	66~110	220	330	500	750
水平距离（m）	2.0	2.5	3.0	5.0	6.0

500kV 及以上输电线路跨越非长期住人的建筑物或邻近民房时，房屋所在地位置离地面 1.5m 处的未畸变电场不得超过 4kV/m。

4. 导线对岩石峭壁等突出物的距离要求

导线与山坡、峭壁、岩石之间的净空距离，在最大计算风偏的情况下，不应小于表 1-10 所列数值。

表 1-10　　　　　　导线与山坡、峭壁、岩石之间的净空距离　　　　　（m）

线路经过地区	线路电压（kV）				
	66~110	220	330	500	750
步行可以到达的山坡	5.0	5.5	6.5	8.5	11.0
步行不能到达的山坡、峭壁和岩石	3.0	4.0	5.0	6.5	8.5

5. 导线与树木的距离

导线与树木的距离分三种情况确定。

（1）线路通过林区及成片林时应采取高跨设计，未采取高跨设计时，应砍伐出通道，通道内不得再种植树木。通道宽度不应小于线路两边相导线间的距离和林区主要树种自然生长最终高度两倍之和。通道附近超过主要树种自然生长最终高度的个别树木，也应砍伐。通道宽度如图 1-2 所示，且通道的宽度要满足式（1-8）要求。

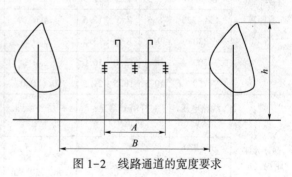

图 1-2　线路通道的宽度要求

$$B \geqslant A + 2h \tag{1-8}$$

式中　A——边导线的距离，m；

　　h——树木的最大高度，m。

　　（2）对不影响线路安全运行，不妨碍对线路进行巡视、维修的树木或果林、经济作物林或高跨设计的林区树木，可不砍伐，但树木所有者与电力主管部门应签订限高协议，确定双方责任，运行中应对这些特殊地段建立台账并定期测量维护，确保线路导线在最大弧垂或最大风偏后与树木之间的安全距离不小于表 1-11 和表 1-12 所列数值。

表 1-11　　　　　　　　导线在最大弧垂、最大风偏时与树木之间的安全距离

线路电压（kV）	66~110	220	330	500	750
最大弧垂时垂直距离（m）	4.0	4.5	5.5	7.0	8.5
最大风偏时净空距离（m）	3.5	4.0	5.0	7.0	8.5

表 1-12　　　导线与果树、经济作物、城市绿化灌木及街道树木之间的最小垂直距离

线路电压（kV）	66~110	220	330	500	750
最小垂直距离（m）	3.0	3.5	4.5	7.0	8.5

　　对于已运行线路先于架线栽种的防护区内树木，也可采取削顶处理。树木削顶要掌握好季节、时间，果树宜在果农剪枝时进行，在水源充足的潮湿地或沟渠旁的杨树、柳树及杉树等 7、8 月份生长很快，宜在每年 6 月底前削剪。

　　6. 导线对各种工程设施的交叉跨越距离

　　架空输电线路的交叉跨越包括跨越桥梁、道路（公路和铁路）、管道、索道、河流、弱电线路及各种电力线路等。此时的交叉跨越距离必须严格满足规程的规定，应符合表 1-13和表 1-14 的要求。

表 1-13　　　　架空输电线路导线与铁路、公路、电车道交叉或接近的基本要求

项目					铁路	公路	电车道（有轨及无轨）	
导线或避雷线在跨越档					不得接头	高速公路、一级公路 不得接头	不得接头	
	线路电压 （kV）	至轨顶			至承力索或 接触线	至路面	至路面	至承力索或 接触线
		标准轨	窄轨	电气轨				
最小垂 直距离 （m）	66~110	7.5	7.5	11.5	3.0	7.0	10.0	
	154~220	8.5	7.5	12.5	4.0	8.0	11.0	4.0
	330	9.5	8.5	13.5	5.0	9.0	12.0	
	500	14.0	13.0	16.0	6.0	14.0	16.0	6.5
	750	19.5	18.5	21.5	7.0（10.0）	19.5	21.5	7.0（10.0）
	线路电压 （kV）	杆塔外缘至 轨道中心			杆塔外缘到 路基边缘	杆塔外缘到路基边缘		杆塔外缘到路基边缘
						开阔区	路径限制地区	开阔区	路径限制地区
最小水平 距离（m）	66~220	交叉：30m； 平行：最高 杆塔加高 3m			交叉：8m 10m（750kV） 平行：最高杆 塔加高 3m	5.0		交叉：8m 10m（750kV） 平行：最高 杆塔加高 3m	5.0
	330					6.0			6.0
	500					8.0（15.0）			8.0
	750					10.0（20.0）			10.0

续表

项目		铁路		公路	电车道（有轨及无轨）
邻档断线时的最小垂直距离(m)	线路电压(kV)	至轨顶	至承力索或接触线	至路面	至承力索或接触线
	110	7.0	2.0	6.0	2.0
备注	不宜在铁路出站信号机以内跨越		1. 三、四级公路可不检验邻档断线；2. 括号内为高速公路数值，高速公路路基边缘是指公路下缘的排水沟		

表 1-14　架空输电线路导线与河流、弱电线路、电力线路、管道、索道交叉或接近的基本要求

项目		通航河流		不通航河流		弱电线路	电力线路	管道	索道
导线或避雷线在跨越档内接头		不得接头		不限制		不限制	110kV 以上线路不得接头	不得接头	不得接头
最小垂直距离(m)	线路电压(kV)	至5年一遇洪水位	至遇到航行水位最高船桅顶	至5年一遇洪水位	冬季至冰面	至被跨越线	至被跨越线	至管道任何部分	至索道任何部分
	66~110	6.0	2.0	3.0	6.0	3.0	3.0	4.0	3.0
	154~220	7.0	3.0	4.0	6.5	4.0	4.0	5.0	4.0
	330	8.0	4.0	5.0	7.5	5.0	5.0	6.0	5.0
	500	9.5	6.0	6.5	11.0（水平）10.5（三角）		6.0（8.5）	7.5	6.5
	750	11.5	8.0	8.0	15.5	12.0	7.0（12.0）	9.5	11.0（底部）8.5（顶部）

最小水平距离(m)

线路电压(kV)	边导线至斜坡上边缘	弱电线路 与边导线间 开阔区	弱电线路 路径受限制地区（在最大风偏时）	电力线路 与边导线间 开阔区	电力线路 路径受限制地区（在最大风偏时）	与导线至管道、索道任何部分 开阔区	路径受限制地区（在最大风偏时）
66~110	最高杆塔高度	4.0	最高杆塔高度	5.0	最高杆塔高度	4.0	最高杆塔高度
154~220	最高杆塔高度	5.0	最高杆塔高度	7.0	最高杆塔高度	5.0	最高杆塔高度
330	最高杆塔高度	6.0	最高杆塔高度	9.0	最高杆塔高度	6.0	最高杆塔高度
500	最高杆塔高度	8.0	最高杆塔高度	13.0	最高杆塔高度	7.5	最高杆塔高度
750	最高杆塔高度	10.0	最高杆塔高度	16.0	最高杆塔高度	9.5（管道）8.5（顶部）11（底部）	最高杆塔高度

邻档断线时最小垂直距离(m)

线路电压(kV)	通航河流／不通航河流	弱电线路 至被跨越物	电力线路	管道 至管道任何部分	索道
66~110	不检验	1.0	不检验	1.0	不检验
154		10.0		2.0	

项目	通航河流	不通航河流	弱电线路	电力线路	管道	索道
附加要求及备注	最高洪水时，有抗洪抢险船只航行的河流垂直距离应协商确定；不通航河流指不能通航也不能浮运的河流		送电线路应架在上方，三级线可不检验邻档断线	1. 电压较高的线路架在电压较低线路的上方； 2. 公用线路架在专用线路的上方； 3. 不宜在杆塔顶部跨越，500kV线路跨越杆塔时为8.5m，跨越档距中央时为6m	1. 与索道交叉，如索道在上方，索道的下方应装保护设施； 2. 交叉点不应选在管道的检查口（孔）处； 3. 与管、索道平行、交叉时索道应接地； 4. 管、索道上的附属设施，均应视为管、索道的一部分； 5. 特殊管道指架在地面上输送易燃、易爆物品管道

注　1. 邻档断线情况的计算条件：15℃，无风。

2. 路径狭窄地带，两线路杆塔位置交错排列时导线在最大风偏情况下，标称电压110、220、330、500、750kV对相邻线路杆塔的最小水平距离，应分别不小于3.0、4.0、5.0、7.0、9.5m。

3. 跨越弱电线路或电力线路，导线截面积按允许载流量选择应校验最高允许温度时的交叉距离，其数值不得小于操作过电压间隙，且不得小于0.8m。

4. 杆塔为固定横担，且采用分裂导线时，可不检验邻档断线时的交叉跨越垂直距离。

5. 重要交叉跨越确定的技术条件，需征求相关部门的意见。

1.2.5　导线、地线的连接要求

导线架设过程中，除少量做连引外，大部分在耐张杆塔处都采取断引的方式。此外，导线在制造时，每轴线都有一定的长度，所以在导线的架设当中，接头是不可避免的。导线在连接时，容易造成机械强度和电气性能的降低，因而带来某种缺陷。所以导线或地线的连接质量是保证线路正常运行的一个至关重要的环节，规程要求接头部位必须满足以下要求：

（1）避免不必要的接头，同一档距内，一根导线上只允许有一个直线连接管和三个补修管。

（2）接续管或补修管与耐张连接管之间的距离不宜小于15m；接续管或补修管与悬垂线夹的距离不应小于5m；接续管或补修管与间隔棒的距离不宜小于0.5m。

（3）重要跨越档内不得有接头，如跨越公路、铁路、桥梁、通航的河流、输电线路及弱电线路、特殊管道及索道等时。

（4）接头的质量要求。接头机械强度不得低于原导线强度的90%；接头部位的电阻、电压值与等长导线的电阻、电压的比值不得大于2.0倍。

1.3　绝缘子和金具的要求

绝缘子是用来支持导线，使导线（或带电部分）与杆塔（大地）绝缘。保证线路具有可靠的电气绝缘性能，以确保导线与杆塔间不发生闪络。

架空输电线路的绝缘可分为两类：一类是导线与杆塔或大地之间的空气间隙（绝缘介质是空气）。另一类是导线与杆塔之间的绝缘子绝缘。这两种绝缘均属于自恢复型绝缘。第一类绝缘，即空气间隙在架空输电线路中存在四种情况：导线之间、导线与杆塔之间、档距

中间导线对地之间、档距中间导线对地面上运输工具或传动机械之间。第二类绝缘，采用多个绝缘子组成悬垂或耐张绝缘子串来实现绝缘的，除了对自身绝缘性能有要求外，还要求有高的机械强度、防污闪、耐受过电压和降低无线电干扰。

1.3.1 绝缘子的运行条件和要求

运行中的绝缘子要能承受各种不利的影响，甚至是恶劣的气象条件和机电负荷急剧变化的影响。因而要求绝缘子能够满足一系列严格的要求。例如，电气负荷和电气性能、机械负荷和机械性能、热负荷和热性能、环境作用和各种负荷的联合作用对绝缘子的要求。绝缘子在运行工况下需要承受运行电压、过电压及导线张力、自重及其他附加荷重（如安装荷载），通过导线传递而承受风、冰（雪）载荷等机械荷载，并受气温变化和周围环境的影响。因此，绝缘子应具备足够的电气绝缘强度；能承受一定的外力机械负荷；能经受不利的环境和大气条件（温度、湿度）的变化，耐腐蚀、抗老化等。

1. 电气性能

在运行中，绝缘子一般会遭受持续的工频电压、暂时过电压和瞬时过电压的作用。这就要求绝缘子在干燥和淋雨的条件下的工频耐受电压和操作冲击耐受电压，以及在干燥的条件下雷电冲击耐受电压等各项电气性能均应符合有关标准。

线路绝缘子在运行中还常常会遇到各种污秽和潮湿等恶劣气象条件的作用，这就要求绝缘子要有足够的耐污秽能力。

在运行中，绝缘子还会因电晕和局部放电产生的电、热和化学的破坏作用，发生电晕腐蚀和电老化过程。因此，对绝缘子而言，一般要求在正常的工作电压下不能发生这种有害的电晕和局部放电。

在单相接地故障中，电弧可以在空气间隙中或沿绝缘子表面出现。电弧的高温可以导致绝缘子表面烧毁或剥落、伞裙破损或绝缘子炸裂等。这就要求绝缘子的绝缘材料要有耐电弧能力。

运行中的线路绝缘子串的电气绝缘强度应满足三方面的要求。

（1）在工作电压下不发生污闪。

（2）在操作过电压下不发生湿闪。

（3）具有足够的雷电冲击绝缘水平，能保证线路的耐雷水平和雷击跳闸率满足规定要求。

2. 机械性能

绝缘子在运行中常会受到导线、金具质量、覆冰质量、风力、导线张力、系统短路时的电动力、绝缘子的自重、地震以及其他机械力的作用，这就要求绝缘子的机械强度（如抗拉、压、弯，抗机械冲击等）具有一定的残余强度。残余强度的概念指运行中的悬式绝缘子，其瓷裙或玻璃裙因各种原因造成破碎或损伤，使机械强度降低，这种不是完全破坏的绝缘子所具有的继续承受线路机械荷载的能力。

GB 50545—2010 规定，对盘型绝缘子其在不同工况下的机械强度安全系数 K_1 不应小于表 1-15 数值。

表 1-15 　　　　　　　　　　绝缘子机械强度安全系数 K_1 数值

使用状况	最大使用荷载	断线情况	断联情况（双联或多联）	正常运行常年荷载状态
安全系数 K_1	≥2.7	≥1.8	≥1.5	≥4.5

绝缘子机械强度安全系数 K_1 计算公式

$$K_1 = T_R / T \tag{1-9}$$

式中　T_R——盘型绝缘子的额定机械破坏荷载（一小时机电试验荷载），kN；

　　　　T——分别取绝缘子的最大使用荷载、断线荷载、断联荷载或常年荷载，kN。

其中常年荷载是指年平均气温条件下绝缘子所承受的荷载；断线、断联的气象条件是无风、无冰、最低气温月的最低气温。

3. 热机性能

绝缘子在运行中会受到盛夏酷暑（40℃）和隆冬严寒（-40℃）作用，而且还经常受到温度急剧变化的作用。因此，要求绝缘子耐冷热急变性能（耐受温度循环能力）符合相关标准。

（1）机械交变循环试验。绝缘子进行 4 次 24h 的机械交变循环试验，检验绝缘子在机械和温度变化情况下的性能。试验方法是先在室温下对试品施加 60% 的额定机电破坏荷载，然后慢慢降低试验温度至-30℃应至少停留 4h，再慢慢升高试验温度至+40℃，同样至少停留 4h，这样由冷到热共 24h 的过程为一个循环。共进行 4 次。每个循环结束，对试品施加 45kV 工频电气 1min 的试验，以检验试验过程中试品有无损坏。

（2）温度冷热循环试验。绝缘子在 70℃温差下的型式试验，检验绝缘子抵抗因温度变化所产生的内应力破坏的能力。试验方法是先将绝缘子试品完全浸入热水中停留规定时间（15min）后取出，在 30s 内将试品转入冷水（与热水温差为 70℃的冷水）中保持同样时间。这样反复循环 3 次。经冷热循环试验后的试品再进行 1min 工频火花电压试验或 60% 机械负荷试验以检验绝缘子是否损坏。

4. 抗劣化性能

由于绝缘子长期处于高压场强、机械负荷和大气作用下，随着时间的推移将会不断地劣化，使绝缘子的电气性能和机械承载能力不断下降，逐渐失去绝缘性能和机械能力，导致击穿或破坏。因此要求绝缘子的电气性能和机械承受能力的下降速度尽可能的减慢，以延长绝缘子的使用寿命。

1.3.2　绝缘子的种类

1. 绝缘子分类

绝缘子按介质材料分：瓷质绝缘子、钢化玻璃绝缘子、复合绝缘子。

（1）瓷质绝缘子。常用的瓷质绝缘子主要分为普通瓷质绝缘子和半导体釉瓷质绝缘子两种。普通瓷质绝缘子在机电负荷、电气性能、热机性能等都能满足各级电压的要求，但它却存在两个致命的缺点：①在污秽潮湿条件下，绝缘子在工频电压作用时绝缘性能急剧下降，常产生局部电弧，严重时会发生污秽闪络；②绝缘子串或单个绝缘子的电压分布不均匀，在电场集中的部位常引起电晕，因而产生无线电干扰，导致瓷体老化。

半导体釉瓷质绝缘子的特点是在瓷质绝缘子外层覆盖半导体釉。这种半导体釉中的功率损耗使得绝缘子表面温度比环境温度高出几度，从而在雾与严重污秽环境中可以防止由此凝聚所形成的潮湿，因此可以提高污秽绝缘子在潮湿环境下的工频绝缘强度。半导体釉的种类，目前由氧化锡与少量的氧化锑高温合成，再添加至基础釉中制成，其热稳定性较高。

（2）钢化玻璃绝缘子。玻璃绝缘子是将玻璃元件经过钢化处理后内层形成张应力，而外层形成压应力。这种预应力状态使玻璃绝缘子能承受相当大的热冲击及机电负荷。当其预应力状态受到破坏时就会自爆，引起自爆的主要原因有两个：①绝缘电阻零值时；②绝缘子表面温度发生冷热急变和受到损伤后。

玻璃钢的主要介质是细粒石英砂、白云石、石灰石等矿物原料，内含大量的钠、钙元素。钠钙玻璃介电强度大，在 $1/50\mu s$ 波冲击时，玻璃介质平均击穿强度达 $1700kV/cm$，约为普通瓷质的 3.8 倍。机械强度高，约为普通瓷质的 2.3 倍。钢化玻璃具有很好的电气绝缘性能、耐热和化学稳定性、寿命长、不易老化、维护方便，具有零值自爆的性能。耐振动疲劳性能优越；同时在耐电弧、热机性能方面都较好。由于玻璃是透明的，在外观检查时容易发生内部损伤等缺陷，对玻璃绝缘子的运行要求主要是玻璃钢化介质内不得有杂质、结瘤等缺陷。

（3）复合绝缘子。合成绝缘子至少由两种绝缘材料（如芯棒和外套）复合而成，并装配金属连接件构成的绝缘子。芯棒是绝缘子的内绝缘件，通常由树脂浸渍的玻璃纤维构成，是设计用来保证合成绝缘子的机械特性的。外套是绝缘子的外绝缘件，用来提供爬电距离和保护芯体不受外界气候的影响。合成绝缘子的抗振性能、阻尼性能、抗疲劳断裂以及抗污闪、抗老化性能都比较好。

合成绝缘子的憎水性：水在合成绝缘子表面形成水珠，那样溶解在水珠内的导电污秽物质就无法形成连续的，这就提高了绝缘子干带形成概率，降低了泄漏电流形成的通道，导致绝缘子有较高的污秽闪络电压。

合成材料性能好，质量轻，耐污性能好（有一定的自洁性），因此合成材料制造的复合绝缘子具有以下特点：①耐污性高。由于硅橡胶具有较强的憎水性能，污闪电压比相同泄漏距离的瓷绝缘子高 100%~150% 以上，在重污秽地区运行可以不用清扫，免维护，是目前最理想的高压输电线用耐污型绝缘子；②湿闪电压高，是干闪电压的 90%~95%，所以对内过电压绝缘水平高；③不易破碎，无零值绝缘子，损耗少，运行可靠性能高；④体积小，质量轻，运输、安装和维护方便；为轻型杆塔和事故抢修提供了快捷、方便的条件；⑤耐腐蚀性能强。

2. 绝缘配合

输电线路的绝缘配合主要是指根据大气过电压和内过电压的要求，确定线路所需要的绝缘子的片数和确定杆塔头部的空气间隙。

（1）绝缘配合是指系统中可能的各种过电压，在考虑采用各种限压措施以后，研究投资费用、运行费用并经过技术比较后，确定系统必要的绝缘水平，然后按此绝缘水平选定绝缘物和空气间隙。

（2）架空线路的绝缘配合就是要解决带电导线在杆塔上和档距间的各种放电渠道。其具体内容包括导线对杆塔、导线对塔头的各部部件、导线对避雷线、导线对拉线、不同相导线之间、导线对地、导线对树木、导线对建筑物、导线和带电体对登杆塔进行带电作业人员的最小安全距离。

（3）输电线路的绝缘配合与以下因素有关：①按正常工频电压、内过电压、外过电压确定绝缘子的型式和片数，以及在相应风速下，保证导线对杆塔的空气间隙；②在外部过电压的条件下确定档距中央导线对避雷线的空气间隙；③在内部过电压、外过电压的条件下确定导线对地、建筑物的最小允许距离；在正常工频电压下，不同相导线间以及导线振荡摇摆时，确定不同相导线之间的最小距离。

选择合适的绝缘子结构（包括绝缘子材料、形状大小、结构等）和片数是保证过电压下不被击穿（良好的绝缘性能）的基本条件。

在海拔高度 1000m 以下地区，操作过电压及雷电过电压要求的悬垂绝缘子片数不少于表 1-16 的数值。耐张绝缘子的片数应在表 1-16 的基础上增加，对 110~330kV 输电线路增加 1 片，对 500kV 线路增加 2 片，对 750kV 输电线路不需要增加片数。

表 1-16　　　　　　　操作过电压及雷电过电压要求的悬垂绝缘子串的最少片数

标称电压（kV）	110	220	330	500	750	1000
单片绝缘子的高度（m）	146	146	146	155	170	185
最少绝缘子片数（片）	7	13	17	25	32	54

为保持高塔的耐雷水平，全高超过 40m 有地线的杆塔，高度每增加 10m，应比表 1-16 的数值增加 1 片相当于高度为 146mm 的绝缘子；全高超过 100m 的杆塔，绝缘子片数应根据运行经验结合计算确定。由于高杆塔而增加绝缘子片数时，雷电过电压最小间隙也要相应增大；750kV 杆塔全高超过 40m 时，可根据实际情况进行验算，确定是否需要增加绝缘子片数和间隙。

一般地区的 35kV 及以下线路采用针式绝缘子、茶台绝缘子、瓷横担等，35kV 以上的线路采用悬式绝缘子、复合绝缘子。对于严重污区的线路可采用防污绝缘子或复合绝缘子。

3. 其他要求

（1）绝缘子必须满足电晕和抗无线电干扰的要求。

（2）绝缘子附件的防腐、防锈要求：如弹簧销、钢帽和球头部位。

（3）玻璃绝缘子的自爆率应控制在一定的范围内；目前国产玻璃绝缘子自爆率已控制在 0.01%~0.04%。

（4）外观要求上不得有裂纹、损伤、闪络烧伤痕迹等。

值得一提的是，绝缘子无论如何选择必须考虑线路实际情况，如大风区不宜采用复合绝缘子，因合成绝缘子太轻，易出现风偏事故；鸟害严重区域不宜采用合成绝缘子，易出现鸟啄绝缘子伞裙的问题等。

各类绝缘子的技术特性比较见表 1-17。

表 1-17　　　　　　　　　　　各类绝缘子的技术特性比较

项　目		机械性能	耐污性能	防鸟害性能	抗老化性能	检修维护工作量	绝缘子串质量
瓷质绝缘子	标准型	强	一般	一般	较高	一般	一般
	钟罩型	强	较高	一般	较高	一般	较重
	双伞型	强	高	一般	较高	一般	较重
	三伞型	强	高	一般	较高	一般	较重
	草帽型（大盘径）	强	一般	较高	较高	一般	一般
	悬式瓷棒型（长棒型）	强	较高	一般	较高	少	重
玻璃绝缘子	标准型	强	一般	一般	高	较少	一般
	钟罩型	强	较高	一般	高	较少	较重
	双伞型	强	高	一般	高	较少	较重

续表

项　　目		机械 性能	耐污 性能	防鸟害 性能	抗老化 性能	检修维护 工作量	绝缘子串 质量
玻璃绝缘子	三伞型	强	高	一般	高	较少	较重
	空气动力型（大盘径）	强	一般	较高	高	较少	一般
复合绝缘子	标准型	一般	很高	一般	一般	少	轻

1.3.3　金具的分类及要求

1. 金具的分类

在高压输电线路上，将杆塔、绝缘子、导线及其他电气设备按照设计要求，连接组装成完整的输电体系所使用的零件统称之为金具。

金具按主要性能及用途可大致分为：支持金具、紧固金具、连接金具、连续金具、保护金具、接续金具等六大类，每一类又可分为若干型式，具体见表 1-18。

表 1-18　　　　　　　　　　　　线　路　金　具　分　类　表

按性能 用途分类	金具名称	型　　式	用　　途
支持金具	悬垂线夹	U 型螺丝式	支持导线，使其固定于绝缘子串上，用于直线杆、跳线绝缘子串上
紧固金具	耐张线夹	螺栓型——倒装式、爆炸型、压接型	紧固导线的终端并使其固定于耐张绝缘子串上，用于非直线杆
接续金具	并沟线夹 嵌接管 压接管	螺接式 压接式 压接式、爆压对接式、爆压搭接式	接续不受拉力的导线 接续承受拉力的导线 接续承受拉力的导线或作导线破损补修用
连接金具	专用连接金具	球头挂环、碗头挂板	与球型绝缘子连接起来
	通用连接金具	U 型挂环、U 型挂板、直角挂板、平行挂板、二联板、延长环、其他	绝缘子相互的连接，绝缘子串与杆塔及绝缘子与其他金具的连接
连续金具	拉线紧固线夹	楔型	紧固杆塔拉线上端并可做避雷线耐张线夹
		UT 型可调式 UT 型不可调式	紧固杆塔拉线下端并可调整拉线松紧，不可调式用于上端
保护金具	拉线连接金具	拉线二联板	双根组合拉线用
	防振金具	防振锤、护线条、铝端夹预绞丝	对导线或避雷线进行防振保护 代替护线条对导线进行防振和补修用
	保护金具	均压环、保护角、重锤、其他	保护绝缘子串 解决塔头间隙不足或导线、地线上拔

2. 金具要求

金具一般由铸钢或可锻铸件制成，使用中需承受各种机械荷载的作用，如拉、压、弯、扭、剪、冲击等。

（1）外观状态良好。要求镀锌好，无毛刺、砂眼、裂纹及变形等，规格合适，不缺件、无锈蚀。

（2）足够的机械强度。规程规定不同工况下的安全系数 K 取值不同，见表 1-19。

表 1-19 　　　　　　　　　　绝缘子机械强度安全系数 K 数值

使用状况	运行情况	事故情况	断联情况
安全系数 K	≥2.5	≥1.5	≥1.3

机械强度安全系数 K 计算公式

$$K = T_b/T \tag{1-10}$$

式中　T_b——金具的破坏力，kN；

　　　T——作用于金具上的外力，kN。

（3）很高的可靠性。线路金具大部分处在杆塔、绝缘子和导线、地线这个连接链中，对导线、地线起机械、电气保护和固定的作用，为传输电能的导线提供机械支持，同时拉线金具还起着稳定杆塔的作用。要求线路金具在制造质量上不能出现任何瑕疵，运行过程中不得出现变形、锈蚀和安装位移，并具有良好的防腐能力。在材料上避免使用脆性材料，脆性材料可能会有很高的抗拉、抗压等机械强度，但却不耐冲击。在线路施工、导线断线及恶劣天气气候的情况下，都会有冲击现象发生，因此要求线路金具必须具有很高的可靠性，具有足够的机械强度和良好的电气性能。

（4）导电的金具要有良好的导电性。如：压接型耐张线夹的应用是用液压或爆压方法与导线压接在一起的，其既承受导线的全部拉力，又承受电荷载。所以要求压接后的尺寸不大于等长导线的电阻，且渡过最大允许电流时其温升不大于导线的温升。

（5）连接紧密。线路金具在机械力传递过程中，要有足够的承压面，保证连接紧密，这样才能保证金具受力合理，材料的机械强度得以充分利用。要杜绝点接触和线接触。因为点（线）接触，都将造成金具材料局部应力集中，受力部位压强增大，一旦受力部位的应力超过材料的极限应力，就会导致金具破坏。因此在金具连接中，一定要做到连接点的连接方式为圆棒与平孔、圆环与圆环，金具连接不允许圆棒与圆棒（点接触）、圆棒与圆环（线接触）。对于传输电流的金具更不允许出现点（线）接触的情况，并且要求接触面一定要紧密，不得松弛，否则，接触面会发热，导线受损，严重时会造成导线断线事故。所以与导线连接的金具，必须有一定的握着力，保证连接不得松动。

（6）转动灵活。金具连接要在所需要的平面内保证充分的转动灵活。例如，悬垂绝缘子串的金具就需要在横线路方向和顺线路方向都能转动灵活，因为悬垂绝缘子串在受到风吹和断线时，都必须顺着受力方向发生摆动，如果不能摆动，金具就会因受到巨大的弯矩而遭到破坏，如果转动不灵活，那金具就会在承受正常张力的情况下，又增加一个很大的附加弯矩而受损，加快金具老化，减少使用寿命。

（7）安全可靠，安装方便快捷。安全是由机械强度及施工的质量来保证；可靠由金具的结构和质量保证。如有足够的握力（对线夹）：一般压缩线夹的握力 ≥T_b；螺栓型线夹握力 ≥90%T_b。

3. 金具运行要求

（1）金具如出现变形、锈蚀、烧伤、裂纹、连接处转动不灵活等现象，以及金具磨损后的安全系数小于 2.0（即低于原值的 80%）时，应予处理或更换。

（2）防振锤、阻尼线、间隔棒等防振金具发生位移、变形、疲劳。屏蔽环、均压环出现倾斜松动和变形时应进行处理或更换，均压环不得装反。

（3）OPGW（架空地线复合光缆）固定金具不应脱落，接续盒不应松动、漏水，OPGW的预绞线夹不应出现疲劳断脱或滑移。

（4）接续金具不应出现下列任一情况：

1）外观鼓包、裂纹、烧伤、滑移或出口处断股，弯曲度不符合有关规程要求；

2）温度高于导线温度10℃，跳线联板温度高于相邻导线温度10℃；

3）过热变色或连接螺栓松动；

4）金具内严重烧伤、断股或压接不实（有抽头或位移）；

5）并沟线夹、跳线引流板螺栓扭矩值未达到相应规格螺栓拧紧力矩（见表1-20）。

表1-20 螺栓型金具钢质热镀锌螺栓拧紧力矩值

螺栓直径（mm）	8	10	12	14	16	18	20
拧紧扭矩（N·m）	9~10	18~23	32~40	50	80~100	115~140	150

（5）金具表面应热镀锌或采用其他等效防腐措施。

（6）330kV及以上线路绝缘子串及金具应考虑均压和放电晕措施。

（7）地线绝缘时不宜采用单联单片盘型绝缘子串。

（8）大跨越档距，与横担连接的第一个金具应回转灵活，由于磨损较大，其运行安全系数应较大。

4. 金具的电能损失

实心金属在电磁场的作用下都会在金属内部产生涡流。线路金具都是实心金属，因此运行线路的金具在强电磁场的作用下还存在着一个磁滞和涡流损失。这是一种电能损失，严重时还可以导致线夹过热或导线过热，降低线路输送电能的能力。磁滞、涡流损失对于磁性材料（如钢和铁）是很大的，而对非磁性材料则是可以忽略不计的。所以为了减少这一电能损失，对于大电流导线的金具，可采用非磁性的铝合金材料，从而降低损耗。

1.4 杆塔与基础要求

1.4.1 杆塔要求

杆塔是输电线路最主要部件之一，主要用于支持导线和避雷线，在各种气象条件下，使其保持一定的线间距离及对地交叉跨越物之间的安全距离等。

1. 杆塔的种类

杆塔可分为自立杆塔和拉线杆塔；按结构材料来分有木杆、水泥杆、钢管杆和铁塔；按用途分有直线杆塔、耐张杆塔、转角杆塔、终端杆塔和特殊杆塔。

（1）直线杆塔（Z）。位于线路直线段上，支持导线和避雷线，只承受导线和避雷线的自重，冰重和风力。在两侧档距相差悬殊或一侧发生断线时，直线杆塔才承受较小的不平衡张力。直线杆塔使用悬式绝缘子串或针式绝缘子和瓷横担。

（2）耐张杆塔（N）。也叫承力杆塔，主要作用是，正常情况下，能承受沿线路方向的导线张力；断线故障情况下，能承受此时出现的不平衡张力，并将线路故障（如断线倒杆）

限制在一个耐张段内。耐张段的长度一般采用 3~5km，可适当延长，在高压或档距相差非常悬殊的山区和重冰区，应适当缩小。耐张杆塔使用耐张绝缘子串或茶台。

（3）转角杆塔（J）。位于线路转角处，它不仅承受垂直重力和风力，还得承受转角处的不平衡张力。输电线路转角位置应根据运行、施工条件并结合耐张段长度确定。

（4）终端杆塔（D）。位于线路的首末端，能承受住单侧导线的张力。

（5）特殊杆塔。分跨越（K）、换拉（H）、分歧（F）杆塔等。

1）跨越杆塔。当输电线路跨越铁路、公路、河流、电力线路、通信线路时，两侧就需设置跨越杆塔，有直线型和耐张型两种。

2）换位杆塔。位于线路换位处，用来进行导线换位。一般有直线杆塔换位，耐张杆塔换位和悬空换位等几种方式。

直线杆塔换位是用直线杆塔在几个档距中进行导线的换位，只适用于冰厚不超过 10mm 的轻冰区。因为换位档距中导线的线间距离较小，覆冰不平衡，易造成闪络，脱冰跳跃时易造成碰线短路，所以直线杆换位不适于重冰区。

3）分歧杆塔。在线路中途需要架设分支线路时，在主线路的分支处需设分支杆塔。

2. 对杆塔的要求

（1）有足够的机械强度，能承受运行、施工、环境影响等各种荷载的作用。这一点在线路设计阶段必须考虑，由设计保证。

（2）杆塔的倾斜、横担的歪斜程度等不得超过表 1-21 的规定值。

表 1-21　　　　　　　　　　杆塔倾斜、横担歪斜最大允许值

类别	钢筋混凝土杆	铁　塔
杆塔倾斜度（包括挠度）	1.5%	0.5%（适用于 50m 及以上高度的铁塔） 1.0%（适用于 50m 以下高度的铁塔）
横担歪斜度	1.0%	1.0%

（3）对木杆的要求。杆身均应去皮，杆根和杆顶腐朽程度不得超过原断面 50%，各部螺栓不得有松动，镀锌件不得有锈蚀，木横担不准有腐朽和烧伤情况，杆身上不应乱钉铁钉。

（4）对铁塔的要求。塔材不准有缺件、变形和严重锈蚀等情况发生。镀锌铁塔一般每 3~5 年要求检查一次锈蚀情况；涂油漆的铁塔一般每 3~5 年刷油漆一次。

（5）铁塔主材相邻节点间弯曲度不得超过 0.2%。

（6）对水泥杆的要求。不准有水泥层剥落，钢筋（箍）外露，纵向、横向裂纹、酥松和杆内积水及铁件锈蚀等现象。

1.4.2　基础要求

杆塔基础是指建筑在土壤里的杆塔地下部分，作用是稳定杆塔，防止杆塔因受垂直、水平及事故荷重等而产生的上拔、下压甚至倾倒。

1. 基础的分类

输电线路杆塔基础和拉线基础除一些特殊基础外，一般都采用钢筋混凝土基础和混凝土基础。运行中的杆塔基础表面不得发生水泥脱落、钢筋外漏现象，装配式基础不得锈蚀。

混凝土因受酸、碱、盐等物质的腐蚀而酥碎，混凝土杆因进水结冰而冻裂，或因钢筋生锈膨胀而产生裂纹，这些现象都会降低混凝土的强度，危及线路安全运行。

　　杆塔基础根据杆塔类型、地形、地质及施工条件的不同，一般采用以下几种类型。

　　（1）现场浇制的混凝土和钢筋混凝土基础。在施工季节，砂石、水源和劳动力条件较好的情况下，一般多采用这种类型。

　　（2）预制钢筋混凝土基础。适合于缺少砂石、水源的塔位或者需要在冬季施工而不宜在现场浇制基础时采用。预制钢筋混凝土基础的单件质量，要适应至塔位的运输条件，因此预制基础的部件大小和组合方式也有所不同。常见的预制钢筋混凝土基础型式如图1-3所示。

　　（3）金属基础。这种基础适合于高山地区，在交通运输条件极为困难的塔位，常用直线杆塔金属基础，金属基础结构示意图如图1-4所示。

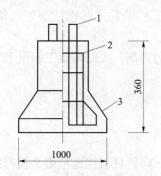

图1-3　预制钢筋混凝土基础

1—地脚螺丝；2—混凝土；3—钢筋

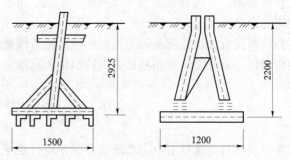

图1-4　金属基础

　　（4）灌注桩式基础。灌注桩式基础可分为等径灌注桩和扩底短桩两种。当塔位处于河滩时，考虑到河床冲刷及防止漂浮物对铁塔的影响，常用等径灌注桩深埋基础，如图1-5（a）所示。

　　扩底短桩基础适用于黏性土或坚实土壤的塔位。抗拔能力强，节约土石方，如图1-5（b）所示。

　　（5）岩石基础。应用山区岩石地带，利用岩石的整体性和坚固性代替混凝土基础。岩石基础结构如图1-6所示。

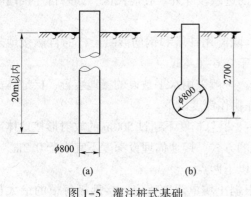

图1-5　灌注桩式基础

（a）等径灌注桩深埋基础；（b）扩底短桩基础

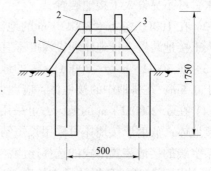

图1-6　岩石基础示意图

1—岩石；2—地脚螺丝；3—钢筋

2. 基础的要求

　　（1）合理的埋深。根据荷载、地质条件、经济性及水流对基础的冲刷作用和基土冻胀影响等综合考虑确定其经济、合理的埋深。冻土时，一般埋于土中的基础，其埋深应大于土壤的冻结深度，并不小于 0.6m。配电线路电杆埋深，一般采用表 1-22 所列的数值。

表 1-22　　　　　　　　　　　　配电线路电杆埋深

杆高（m）	8	9	10	11	12	13	15	18
埋深（m）	1.5	1.6	1.7	1.8	1.9	2.1	2.3	2.8

（2）要定期检查基础的状态。对于钢筋混凝土电线杆：杆根部分每 2~3 年检查一次，不得有裂纹、混凝土剥落、露筋等缺陷；横向裂纹及宽度不得超过 0.2mm，长度不超过周长的 1/3；杆根回填土要夯实，并培出一个高出地面 0.3m 的土台。

铁塔基础：不得有表面裂开、损伤、下沉、酥松及钢筋外露；装配式基础锈蚀等现象，基础应高出地面 0.3m。

目前尚没有关于线路基础的运行标准，随着线路电压等级的升高，线路基础工程量和类型随之增加，有必要将线路基础的运行也纳入标准。

1.5　接地装置要求

架空线路杆塔接地对电力系统安全稳定运行是至关重要的，降低杆塔接地电阻是提高线路耐雷水平，减少线路雷击跳闸率的主要措施。

输电线路杆塔接地装置是输电线路的重要组成部分，是接地体与接地引下线的总称，接地电阻是指接地体散流电阻、接地引下线电阻和接触电阻的总和。作用是确保雷电流可靠泄入大地，保护线路设备绝缘，减少线路雷击跳闸率，提高线路运行可靠性。接地体分为自然接地体和人工接地体，自然接地体可以是直接与大地接触的各种金属件，其中包括拉线、杆塔基础等；人工接地体主要包括接地引下线和水平或垂直接地体。

1.5.1　杆塔接地装置形式

（1）在土壤电阻率 $\rho \leqslant 100\Omega \cdot m$ 的潮湿地区，可利用铁塔和钢筋混凝土杆的自然接地，不必另设防雷接地装置，但发电厂、变电站的进线段除外。在居民区，如果自然接地电阻符合要求，可不另设人工接地装置。

（2）在 $100\Omega \cdot m < \rho \leqslant 300\Omega \cdot m$ 的地区，除利用铁塔和钢筋混凝土杆的自然接地外，还应设人工接地装置，接地体埋设深度不宜小于 0.6~0.8m。

（3）在 $300\Omega \cdot m < \rho \leqslant 2000\Omega \cdot m$ 的地区，一般采用水平敷设的接地装置，接地体深度不宜小于 0.5m。在耕地中的接地体，应埋设在耕作深度以下。

（4）在 $\rho > 2000\Omega \cdot m$ 的地区，可采用 6~8 根总长度不超过 500m 的放射形接地体或连续伸长接地体；放射形接地体可采用长短结合的方式。接地体埋设深度不宜小于 0.3m。

架空线的接地装置形式的选择还应注意以下两点：

1）放射形接地极每根的最大长度，应根据土壤电阻率确定，接地极每根的最大长度取值如表 1-23 所示。

表 1-23　　　　　　　　　　放射形接地极每根的最大长度

土壤电阻率 $\rho(\Omega \cdot m)$	≤500	≤1000	≤2000	≤5000
最大长度（m）	40	60	80	100

2）在高土壤电阻率地区，当采用放射形接地装置时，如在杆塔基础附近（在放射形接地体每根最大长度的 1.5 倍范围内）有土壤电阻率较低的地带，可部分采用引外接地或其他措施。

（5）居民区和水田中的接地装置，包括临时接地装置，宜围绕杆塔基础敷设成闭合环形。

（6）雷电活动强烈的地方和经常发生雷击故障的杆塔和线段，应适时改善接地装置，架设避雷线，适当加强绝缘或架设耦合地线等。

（7）钢筋混凝土杆铁横担和钢筋混凝土横担线路的避雷线支架、导线横担与绝缘固定部分或瓷横担固定部分之间，宜有可靠的电气连接并与接地引下线相连。主杆非预应力钢筋如上、下已用绑扎或焊接形成电气通路，则可兼作接地引下线。

利用钢筋兼作接地引下线的钢筋混凝土电杆，其钢筋与接地螺母、铁横担间应有可靠的电气连接。

（8）35kV 以上线路相互交叉或与较低电压线路、通信线路交叉时，交叉档两端的钢筋混凝土杆或铁塔（上、下方线路共 4 基），不论有无避雷线，均应接地。

1.5.2 接地装置要求

1. 接地电阻值的要求

（1）对有避雷线电力线路每基杆塔的接地装置，在雷季干燥时，每基杆塔不连避雷线的工频接地电阻不宜超过表 1-24 所列数值。

表 1-24 有避雷线的架空电力线路工频接地电阻

土壤电阻率 $\rho(\Omega \cdot m)$	100 及以上	100~500	500~1000	1000~2000	2000 以上
工频接地电阻（Ω）	10	15	20	25	30

注 如土壤电阻率很高，接地电阻很难降低到30Ω时，可采用6~8根总长不超过500m的放射形接地体或连续伸长接地体，其接地电阻可不受限制。

（2）35kV 及以上无避雷线小接地短路电流中的钢筋混凝土杆和金属杆塔，以及木杆线路中的铁横担，均宜接地，接地电阻不受限制，但年平均雷暴日数超过 40 的地区，不宜超过 30Ω。在土壤电阻率不超过 100Ω·m 的地区或已有运行经验的地区，钢筋混凝土杆和金属杆塔可不另设人工接地装置。

以上均为线路设计技术规程对接地装置的要求。

2. 接地装置的运行要求

（1）接地电阻不得大于设计规定值。检测时注意要考虑季节系数，如表 1-25 所示。

表 1-25 水平接地体的季节系数

接地射线埋深（m）	季节系数	接地射线埋深（m）	季节系数
0.5	1.4~1.8	0.8~1.0	1.25~1.45

注 检测接地装置工频接地电阻时，如果土壤较干燥，季节系数取较小值；如果土壤较潮湿，季节系数取较大值。

（2）多根接地引下线接地电阻值不应出现明显差别。

（3）接地引下线不得断开，与接地体的连接必须良好，不得出现接触不良。

（4）接地装置不得外露或严重腐蚀，被腐蚀后的接地体其导体截面积不得低于原值的

80%。如果出现以上情况，必须进行处理。

1.6　特殊区段的运行要求

特殊区段是指线路设计及运行中不同于其他常规区段的线段，它是经超常设计建设的线路，维护检修必须有不同于其他线路的手段，因此运行中要求做的工作也有所不同。

特殊区段包括大跨越、多雷区、重污区、重冰区、微地形气象区、采动影响区。

1.6.1　大跨越段的运行要求

（1）应根据环境、设备特点和运行经验制定专用的现场规程，维护检修周期应根据实际运行条件确定；

（2）宜设专门维护班组，在洪汛、覆冰、大风和雷电活动频繁的季节，宜设专人监视，做好记录，有条件的可装自动检测设备；

（3）应加强对杆塔、基础、导线、地线、拉线、绝缘子、金具等线路本身以及防洪、防冰、防舞、防雷、测振等设施的检测和维修，并做好定期分析工作；

（4）大跨越段应定期对导线、地线进行振动测量；

（5）大跨越应适当缩短接地电阻测量周期；

（6）大跨越段应做好长期的气象、雷电、水文的观测记录和分析工作；

（7）主塔的升降设备、航空指示灯、照明和通信等附属设施应加强维修保养，经常保持良好状态。

1.6.2　多雷区的运行要求

（1）多雷区的线路应做好综合防雷措施，降低杆塔接地电阻值，适当缩短检测周期；

（2）雷季前，应做好防雷设施的检测和维修，落实各项防雷措施，同时做好雷电定位观测设备的检测、维护、调试工作，确保雷电定位系统正常运行；

（3）雷雨季期间，应加强对防雷设施各部件连接状况、防雷设备和观测装置的动作情况的检测，并做好雷电活动观测记录；

（4）做好雷击线路的检查，对损坏的设备应及时更换、修补，对发生闪络的绝缘子串的导线、地线线夹必须打开检查，必要还须检查相邻档线夹及接地装置；

（5）结合雷电定位系统的数据，组织好对雷击事故的调查分析，总结现有防雷设施效果，研究更有效的防雷措施，并加以实施。

1.6.3　重污区的运行要求

（1）重污区线路外绝缘应配置足够的爬电距离，并留有裕度；如有必要，特殊地区可以在上级主管部门批准并配置足够的爬电比距后，在瓷绝缘子上喷涂长效防污涂料。

（2）应选点定期测量盐密，且要求检测点较一般地区多，必要时建立污秽实验站，以掌握污秽程度、污秽性质、绝缘子表面积污速率及气象变化规律；

（3）污闪季节前，应确定线路的污秽等级、检查防污措施的落实情况，污秽等级与爬电距离不相适应时，应及时调整绝缘子串的爬电比距、调整绝缘子类型或采取其他有效的防污闪措施，线路上的零（低）值绝缘子应及时更换；

（4）防污清扫工作应根据污秽度、积污速度、气象变化规律等因素确定周期，及时安排清扫，保证清扫质量；

（5）应建立特殊巡视责任制，在恶劣天气时进行现场特巡，发现异常及时分析并采取措施；

（6）做好测试分析，掌握规律，总结经验，针对不同性质的污秽物选择相应有效的防污闪措施，临时采取的补救措施要及时改造为长期防御措施。

1.6.4 重冰区的运行要求

（1）处于重冰区的线路要进行覆冰观测，有条件或危及重要线路运行的区域要建立覆冰观测站。研究覆冰性质、特点，制定反事故措施，特殊地区的设备要加装融冰装置。

（2）经实践证明不能满足重冰区要求的杆塔型式、绝缘子串型式、导线排列方式应有计划地进行改造或更换，做好记录，并提交设计部门在同类地区不再使用。

（3）覆冰季节前应对线路进行全面检查，消除设备缺陷，落实除冰、融冰和防止导线、地线跳跃、舞动的措施，检查各种观测、记录设施，并对融冰装置进行检查、试验，确保必要能投入使用。

（4）在覆冰季节中，应有专门观测维护组织，加强巡视、观测，做好覆冰和气象观测记录及分析，研究覆冰和舞动的规律，随时了解冰情，适时采取相应措施。

1.6.5 强风区的运行要求

（1）处于风口地段的线路在多风季节要加强巡视，特别是进行风中巡视，有条件或危及重要线路运行的区域，要建立风的观测站和测量设备。要逐步掌握风口地段的风向、风速等资料。

（2）经运行证明已发生导线舞动跳闸或判断有跳闸可能的线路，应逐步安装失谐摆、相间间隔棒等防舞动装置。

（3）经运行证明已发生导线舞动跳闸或判断有跳闸可能的线路，在多风季节前可进行检查，对于连接不可靠的元件及时进行处理。

1.6.6 鸟害区的运行要求

（1）要把防鸟害治理作为运行管理的重要任务之一，可通过省农科院等农业科学院所了解掌握一些重要联络线通过的森林、河流、湖泊、山川等区域的鸟类分布及生活习性情况，进行鸟类影响线路安全的研究。

（2）已发生鸟害跳闸的线路要采取安装鸟刺等有效措施防止鸟害的频繁发生。

（3）鸟害具有季节性和时间性，在相应的秋冬季节要加大特殊巡视力度，掌握鸟害跳闸规律。

1.6.7 外力破坏区的运行要求

（1）人为破坏已成为威胁线路安全运行的主要因素，要通过多单位配合、多方面做好群众的保电护线工作。

（2）对于电力设施被盗的高发区必须加大宣传力度，要通过有效打击电力被盗案件做好防盗工作。同时要采取技术手段提高线路的防盗水平。

（3）电力设施被盗高发区应加强防止被盗的特殊巡视。

1.6.8 水冲刷区的运行要求

输电线路位于河岸、湖岸等容易产生水冲刷的地带时，除设计强度应较附近一般地区适当增大外，应加强特殊巡视。

1.6.9 微地形、气象区的运行要求

（1）频发超设计标准的自然灾害地区应设立微气象区观测点，通过监测确定微气象区的分布及基本情况。

（2）已经投入运行，经实践证明不能满足微气象区要求的杆塔型式、绝缘子串型式、导线排列方式应有计划进行改造或更换，做好记录，并与设计单位沟通，在同类地区不得再使用。

（3）大风季节前应对微气象区运行线路做全面检查，消除设备缺陷，落实各项防风措施。

（4）新建线路，选择走径时应尽量避开运行单位提供的微气象地区；确实无法避让时应采取符合现场实际情况的设计方案，确保线路安全运行。

1.6.10 采动影响区的运行要求

（1）应与线路所在地区的地质部门、煤矿等矿产部门联系，了解输电线路沿线地址和塔位处煤层的开采计划及动态情况，绘制特殊区域分布图，并采取针对性的运行措施。

（2）位于采空影响区的杆塔，应在杆塔投运前安装杆塔倾斜监测仪。

（3）运行中发现基础周围有地表裂缝时，应积极与设计单位联系，进行现场勘察，确定处理方案。依据处理方案，及时对杆塔周围地表裂缝、塌陷进行处理，防止雨水、山洪加剧诱发地基塌陷。

（4）应加强线路的运行巡视，结合季节变化进行采动影响区杆塔倾斜，基础跟开变化，塔材或杆体变形，拉线变化，导线、地线弧垂变化，地表塌陷和裂缝变化检查；对发生倾斜的采动影响区杆塔应缩短周期、密切监测，及时采取应对措施，避免发生倒塔断线事故。

1.7 线路保护区的运行要求

架空输电线路保护区不得有建筑物、厂矿、树木（高跨设计除外）及其他生产活动。

一般地区各级电压导线的边线保护区如表 1-26 所示。

表 1-26　　　　　　　　　一般地区各级电压导线的边线保护区范围

电压等级（V）	边线外距离（m）	电压等级（V）	边线外距离（m）
66～110	10	500	20
220～330	15	750	25

在厂矿、城镇等人口密集地区，架空输电线路保护区的区域可略小于上述规定。但各级电压导线边线延伸的距离，不应小于导线在最大计算弧垂及最大风偏后的水平距离和风偏后距建筑物的安全距离之和。

（1）巡视人员应及时发现保护区隐患，并记录隐患的详细信息。

（2）运行维护单位应联系隐患所属单位（个人），告知电力设施保护的有关规定，及时将隐患消除。

（3）运行维护单位应对无法消除的隐患，及时上报，并做好现场监控工作。

（4）运行维护单位应建立隐患台账，并及时更新。台账的内容包括发现时间、地点、情况、所属单位（个人）、联系方式、处理情况及结果等。

（5）运行维护单位应向保护区内有固定场所的施工单位宣讲《中华人民共和国电力法》和《电力设施保护条例》等有关规定，并与之签订安全责任书，同时加强线路巡视，必要时应进行现场监护。

（6）运行维护单位对保护区内可能危及线路安全运行的作业（如使用吊车等大型施工机械），应及时予以制止或令其采取安全措施，必要时应进行现场监护。

（7）在易发生隐患的线路杆塔上或线路附近，应设置醒目的警示、警告类标识。

（8）线路遭受破坏或线路组（配）件被盗，应及时报告当地公安部门并配合侦查。

（9）宜采用先进的技术措施，对隐患进行预防或监控。

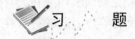 习　　题

1. 简述输电线路的组成。

2. 对运行中的架空导线和地线要求有哪些？

3. 决定导线线间距离的因素有哪些？为什么导线间的垂直距离可稍小于导线间的水平距离？

4. 什么是限距？导线的限距有哪些？如何确定导线的对地距离？

5. 架空线路运行的基本要求有哪些？

6. 对线路导线的具体要求有哪些？导线截面和选择的依据及原则是什么？

7. 杆塔上导线的线间距离如何确定？其影响因素有哪些？

8. 档距内的导线连接有哪些要求？

9. 运行线路的导线的弧垂与哪些因素有关？

10. 对绝缘子的要求有哪些？

11. 对架空线路接地装置的要求有哪些？接地装置在什么情况下必须加以处理？

12. 哪些属于线路的特殊区段？对架空线路特殊区段的要求有哪些？

2 输电线路的常见故障及预防

2.1 影响因素及常见故障

架空输电线路的根本任务是保证不间断地安全送电，即在运行中要求不发生或尽可能减少跳闸停电事故。但由于输电线路电压等级高、传输距离远，所经沿途地形复杂、气象多变，又长期处于露天之下运行，经常受到周围环境和大自然变化的影响；由于设计标准或设计时考虑不周、施工质量及维护不及时等原因造成自身存在的遗留缺陷，也使输电线路在运行中可能发生各种各样的故障和隐患。因此，必须从思想上充分认识到危及线路安全运行的诸多因素，有针对性地采取相应的应对措施，努力确保线路安全运行。

2.1.1 影响因素

概括起来讲，危及输电线路安全运行的因素大致可分为三大方面，即大气自然条件的因素（也称季节性因素）、线路自身存在的缺陷因素（也称自身性因素）和外界环境影响的因素（也称环境性因素）。

1. 大气自然条件的因素

造成线路常见故障的主要原因是大气自然条件的变化。也就是说，不同季节、不同气象条件的变化，将直接影响或威胁着输电线路的安全运行。

例如，春天一般为干燥、微风及小雨天气，会使线路发生污闪事故，出现振动频率，造成导线频繁振动，使导线断股甚至造成断线事故；夏天的高温、暴晒，易使导线绝缘老化和弧垂松弛，导线与地面距离或交叉跨越距离不满足要求，洪水泛滥、冲刷，会危及杆塔基础的稳定性，雷暴天气，会经常造成雷害事故；秋天，往往会因大雾造成污闪事故；冬天，严寒冰冻、低温，容易造成因导线弛度变小、应力增加而出现断线和倒塔事故，覆冰会使导线荷载增加，并在一定风速下造成导线舞动；此外，还有鸟害、空气污染、树木生长过高等造成线路事故。总之，架空输电线路受到春、夏、秋、冬四季气候变化的直接影响而承受着不同的外载荷重和内部应力的变化作用，这影响着线路运行的安全性和可靠性。因此，需要研究和发现自然规律并不断地采取相应的措施去加以抵抗和消除，加强线路的运行维护，把事故消除在萌芽状态，把损失减少到可能最小的程度。

一般来说，架空输电线路的设计、施工都是按照有关规程的规定来进行的，并留有一定的裕度，完全能满足正常运行的条件。但在实际运行中，会出现各种超常规的气象条件，不在设计允许范围规定之内。比如 2004 年年底至 2005 年年初，湖北、湖南出现的冰冻气象造成多条超高压输电线路铁塔，导线、地线严重覆冰，出现导线舞动、地线羊角拉坏，甚至掉串、断线，绝缘子与金具损坏等现象，造成设备损坏和停电事故。此种现象是运行 20 多年来少有的，2008 年春季南方大面积覆冰造成的线路事故更是前所未有。

2. 线路自身存在的缺陷因素

（1）设计缺陷。由于杆塔结构不合理，路径和气象条件选择不尽合理，使一条线路某段的各元件设计不合理，造成在运行过程中的先天性不足。这种缺陷往往会造成绝缘子闪络、空气间隙不够、保护措施不当、杆塔强度偏低，一旦遇到恶劣天气，就可能会发生线路跳闸，甚至倒塔断线事故。

（2）施工隐患。在施工过程中，使用了不合格材料、元件，或存在工艺质量问题。如隐蔽工程偷工减料、线路通道内障碍清除不彻底、杆塔组装不合格、基础未夯实、螺钉未拧紧、无保护装置等，给运行中的线路造成安全隐患，甚至导致事故发生。

（3）运维不当。线路由于运行年久，元件材质老化、脆化、磨损和锈蚀严重，使线路元件的电气和机械强度降低，运行维护过程中未及时发现和维修处理从而发生事故。如对绝缘子清扫不及时，造成污闪事故。

3. 外界环境影响的因素

（1）外力破坏的影响。线路器材被盗、车辆踫撞、开山放炮、放风筝、打鸟等。

（2）大气污染的影响。绝缘子污秽闪络，塔材、拉线、接地装置锈蚀等。

（3）鸟害的影响。鸟粪引起的绝缘闪络。

（4）线路走廊内树木的影响。

以上各种原因引起的线路故障，其发生时期和范围都有其规律和特点，因此必须通过多年运行经验和有关部门的配合掌握其规律性。

一般可根据沿线地形、周围环境和气象条件等特点将线路划分为各种特殊区域：如污秽区、雷击区、覆冰区、鸟害区、风害区、洪水冲刷区、导（地）线易振区、易受外力破坏区等，以便于加强运行中的巡视检查和季节性的预防工作。

2.1.2 常见故障

架空输电线路暴露野外，经过不同的气象和环境区域，因此线路故障主要以季节性故障为主，常见故障有雷击故障、污闪故障、大风故障、振动故障、覆冰故障及其他故障等。故障的主要表现形式为线路跳闸、元件（导线、避雷线、绝缘子、金具、杆塔、杆塔附件等）损坏等。

2014 年年底国家电网公司 66kV 及以上交直流输电线路在运输电线路达到 794 065.8km，回路数 43 561，杆塔基数 2 278 584。2013～2014 年国家电网公司 66kV 及以上在运输电线路跳闸率和故障停运率统计如表 2-1 所示。

表 2-1   输电线路跳闸率和故障停运率统计

	跳闸数（次）	跳闸率［次/（百千米·年）］	故障停运数（次）	故障停运率［次/（百千米·年）］
2014 年	1147	0.144	306	0.039
2013 年	1747	0.232	429	0.057

2013 年，国家电网公司输电线路跳闸的主要原因依次为：雷击（606 次，占 46.3%）、外力破坏（280 次，占 21.4%）、风偏（149 次，占 11.4%）、鸟害（145 次，占 11.1%）和冰害（68 次，占 5.2%）。自然灾害、外力破坏造成输电线路跳闸占比分别达 63.6%、21.4%。

2014 年，国家电网公司输电线路故障导致线路跳闸的主要原因依次为：雷击（608 次，占 53%）、外力破坏（256 次，占 22.3%）、鸟害（138 次，占 12%）、冰害（53 次，占 4.6%）和风害（42 次，占 3.7%）。造成故障停运的主要原因依次为：外力破坏（151 次，占 49.3%）、雷击（54 次，占 17.6%）、冰害（31 次，占 10.1%）、风害（30 次，占 9.8%）和鸟害（14，占 4.6%）。

结合以上引起线路故障跳闸的主要原因，有必要分别总结其特点和规律，从环境外因和线路内因两方面分析引起线路故障的主要影响因素，并采取有效的针对性防治措施。

架空输电线路常见故障必须坚持"以人为本，预防为主"的原则。要根据季节的气候特点和事故发生的规律，根据长期的运行实践经验，依据事故出现的原因和机理，提前制订反事故措施计划，适时地落实计划，同时还要认真做好经常性的线路运行维护工作，及时发现事故苗头，防止事故不发生或少发生，使线路设备经常处于可控和在控状态。

（1）选派有经验的运行维护人员参与到线路设计、选型、路径选择及施工质检的全过程中，并根据设计、施工及验收规范和运行经验对设计和施工单位及时提出意见和建议。

（2）加强对线路运行维护人员的科学管理。

（3）紧紧依靠沿线各级政府、公安部门、地方供电部门及群众，加大护线宣传力度，真正有效地开展好沿线群众护线工作。

2.2　雷击故障及防雷措施

架空线路分布在旷野，绵延数千公里，极易遭受直接雷击。实际运行经验表明，雷击输电线路造成的开关跳闸停电，在电网的总事故中占很大比例，我国历年输电事故统计中，雷害事故平均约占60%以上。在雷暴日平均40日以上的多雷地区和强雷地区，雷害事故可达输电线路事故的70%以上。其中，雷击跳闸占总跳闸次数的40%~70%。

据统计，2011~2013年，国家电网公司66kV及以上交直流输电线路累计跳闸4013次，雷击造成跳闸占42.57%，2014年雷击跳闸次数达608次，雷击造成跳闸占比达53%。历年统计数据表明，雷击跳闸一直处于各类故障的第一位。因此雷害是影响线路安全运行的重要因素。

同时，雷击线路产生的雷电过电压沿线路侵入变电站，是造成变电站主要电气设备绝缘损坏的重要因素。因此，线路防雷工作在架空线路的安全运行工作中十分重要。

2.2.1　雷电参数

雷电参数主要包括雷电流幅值、雷电流波形、主放电通道的波阻、雷暴日、对地落雷次数等。

（1）雷电通道的波阻抗。沿主放电通道的电压波和电流波幅值之比，称为雷电通道波阻抗。在主放电时，雷电通道每米的电容及电感可分别按式（2-1）和式（2-2）估算

$$C_0 = \frac{2\pi\varepsilon_0}{\ln(l/r_y)} \tag{2-1}$$

$$L_0 = \frac{\mu_0}{2\pi}\ln\frac{l}{r} \tag{2-2}$$

式中　ε_0——空气的介电常数，$\varepsilon_0 = 8.86\times10^{-12}$；

μ_0——空气的导磁系数，$\mu_0 = 4\pi\times10^{-7}$；

l——主放电通道的长度，m；

r_y——主放电通道的电晕半径，m；

r——主放电电流的高导通道半径，m。

如取$l = 300m$，$r_y = 6m$，$r = 0.03m$，$C_0 = 14.2pF/m$，$L_0 = 1.84H/m$，可以算出雷电通道的

波阻抗 Z_0 和波速 v 分别为

$$Z_0 = 359\sqrt{\frac{L_0}{C_0}} \tag{2-3}$$

$$v = \frac{1}{\sqrt{L_0 C_0}}0.65c \tag{2-4}$$

式中 C——光速，m/s。

实际测得的主放电速度为 $1/20c \sim 1/2c$，这是因为主放电通道中存在较大电阻的缘故。

（2）地面落雷密度。每平方千米地面在一个雷暴日中受到的平均雷击次数，就称为地面落雷密度 γ。年雷暴日数不同地区的地面落雷密度的取值各不相同，一般雷暴日数较大地区的地面落雷密度也较大。地面落雷密度一般可根据式（2-5）进行计算

$$\gamma = 0.023T_d^{0.03} \tag{2-5}$$

我国标准对 $T_d = 40$ 的地区取 $\gamma = 0.07$。

（3）雷电流幅值。雷电流幅值与雷云中电荷多少有关，是一个随机变化量，它又与雷电活动的频繁程度有关。根据我国的实测结果，在平均雷暴日大于 20 日的地区，雷电流幅值概率由式（2-6）确定

$$\lg P = -\frac{I}{88} \tag{2-6}$$

式中 P——雷电流幅值超过 100kA 的概率。

例如，当 $I = 100kA$ 时，由式（2-6）可求得 $P = 0.073$，即出现幅值超过 100kA 雷电流的概率不超过 0.073。

在我国平均雷暴日在 20 日及以下的地区，雷电流幅值概率由式（2-7）确定

$$\lg P = -\frac{I}{44} \tag{2-7}$$

我国西北地区、内蒙古自治区、西藏自治区以及东北边境地区的雷电活动较弱，雷电流出现的概率可由式（2-7）计算。

据国外实测，雷电流幅值与土壤电阻率及海拔高度无关。

（4）雷暴日及雷暴小时。为了表征不同地区雷电活动的频繁程度，通常采用平均雷暴日作为计量单位，雷暴日是指该地区一年四季中有雷电放电的天数。在一天内只要听到雷声就算一个雷暴日，我国各地雷暴日的多少与该地的纬度及距海洋的远近有关。年平均雷暴日少于 15 日的地区为少雷区，超过 40 日的为重雷区。

为了区别不同地区每个雷暴日内雷电活动持续时间的差别，也有用雷暴小时作为雷电活动频繁的统计单位。一个小时之内，听到一次以上的雷声就算一个雷暴小时。

雷暴日和雷暴小时的统计中，并没有区分雷云之间的放电和雷云对地的放电，实际上云间的放电远多于云对地的放电。雷暴日数越多，云间放电的比重越大。云间放电与云对地放电之比，在温带约为 1.5～3.0，在热带约为 3～6，对防雷保护设计具有实际意义的是雷云对地放电的年平均次数。

在 $T_d = 40$ 的地区，避雷线平均高度为 h 的线路，每 100km 每年的雷击次数为

$$N_c = 0.28(b + 4h) \tag{2-8}$$

式中　b——两根导线之间的距离，m。

但在土壤电阻率发生突变的低电阻率地区，在容易形成雷云的向阳或向风山坡，在雷云经常经过的山谷，γ 值要大得多。

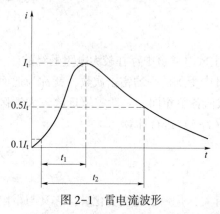

图 2-1　雷电流波形

（5）雷电流波形。观测结果表明，雷电在主放电的电流波形如图 2-1 所示，是单极性的脉冲波。

雷电流的冲击特性可用其幅值、波头和波长来表示，幅值是指雷电流所达到的最高值，波头时间 t_1 指由零起始到电流最大值所用时间，波长时间 t_2 是指由零起始经过电流最大值之后，降到最大值一半所需时间，余下部分为波尾。雷电流以 ± 表示其极性。

世界各国雷电流的幅值随各国气象条件的不同相差很大，但各国测得的雷电流波形却是基本一致的，其波头长度大多在 1～5μs 范围内，平均为 2～2.5μs。

我国规定，在防雷保护计算中取波头为 2.6μs，即雷电流的上升陡度为

$$\frac{di}{dt} = \frac{I}{2.6}(kA/s) \tag{2-9}$$

雷电流的波长，根据实测出现在 20～100μs 范围之内，平均约为 50μs，大于 50μs 的波长占 18%～30%。

（6）雷电流的极性。75%～90% 的雷电流为负极性，其余为正极性，有 2%～4% 的雷电流是振荡形的。

（7）雷电过电压。雷云放电在电力系统中引起的过电压称为雷电过电压，由于其电磁能量来自体系外部，又称外部过电压，又由于雷云放电发生在大气中，所以还可称为大气过电压。

为了模拟雷电冲击波对电力设备绝缘的影响，国际电工委员会（IEC）和我国都采用 ±1.2/50μs 的冲击波作为绝缘试验的标准波形。1.2μs 和 50μs 分别表示波前和波长时间，± 表示电压的极性，其波形如图 2-2 所示。

图 2-2 中横坐标为时间，其中 T_1 为波头时间，T_2 为波长时间；纵坐标是以电压最大值为基准的比值。

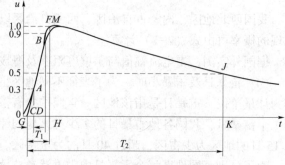

图 2-2　雷击冲击电压波形

2.2.2　雷击形式

输电线路上的雷电过电压按其形成情况分成两种：①雷击输电线路附近地面，通过电磁感应在输电线路的三相导线上产生的过电压，称为感应雷过电压。②雷云直接击中线路（包括导线、杆塔，或许还有避雷线），在其上产生危害绝缘的过电压，称为直击雷过

电压。

1. 感应雷过电压

感应雷是指当雷击线路附近时，其先导路径上的电荷对导线产生静电感应电荷，当主放电开始时，该电荷被迅速中和而产生的雷电流及雷电过电压现象。

这种感应雷过电压的形成过程如下：在雷电放电的先导阶段，在先导通道中充满了电荷，它对导线产生了静电感应，在负先导通道附近的导线上积累了异号的正束缚电荷，而导线上的负电荷则被排斥到导线的远端，如图2-3所示。

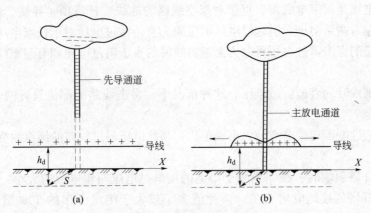

图2-3 感应雷过电压的产生
（a）放电前；（b）放电后

因为先导的发展速度很慢，所以在上一过程中导线的电流不大，可以忽略不计，导线将通过系统的中性点或泄漏电阻而保持其零电位（如果不计工频电压）。由此可见，如果先导通道电场使导线各点获得的电位为$-U_0(x)$，则导线上的束缚电荷电场使导线获得电位为$+U_0(x)$。即二者在数值上相等，符号相反，也即各点上均有$\pm U_0(x)$叠加，使导线在先导阶段时处处电位为零。雷击大地后，主放电开始，先导通道中的电荷被中和。如果先导通道中的电荷是全部瞬时被中和，则导线上的束缚电荷也将全部瞬时变为自由电荷，此时导线出现的电位仅由这些刚释放的束缚电荷决定，它显然等于$+U_0(x)$，这是静电感应过电压的极限。实际上，主放电的速度有限，所以导线上束缚电荷的释放是逐步的，因而静电感应过电压将比$+U_0(x)$小。此时由于对称的关系，被释放的束缚电荷将对称地向导线两侧流动，电荷流动形成的电流i乘以导线的波阻Z即为向两侧流动的静电感应过电压流动波$u=iZ$。此外，如果先导通道电荷全部瞬时中和，则瞬间有$I=\lambda v$，并产生极强的时变磁场。实际上由于主放电的速度v比光速小得多，且由于主放电通道是和导线互相垂直的，所以互感不大，因此电磁分量要比静电分量小得多，又由于两种分量出现最大值的时刻也不同，所以在对总的感应过电压幅值的构成上，静电分量起主要作用。

根据理论分析和实测结果，当雷击点距电力线路的距离$S>65\text{m}$，导线上产生的感应过电压最大值U_g可按式（2-10）计算

$$U_g = 25\frac{Ih_d}{S} \tag{2-10}$$

式中 I——雷电流幅值，kA；

h_d——导线悬挂的平均高度，m；

S——雷击点距线路的距离，m。

即雷电感应过电压与雷电流 I 和导线高度 h_d 成正比，与雷击点距导线的垂直距离 S 成反比。线路上的感应电压为随机变量，其数值一般在 100～200kV，最大值达 300～400kV，而 110kV 线路的耐雷水平在 700kV 以上，因此，感应雷对 110kV 以上线路的危害不大，只会对 35kV 及以下的线路造成威胁。

2. 直击雷过电压

直击雷过电压是指带电的雷云直接对架空线路的地线、杆塔顶、导线、绝缘子等放电，以波的形式分左右两路前进而引起过电压的现象。直击雷过电压对于任何电压等级的线路都是危险的。线路的直击雷过电压可分为无避雷线时的直击雷过电压和有避雷线时的直击雷过电压两种情况。

(1) 无避雷线时的直击雷过电压。这种情况下，雷击线路的部位只有两个，一是导线，二是塔顶。

雷击导线的过电压与雷电流的大小成正比，当此电压超过线路的绝缘耐受电压时，将产生冲击闪络。

雷击线路杆塔顶端时，线路绝缘子串上的雷电过电压与雷电流的大小、陡度、导线与杆塔的高度及杆塔的接地电阻有关，当此值等于或大于绝缘子串的 50% 雷电冲击放电电压时，塔顶将对导线产生反击。对于 60kV 及以下电网采用中性点非直接接地方式，雷击塔顶时若雷电流超过耐雷水平时，将会发生塔顶对一相导线放电。由于工频电流很小，不能形成稳定的工频电弧，故不会引起线路跳闸，仍能安全送电。只有当第一相闪络后，再向第二相反击，导致两相导线绝缘子串闪络，相间短路时，才会出现大的短路电流，引起线路跳闸。

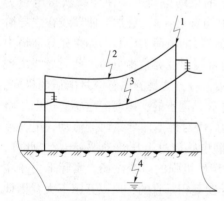

图 2-4　雷击线路不同位置的示意图
1—雷击塔顶；2—雷击档距中央的避雷线；
3—雷击导线；4—雷击线路附近的大地

(2) 有避雷线时的直击雷过电压。这种情况下，雷击线路的部位分为雷电绕过避雷线而击中导线（绕击）、雷击塔顶及雷击档距中央的避雷线及雷击线路附近的大地四种情况，如图 2-4 所示。

1）雷绕过避雷线而击于导线的可能性可用绕击率（雷绕过避雷线击中于导线的次数与雷击线路总次数之比）来评价。线路运行经验、现场实测和模拟试验均证明，雷电绕过避雷线直击导线的概率与避雷线对边导线的保护角（避雷线与外侧导线的连线和避雷线对地垂直线之间的夹角 a 称为保护角）、杆塔高度以及线路经过地区的地形、地貌、地质条件有关。当杆塔高度增加时，地面屏蔽效应减弱，绕击区变大；而地线与边导线的保护角，实质是表示了地线的屏蔽作用，保护角变大，绕击区将加大，从而使绕击率增加；而随着地面坡度的增加，暴露弧段也将增加，绕击区加大，绕击率增加。

当雷击于导线时，导线的电位可按式（2-11）计算

$$u_{d} = i_{L} \frac{z_{0}z_{d}}{2z_{0} + z_{d}} \tag{2-11}$$

式中　u_{d}——导线电位；

　　　i_{L}——雷电流；

　　　z_{0}——雷道波阻抗；

　　　z_{d}——导线波阻抗。

雷电绕击于导线的耐雷水平 I_{2} 为

$$I_{2} = \frac{U_{50}}{100} \tag{2-12}$$

其中，U_{50} 为绝缘子串的50%冲击放电电压值（kV），即以此冲击电压多次施加于绝缘子串，其中有50%的次数将导致绝缘击穿。

即使是绝缘很强的 $330 \sim 500kV$ 线路，也不难算出在 $10 \sim 15kA$ 的雷电流下将发生闪络，而出现等于或大于这一电流的概率是很大的（73%～81%），因此，采用避雷线可以大大减少雷击导线的发生。

雷电流的大小是各种各样的，小到 $2 \sim 5kA$，大到 $400 \sim 500kA$。根据实测，对于各种大小的雷电流所占的概率，我国大部分地区（西北地区除外）是大体相同的，即等于和大于 40kA 的雷电流占45%；等于和大于 80kA 的雷电流占17%；等于和大于 108kA 的雷电流占10%，最大雷电流 330kA 的只有 0.1%。

2）雷击于线路杆塔顶部时，有很大的电流 i_{L} 流过杆塔入地。对一般高的杆塔，塔身可用等值电感 L_{gt} 代替，其冲击接地电阻为 R_{ch}，于是塔顶电位为

$$U_{gt} = R_{ch}i_{gt} + L_{gt}\frac{di_{gt}}{dt} \tag{2-13}$$

在一般情况下，冲击接地电阻 R_{ch} 对 U_{gt} 起很大的作用，而在山区或高阻区，R_{ch} 可达上百欧姆，此时它对 U_{gt} 的值将起决定性的作用。至于杆塔电感，只有在特高塔或大跨越时才会起决定作用。如取固定波头时间为 $2.6\mu s$，此时的耐雷水平为

$$I_{1} = \frac{U_{50}}{(1-k)\beta R_{i} + \left(\frac{h_{a}}{h_{t}} - k\right)\beta\frac{L_{t}}{2.6} + \left(1 - \frac{h_{g}}{h_{c}}k_{0}\right)\frac{h_{c}}{2.6}} \tag{2-14}$$

式中　U_{50}——绝缘子串（或塔头带电部分与杆塔构件的空气间隙）的50%冲击放电电压；

　　　k——导线和架空地线间的几何耦合系数；

　　　k_{0}——导线和地线间的几何耦合系数；

　　　β——杆塔的分流系数；

　　　R_{i}——杆塔的冲击接地电阻，Ω；

　　　L_{t}——杆塔电感，H；

　　　h_{c}——导线对地平均高度，m；

　　　h_{a}——杆塔横担对地高度，m；

h_t——杆塔高度，m；

h_g——避雷线对地平均高度，m。

雷击塔顶而引起线路跳闸的可能性可用耐雷水平来评价。耐雷水平与杆塔冲击接地电阻、分流系数、导线与避雷线耦合系数、杆塔的等效电感及绝缘绝缘子串冲击放电电压 $U_{50\%}$ 有关，工程上常采用降低接地电阻，提高耦合系数作为提高耐雷水平的主要手段。

实际上，不同电压等级、不同线路、不同基杆塔的耐雷水平都有所不同。当线路上受到雷击，雷电流超过该处杆塔的耐雷水平时，该杆塔的绝缘子串就要闪络，开关就要跳闸。这就是雷害事故的物理概念。

3）当雷电直击于档距中央的避雷线时会产生很高的过电压，可用式（2-15）计算

$$U = \frac{L_b}{2}\frac{\mathrm{d}i}{\mathrm{d}t} = \frac{L_b}{2}a \qquad (2-15)$$

式中　L_b——半档避雷线的电感；

　　　a——雷电流陡度。

在档距中央，避雷线与导线间的空气绝缘所受电压 U_k 为

$$U_k = U_b(1 - k) = \frac{L_b}{2}a(1 - k) \qquad (2-16)$$

当 U_k 超过空气绝缘的 50% 放电电压 U_{50} 时，将发生导线对避雷线间的闪络，我国规程中规定，在档距中央，导线、避雷线间的距离 s 可按式（2-17）选择

$$s \geq 1.2\%L + 1\,(\mathrm{m}) \qquad (2-17)$$

式中　L——档距长度，m。

只要档中导线、避雷线间的空气距离 s 满足式（2-17）条件，雷击档中一般不会发生闪络，从世界各国运行的情况来看在档中发生相对地间的闪络是很少见的。

可以认为，雷击避雷线档距中央的可能性取决于导线与避雷线间的空气间隙 s。经验表明，按 $s \geq 1.2\%L + 1$（L 为档距）所确定的空气间隙是足够可靠的，即只要满足上述要求，雷击档距中央避雷线时，导线与避雷线间一般是不会发生闪络的。

2.2.3　雷击故障及原因

1. 雷击危害

雷电直击导线或感应过电压会引起大电流，使线路跳闸或元件损坏，造成事故，影响线路的安全运行，具体表现在以下几个方面：

（1）绝缘子串闪络导致电源开关跳闸，严重时引起绝缘子串炸裂或绝缘子串脱开而形成永久性的接地故障。

（2）雷击导线引起绝缘闪络，造成单相接地或相间适中短路，其短路电流可能把导线、金具、接地引下线烧伤甚至烧断。其烧伤的严重程度取决于短路功率及其作用的持续时间。

例如：110kV 以上的线路，即使在没有快速动作的保护装置的情况下，烧伤的可能性也不大。但有时接地装置螺栓不紧时，可能会将接地螺栓烧熔。有时甚至导致线夹附近的导线烧断股。

35kV 及以下的线路，由于中性点不直接接地，因此在发生单相接地故障时，故障电流不大，断路器不会分闸。但是，若接地的故障电流作用时间太长时，也会发生导线和金具烧

断、烧熔事故。

（3）架空地线档中落雷时，在与放电通道相连的那部分地线上，有可能灼伤、断股、强度降低，以致断地线。

（4）当线路遭受雷击时，由于导线、地线上的电压很高，可能把交叉跨越的间隙或者杆塔上的间隙击穿。这种间隙闪络有可能是间隙距离不符合规程要求所致，也可能是雷电压过高所致。

2. 故障原因

导致雷击故障的原因可能来自于设计方面、施工方面、运行维护不当和特殊气象条件等。具体到线路上有以下几个方面。

（1）线路绝缘水平低。绝缘子串的片数不够或绝缘子串中有低值或零值绝缘子未及时更换，使得这串绝缘子的 $U_{50\%}$ 偏低，从而使落雷时闪络的概率增加。

（2）带电部分对地间隙不够。这里所指的"地"是电气意义上的"地"。杆塔、横担、树木、房屋等都是"地"。

（3）避雷线布置不当。保护角偏大时，不能有效地保护线路，这时特别容易造成绕击。在山区线路、水库边缘地区的线路，由于地形微气象区的影响，即使避雷线布置恰当，也会发生避雷线屏蔽失效，造成雷电直击导线的情况。

（4）避雷线接地不良或避雷线与导线间的距离不够。避雷线接地不良，即接地电阻过大，使耐雷水平下降，从而引起雷击故障。

（5）线路相互交叉跨越距离不够。

（6）线路防雷薄弱环节措施未到位。

（7）线路处于雷击活动强烈区。

3. 故障特点

雷害事故的发生与雷电的活动区域、放电特性、季节、输电线路的电压等级、塔形、杆塔所处的地理位置以及地质条件等诸多因素相关。

（1）雷电活动的地域性。雷电活动有如下规律：南方多余北方，长江以北地区全年雷暴日一般为 25~40 日，长江以南地区一般为 40~80 日，如广东一般在 80 日以上，海南岛最多为 100 日以上，西北地区最少一般为 25 日以下。山区多余平原，内陆多余沿海，如沿长江自东而西，雷电日逐渐增加。土壤电阻率高的地区来电活动较弱，如同为北纬 40°线上，北京的雷电日为 26.9 日，靠近沙漠地区的玉门则仅为 8.7 日。表 2-2 为 2005 年国家电网公司对所属 110~500kV 输电线路按不同地区进行的雷击跳闸统计。

表 2-2　　2005 年国家电网公司 110~500kV 输电线路按地区进行的雷击故障统计表

地区	故障	
	跳闸数	事故数
华北	54	27
华中	318	128
东北	105	21
西北	69	11
华东	251	89

由表 2-2 可见，华中和华东地区雷害事故最为严重（占整个国家电网公司系统的 70% 以上），其主要原因是这两个地区是典型的亚热带季风气候地区，且多山地丘陵地形，由此可见雷害的地域性的特点。

（2）雷电放电的选择性。在同一地区内雷击分布不均匀的现象称为"雷电放电的选择性"，也就是说雷电活动在一定的区域内，特别是云对地放电会受地形、地势和季风的影响，有一定的规律。重雷区易击点与杆塔所处的地形、地貌及地质情况有关。

1）雷击与地形、地貌的关系。易形成热雷云的四面环山的潮湿盆地；"半岛"形突出的山头；河床、河湾、溪岸、临江、水库边缘的山顶或山坡等；顺风的河谷和峡谷；地下水出口或露头处，向阳山坡或迎风山坡。这些区域发生雷击的概率大。

2）雷击与地质的关系。由于静电感应的作用，在先导放电阶段，地中的感应电流沿着电阻率较小的路径流通，使得地面电阻率较小的区域积累了大量与雷云相反的电荷，因此雷电就自然而然的朝着电阻率较小的地区发展。因此，在地面的土壤分布不均匀且土壤电阻率特别小的地区，发生雷击的概率较大。如在地质构造上有断层的地带；地下导电的矿脉或矿岩石；岩石与土壤分界处；山坡与稻田的交界处；岩石山脚下有小河的山谷地区；低土壤电阻率地区；地下水位较高处等。

3）雷击与地面设施的关系。当雷云运动到距离地面较近的低空时，雷云与地面之间的电场受到地面设施的影响而发生畸变，又是在高耸物体上，由于电场强度增大，还会产生向上的迎面先导，雷电放电自然就容易在雷云与地面上设施之间发生，这也就是高耸的杆塔容易遭受雷击的根本原因。

（3）雷击跳闸的季节性。春夏季是一年中雷电活动相对频繁的时期，也是雷击跳闸的高发期。一般春夏季雷击跳闸较多，秋季较少。

图 2-5 为湖北地区五年以来每月平均落雷情况，可见每年落雷最多的是 6～8 月，线路遭受雷击跳闸集中发生在每年的 4～8 月。

图 2-6 为上海地区 2003～2011 年度分月雷电活动的统计分布情况，可以看出，6～9 月是雷电活动频繁月份，8 月为雷电活动最频繁的月份。

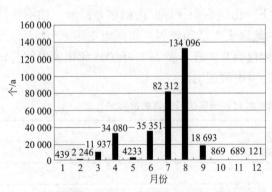

图 2-5　湖北地区 1999～2003 年
每月平均落雷统计

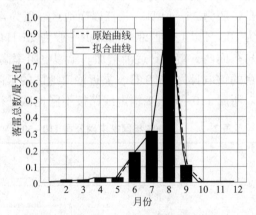

图 2-6　2003～2011 年上海地区雷电活动
参数按月份统计分布

图 2-7 为山东省 2008 年全省每月雷击跳闸分布图。

由上述的统计数据可以看出，落雷导致的雷击跳闸的季节性主要集中在 5～10 月，地域不同稍有差异。

（4）不同电压等级雷击跳闸特点。2003～2005 年国家电网公司所属系统 110～500kV 线路雷击跳闸故障进行统计结果见表 2-3 所示。

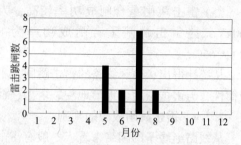

图 2-7　山东省 2008 年全省每月雷击跳闸分布图

表 2-3　　　　2003～2005 年国家电网公司所属系统 110～500kV 线路雷击跳闸故障统计

年份 \ 电压等级	110kV		220kV		330kV		500kV	
	跳闸数	事故数	跳闸数	事故数	跳闸数	事故数	跳闸数	事故数
2003	622	2	284	0	11	1	46	1
2004	—	—	316	25	13	3	81	6
2005	373	147	341	107	20	3	63	19

注 "—" 表示未统计。

从表 2-3 可以看出，在各电压等级的输电线路中，110kV 和 220kV 线路雷击跳闸次数较多。2005 年 110kV 和 220kV 线路雷击跳闸数占到总雷击跳闸数的近 90%。这一方面是因为相对 500kV 和 330kV 线路而言，110kV 和 220kV 线路条数更多，长度更长；另一方面是因为 110kV 和 220kV 线路的耐雷击性能较低。

2005 年国家电网公司所属系统输电线路中，110kV 线路的故障中有约 35% 为雷击故障，220kV 线路的故障中有约 34% 为雷击故障，330kV 线路的故障中有约 37% 为雷击故障，500kV 线路的故障中有约 39% 为雷击故障。各电压等级的雷击故障在线路故障中的比例都较高。

2008 年山东电网 220kV 及以上输电线路共跳闸 34 次，其中雷击跳闸 15 次，占 44.1%。15 次雷击跳闸中有 7 次发生在同塔双回线路上。可见雷击是造成 220kV 及以上输电线路跳闸的主要原因之一。其中 500kV 输电线路雷击跳闸率为 0.1176 次/100km·a，220kV 线路雷击跳闸率为 0.0887 次/100km·a。

2010 年 1～8 月，湖北省电力公司所维护的 220kV 及以上架空输电线路共发生 59 次雷击跳闸故障，居线路事故跳闸首位。其中 500kV 线路雷击跳闸 30 次，220kV 线路雷击跳闸 29 次。并对 220kV 及以上架空输电线路共发生雷击跳闸故障做了统计归纳：

（1）雷害主要发生在Ⅲ级及以上雷区，占 76.27%。500kV 占 66.67%，220kV 占 33.33%。

（2）山区线路的雷击跳闸率比例大，达 69.49%，平地 30.51%。500kV 占 56.1%，220kV 占 43.9%，500kV 与 220kV 线路相比，多处于高山地区，也是雷电高发区，这就是山区线路雷击跳闸率占比高的原因之一。

（3）从雷击跳闸形式看，500kV 输电线路基本为绕击，占 83.33%，220kV 线路反击较多，占 62.07%。

（4）耐张转角塔及相邻杆塔、双回路杆塔、大档距杆塔及高杆塔在雷击跳闸中比例较高，占 43.59%，其中绕击占 61.02%；500kV 占 63%，220kV 占 37%。

（5）雷击跳闸重合闸成功率较高，为86.44%，其中绕击为88.89%，反击82.61%；500kV线路雷击跳闸重合闸成功率为83.33%，220kV线路雷击跳闸重合闸成功率为89.66%。

从统计得出，山区线路的雷击跳闸是平原地区的2倍以上，而且线路雷击跳闸有一定的规律性，与雷击强度、地形地貌、塔型、档距、相别、雷区等级等都有较大的相关性。

2.2.4　雷击跳闸故障的判别

从线路绝缘子的闪络来看，一般有雷击闪络、污秽闪络、鸟害闪络等。单以绝缘子上留下的闪络痕迹较难判别，但结合故障发生时的气象条件、区域状况、闪络痕迹等综合分析，可大致判断故障的性质和类别。

（1）气象条件。若发生故障时是雷暴天气，则雷击故障的可能性较大。若是毛毛雨、雾天，则污闪的可能性较大。污闪的必要条件是出现潮湿的气候环境，绝缘子上的污秽在大雾、毛毛雨等湿润的条件下易于形成导电通道，致使泄漏电流增大直至发生闪络，而雷暴雨对绝缘子上的污秽形成清洗。另外，长期干旱无雨后突遇大雾或毛毛雨，是产生污闪的高发期，在冬季采暖期后的初春也是污闪高发期。

（2）区域环境。工矿区、五小工业区、公路附近等污染源附近的线段，污秽的积累速率较其他线段快。污闪率较山坡、农田的线段要大，而山坡、山顶、河边的线路遭雷击的概率大。根据故障点的发生位置，可作为判断故障原因的依据之一。

（3）闪络痕迹。

1）绝缘子上留下的痕迹判断。污闪发生在运行电压（工频电压）下，一般只在绝缘子串两端各1~2片绝缘子上留下明显的闪络痕迹，只有重复闪络才会造成整个绝缘子串均有闪络痕迹，甚至造成绝缘子破碎和钢脚或钢帽的烧伤。雷击闪络发生于雷击过电压下，且雷击时，由于雷电流很大，一般形成的是沿绝缘子串表面的爬闪。雷击很少重复闪络。有时一次雷击就会引起整串绝缘子闪络。因此说，雷击引起的闪络是爬闪，污闪则是跳闪。

2）导线上的烧伤痕迹判断。污闪在绝缘子上留下的烧伤痕迹比较集中，甚至在线夹上或靠近线夹的导线上留下痕迹，但由于污闪形成和作用的时间很长，因此导线烧伤面积虽小但严重；而雷击闪络往往在线夹到防振锤之间的导线上留下痕迹，而且雷电流大多作用时间短，因此导线烧伤面积大且分散，而烧伤程度相对轻。

雷击和污闪还可能引起线夹里面的导线烧伤，这种在线夹内烧伤导线的现象，污闪多于雷击。雷击引起的导线或避雷线的断股现象，绝大多数是从线夹上烧断。

其次雷击闪络还可能烧伤导线挂线金具，避雷线悬挂点。由于接地引下线的连接螺栓松动或接地电阻值增大，会在接地孔处留下明显的烧伤痕迹，甚至在拉线楔型线夹连接处有烧伤痕迹。

（4）其他原因。在大风天气时，导线或树枝受大风吹动摇摆可能导致导线与树枝间放电。若在冬季，气温为-5℃左右而且天气潮湿，则线路可能发生覆冰使导线垂度增大，引起导线对交叉跨越物放电；也可能由于不均匀脱冰引起导线舞动，造成相间短路故障。在高温的夏季，导线弧垂会较大，可能引起导线与交叉的通信线、电力线放电。在鸟群集中的地方，因鸟粪坠落而发生绝缘子串的闪络或绝缘子串与空隙的组合绝缘的闪络。如果上述情况均不大可能发生故障，则也有可能因外力破坏引起线路故障，这时需对交叉跨越来往车辆的地方，线路附近有施工、爆破、伐树的地段重点巡查，找出故障点和原因。

2004 年 6 月 29 日，江西 500kV 梦罗 I 回跳闸，双高频保护动作跳 A 相，重合闸动作且重合成功。由于该线路跳闸时正值雷雨天气，怀疑为雷击跳闸，同时，根据两侧故障录波图分析，梦山变电站侧测定故障点在 37~38 号杆塔附近，罗坊变电站侧测定在 40~41 号杆塔附近，雷电定位系统查询结果为 36 号杆塔附近有落雷，雷电流−30.4kA，且与故障时间一致；巡视结果为 37 号杆塔绝缘子有闪络放电痕迹。由此判断为雷击故障。

2.2.5 防雷保护措施

1. 防雷策略

输电线路的防雷主要是采用技术上与经济上的合理措施，使系统雷害降低到运行部门能够接受的程度，保证系统安全可靠运行。在架空输电线路设计上，输电线路的防雷一般构建以下"四道防线"。

（1）防止雷电直击导线。因为直击雷对架空线路的危害最大，特别是雷电直击导线时，会使导线烧断，造成断线事故，而且恢复送电时间也长，造成的损失也最大。可采用沿线架设避雷线、避雷针等，以引雷入地，使线路免受直接雷击。

（2）防止雷击塔顶或避雷线后引起线路绝缘闪络（逆闪络或反击）。可采用改善线路的接地以降低接地电阻，增大耦合系数，适当加强线路绝缘及在个别杆塔上采用避雷器等，以提高线路的耐雷水平，保证地线遭雷击后不引起间隙击穿而使绝缘闪络。

（3）减小线路绝缘上的工频电场强度或采用中性点非直接接地系统降低建弧率。保证即使线路绝缘受冲击发生闪络，也不至于变为两相短路或跳闸。对运行维护单位来说，通过清扫绝缘子，提高绝缘子爬距，或采用高电压等级绝缘子等方法也可以降低建弧率，从而降低线路的跳闸率。

（4）防止线路供电中断。可采用自动重合闸或采用双回路、环网供电等措施，保证即使线路跳闸也不至于中断供电。

以上"四道防线"并不是所有线路都必须具备。在确定输电线路防雷方法时，要全面考虑线路的重要程度、沿线的地形地貌、土壤电阻率的高低等，进行经济、技术比较，因地制宜，采取合理的防雷保护措施。

工程上用耐雷水平和雷击跳闸率两项指标来评价输电线路防雷性能的好坏。耐雷水平越高，表明线路的防雷性能越好。而跳闸率是衡量线路防雷性能的综合指标。

2. 具体方法

经多年摸索，我国的输电线路防雷基本形成了一系列行之有效的常规防雷方法，如架设架空避雷线、采用负角保护、降低接地电阻、架设耦合地线、提高线路绝缘水平、采用中性点非有效接地方式、安装自动重合闸、安装线路避雷器、采用不平衡绝缘方式等。

（1）架设避雷线。架设避雷线是最基本的防雷措施之一。避雷线的主要作用为：①防止雷电直击导线，将雷电流引入大地，保护线路免遭直击雷；②雷击塔顶时对雷电流有分流作用，减少流入杆塔的雷电流使塔顶电位降低；③对导线有耦合作用，可降低雷击塔顶时的塔头绝缘（绝缘子串和空气间隙）上的电压，减少或防止线路绝缘闪络；④对导线有屏蔽作用，可降低导线上的感应电压。因此，在杆塔顶部架设避雷线是最普遍而又经济有效的防雷保护措施。

对于装设避雷线的输电线路，在一般土壤电阻率地区，其耐雷水平不宜低于表 2-4 所列数值。表中还列出了雷电流超过该耐雷水平的概率。可见，线路防雷只是相对安全，即允许有一部分雷击引起线路绝缘闪络。

表 2-4　　　　　　　　　　　　各级电压输电线路的耐雷水平

额定电压（kV）	35	60	110	154	220	330
一般线路耐雷水平 I（kA）	20~30	30~60	40~75	90	80~120	100~140
大跨越中央和进线保护段	30	60	75	90	120	140
雷电流超过 I 的概率	68%~53%	53%~28%	42%~16%	15%	18%~7.8%	5%

根据线路的绝缘水平，过电压保护规程规定：在一般情况下，220~330kV 及以上电压等级线路应全线架设避雷线；330~500kV 线路应采用双避雷线；架设在山区的 220kV 线路，也采用双避雷线；110kV 线路，一般应全线架设避雷线，在雷电活动强烈地区，应架设双避雷线；少雷区，可不沿全线架设避雷线，但应装设自动重合闸。随着线路电压等级的下降，线路的绝缘水平也随之逐级下降，避雷线的防护效果也就逐步降低以致在很低电压（例如 20kV 以下）时失去实用意义。故 35kV 及以下线路，一般不全线架设避雷线，而只在发电厂、变电站进线 1~2km 处架设避雷线。通常来说线路电压越高，采用避雷线的效果越好，而且避雷线在线路造价中所占的比重也越低（一般不超过线路的总造价的 10%）。

为了起到保护作用，避雷线应在每基铁塔处接地。在双避雷线的超高压输电线路上，正常的工作电流将在每个档距中两根避雷线所组成的闭合回路里感应出电流，并引起功率损耗。为了减小这一损耗，同时为了把避雷线兼作通信及继电保护的通道，可将避雷线经过一个小间隙对地（铁塔）绝缘起来，雷击时，间隙被击穿使避雷线接地。

杆塔上避雷线对边导线的保护角（避雷线与边导线的连线与地线对地垂线间所夹的锐角 α）如图 2-8 所示。为提高避雷线对导线的屏蔽效果保证雷电不致绕过避雷线而直接命中导线，应当减小绕击率，α 小些为好。一般采用 $\alpha = 20° \sim 30°$。220、330kV 双避雷线的保护角一般可采用 20°左右，单地线时，山区：$\alpha = 25°$；平原：$\alpha \leqslant 30°$。重冰区的线路，不宜采用过小的保护角。500kV 及其以上的超高压线路，由于绝缘子串很长，对 30kA 以下的雷击不会造成线路绝缘闪络，即使直接击中相导线上也是如此。但是，为了对更大幅值的雷电流进行保护，对 500kV 及以上的线路装设双避雷线，且保护角小于 15°，最小可取 0°。导线离地面越高，保护角就越小（有时小于 20°），才能得到同样的保护。重雷区甚至可以采用负保护角。

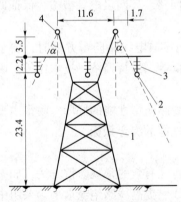

图 2-8　避雷线保护角示意图（单位：m）
1—铁塔；2—导线；3—绝缘子；
4—避雷线；α—避雷线保护角

（2）降低杆塔接地电阻。线路杆塔接地电阻对线路的耐雷水平影响最大，接地电阻越大，线路耐雷水平越低。对于一般高度的杆塔，降低接地装置的接地电阻是提高线路耐雷水平，防止雷击的有效措施。

输电线路的接地装置主要是泄导雷电流，降低杆（塔）顶电位，保护线路绝缘不致击穿闪络。接地装置是接地体和接地线的总称。接地体分自然接地体和人工接地体,人工接地体是为了降低杆塔接地电阻而专门设置的接地体;自然接地体是指拉线、杆塔基础等这些直接与大地接触的具备接地作用的接地体;接地线是指杆塔与接地体间的连接线。

故障入地电流在接地体上产生的电压与故障入地电流之比,称为接地电阻。接地电阻与土壤电阻及接地装置的型式有密切关系。输电线路沿线经过地区不一定相同,土壤电阻率就有可能不同,应当根据不同的土壤电阻率,选用不同的接地装置。

线路的耐雷水平随杆塔接地电阻的增加而降低,以 DL/T 620—1997《交流电气装置的过电压保护和绝缘配合》中 500kV 典型的酒杯塔的塔型尺寸和绝缘子串的 50%雷电冲击绝缘水平为例,针对杆塔冲击接地电阻值计算出各自的耐雷水平见表 2-5。

表 2-5　　　　　　　　500kV 线路耐雷水平与杆塔接地电阻的关系

系统标称电压	500kV 交流			±500kV 直流		
接地电阻（Ω）	7	15	30	7	15	30
耐雷水平（kV）	176.7	125.4	81.2	315	235	167

随着杆塔接地电阻的增加,线路的耐雷水平明显降低,直流线路更为突出,因此降低杆塔的接地电阻有显著的防雷效果。有效地提高线路耐雷水平防止反击,是基本的防雷措施,应给予首选考虑,对 110kV 及以上电压的线路尤为重要。通常要求输电线路的接地电阻小于 30Ω（尽可能在 10Ω 以内）。

计算防雷保护装置接地电阻用的土壤电阻率,应取雷雨季节中最大可能的土壤电阻率。在 ≤300Ω·m 的良好导电的土壤中,降低接地电阻并不会使造价显著增加。为了实现有效的防雷,线路杆塔一般应逐基接地。线路杆塔的工频接地电阻在无雨干燥季节数值见表 1-24。

1）接地装置的型式。接地装置铺设方式有水平和垂直两种。水平接地体是用圆钢或扁钢水平铺设在地面以下约 0.5~1m 的坑槽内,其单根总长不超过 100m,否则冲击利用系数很差。垂直接地体是用圆钢、角钢或钢管垂直埋入地下。输电线路的防雷保护接地装置,一般都用水平接地体。当单个接地体不能满足接地电阻要求时,可采用多个接地体组合。但是,这种组合接地装置,由于互相屏蔽,总的接地电阻要比单个接地体并联阻值略大些。

接地体和接地线的规格不应小于表 2-6 的数值。

表 2-6　　　　　　　　接地体和接地线的规格

名称		地上	地下	名称	地上	地下
圆钢直径		6	8	角钢厚（mm）	2.5	4
扁钢	截面积（mm²）	48	48	钢管壁厚（mm）	2.5	3.5
	厚（mm）	4	4	镀锌钢绞线截面积（mm²）	50	—

无避雷线混凝土杆接地电阻不作规定,多雷区线路杆塔接地电阻不宜通过 30Ω。除了要用人工接地体外,杆塔的混凝土基础也有一些自然接地作用。这是因为埋在土中的混凝土基础毛细孔中渗透水分,其电阻率已接近于土壤电阻率。杆塔的接地装置的工频接地电阻（Ω）简易计算公式见表 2-7。

表 2-7　　　　杆塔接地装置的工频接地电阻（Ω）简易计算公式

接地装置型式	杆塔型式	简易计算公式
n 根水平射线（$n \le 12$，每根长约 60m）	各型杆塔	$R \approx \dfrac{0.062\rho}{n+1.2}$
沿装配式基础周围敷设的深埋式接地体	铁塔 门型杆塔 V 型拉线的门型杆塔	$R \approx 0.07\rho$ $R \approx 0.04\rho$ $R \approx 0.045\rho$
装配式基础的自然接地体	铁塔 门型杆塔 V 型拉线的门型杆塔	$R \approx 0.10\rho$ $R \approx 0.06\rho$ $R \approx 0.09\rho$
钢筋混凝土的自然接地	单杆 双杆 拉线杆，单杆 一个拉线盘	$R \approx 0.30\rho$ $R \approx 0.20\rho$ $R \approx 0.10\rho$ $R \approx 0.28\rho$
深埋式接地与装配式基础的自然接地的综合	铁塔 门型杆塔 V 型拉线的门型杆塔	$R \approx 0.05\rho$ $R \approx 0.03\rho$ $R \approx 0.04\rho$

注　表中 ρ 为土壤电阻率（Ω·m）。

2）冲击接地电阻。接地装置的接地电阻在大幅值的冲击雷电流作用下和工频实测的接地电阻不同。因为当大幅值冲击电流从接地装置流入地下时，在接地装置附近出现了很大的电流密度和很高的电场强度。当电场强度达到 3~6kV/cm 时，在个别地段的土壤就发生火花放电，这相当于加大了接地体的尺寸，于是使接地电阻减小。此外，冲击雷电流波又相当于高频电流，幅值很大，作用时间很短，因此应考虑接地装置的电感。特别对伸长的带型接地装置，电感对电流的阻力更大，于是可使冲击接地电阻大于工频接地电阻。

单个接地体的冲击接地电阻 R_{ch} 与工频接地电阻 R 的关系为

$$R_{ch} = aR \tag{2-18}$$

式中　R_{ch}——冲击接地电阻，Ω；

　　　R——工频接地电阻，Ω；

　　　a——冲击系数，约 0.2~1.25。

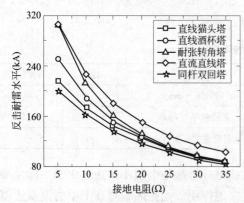

图 2-9　不同杆塔典型条件下的反击耐雷水平与接地电阻的关系

为减少相邻接地体的屏蔽作用，垂直接地体的间距应不小于其长度的两倍；水平接地体的间距应不小于 5m。

同时要注意的是不同型式杆塔其反击耐雷水平与接地电阻的关系是不一样的。如图 2-9 为各种杆塔典型条件下的反击耐雷水平与接地电阻的关系。

目前降低接地电阻的措施主要有：

1）充分利用架空线路的自然接地。在接地工程中充分利用混凝土结构物中的钢筋骨架，金属结构物及上、下水金属管道等自然接地体，它是减小接地电阻、节约钢材及达到均衡电位接地的有效措施。

2）人工改善接地电阻（换土法）。用低土壤电阻率的黏土置换高电阻率的土壤；利用附近工厂的废渣或一些有机物质填充等。如湖北荆州地区采用敷设绝缘混凝土（一种低电阻率的水泥），还有的单位在接地装置下敷设牲畜的粪便等。

3）引伸接地。当杆塔附近有可耕地、水塘或山岩大裂缝时，均可将接地引伸到这些地方，再因地制宜敷设接地体。引伸接地线应不少于2根，应有一定的截面积，引伸距离不宜大于60m。

4）增加接地体的长度。当多根射线不能满足接地体要求时，可采用两根连续伸长的接地线，即将杆塔间接地体在地下相连。遇山谷时，地中两根接地线可穿出地面，凌空跨越，不宜将接地线切断，否则雷电流传播到接地线末端发生正反射，形成更高的电压。

5）深埋接地。目前有两种方法：一是用竖井式或深埋式接地极至地下较深处土壤电阻率较低的地方。在选择埋设地点时应注意以下三点：①选在地下水位较丰富及地下水位较高的地方；②杆塔附近如有金属矿体，可将接地体插入矿体上，利用矿体来延长或扩大接地体的几何尺寸；③利用山岩的裂缝，插入接地极并加入降阻剂。二是利用爆破接地技术，用钻孔机在地中垂直钻直径为100mm，深度为几十米的孔，在孔中布置接地电极，然后沿孔的整个深度隔一定距离安放一定量的炸药来进行爆破，将岩石爆裂、爆松，接着用压力机将调成浆状的低电阻率材料压入泞孔中及爆破致裂产生的缝隙中，以达到通过低电阻率材料将地下巨大范围的土壤内部沟通及加强接地体与土壤或岩石的接触，从而达到接地较大幅度降低接地电阻的目的。如广东220kV韶郭线在一基塔采用此法进行改造，有效地将接地电阻由270Ω降低至10.4Ω。

6）水下接地网。线路位于水库、江河边时可采用此法。例如杆塔附近有水源可以考虑利用这些水源在水底或岸边布置接地极，可以收到很好的效果。若受地形、地势和土壤电阻率的限制把工频接地电阻降到合格以内较困难时，可以考虑用6~8根长为80m的水平射线的方法来降低冲击接地电阻，或把若干基杆塔的接地用耦合地线连接起来，在这若干基杆塔中找出便于处理的，并把接地电阻降到较低值，这样也可以起到很好的防雷作用。

7）利用拉线接地。利用拉线和拉线盘的散流作用，或再在每个拉线盘旁做1~2根10~15m长的短射线，以加强散流。

8）使用降阻剂。降阻剂可分为化学降阻剂、物理降阻剂和树脂降阻剂，还有稀土降阻剂和膨润土降阻剂。

9）物理接地模块。成型物理接地模块是一种内防腐外降阻的物理接地模块复合接地体，内为金属支架电极芯，由高铝硅酸盐凝固成防腐体，再与电极导电材料和电解质导电材料硅酸盐混凝成物理接地预制模块。这种接地模块施工更方便，防腐性能好，无毒无腐无污染，寿命长（资料介绍寿命可达50年）。

10）铜包钢接地极。铜包钢接地棒是将铜与钢两种金属通过特殊工艺加工而成的复合导体。该导体既有钢的高强度、优异的弹性、较大的热阻和高导磁特性，又有铜的良好导电性能和优良的抗腐蚀性能，因而被广泛运用于接地防雷装置、信号传输、承力索等。

11）防腐离子接地体。英国技术生产的最新产品，ALG防腐离子接地体。ALG防腐离子接地体是当今世界上最先进，降阻、泻流、防腐效果最好，最稳定，使用寿命最长的接地材料。

（3）适当加强线路绝缘。线路一旦建成，能够提高耐雷水平的措施基本上只有两条，一是降低杆塔接地体的冲击接地电阻，另外一个是适度增加绝缘子的片数或合成绝缘子串长度，以提高 $U_{50\%}$ 放电电压。增加线路的外绝缘，有利于提高绝缘子的闪络电压和线路的耐雷水平，降低雷击跳闸率。如湖北葛双Ⅰ回和葛双Ⅱ回线路 500kV 线路，尽管两回线路所处的气象条件和地理环境相同，但两者的绝缘设计不同，葛双Ⅰ回线路每相 25 片绝缘子，线路雷击跳闸率为 0.334 次/（100km·a），葛双Ⅱ回线路每相 28 片，线路雷击跳闸率为 0.087 次/（100km·a），两者雷击跳闸率相差近 4 倍。

增加外绝缘受制于杆塔头部的结构和尺寸，只在高海拔地区和雷电活动强烈地段才采用这种方法。另一方面，增加绝缘子的片数，能提高线路绝缘子的耐雷水平，但由于杆塔结构及高度的变化、大地及地线屏蔽作用的弱化导致绕击概率增大，这些均将影响防雷效果。

通常情况下只有在改善接地电阻有困难时，在满足线路正常运行和内过电压要求的前提下，在有限的范围内加强绝缘，即通过适当增加绝缘子片数（加 1~2 片绝缘），来提高线路绝缘水平和耐雷水平。

设计规程规定，对有避雷线保护的线路，杆塔高度超过 40m 者，每超过 10m 高度，应增加一片绝缘子（不足 10m 的也算成 10m）。无避雷线保护的线路，杆塔高度超过 40m 者，若用保护间隙或避雷器保护的，也应增加一片绝缘子。

（4）安装线路避雷器。线路避雷器在美国、日本等国有 10 多年的运行历史，我国也已开始批量应用。在日本、美国的输电线路上已开始批量采用线路避雷器。现行的线路避雷器有两种，一种是带间隙的，一种是不带间隙的。带间隙的避雷器由于不承受连续工作电压，工作寿命更长，因而应用得更为广泛。线路避雷器一般并联于绝缘子串。当雷击于输电线路时，雷击过电压可能使线路避雷器的间隙击穿。由于氧化锌阀片的非线性特征将迅速切断电弧，避免线路发生跳闸，起到了防雷击跳闸的作用。现在线路避雷器已广泛应用于 66~500kV 线路上。

1）避雷器的选型及安装维护。线路避雷器要求质量轻，不过多增加杆塔的负荷，而且要便于安装。因此，线路避雷器大多采用硅橡胶合成绝缘外套，内为玻璃纤维增强型环氧树脂管，避雷器阀片采用高质量氧化锌阀片，端部装有连接金具及配套间隙，线路避雷器的质量约为 10~18kg。

线路避雷器安装时应注意：①选择多雷区且易遭雷击的输电线路杆塔；②安装时尽量不使避雷器受力，并注意保持足够的安全距离；③避雷器应顺杆塔单独敷设接地线，其截面积不小于 25mm²，尽量减少接地电阻的影响。

避雷器投运后，需要进行必要的维护：①结合停电定期测量绝缘电阻，历年结果不应明显变化；②检查并记录计数器的运作情况；③对其紧固件进行拧紧，防止松动；④5 年拆回进行一次直流 1mA 及 75%参考电压下泄漏电流测量。

2）线路避雷器安装点的选择。由于线路避雷器的投资较大，线路避雷器价格较昂贵，500kV 线路避雷器约为 8.0 万元/相，220kV 线路 0.8~1.2 万元/相；线路避雷器的运行维护与检修工作量很大。因此线路避雷器不能在所有的杆塔上使用。易击段和易击点的确定非常重要，必须进行技术经济比较和分析。线路避雷器安装地点的确定应根据线路的具体运行情况，如历年跳闸率、易击段、易击杆塔，充分利用雷电定位系统对有关雷电和线路落雷参数进行分析，结合线路杆塔的各种参数，包括地形、地质情况，杆塔型式，接地电阻，杆塔防雷保护角，线路运行最高电压及绝缘配合等因素来综合考虑。一般而言，以下情况应考虑安装线路避雷器：①供电可靠性要求特别高而雷击跳闸率居高不下，采用一般措施仍降不下来而雷击点又为随机分布的线路，经过技术经济比较后可考虑全线安装线路避雷器；②运行经验表明的易击段，经仔细分析后可安装线路避雷器，但要进行计算，以确定合理的安装方案；③山区线路杆塔接地电阻超过 100Ω，采取一般降阻措施接地电阻仍降不下来，且发生过雷击闪络的杆塔；④发电站或变电站出口线路，接地电阻过大的杆塔。

（5）采用差绝缘方式。所谓差绝缘，是指同一基杆塔上三相绝缘有差异，下面两相较之最上面一相各增加一片绝缘子，当雷击杆塔或上导线时，由于上导线绝缘相对较"弱"而先击穿，雷电流经杆塔入地，避免了两相闪络。此措施适宜于中性点不接地或经消弧线圈接地的系统，并且导线为三角形排列的情况。

（6）架设耦合地线。装设单避雷线的线路，其接地电阻降低困难时，可在杆塔顶部再架设一条避雷线，改为双避雷线，或不改杆塔塔头结构而在导线下方增加一条架空地线，称之耦合地线。运行实践证明，这是一项有效的防雷改进措施。其虽不能减少绕击率，但能在雷击杆塔时起分流作用和耦合作用，降低杆塔绝缘子上所承受的电压，提高线路的耐雷水平。

但是，在投运的线路上加装耦合地线往往比较困难。除考虑经济因素外，还要受耦合地线对导线和大地的距离及杆塔强度的限制。曾经发生过在大风、覆冰等恶劣天气下，导线对耦合地线放电跳闸的事故，且因重合不成功而构成故障。因此，在运行线路上加装耦合地线时，不仅要验算杆塔强度、耦合地线对导线及地面的距离，还应验算大风时耦合地线与导线不同期摆动后的距离。并且线路运行维护的工作量与难度将会加大。

（7）耦合地埋线。耦合地埋线即连续伸长接地线，是沿线路在地中埋设的 1~2 根接地线，并可与下一基塔的接地装置相连。可起两个作用，一是降低接地电阻，《电力工程高压送电线路设计手册》指出：采用连续伸长接地线时对工频接地电阻值不作要求。国内外的运行经验也表明，它是降低高土壤电阻率地区杆塔接地电阻的有效措施之一。二是起一部分架空地线的作用，既有避雷线的分流作用，又有避雷线的耦合作用。

据有的单位的运行经验，在一个 20 基杆塔的易击段埋设耦合地埋线后，10 年中只发生一次雷击故障，有文献介绍采用耦合地埋线可降低跳闸率 40%，显著提高线路耐雷水平。

（8）采用预放电棒与负角保护针。预放电棒的作用机理是减小导线、地线间距，增大耦合系数，降低杆塔分流系数，加大导线、绝缘子串对地电容，改善电压分布；负角保护针可看成装在线路边导线外侧的避雷针，其目的是改善屏蔽，减小临界击距。具体做法是在易遭受绕击杆塔的横担处用角钢固定在横担上，伸出边相绝缘子串 3m 左右。其安装方便，能有效防止绕击的发生。预放电棒和负角保护针往往一起装设，这一方法曾在广东、贵州等地采用，有一定的效果。制作、安装和运行维护方便，以及经济花费不多是其特点。

（9）塔顶避雷针。因受一些偶然因素影响，在雷电光导发展初期，发展方向还不固定，但发展到距地面高为定向高度时（如避雷针高），先导通道的头部至地面上某一感应电荷的集中点，或至地面上某一高耸物的端部间的电场强度就超过了其他方向的电场强度。先导通道的发展就大致沿其头部到达感应电荷集中点的连线发展，使放电通道的发展有了定向，雷击便有了选择。避雷针是直接接地的，针的高度高于线路，当雷云密集时针顶将成为感应电荷集中点，于是先导通道将沿着避雷针顶端方向发展，使雷电通过针进行放电。所以避雷针是吸引雷电，避免线路遭雷击的装置。避雷针一般装在终端塔上或线路雷害特别严重的地区。

　　易绕击的杆塔应调整避雷线的保护角，但运行的线路调整避雷线的保护角很困难，可在容易遭受绕击杆塔的横担处固定角钢在横担上，伸出边相绝缘子串约 3m 左右。实践证明，侧向避雷针安装方便，能有效地防止绕击的发生。但安装侧向避雷针后其引雷效果增大，为了防止反击事故，可增加绝缘子串的片数，提高绝缘子的冲击放电电压值，同时装侧向避雷针杆塔应作接地降阻处理。

　　四川达县供电局在两基 110kV 易击杆塔上各装 2 根 5m 长的塔顶避雷针，运行 11 年未发生雷击事故。但是，安装避雷针后杆塔落雷概率将增大，有可能导致反击增加，故应再计算耐雷水平及其超过此耐雷水平的概率，研究运行上能否接受。采用这一方法时还要求杆塔接地电阻<10Ω，否则应考虑增加绝缘子片数以加强绝缘。

　　（10）采用多针装置。多针系统综合防雷装置是一种综合装置，它由一个或两个半球形放射式多针系统和一侧或两侧放射形屏蔽针共同构成，前者安装于线路塔顶，后者可视杆塔所处的实际地形因地制宜进行安装，通常以水平或略上翘的形式安装于杆塔横担端绝缘子悬挂点上方，向外侧伸展 1~1.5m。塔顶加装半球形放射式的多针系统防雷装置后，相当于把塔头附近的避雷线向外拓展，可以减小保护角。

　　（11）可控放电避雷针。可控放电避雷针是武汉高压研究所经长期防雷研究和大量的高压试验而取得的研究成果。雷云对地面物体放电有上行雷闪和下行雷闪两种方式。下行雷闪一般光导自上而下发展，主放电过程发生在地面（或地面物体）附近，所以电荷供应充分，放电过程迅速，雷电流大（平均限值为 30~44kA）、陡度高（24~40kA/μs）。上行雷闪一般没有自上而下的主放电，其放电电流由不断向上发展的先导过程产生。所以相对下行雷闪而言，上行雷闪放电电流幅值小（一般小于 7kA）、陡度低（一般小于 5kA/μs）。另外，上行雷闪不绕击，因为它自下而上发展的先导或者直接进入雷云电荷中心，或者拦截自雷云向下发展的先导，这样中和雷云电荷的反应在上空进行，自雷云向下的先导就不会延伸到被保护对象上。所以上行雷闪的上行先导对地面物体还具有屏蔽作用。可控放电避雷针就是利用这些特点，通过结构设计引发上行雷闪放电，达到中和雷云电荷、保护各类被保护对象的目的。

　　可控放电避雷针由针头、接地引下线、接地装置构成一套保护系统。它的针头不再是单针，而由主针、动态环、储能元件组成，如图 2-10 所示。

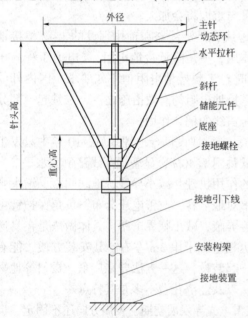

图 2-10　可控放电避雷针结构示意图

　　当可控放电避雷针安装处附近的地向电场强度较低时（如雷云离可控放电避雷针及被保护对象距离较远等情况），雷云不会对地面物体发生放电。此时可控放电避雷针针头的储能元件处于储存雷云电场能量工况。由于动态环的作用，针头上部部件（动态环和主针针尖）处于电位浮动状态，与周围大气电位差小，因此几乎不发生电晕放电，确保引发前针头附近空间电荷少。当雷云电场上升到预示它可能对可控针及周围被保护物发生雷闪时，储能元件立即转入释能工况，使主针针尖的场强瞬间上升数百倍，附近空气形成的强放电脉冲因无空间电荷阻碍而在雷云电场作用下快速向上发展成上行先导，去拦截雷云底部先导或进入雷云电荷中心。如第一次脉冲未能引发上行先导，储能元件再进入储能状态，同时使第一次脉冲形成的空间电荷得以消散，准备第二次脉冲产生，如此循环，直至引发上行雷。

可控放电避雷针已在湖北、重庆、湖南、辽宁、福建、吉林、贵州等 20 多个省市安装运行，取得较好的运行效果。贵州 500kV 贵福线雷害突出，2003 年以来针对雷害绕击较多的特点，明确了防雷改造的技术路线，以减少绕击的发生概率为目标，在塔顶安装可控放电避雷针作为重要的防雷手段。贵福线有 10 基铁塔共计装可控放电避雷针 20 支，安装位置为塔顶地线支架上方，一般高出避雷线位置 2m 以上，每基塔 2 支。近两年中，其他线路如鸭福线、安青 1 线、安贵 1 线、纳安 2 线等的雷击跳闸总体上升，但统计显示贵福线雷击跳闸率下降。

（12）升高避雷线减小保护角。对于杆塔存在地面倾角的山坡或地形开阔处，当避雷线保护角较大时可考虑使用这一方法，目的是降低绕击率。具体可在杆塔处装弓子线等，但要求杆塔有合格的接地装置。

对于线路绕击现象，实际上就是避雷线对导线没有起到应有的保护作用，减小保护角有两种方法，一种是增加避雷线支架高度来减小保护角，二是改变双避雷线水平间距来减小保护角。若采用增加避雷线高度来减小保护角，对于地面倾角大的线路同样也增加了雷击的概率。而适当增加避雷线水平间距减小保护角，是比较合理的预防措施，而且不会引起中相导线的雷击，这在许多文献已经证明。

（13）装设消雷器。消雷器的种类较多，具有代表型的有半导体少长针消雷器，此装置由我国防雷专家解广润等在 20 世纪 70 年代研究开发，其技术居世界先进行列。它大大优于国外目前采用的"多短针消雷器"，并获中国和美国专利，在国内已有多年的应用历史，运行情况良好。

（14）装防雷拉线。杆塔加装拉线的作用：①人为增加易击杆塔接地点和扩大雷电流入地释放范围（解决耐张杆外角侧易雷击问题）；②减少塔身电感，有一定的分流作用；③降低塔身阻抗，同时降低塔顶电位，仅对降低反击率起一定的作用；④有屏蔽导线的作用。

试验及运行经验证明，装设杆塔拉线能降低雷击跳闸率，是一项有效的防雷改进措施。由于杆塔拉线具有较大的分流作用，同时又相当于增大了杆塔的等效半径，使杆塔波阻抗减小。试验证明，4 根杆塔拉线的分流可达 10%~20%，其分流效果与拉线在杆塔上的连接位置及接地状况有直接关系。拉线杆塔顶越近，拉线的接地电阻越小，则分流的效果越好。拉线的接地装置可设置成单独的接地装置，对降低塔顶电位的效果更明显，而且运行经验证明，杆塔拉线不仅具有分流作用，而且对杆塔附近的导线可起到一定的屏蔽作用，对某些已经投运的易雷击杆塔，若地形条件适合加装拉线，则可作为一项防雷改进措施加以应用。拉线有单独的人工接地装置。拉线本身在结构上不承受张力，松紧适度，布置方式可以为四方拉线，也可为 120° 三方拉线，采用钢绞线。值得注意是拉线可能需要穿越导线，安装时必须和导线保持足够的空气间隙。

（15）防绕击避雷针。防绕击避雷针是一种应用于避雷线上的新型避雷针。结构示意图如图 2-11 和图 2-12。该避雷针安装于架空电力线路的避雷线上，一般位于杆塔避雷线挂点 20~40m 的位置，扩大了避雷线的防护范围，特别适用于多雷的山区线路，按不同型号可适用于35~500kV甚至1000kV输电线路地线，截面积在35~250mm² 钢绞线、铝包钢绞线、良导体绞线、光纤复合架空地线等。但在应用时也需考虑绕击避雷针对避雷线的影响，如安装位置的避雷线损伤、疲劳断股等。

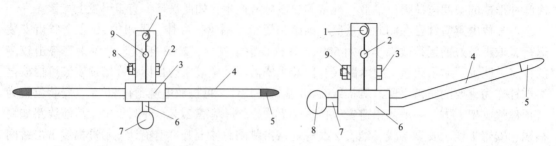

图2-11　单根避雷线的防绕击避雷针　　　　图2-12　双根避雷线的防绕击避雷针
1—销子；2—紧固螺栓；3—基座；　　　　　1—销子；2—地线夹孔；3—紧固螺栓；
4—针体；5—绝缘帽；6—连接杆；　　　　　4—针体；5—绝缘帽；6—基座；
7—平衡锤；8—弹簧垫圈；9—地线夹孔　　　 7—连接杆；8—平衡锤；9—弹簧垫圈

（16）自动重合闸。输电线路自动重合闸装置是在线路发生雷击网络等情况后，保持供电的极有效的设施，是防雷的最后一道保护。为了进一步降低线路故障率，提高线路的运行可靠性，应抓好线路自动重合闸装置投运、校验、试验与运行巡视检查工作，避免发生拒动、误动，确保线路自动重合闸装置正常有效地运行。

（17）雷电定位系统。雷电定位系统（LLS）是应用现代雷电监测技术，探测雷电活动规律、落雷点及雷电物理参数的一整套装置。它能够对雷电活动实施全自动、大面积、高精度监测，遥测雷电发生的时间、地点、峰值、极性、次数，并以分时彩色图形显示雷电运动轨迹。由于雷电定位系统能够对雷电进行实时并比较准确的测定，目前已被广泛地应用到电力系统输电线路的运行管理中。

定位误差和探测率是评价雷电定位系统的两个关键性技术指标，是现阶段检验区域雷电定位系统功效最基本的技术指标。我国电网采用的雷击定位误差标准小于1km、探测率大于90%。

雷电定位系统的主要功能包括快速定位故障点、辅助故障性质判断、雷电参数查询、防雷评估、线路雷闪预警。应用雷电定位系统可快速并比较准确的定位雷击点，系统对雷电的各种参数（雷电流幅值、极性、数量、时间等）进行测定和记录，运行单位根据记录参数选择靠近故障跳闸时间的参数作为故障查巡的依据，大幅度缩小了故障查巡的范围，减轻了巡查员工的劳动强度，提高了运行单位的工作效率。

2.3　绝缘子的污闪故障及预防

处于自然环境的绝缘子表面会黏附污秽物质，这些物质一般均有一定的导电性和吸湿性，在湿度较大的条件下，会大大降低绝缘子的绝缘水平，从而增加绝缘子表面泄漏电流，以致在工作电压下产生沿绝缘子表面闪络放电的现象，称之为污闪。因污闪而导致的接地、线路开关跳闸、导线烧伤、供电中断等引起的污闪事故，称为污秽事故。

1996、2003、2004 年，华东电网发生大面积污闪。1996 年 12 月 25 日，华东部分地域开始出现大雾，12月27日弥漫的大雾首先在安徽电力系统中引起污闪，220kV和500kV线路均有跳闸，截至12月31日上午，持续长达一周的大雾共造成全网11条500kV条线路、24条220kV线路共跳闸100多次。华东电网23条500kV线路中就有1条发生闪络，跳闸77次；220kV系统中24条发生闪络，跳闸58次，虽然断路器、继电保护动作正确，未造成大范围停电，但仍对电网安全构成了严重威胁。2003年4月，大雾造成华东电网10余条220kV线路跳闸。2004年2月19~20日，华东地区出现持续大雾天气，华东电网长三角地区的6条500kV线路发生多次污闪跳闸。

污秽而引起的绝缘子闪络事故是一种影响面广，持续时间长，危害性大的事故。由污闪事故所造成的电量损失远大于雷害事故，达到8~10倍。全国六大电网几乎都发生过大面积污闪，造成巨大的经济损失。

2.3.1 污闪故障表现形式及特点

1. 表现形式

各种污秽物质的性质不一样，对线路绝缘的影响也不一样。普通的灰尘容易被雨水冲刷掉，所以对绝缘性能影响不大。可是工业粉尘附在绝缘子表面上能构成一层薄膜，就不能被雨水冲掉，因此对绝缘性能影响极大。

污秽事故与气候条件有十分密切的关系。一般来讲，在空气湿度大的季节容易发生这类事故。例如毛毛雨、小雪、大雾和雨雪交加等天气。在这些天气中，空气中湿度比较均匀，由于各种污秽物质的吸湿性不一样，导电性不一样，从而形成泄漏电流集中，引起烧闪事故。而在大雨天气里，虽然空气中的湿度也很大，但由于水量较大，对绝缘子有冲洗作用；由于水量大，污秽物质均能在很短的时间吸足水分，避免了泄漏电流局部集中，因此在大雨时，就不能引起烧闪事故。

污秽事故的故障表现形式为绝缘子串闪络，导线、地线烧伤，导线、地线及杆塔上金属构件部分发生锈蚀。以及由此而引起的线路跳闸、供电中断等。

2. 事故特点

（1）污闪事故一般发生在工频运行电压长时间作用下。

（2）区域性强，同时多点跳闸的概率高，且重合成功率小，可造成大面积、长时间的停电事故。产生污秽事故的因素，一般能维持一段较长的时间。因此，污秽事故一旦发生，往往不能依靠重合闸迅速恢复送电，而必须经过检修才能送电。

（3）与气象条件关系密切，季节性强。一般发生在气温低、湿度大的气象条件下：毛毛雨、大雾、小雪及雨雪交加的天气，表2-8为不同气象条件下的闪络跳闸统计。时间大多在傍晚、后半夜或清晨（占70%以上）。90%以上的污闪故障发生在秋季后期和冬季。

表2-8 不同气象条件下的闪络跳闸统计

气象条件	雾	溶雨	露	毛毛雨	雨夹雪	中大雨	阴天
跳闸次数（%）	54	30	16	7	6	3.7	3.3

（4）线路中的绝缘子串中存在低值或零值绝缘子时，导致其他绝缘子承受电压升高，容易发生污闪。

（5）直线串绝缘子比耐张串绝缘子易发生污闪，这主要是耐张绝缘子串比直线绝缘子串的自洁性好，积污轻。另外直线串绝缘子片数比耐张串绝缘子片数少一片，也是原因之一。

V 型串由于其积污程度介于直线串和耐张串之间，污闪率也在以上两种绝缘子串之间，但在相同盐密条件下，不同角度 V 型串绝缘子的单位泄漏距离闪络电压随两串的夹角变化而变化，两串绝缘子靠得越近，串间影响越严重。

（6）直线双串比单串绝缘子易闪络，特别是 500kV 带均压环的双串绝缘子。主要原因在于：①双串绝缘子的安装使得沿绝缘子电位分布的不均匀性更大，闪络更易发生；②双串绝缘子周围电场相对于单串绝缘子而言畸变要严重，带均压环的双串绝缘子电场畸变更为严重；③双串绝缘子的安装结构使得闪络路径增加，闪络电压降低；④电场力和风力对绝缘子积污的影响。

（7）污闪的发生与相别、塔型没有直接关联，与电压种类和等级有关。直流线路的绝缘子串比交流线路的绝缘子串易发生污闪。这是因为相同环境下，直流电压下绝缘子表面积污要高于交流电压的绝缘子，主要是直流电压的直流场吸尘效应大所致。另外交流电压等级越高，积污越严重，盐密量越大。

（8）绝缘子串有覆冰、积雪现象时，在冰雪消融时绝缘子表面污秽易受潮容易发生污闪。

（9）硅橡胶复合绝缘子耐污闪性能好，其污耐受电压比瓷绝缘子高 2~3 倍，不易发生污闪。因为硅橡胶伞裙表面为低能面，具有良好的憎水性，此憎水性还可迁移到污秽层表面，不易形成集中的放电通路，局部电弧不易发展，饱和受潮时间长，形状系数大，表面电阻大，污闪电压高。

2.3.2　绝缘子积污

绝缘子表面沉积的污秽，既取决于当地大气环境的污染水平（包括远方传送来的污染），也受当时大气条件的影响（风力、降雨、降雪等）。此外，还与绝缘子自身形状、尺寸、安装方式、表面光洁度等有着密切的关系。

1. 污秽类型

能导致闪络的绝缘子污秽的基本类型主要有两类：

A 类：沉积在绝缘子表面上的有不溶成分的固体污秽，湿润时该沉积物变成导电的。这种类型污秽的最好表征方法是进行等值盐密（ESDD）及不溶沉积物密度（NSDD）测量。固体污秽层的等值盐密（ESDD）值也可以用在控制湿润条件下的表面电导率来评定。A 类污秽最常见于内陆地区、荒漠地区或工业污秽地区。

B 类：沉积在绝缘子上的不溶成分很少或没有不溶成分的液体电解质，这种类型污秽的最好表征方法是进行电导或泄漏电流测量。B 类污秽最常见于沿海地区，由盐水或导电雾沉降在绝缘子表面形成。

也可能会出现这两种类型污秽的组合。

2. 污秽的来源

（1）自然污秽。指无人参与，在自然条件下所产生的污秽，如在空气中飘浮的微尘、海风带来的盐雾、盐碱严重地区大风刮起的尘土及鸟类粪便等。

（2）工业污秽。指在工业生产中所产生的工业型污秽，如火电厂、化工厂、水泥厂、蒸汽机车等工业企业排出的烟尘或废气等。

（3）生活污染。汽车、摩托车、助动车尾气污染，生活锅炉废气污染等。

3. 污秽物常见成分

目前常见的污秽物主要有硫氧化物、氮氧化物、碳氧化物、碳氢化合物等。对各地绝缘子表面污秽物成分的实测结果表明，污秽物中可溶阳离子主要为 C_a^{2+}、NH_4^+、Z_n^{2+}、N_a^+、Mg^{2+}、K^+等，阴离子主要为 SO_4^{2-}；NO_3^-、Cl^-、HCO_3^-、F^- 等。以上阴阳离子中，以 C_a^{2+} 和 SO_4^{2-} 离子含量最大，分别占总阳离子和总阴离子的 50%~80%。

绝缘子表面污秽物中除了含有可溶盐以外，还含有灰密。这些灰密按吸水性能大小可分为三类：①高岭土、伊利石、石膏等吸水性强的污秽物；②吸水性次之的方解石、白云石等；③石英、长石、赤铁矿（$\alpha\text{-}Fe_2O_3$）、不定型碳等吸水能力较差的污秽物。

在不同地区、不同季节测量绝缘子表面沉积的盐密与灰密比例是不同的。一般而言，在我国北方地区盐密与灰密比值较小，南方地区比值较大。例如，我国华北、东北地区盐密与灰密的比值一般为 0.3~0.25，而上海地区则为 0.19~0.93。春季测量的盐密与灰密比值较小，而夏季比值较大，这可能是由于在夏季强降雨较多使绝缘子表面沉积的灰密流失造成的。

4. 线路环境的类别

在 GB/T 26218.1—2010《污秽条件下使用的高压绝缘子的选择和尺寸确定》中将环境描述为如下五种类型。环境类型用一种地区的典型污秽特性来描述，实际上大多数污秽环境包含的污秽类型多于一种。

（1）"荒漠型"环境。荒漠型区域的特点是具有沙质土壤，干旱期持续时间很长，面积广阔。这些地区的污秽层通常含有溶解速度缓慢的盐并且 NSDD 水平很高。绝缘子主要被风带来的污秽物所污染。自然清洁可以发生在少有的下雨期或强风形成的"沙吹"时。雨水稀少并且盐的溶解性差使得绝缘子自然清洁效果较差。绝缘子凝露现象可能经常产生临界湿润，导致绝缘子有闪络风险。

（2）"沿海型"环境。沿海型区域的典型特点是直接邻近海岸，污秽物主要由浪花喷溅、风和雾等原因沉积在绝缘子表面。但在某些与地形有关的情况下，在远离海岸 50km 的内陆地区也可以看到这种现象。通常污秽层形成很快，特别是在浪花喷溅或导电雾情况下。污秽层也可能由风带来的颗粒通过较长时间沉积建立起来，其组成为快速溶解的盐与少量的惰性成分，该惰性成分取决于当地的地表特性。

（3）"工业型"环境。工业型区域指工业污染源及紧邻的地区。污秽层的构成可以是导电的颗粒污秽物，也可以是气体的溶解物，或是溶解缓慢的污秽物。工业地区自然清洁的有效性很大程度上随所存在的污秽类型变化，这种污秽通常是沉积在水平表面上重的颗粒。

（4）"农业型"环境。农业型区域紧邻农业活动的地区。典型污秽源是耕作或喷洒农作物。绝缘子上的污秽层主要是快溶或慢溶的盐，如化学制品、鸟粪或是在土壤中存在的盐。这种污秽通常是沉积在水平表面上质量较大的颗粒，但也可能是风带来的污秽。

（5）"内陆型"环境。这些地区的污秽水平很低，没有明显可确认的污秽源。

2.3.3 污闪特性

1. 污闪放电条件

污闪放电的过程分为四个阶段：绝缘子表面的积污、污秽层的湿润、局部放电的产生、局部放电的发展并导致沿面闪络。而导致绝缘子发生污闪是由绝缘子表面积污、污层湿润和工作电压三个因素决定的。

（1）绝缘子表面积污。绝缘子表面积污受各种大气条件和风力、重力、静电力等多种因素影响。污秽多、大气污染严重，绝缘子积污也就多。绝缘子的形状也影响积污量，如钟罩型结构的玻璃绝缘子，虽然它有零值自爆、不检零、有较高耐受电压和耐弧性能等优点，但由于钟罩棱深，气流在棱内易形成涡流，使积污量多，自洁性差。悬垂绝缘子串的两端绝缘子往往比中间污秽重，自然积污中导线侧绝缘子污秽最严重，且绝缘子下表面的污秽又明显多于上表面。瓷质防污绝缘子下表面的污秽又明显多于上面。瓷质防污绝缘子又存在着零值和掉串的潜在威胁。

（2）污层湿润。绝缘子表面污层的湿润与气象条件中的雾、露、毛毛雨等密切相关，雾、露的出现取决于空气的相对湿度。一天之内从子夜到凌晨是相对湿度较大的时间，一年之内夏季相对湿度小，冬季相对湿度大。相对湿度较大的时间里，污秽绝缘子的污层容易湿润，易发生污闪事故。综合国内外污闪事故的特点，事故多发生在大雾和细雨时间内，而大雨时反而少，因大雨可冲洗绝缘子表面，其底部都是干燥的，而时间多发生在后半夜和清晨，故污闪事故又常称为"日出事故"。

（3）工作电压。绝缘子表面污秽层受潮后，绝缘电阻下降，在正常工作电压作用下，绝缘表面电导和泄漏电流将大大增加，从而导致绝缘子沿面污闪放电。

2. 污闪过程

运行中的绝缘子发生污闪由两个因素决定，一是大气污染造成的绝缘子表面积污；二是能使积聚污秽物质充分受潮的气象条件。在干燥气象条件下，表面脏污的绝缘子仍有很高的绝缘强度。但是在某些不利条件下，例如在雾、露、毛毛雨等天气或者环境湿度较高的时候，污秽中含有的可溶盐成分被溶解，产生了可在电场力作用下作定向运动的正、负离子，这相当于在绝缘设备表面形成了一层导电膜，降低了绝缘电阻，从而有较大的泄漏电流沿绝缘设备表面流过。该泄漏电流的大小和绝缘设备污闪的发展过程密切相关，其大小与污秽中可溶盐成分与含量、灰密含量、污秽在设备表面的分布状况、污秽吸水或受潮的程度、设备外形尺寸和材质、外加电压种类和极性等因素密切相关。

由于绝缘设备表面材质的不同，形状、结构尺寸的变化，表面污层分布不均匀和润湿程度不同等因素的影响，泄漏电流在设备表面上的分布是不均匀的。例如，在盘形悬式绝缘子的钢脚和铁帽、棒式支柱绝缘子裙和芯棒交接处的泄漏电流密度一般比较大。在这些电流密度比较大的地方，热效应显著，污秽物中含有的水分被蒸发，在绝缘设备表面形成干燥带，导致整个绝缘设备承受的电压沿设备表面重新分布。由于干燥带中的污秽物是不导电的，其绝缘电阻值很高，因此干燥带承受的压降很高。当干燥带某处的场强值超过起晕场强时，在该处就会发生局部放电。

沿面局部放电是不稳定的，呈间歇的脉冲状态，视条件的不同，局部放电的形式可能是火花放电，或者是刷状放电，也可能是跨越干燥带的局部电弧。当放电火花熄灭时，由于此时已形成明显的干燥带，泄漏电流被干燥带的高电阻限制到很小的值，泄漏电流的烘干作用几乎终止，大气的潮湿会使干燥带重新湿润，从而在场强较高处又产生新的放电火花。

在不同条件下，放电火花出现的部位是不同的，并且在一个绝缘设备上可能同时出现多个放电火花。如果绝缘子脏污不是很严重，或者受潮不充分，以及绝缘子的泄漏距离较长从而有较大的绝缘裕度，这种条件下的放电比较微弱，放电的形式多是蓝紫色的火花或刷状放电，此时相应的泄漏电流脉冲幅值也较小。这种间歇的放电可能持续相当长的时间，但绝缘子发生污闪的可能性不大。随着使绝缘子受潮因素的减弱（天气的好转，空气相对湿度的减小），这种放电现象会逐渐减弱，并最终消失。

如果绝缘子脏污比较严重，绝缘子表面又充分受潮，以及绝缘子的泄漏距离较小，就会出现较强烈的局部放电现象。在这种条件下，放电形式为跨越干燥带的电弧放电，电弧为黄红色并作频繁伸缩的树枝形状，放电通道中的温度可增高到热游离的程度，与这种放电形式相对应的泄漏电流脉冲幅值较大，可达数十或数百毫安。这种间歇脉冲状放电现象的发生和发展也是随机的、不稳定的，在一定的条件下，局部电弧会逐渐沿面伸展并最终完成闪络。

由以上分析可以得知，随着绝缘设备表面污秽状况和外界条件的变化，设备表面的局部放电现象可能会逐渐减弱以致消失，此时设备可继续正常运行；也可能会发展成为贯通两极的电弧，形成污闪故障和事故。例如，如果局部电弧的热效应使干燥带扩大到电弧无法维持时，电弧就会熄灭；若外界条件使干燥带电阻不断减小，泄漏电流不断增大，局部电弧自身压降不断减小时，则局部电弧可不断向对极发展，直至闪络。

污闪的发展过程可以划分四个阶段：①污秽在绝缘设备表面沉积和累积；②污秽在绝缘设备表面发生潮解，流过绝缘设备表面的泄漏电流增大；③绝缘设备表面产生局部放电；④局部放电持续发展并最终导致闪络。

我国几次大范围的污闪事故都发生在连续数天大雾等极其恶劣的气候条件下。凌晨时绝缘子表面凝露也容易使污层饱和受潮，造成污闪事故。评价输变电设备外绝缘的耐污能力，除了考虑绝缘子表面的积污程度外，还须考虑该地区使绝缘子表面积污饱和受潮的恶劣气象条件出现的概率。

2.3.4　现场污秽等级的划分

1. 划分依据

在 DL/T 374—2010《电力系统污区分布图绘制方法》中从非常轻到非常严重定义了五个污秽等级来表征现场污秽的严重程度。

（1）a——很轻；

（2）b——轻；

（3）c——中等；

（4）d——重；

（5）e——很重。

2. 划分线路污秽等级的原则

（1）污秽等级应根据典型环境和合适的污秽评估方法、运行经验、现场污秽度（SPS）三个因素综合考虑划分，当三者不一致时，按运行经验确定。

1）确定线路污区等级时，应根据污湿特征、盐密和运行经验三个因素综合确定污秽等级，对三者不一致的特殊地区，应按线路运行经验决定。线路运行经验体现在运行设备外绝缘的污闪跳闸及事故记录，绝缘子型式、片数、泄漏比距和老化率，地理和气象特点，采取的防污措施以及清扫周期等情况的考虑。所以线路运行经验（数据）是确定污区的重要原则。

2）确定污秽等级时，要充分考虑环境污染的变化情况，对于工业迅速发展的地区、地段要留有一定裕度；对于局部污染、规划建设的工业区，重要公路、铁路及盐雾波及地区应考虑适当提高污区等级。

3）采取科学的态度重新考虑准确表征外绝缘污秽度的方法和外绝缘的配置原则，因地制宜地采取合理的防污闪措施。在设计、基建和改造中应持发展的观点，特别是从设计审查完毕到工程建成时间跨度较长的输变电工程更应及时调整，以避免周期性的反复调爬。

（2）无输电线路、变电站和换流站区域的污区划分。应比照污秽情况、气象条件相类似的地点或地区的污区划分，并辅以如下措施：

1）现场测量，如非带电绝缘子作为现场污秽度测量值。

2）参照相似条件，根据已运行线路、变电站或换流站绝缘子现场污秽度测量值来确定。

（3）进行现场污秽度等级划分时应按照下列具体要求进行。

1）收集地区的地貌特征、气象情况和污源状况等环境参数；

2）测量现场污秽度［绝缘子 ESDD/NSDD 或 SES（现场等值盐密）值］；

3）收集 3~5 年的经验。

3. 污区分布图绘制

（1）一般规定。污区分布图以各地（市）供电公司为基本绘制单位，根据现场污秽度等级绘制本地区电力系统污区分布图。各省（自治区、直辖市）电力公司的污区分布图应在各地（市）供电公司已绘制成的污区分布图的基础上综合绘制。各区域电网公司的污区分布图应在各省公司已绘制的污区分布图的基础上综合绘制。

（2）绘制要求。

1）污区分布图应覆盖全部区域（包括无人区）；

2）绘制污区分布图的同时，还应分别给出污区分布图的编制说明和实施细则；

3）一般每个污秽测量点所代表的现场污秽度等级可以覆盖半径 2km 的区域，若相邻区域的污染状况与其基本相似，则该范围可以适当扩大；

4）无污秽测量点地区的污区等级按 DL/T 374—2010 中 4.3 规定确定；

5）污区分布图原则上应以地理信息系统中的电子地图为底图绘制。

典型环境和合适的污秽评估方法见表 2-9。

表 2-9　　　典型环境和合适的污秽评估方法示例

示例	典型环境的描述	SPS 级	污秽类型
E1	离海、荒漠或开阔干燥的陆地>50km[②]； 离人为污染源>10km[②]； 距大中城市及工业区>30km，植被覆盖好，人口密度很低（每平方千米小于 500 人的地区）。 距上述污染源距离近一些，但： 1. 主导风不直接来自这些污秽源； 2. 并且/或者每月定期有雨冲洗	a 非常轻	A
E2	离海、荒漠或开阔干燥陆地 10~50km[①]； 离人为污染源 5~10km[②]； 距大中城市及工业区 15~30km，或乡镇工业废气排放强度小于 1000 万 m^3/km^2 的区域或人口密度 500~1000 人/km^2 的乡镇区域。 距上述污染源距离近一些，但： 1. 主导风不直接来自这些污秽源； 2. 并且/或者每月定期有雨冲洗	b 轻	A

续表

示例	典型环境的描述	SPS 级	污秽类型
E3	离海、荒漠或开阔干燥陆地 3~10km③： 离人为污染源 1~5km②； 集中工业区内工业废气排放强度 1000 万~3000 万 m^3/km^2 的区域或人口密度 1000~10 000 人/km^2 的乡镇区域。 距上述污秽源距离近一些，但： 1. 主导风不直接来自这些污染源； 2. 并且/或者每月定期有雨冲洗	c 中	A
E4	距 E3 中提到的污染源距离更远，但： 1. 在较长（几周或几个月）干燥污秽集积季节后经常出现浓雾（或毛毛雨）； 2. 并且/或有高电导率的大雨； 3. 并且/或者有高的 NSDD 水平，其为 ESDD 的 5~10 倍	c 中	A/B B A
E5	离海、荒漠或开阔干燥陆地 3km 以内③； 离人为污染源 1km 以内②； 距大中城市及工业区积污期主导风下风方向 5~10km，或距独立化工或燃煤工业源 1km，或乡镇工业密集区及重要交通干线 0.2km，或人口密度大于 10 000 人/km^2 的居民区或交通枢纽	d 重	A
E6	离 E5 中提到的污染源距离更远，但： 1. 在较长（几周或几个月）干燥污秽集积季节后经常出现浓雾（或毛毛雨）； 2. 并且/或者有高的 NSDD 水平，其为 ESDD 的 5~10 倍	d 重	A/B B A
E7	离污染源的距离与重污秽区（E5）相同，且 1. 直接遭受到海水喷溅或浓盐雾； 2. 或直接遭受高电导率的污秽物（化工、燃煤等）或高浓度的水泥型灰尘，并且频繁受到雾或毛毛雨湿润； 3. 沙和盐能快速沉积并且经常有冷凝的荒漠地区或含盐量大于 1.0% 的干燥盐碱地区	e 非常重	B A/B A

① 在风暴期间，在这样的离海距离，其 ESDD 水平可以达到一个高得多的水平。

② 相比于规定的离海、荒漠和干燥陆地距离，大城市影响的距离可能更远。

③ 取决于海岸区域地形以及风的强度。

2.3.5 防污闪措施

防止输电线路污闪事故需要贯穿于从线路规划设计阶段到运行维护管理的全过程，须通过组织管理和技术措施来保证。架空输电线路运行规程还对重污区的运行要求作了特殊要求，因此，应重视重污区线路外绝缘配置、盐密测量、清扫工作，建立长期防御机制。

国家电网公司防污治理的基本原则："绝缘到位，留有裕度"。即依靠设备本体绝缘水平抵御恶劣自然环境导致的污闪；不把绝缘设计建立在大规模清扫工作（一年一次）的基础上；留有裕度则是为了预防大气污染日益增长和可能出现的灾害性天气（包括灾害性天气带来的湿沉降）。

国家电网公司关于输电线路运行管理规程中防治污闪工作的目标为：①杜绝 500kV 及 300kV 线路污闪停电事故和电网大面积污闪停电事故；②最大限度地降低线路污闪跳闸率，各网省公司的线路污闪跳闸率应控制在：500kV（含 330kV）线路≤0.05 次/100km·a；110~220kV 线路≤0.1 次/100km·a。

1. 确定线路污秽季节，查清污秽性质

（1）确定线路污秽的季节。根据历年发生污秽事故的时间和当时的气候条件，找出污秽事故与季节、天气等因素的关系，从而确定线路容易发生污秽的季节，以便使防污工作在污秽季节之前完成。

（2）查清污秽性质。每个季节架空线路所通过的环境不同，污秽性质和严重程度也不同，因而对线路的危害也不同，所采取的防污措施也就不同。因此查清污秽的性质，是正确确定防污措施的重要工作。要查清污秽的性质，做好防污闪事故的基础工作，首先要测定绝缘子污秽等值附盐量，并根据环保气象资料和运行经验，划分污秽等级并绘制污区图。

根据污秽中心与线路的地理位置关系和线路上的降污量情况，可定出污秽地区的范围和污秽性质以及污秽等级。

2. 做好绝缘配置

针对不同材质绝缘子的运行特点和适用范围，适当选择绝缘子的爬距、结构和高度，充分考虑污区对爬电比距的要求，并应考虑绝缘子的有效形状系数，合理选择绝缘子型号，优化绝缘配置，从而达到降低污闪的目的。考虑绝缘子形状系数和安装系数的有效爬电比距可采用式（2-19）

$$\lambda = \left(n \times \frac{L_{01}}{U_N} \right) \times K_1 \times K_2 \tag{2-19}$$

式中　λ——有效爬电比距；

　　　n——绝缘子片数；

　　L_{01}——绝缘子单片爬距；

　　U_N——线路标称电压；

　　K_1——绝缘子安装系数，双（四）悬垂可按 0.8 计，其余按 1 计；

　　K_2——绝缘子形状系数，钟罩深棱型可按 0.8 计，其余按 1 计。

一般情况下：重污区，宜采用复合绝缘子。高山、丘陵地区，宜采用玻璃绝缘子。玻璃绝缘子应使用浅钟罩型，应考虑形状系数。电压等级越高，越易污闪，因此，高电压等级的线路绝缘配置应特别注意。双串悬垂配置时，其污耐压一般要下降 10% 左右。污闪一般都发生在悬垂串，耐张串一般不会发生污闪。

对于绝缘子的配置大致可采用以下原则：

（1）高山、丘陵地区绝缘子配置的一般原则。高山、丘陵地区绝缘子配置建议采用玻璃绝缘子。由于高山、丘陵区域，污染一般都不严重，无必要采用复合绝缘子（复合绝缘子属于有机材料，随着时间推移，易产生老化现象，可能发生掉串事故）；同时，高山、丘陵区域一般雷击跳闸比较严重，使用瓷质绝缘子明显不合理（瓷质绝缘子在雷击时，若存在劣质绝缘子，易发生掉串），如果要使用瓷质绝缘子，则应使用防雷保护间隙以保护瓷质绝缘子。

（2）平地地区绝缘子配置的一般原则。平地地区绝缘子配置直线串建议采用复合绝缘子；耐张串可以采用瓷质绝缘子，对于不是位于重粉尘区域的线路，建议采用玻璃绝缘子；对于耐张串，由于其自洁能力较强，尽量能够采用玻璃绝缘子，以避免大量的瓷质绝缘子检测工作；对于瓷质绝缘子，除了特别需要的区域（如严重粉尘区域），尽量避免使用。

（3）重粉尘地区的绝缘配置的一般原则。在重粉尘地段应避免采用玻璃绝缘子，可采用瓷质绝缘子，直线串可采用复合绝缘子。由于钢化玻璃绝缘子的热传导性能差，当覆盖一层粉尘后的玻璃绝缘子在90%潮湿气候中时，泄漏电流增大使玻璃件发热，因冷热不均等剧烈温差而引发钢化玻璃件群爆，在玻璃绝缘子上喷涂 RTV（室温硫化硅橡胶）等同覆盖上粉尘，在大雾潮湿天气也会发生玻璃绝缘子群爆现象。

3. 加强运行维护

（1）有针对性地做好线路巡视。巡视中注意多听、多看。绝缘子有严重污染时白天即可听到较大的放电声音。

注重特殊气象下的巡视，如夜间巡视、日出前的巡视及相应气象条件下的巡视等。有资料表明：发生污闪的气象条件中，雾和露天气占48.57%，融雪天气占20.25%，降雪天气占10.1%，毛毛雨天气占7.54%。久旱无雨又逢大雾天气的情况下极易发生污闪。化工厂附近的化工污染特别容易引起污闪跳闸，其次是水泥、冶金、矿物、盐场、煤烟等。

（2）定期测试和及时更换不良绝缘子。线路如果存在不良绝缘子，线路绝缘水平就要相应降低，再加上线路周围环境污秽的影响，就容易发生污秽事故。因此必须对绝缘子进行定期测试，及时更换不良绝缘子，使线路保持正常绝缘水平。一般1~2年测试一次。

（3）做好防污工作。

1）定期或不定期清扫绝缘子。定期或不定期清扫绝缘子是恢复外绝缘抗污闪能力、防止设备外绝缘闪络的重要手段，对于外绝缘爬距已经调整到位的输电线路，强调适时的清扫尤为重要。对于运行在一定地区的输变电设备，要结合盐密测量和运行经验，合理安排清扫周期。

为保证绝缘子在污闪季节积污量最小，以充分发挥清扫的作用，提高清扫效果，一年清扫一次的时间应安排在污闪季节前1~2个月内进行。清扫的方法有停电清扫、不停电清扫和不停电水冲洗三种。

a. 停电清扫。即在线路停电以后人工上塔抹布擦拭，如遇到用干布擦不掉的污垢时，也可用水湿抹布擦拭，也可用醮有汽油的布擦，或用肥皂水擦也行，但必须用净水冲洗一下绝缘子以免有碱性物附着在绝缘子上。无论用哪种方式擦绝缘子最后都应用干的布再擦一遍。

b. 不停电清扫。一般是利用专业清扫工具，在运行线路上擦拭绝缘。所使用的绝缘杆的长短取决于线路电压的高低，在清扫时工作人员与带电部分，必须持足够的安全距离，并应有监护人。对于污垢比较严重的悬式绝缘子也可以通过带电作业将绝缘子落地进行清扫。

c. 不停电水冲洗。带电水冲洗绝缘子的清扫方法和其他方法相比较，具有设备简单、效果良好，可以带电进行，工作效率高，改善了工人的工作条件等优点，按带电水冲洗装置结构的特点分为移动式与固定式两种，目前移动式水冲洗方法在世界各国流行。

清扫的原则应根据绝缘水平、设备周围的污染源状况和绝缘子的实际积污情况，综合分析后确定清扫周期。一般情况下：①对运行多年或重污秽地段内的线路瓷绝缘子可采用清洁布清扫，如杆上清扫不彻底时，宜采取落地清扫，更换瓷绝缘子的方法；②110kV 及以上线路，每年应安排清扫。在每次清扫后，要选点监测盐密（监测应选在沿线最脏污和最潮湿的地段内），监视线路的脏污状况，采取相应措施，必要时加清扫次数；③500kV 输变电设备原则上需每年清扫一次，为取得最好的清扫效果，应在污闪季节到来前完成；④室内变电设备，凡是不涂 RTV 长效涂料的，每年应结合停电进行清扫；⑤输变电设备在带电清扫和带电水冲洗时，必须遵守操作规程和安规中的具体规定要求，以保证人身和设备的安全。

清扫质量的检查应该满足：①基层班组应建立线路检修记录卡，记录卡要注明地点、杆塔号、清扫时间、清扫人、监护人、工作负责人等；②设备清扫后应组织进行"班组自查""工区检查""公司抽查"的三级检查制。对检查出的问题，必须在雾季前完成补救措施。

2) 采用耐污绝缘子。如双伞型、钟罩型、流线型、大爬距或大盘径绝缘子等。这些绝缘子不仅爬距比普通绝缘子大 40%~50%，且大多具有表面光滑、不易积污、一定的自洁性能等。

3) 增加绝缘子调爬。调整爬电距离是防污的主要措施之一。但是现在调爬要注意两个问题：①不要盲目地将所有线路都换成防污绝缘子；②加强线路的绝缘强度要注意与变电站的绝缘配合，否则反而会导致增多变电站的污闪事故。

从多次污闪的调查情况来看，运行线路的绝缘配置低于恶劣气候和环境污染综合作用下的运行要求是造成大面积污闪的重要原因之一。对于已经投运的线路或变电设备，如果爬电距离不能满足安全运行的要求，就应按规定进行调爬。但调爬一定要与污区的调查和修订结合起来，做到调爬合理且有适当裕度。调爬方法可以是适当增加绝缘子片数，也可以是更换为防污型绝缘子。

对 II 级以下污区，如果是增加绝缘子片数以提高爬电比距，还必须按 GB 50545—2010 验算线路导线—杆塔最小空气间隙是否符合要求。如果所加绝缘子的片数较多，验算后不能保证正常运行所需的最小空气间隙，则应考虑更换为高度不变但爬距大的防污型绝缘子，这样既能增大爬电比距，提高绝缘水平，还能保持最小空气间隙不变。

对于严重污秽地区，采用防污型绝缘子是解决污闪问题的一项重要措施。防污型绝缘子有双伞形、钟罩形、流线形、大爬距或大盘径绝缘子等。防污型绝缘子不但爬距比普通绝缘子大 40%~50%，而且还有其他优点。

双伞形绝缘子伞形平滑，积污速度比普通型绝缘子低，自清洁效果良好，且便于人工清洗，它不仅比普通绝缘子的积污少，而且在同等积污条件下比普通绝缘子的污闪电压高，因而在我国电力系统中得到普遍的推广和应用。

钟罩型绝缘子是伞棱深度比普通型大得多的耐污型绝缘子，其深棱一方面可以增大爬距，另一方面可以使绝缘子的下表面不容易被海水喷溅、海雾润湿。这种绝缘子适用于沿海地区，耐受沿海自然污秽的性能较好，但该型绝缘子由于伞槽间距小，易于积污，较不便于人工清扫，因而在我国内陆地区的使用效果并不好。

流线型绝缘子表面光滑，不易积污，但由于爬距较小，且缺少能抑制电弧发展延伸的伞棱结构，所以耐污性能有限，使用不多。但是有些地区采取将靠近横担侧第一片绝缘子用伞盘较大的流线型绝缘子代替的方法来防止冰溜和鸟粪造成的污闪。

对于某些已运行的架空电力线路，如果沿线或局部污秽较为严重，采用一般防污型绝缘子仍然不能满足防污闪的要求，又由于种种原因不能使用合成绝缘子时，还可以采用大盘径绝缘子。这种绝缘子比普通型绝缘子和防污型绝缘子的盘径要大一些，并且适当增加了伞棱尺寸，因此其爬电比距也相应较长，从而可满足防污的要求。

4) 绝缘子表面涂上一层涂料或半导体釉。对于绝缘子调爬受限和调爬不能满足相应污级要求的绝缘子，也可以在绝缘子表面涂敷防污闪涂料或采用半导体釉绝缘子，从制造绝缘设备的材料来看，瓷绝缘子和玻璃绝缘子都具有亲水性能，污秽物本身也吸收水分，因此当水降落到这些材料表面时，污层中的电解质易于电离并在绝缘子表面形成导电水膜，这样增大了外绝缘的表面电导，最后导致放电。如果在瓷或玻璃绝缘子表面涂抹一层憎水性材料，那么由于材料憎水性的迁移作用以及对污秽物的吞噬作用，可使亲水性的瓷或玻璃绝缘子表面具有一定的憎水性能。水落在这些材料上，就不会浸润形成水膜，而是被憎水性材料所包围形成一个个的细小水珠，其结果是使绝缘子表面成为一个由许多水珠和高电阻带相串联的放电通道，使得放电电弧不易发展；同时由于这些污物微粒的外面包裹了一层憎水性涂料，使得里面的污秽物质不易受潮，即使吸潮后也是一个个独立的水珠，而不能形成片状水膜的导电通路，从而限制了泄漏电流的发展。目前应用的有 RTV 或 PRTV、硅油涂料等涂料。

RTV 是一种室温硫化硅橡胶（Room Temperature Vulcanized Rubber），属于有机硅涂料的一种，干性固体涂层。其本身是无色透明或白色半透明的液体，将其涂在绝缘子的表面后，通过空气及触媒的作用，不久即固化为橡胶似的薄膜，能较牢固地覆盖在绝缘子表面上。利用其优良的憎水性能、绝缘性能和耐气候、耐老化等性能达到防污闪的目的。

RTV 涂料的优点：①涂覆工艺简单；②涂料的附着程度好，在风吹、雨淋、日晒等自然条件下涂层不会破坏；③涂层更新较方便，可以仅清除涂层表面的积污，在旧涂层上再涂敷一层新的涂料；④使用期间可不清扫或少清扫，可显著减少输变电设备运行维护的工作量；⑤使用寿命较长。

PRTV 是电力设备外绝缘复合化硅氟橡胶涂料（电力设备外绝缘用就地成型永久性防污涂料）。寿命约 20 年。其既有 RTV 涂料的室温硫化、就地成型特性，又同时具有作为外绝缘材料的高温硫化橡胶的材料特性。

二甲基硅油（简称硅油）也是一种使用较为广泛的防污闪涂料。其具有一定的稳定性、绝缘性、柔韧性和憎水性。硅油可以带电喷涂，甚至可以在潮湿的天气里，当绝缘子局部放电严重时作临时应急措施。带电喷涂硅油的工具和操作方法都比较简单，喷涂的原理与喷漆的方法相同。

硅油喷涂在绝缘子表面后，即留有一层薄薄的与绝缘子表面不同性能的油膜，若向其表面泼水，水分在其表面即凝结成水珠。硅油涂在绝缘子上表面经常受雨淋、日晒、风吹的作用，硅油的使用寿命仅 3 个月，涂在瓷裙下表面的，受风吹雨淋的机会较少，可保持 5~6 个月；若悬挂的地点周围灰尘太多，落下的尘灰把油分吸收，随后又被风雨冲刷掉，如此不断地作用，油膜干枯就更快。

硅油在油性消失后，积灰特别容易清扫，用手或布轻轻一抹，即露出光洁的瓷釉。这可以防止不易清扫的灰分如水泥等在绝缘子表面结成坚硬的污垢，起到保护瓷釉的作用，同时也减轻了人工清除的劳动强度。

涂过硅油的绝缘子，在干燥的天气下，无论硅油失效与否，电气性能如工频、冲击、闪络电压等，与普通的绝缘子无太大差异。恶劣天气时，在硅油的有效期间和正常的系统电压下，能显著地限制泄漏电流和防止电晕、电火花、闪络的产生。虽然硅油的有效期短，但在这几个月的期间内能安全、可靠、有效地预防污闪。

硅油的使用有效期（寿命）一般定为 3~6 月，实际上使用寿命与当地的气候和落灰量有关。落灰量大，绝缘子表面上的硅油消失比较快，其有效期相应缩短；反之有效期就较长。不同制造厂或同一制造厂不同型号、不同批号的硅油，其效果和有效期也有差异。

5）采用合成橡胶防污增爬裙。在绝缘子上增加合成橡胶防污增爬裙，使绝缘子的爬电距离比原来增加 20% 左右，污闪电压能提高 50% 以上，是较好的防污措施。

6）采用硅橡胶合成绝缘子。硅橡胶合成绝缘子因其优异的憎水性和憎水迁移特性而具有很强的耐污闪能力。在一些中等及重污秽地区采用合成绝缘子的运行数据表明，这些区域发生污闪事故的绝缘子大多是瓷绝缘子，合成绝缘子显示出优异的耐污闪能力，有效防止了污闪事故的发生，大大减轻了繁重的清扫、检测零值等运行维护工作，因此，合成绝缘子是行之有效的防污闪技术措施。

合成绝缘子的事故率中，雷击闪络占第一位，只要合成绝缘子的绝缘距离不低于瓷绝缘子串，合成绝缘子的雷击跳闸率不会高于瓷绝缘子。在污秽较重而又因杆塔间隙限制无法增加爬距的线路可采用合成绝缘子，与瓷、玻璃绝缘子相比，合成绝缘子良好的耐污闪性能已在输电线路运行中得到证明。

合成绝缘子具有质量轻、强度高、维护方便等优点，具有良好的憎水性和憎水性迁移能力，可以大大提高抗污闪能力；合成绝缘子在投入运行后，清洁区和一般污秽区可免清扫，节约维护的人力、物力。

与 RTV 涂料相同，合成绝缘子优异的耐污闪性能源于硅橡胶材料的憎水性和憎水迁移特性。经试验表明，合成绝缘子比较适合于污秽区。但是，合成绝缘子在受潮条件下的表面放电、表面凝结的水滴产生的电晕放电等会导致合成绝缘子憎水性减弱甚至丧失，在现场运行中要予以注意。此外，由于合成绝缘子质量较轻，更换为合成绝缘子后会使线路风偏角增大，不利于线路防风偏放电，这也是必须注意的问题之一。合成绝缘子事故中鸟害闪络占较大比例，合成绝缘子的不明原因闪络中可能很大比例是由鸟害引起，对鸟害问题必须给予注意。

2.4　大风故障及预防

我国气象上规定，当风力达 8 级或以上（即风速大于 17m/s）者，称为大风。其中输电线路的风偏闪络是输电线路大风故障发生最频繁的，与雷击等其他原因引起的跳闸相比，风偏跳闸的重合成功率较低，一旦发生风偏跳闸，造成线路停运的概率较大。特别是 500kV 及以上电压等级线路，一旦发生风偏闪络事故，将对系统造成很大影响，严重影响供电可靠性。

1996 年湛江遭受 15 号台风袭击，造成 35kV 及以上线路倒杆 61 基，其中铁塔 220kV 线路倒塔 30 基，110kV 线路倒塔 8 基；混凝土杆 220kV 线路倒杆 5 基，110kV 线路倒杆 14 基，35kV 线路倒杆 4 基。

2006 年在仙桃、荆州地区发生的强风及龙卷风，造成 500kV 架空线路多处倒杆倒塔事故。

国家电网公司系统 1999~2003 年 110（66）kV 及以上输电线路风偏跳闸情况统计如下：

（1）发生风偏闪络的地域分布。5 年间共发生 110（66）kV 及以上输电线路风偏跳闸 244 次。其中，华北 94 次，占总数的 38.5%；西北 66 次，占 27%；华东 42 次，占 17.2%；华中 25 次，占 10.2%；东北 17 次，占 7%。超过 10 次以上的省份有新疆、陕西、青海、江苏、福建、天津、山西、山东、内蒙古九省市、自治区，其中以新疆为最多，达到了 30 次。从统计数据可以看出，5 年间输电线路风偏跳闸多发于北方和沿海风力大的地区。

（2）线路电压等级的风偏闪络分布。500kV 输电线路风偏闪络发生 33 次，占 13.5%；330kV 输电线路发生 8 次，占 3.3%；220kV 输电线路发生 139 次，占 57%；110kV 输电线路发生 64 次，占 26.2%。统计数据说明 5 年间风偏跳闸主要发生在 110~220kV 线路，约占全部风偏跳闸的 83.2%。

（3）风偏闪络放电情况分布。输电线路风偏跳闸形式主要表现为导线对杆塔放电 210 次，占 86.07%；其次是对周边障碍物放电 30 次，占 12.30%，两项合计占 98.37%。其中对杆塔放电按放电点位置区分，对塔身放电 186 次，占 88.5%；对横担放电 15 次，占 7.1%；对拉线放电 9 次，占 4.4%。对塔身风偏闪络 210 次，其中转角（耐张）塔 142 次，占 68.0%；直线塔 68 次，占 32%。转角（耐张）塔在输电线路中所占的比例是较低的，一般为 1/5~1/20，而统计数据表明风偏故障发生在耐张塔的比例远大于发生在直线塔的比例，因此解决耐张塔风偏问题是减少风偏事故的关键。

（4）风偏跳闸的导线排列方式情况。线路因风偏跳闸三角排列 121 次，占 49.6%；水平排列 74 次，占 30.3%；垂直排列 49 次，占 20.1%。从数据统计看导线三角排列发生风偏故障的概率较大，这类塔型常见的有猫头形直线塔和干字形耐张塔。

2004 年度国家电网 220~500kV 输电线路因风偏引起跳闸 114 次，位居架空输电线路跳闸的第三位，给系统安全稳定运行带来较大影响，其中造成事故的有 37 次。且大多重合不成功。

2005 年国家电网 500kV 输电线路共发生风偏跳闸 7 次，且全部造成线路非计划停运，由风偏造成的事故率 100%。国家电网 66~500kV 输电线路共发生风偏跳闸 57 次，造成事故的 40 次，事故率 70.18%。这表明，一旦发生风偏闪络，造成线路停运的概率就很大。

2.4.1　风力危害

在恶劣的天气里，大风可能引起运行的输电线路产生瞬时和永久性线路故障。

1. 机械故障

（1）风力超过了杆塔的机械强度，杆塔会发生倾斜或歪倒而造成损坏事故。

（2）杆塔基础夯实不够或维修不够，周围的土壤流失、松动，在风力作用下杆塔会发生倾斜或歪倒而造成损坏事故。

（3）杆塔部件锈蚀、各连接部分松动或拉线松弛、锈蚀等原因导致强度降低，风力作用下杆塔发生故障。

（4）大风把草席、铁皮、天线、塑料膜、树枝等杂物刮到导线上，造成短路或增加迎风面积超过了导线的机械强度造成断线引起停电事故。

（5）当风速为 0.5~4m/s（相当于 1~3 级风）时，容易引起导线或避雷线振动而发生断股甚至断线。

2. 风偏闪络故障

（1）直线杆塔绝缘子在水平风载荷作用下导线摇摆，导致导线对杆塔构件之间的空气间隙减小，产生放电短路故障；耐张干字塔中相绕跳线的摇摆同样也会因间隙减小而产生对塔体构件形成单相接地短路故障。

（2）风力过大会使导线承受过大风压，因而产生跳跃；又由于空气涡流作用，就可能使这种摆动成为不同期摆动（各相导线不是同时往一个方向摆动），因而引起导线之间互相碰撞，造成相间短路故障。

（3）水平风载荷引起导线摆动或通道两侧的树木摆动，使线路与通道两侧建（构）筑物或边坡、树木空气间距减小引起闪络跳闸。

2.4.2 故障原因

造成风力故障的原因可以分为外因和内因两方面。外因是自然界发生的强风和暴雨天气；内因是输电线路抵御强风能力不足。因此需要研究内外两方面的影响因素。

1. 机械故障原因

（1）在线路设计方面由于资料不全或考虑不周，不符合客观规律。

1）基准设计风速不太合理。如以 10min 连续记载的平均风速作为基准设计风速，则将因风速时间间隔太长而不能反映客观情况。如 1996 年湛江遭受 15 号台风袭击中造成大面积倒杆事故。线路设计按当地最大风速 35m/s 设计，而 15 号台风平均最大风为 33m/s，但台风中心的最大阵风则达到了 57m/s，远远超过设计风速。

2）设计裕度不足。上例中，强度裕度为 33.3%，所允许的阵风速为 42~49m/s。

3）设计风载未考虑阵风的动力效应，导线在阵风的作用下使得动载荷增加，因此导致杆塔的实际抗风水平偏低。

（2）施工方面。遗留的缺陷未及时处理：如基础未夯实，拉线夹角不符合要求等。

（3）客观因素。客观气象恶劣，风速超过了设计值。

（4）运行维护方面。线路缺陷未及时发现或处理等。如塔材被盗未及时发现；拉线松弛、花兰螺丝被盗致使拉线失去作用；基础埋深不足或周边土壤缺失，卡盘外露。

2. 风偏闪络原因

（1）恶劣的气象条件是造成风偏闪络事故的主要诱因。

1）恶劣气象使得导线与杆塔及周边物体的空气间隙降低。

2）伴随强风而来的降雨、冰雹、扬沙等将造成导线—杆塔空气间隙之间存在异物（雨滴、冰雹、沙尘等），从而降低空气间隙的电气强度。

（2）风偏角参数选择不当是造成风偏闪络的根源。线路防风偏设计的主要参数是风偏角，合理选择风偏角是保证输电线路最小空气间隙满足规程要求的前提，特别是易于产生强风的某些微地形区，需要根据实际情况选择合理的风偏角，以提高输电线路抵御强风的能力，减少线路风偏跳闸故障及事故的发生。

2.4.3 防风措施

1. 优化设计参数，提高安全裕度

（1）在线路设计阶段应高度重视微地形气象资料的收集和区域的划分，根据实际的微地形环境条件合理提高局部风偏设计标准。如在选取杆塔风压不均匀系数时，可按风压不均匀系数为 0.61 进行杆塔规划；终堪定位时，塔头间隙按 0.75 进行校验。尤其是 750kV 及 1000kV 的特高压线路，由于其绝缘子串更长，在相同的风偏角情况下带来的空气间隙减小的幅度更大，在杆塔设计中更应先做好线路所经过地区气象资料的全面收集。

（2）提高杆塔设计的安全系数，有资料建议把原来的设计安全系数 $K = 1.5 \sim 1.8$ 提高到 2.5~3.0（即相当于导线及铁塔均乘以风振系数 1.4~1.8）。实践证明防风效果较好。

（3）提高杆塔的抗阵风能力，取阵风系数>1.5。

（4）沿海地区（属大风故障区），将设计基准风速值（35m/s）提高，建议取 $v = 40m/s$ 以上。

（5）根据输电线路风偏闪络放电的路径，线路设计时应考虑恶劣气象条件（强风、雨水、冰雹及沙尘）引起的空气间隙工频放电电压的降低，而导致的输电线路风偏闪络。例如，当杆塔上在靠近导线侧存在有脚钉时，即使脚钉方向是平行于导线的，也会由于脚钉尖端对电场的畸变作用，将使得间隙的放电电压进一步降低。因此，在线路设计时，应尽量避免在面向导线侧的杆塔上安装脚钉（即使脚钉方向是平行于导线的）。同理，在悬垂线夹附近导线上也应尽量避免安装其他突出物（如防振锤等）。

（6）对新建线路，设计单位在今后的线路设计中应结合已有的运行经验，对恶劣现象频现的事故多发地区的线路空气间隙适当增加裕度，同时根据地域特点选择不同的风偏设计参数及模型，以减小线路投运后遇到恶劣天气时出现跳闸的可能性。另外，在可能引发强风的微地形地区，尽量采用 V 形串，可以明显改善风偏造成的影响。

（7）对于新建的输电线路工程中转角塔的跳线，风压不均匀系数不应小于 1，同时应特别注意风向与水平面不平行时带来的影响。

2. 加强防风偏闪络措施的研究

（1）综合考虑风偏闪络故障及事故率、建设投资费用，对风压不均匀系数的取值进行修正。

（2）与各地气象监测部门密切配合，开展不同地形特征下不同高度的风况观测，分析研究其间关系后确定风速高度换算系数、风速保证频率、风速次时换算时间段等设计参数。研究地形对风向与水平面夹角大小的影响。研究微地形特征对风速大小的影响。探讨设计中气象条件的选定条件（各种不利气象条件的组合、风偏计算中的参数等）。

（3）根据地域特征合理划分不同气象区域，以选择不同的风偏设计参数及模型。

（4）对现有风偏角计算模型进行修正，考虑风向与水平面不平行和导线摆动时张力变化对风偏角及最小空气间隙距离的影响。

3. 做好运行维护工作

（1）掌握线路所通过地区的大风规律。由于各个地区的具体地形不同，各个地区的风力大小也不会一样，所以必须掌握大风的规律（例如：最大风速、常年风向、大风出现的季节和日数等），以便在大风到来之前做好一切防风准备工作。

（2）对发生过大风故障的线路及时改进。运行中不能满足抵御当地风力而引起故障和事故的线路，要及时检修，严重时还需要进行改进。如运行中对发生故障的耐张塔跳线和其他转角较大的无跳线串的外角跳线加装跳线绝缘子串和重锤；对发生故障的直线塔的绝缘子串加装重锤。单串如果加重锤达不到要求，可将其改为双串倒 V 形，以便加装双倍重锤。安装重锤时应尽量避免在悬垂线夹附近安装。

（3）风季应加强巡查，及时处理线路自身缺陷。

1）防止杆塔倾斜与歪斜。重点加强对杆塔基础的检查与维护，经常注意基础埋土及周围土基的变化，缺土时要及时填上并夯实；加强对排水沟和基础护坡的检查与维护。当发现杆塔有倾斜时，应找出原因，并设法立即扶正，同时将基础夯实。发现塔材缺失应及时补修。对于新建线路，其基础回填应夯实，并留有防沉台；加强护线宣传，不得在基础保护区内取土等。

2）经常检查杆塔拉线。对于拉线杆塔，要经常检查拉线的松紧程度，对于松弛了的拉线，要查明原因，正确判断，该紧的要及时进行调整，防止见紧就松、见松就紧的盲目做法。要求尽量使各拉线松紧一致。受力均衡，以避免受力不均引起杆塔倾斜。对于腐蚀严重的拉线和拉棒，要采取措施补强，必要时进行更换。另外要经常检查拉线各部件是否完整（如拉线回头，下扯螺帽等），拉线基础是否稳固等。

3）及时校核导线弧垂。弧垂过大就会在大风时因摆动造成对地放电；弧垂过小，导线应力增大，有可能造成断线。特别是在风口等重点地段，要常对导线弧垂进行测量，按规定进行调整。

4）检查与测量耐张转角塔的跳线。对跳线绝缘子串要加装一定质量的重锤，防止大风或阵风使跳线摆动过大，引起对杆塔闪络放电。

5）认真检查导线接头，及时发现断股现象并及时处理。每次大修时，均应对导线、地线线夹处和连接金具进行检查，必要时应打开线夹进行抽查。

6）及时砍伐、修剪线路通道内的不符合安全距离要求的树、竹，防止大风时导线、树、竹摆动引起闪络放电事故。

7）加大护线宣传力度。

8）特殊地段的杆塔进行防风强化处理。如加拉线、加固基础等（特殊地段：风口、山顶、大档距、大高差、河水冲刷区等）。

2.5 振动故障及预防

架空线路的风振涉及流动诱导的振动、振动引起的疲劳断裂以及寿命预测等各方面的问题，是流体力学、疲劳力学、结构动力学等交叉的科学。

2.5.1 振动类型

在风的作用下，导线时刻处于振动状态，长时间的振动能使导线产生疲劳断股，影响运行安全。由于受风力条件不同，导线的振动又表现有几种类型，比如由均匀的微风所引起的微风振动；雨天时由电晕引起的电晕振动；强风时发生的低频率的紊流振动；由于风、覆冰雪而引起的冰雪振动、次档距振动及舞动。另外还有雨振、分裂导线的扭转振动等。其中有些导线运动现象与微风振动接近，有的则与微风振动迭加在一起形成一种所谓的综合性振动。本书重点介绍导线的微风振动、次档距振动与舞动三种类型与防范。就引起线路的损坏来说，微风振动的破坏是个积累过程，而舞动则可能在短时间内就酿成灾难。

导线振动类型比较见表 2-10。

表 2-10　　　　　　　　　　　导线主要振动类型的比较

基本内容 ＼ 振动类型	微风振动	次档距振动	舞动
架空线路受影响的型式	所有	分裂导线	所有
频率范围（Hz）	3～80	1～3	0.1～1.0
振幅（m）	0.01～1.0	0.1～0.5	0.5～15
主要振动方向	垂直	接近水平（椭圆）	接近垂直（椭圆）
气象条件促进振动的特性风速（m/s）	稳态 0.5～10	稳态 7～20	稳态 5～20

续表

振动类型 基本内容	微风振动	次档距振动	舞动
导线表面情况	裸线/无冰	裸线/干燥	不对称覆冰
受导线运动作用 的设计条件	导线张力；导线自阻尼； 阻尼器的应用；护线条	分裂线间布置； 分裂导线倾角；次档距布置	垂直与扭转固有频率的比 值；弧垂比值与支撑条件
破坏需要的近似时间	3月～20年	4～18h	1～48h
对线路的损害情况	造成导线疲劳断股	造成子导线的互撞和鞭击，使 导线线股磨损，间隔棒松动 甚至损坏，导线断股、短路等	引起相间闪络，金具 损坏，烧伤导线，拉倒 杆塔，导线折断等

2.5.2 微风振动及预防

在风速不大的情况下产生的垂直平面内有规律的上下运动的高频低辐振动现象。微风振动是稳定运动，是由涡流激励引起，一般呈随机振动特性。

1. 振动原因

在线路的档距中，由于风力的作用而引起导线的周期振荡，称为导线的振动。这种振动是在导线的垂直方向，每秒有几个到几十个周波，并且在整个挡距 l 中形成一些幅值较小的一般不超过几个厘米的静止波，如图 2-13 所示。

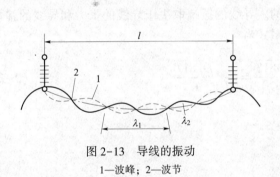

图 2-13 导线的振动
1—波峰；2—波节

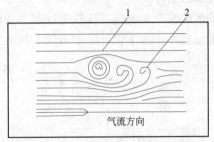

图 2-14 引起导线振动的气旋
1—导线；2—气旋

导线振动时的最高点叫作波峰，当另外的一点停留在原有位置时，便形成所谓的波节，两个相邻波节之间的距离叫作振动的半波长，由两个相邻的波组成振动的全波 λ_1。导线振动时两波峰之间的垂直距离叫作振幅 λ_2。

在发生振动时，因为导线振动很快不容易察觉，只是觉得导线在某些地方看起来好像是双线一样。通常遇到导线振动时，在线路上可以听见有撞击的声音，这种声音是从导线和悬挂导线的金具相碰所发出来的。

当架空导线受到风速为 0.5～6m/s 稳定的横向均匀风力作用时，在导线的背面将产生上下交替变化的气流旋涡，如图 2-14 所示，又称卡门旋涡；从而使导线受到上下交变的激励，当这个交变的激励频率与导线的固有频率相等时，导线将在垂直平面上发生谐振，形成有规律的上下波浪状的往复运动，即导线的振动，这种振动就是通常所说的微风振动，微风振动实质上是一种强迫振动。

导线振动的可能性和振动过程的性质（频率、波长、振幅），取决于很多因素，即导线的材料和直径；线路的档距和导线张力；导线距地面的高度；风的速度和方向以及线路经过地区的性质等。

一般导线振动的频率仅取决于风速和导线的直径，其关系式为

$$f = K \frac{v}{d} \tag{2-20}$$

式中　f——导线振动的频率，Hz；

　　　v——风速，m/s；

　　　d——导线直径，mm；

　　　K——系数，与雷诺数有关，一般取 200。

导线振动的波长取决于振动频率、导线张力和重量，其公式为

$$\lambda = \frac{1}{f} \sqrt{\frac{9.81T}{G_0}} \tag{2-21}$$

式中　λ——导线振动波长，m；

　　　T——导线张力，kg；

　　　G_0——导线单位长度的重量，kg/m。

导线振动时的振幅取决于导线的张力和弹性，这振幅的数值不大于导线直径的两倍。

导线振动的参数（如频率、波长）以及导线是否发生振动，在很大程度上取决于风速。导线振动波沿导线呈"驻波"分布，波形为正弦波如图 2-17 所示，在振动过程中，同一频率振动波的波节和波幅的位置是固定不变的。导线的振幅取决于导线的张力和导线的弹性。在风的交替冲击力下，导线谐振频率的关系式为

$$f_d = \frac{1}{\lambda} \sqrt{\frac{9.81T}{G_0}} = \frac{n}{2l} \sqrt{\frac{9.81T}{G_0}} \tag{2-22}$$

式中　n——档内半波长的数目；

　　　T——导线张力，N；

　　　l——档线长，m。

2. 振动条件和影响因素

（1）风速。一般为 0.5~6m/s，风速过小，能量不够，不足以推动导线上下振动，风速在 0.5~0.8m/s 时，导线开始起振。风速过大，气流与地面摩擦加剧，使地面以上一定高度范围内的风速均匀性遭到破坏，使一导线处在紊流风速中，而不能形成稳定振动。

（2）风向。风向与线路成 45°~90°时易发生微风振动，在 30°~45°时，振动便具有较小的稳定性；而小于 20°时，一般不出现振动。

（3）导线悬挂高度。导线悬挂越高，地面地势状况对高气层气流均匀性的破坏程度越小。风速、风向保持均匀。而且在风速较大时仍能继续保持足以引起导线振动的均匀风速，扩大了导线振动的风速范围，增加了振动的延续时间。故导线悬挂越高，越易起振。一般认为，导线在地面以上的悬挂高度与疲劳断股成一定比例。如一条双回线路，上导线悬挂高度 20m，其疲劳损坏占 51.5%，中相导线高 18m，占 27%，下导线高 16m，占 21.5%。我国采用的档距一般不超过 500m，悬挂高度一般为 30m 左右。

（4）档距。微风振动随档距长度的增大而变得严重（当然还要与地形条件联系起来

看），其原因：①振动波数随档距增长而凑成整数的概率增加；②档距增长，档距端部的绝缘子串和杆塔吸收的振动能量所占的比例显著减小，故振动易发生；③档距增大往往使导线悬挂点较高，挂点的增高，导致发生振动的风速上限也提高了，其结果就是增加了导线振动的相对延续时间。

当档距增大时，导线长度增加，导线悬点也必须增高，振动的半波数目增加，其相对的振动频率数也增加，其半波数目表达式为

$$n = \frac{l}{\lambda/2} \qquad (2-23)$$

式中　n——振动半波数目；

　　　l——档距；

　　　λ——波长。

实际上在小于 100m 的档距上，很少有导线振动，而档距超过 120m 时，导线才能有因振动而引起破坏的危险性。在具有高悬挂点的大档距（大于 500m）上，导线振动特别强烈。不仅对于导线有破坏的危险，同时能引起金具甚至塔身的破坏。所以线路档距越大，导线振动越强烈。

在导线的防振设计中，导线振动风速与悬挂高度及档距的大小关系数据见表 2-11。

表 2-11　　　　　　　　振动风速与悬挂高度及档距的大小关系数据

档距（m）	导线悬挂高度（m）	起振风速（m/s）
150~250	12	0.5~4
300~450	25	0.5~5
500~700	40	0.5~6
700~1000	70	0.5~8

（5）地形。线路经过地区的地形条件如地势，自然遮蔽物（植物）和所有各种靠近线路的建筑物，对靠近地面风的风速、风向和风的均匀性有很重要的影响，因而也影响导线的振动情况。平坦、开阔的地带有助于气流的均匀流动，并形成促进导线强烈振动的条件。线路沿斜坡通过和跨越不深的山谷和盆地，对风的均匀性没有重大影响，因而不妨碍振动的发生。对于在地形极其交错的地区（山区），即在线路下或线路附近有深谷、堤坝和各种建筑物，特别有树木时，这就不同程度上破坏了气流的均匀性，使振动不易出现。

在沿着稀疏或矮小丛林、花园和公园建筑区通过的线路上，线路振动的稳定性较小，其振动的持续时间也较短。例如经过 6~8m 高的稀疏丛林的线路在振幅减小到 1.5~2 倍的同时，其相对的延续时间比通过开阔地带的线段的相对延续时间减少到 2 倍。

当线路经过林区，如果林区树木的高度超过导线悬挂高度时，便防止了由于横向的风引起的导线的振动。由于在这些线段上相对的振动延续时间和幅值都不大，故实际上就有可能消除由振动所引起的破坏作用。

路径的地形条件对于导线悬挂高度为 12~15m 的振动时间及其振幅的影响，可用表 2-12 中的数据来说明。

表 2-12　　　　　　　　　　　　地形条件对导线振动时间及振幅的影响

路径特征	振动的相对持续时间（%）	最大振动幅值（m）
开阔平坦地带	15~25	1.0
稀疏树林、矮小丛林、建筑区或档距中有单独的树丛	8~15	0.5~0.8
高为 10~14m 的林区（线路沿林道通过）	2~3	0.1~0.3

注　表中幅值以开阔、平坦地带档距内，距导线挂点 0.5m 处的最大幅值作为基准。

对于架设在开阔、平坦地带的不同档距和导线悬挂高度的线路，其引起振动的风速范围和振动的相对延续时间列于表 2-13 中。

表 2-13　　　　　　　　　　　　　　导线振动与有关的因素

档距（m）	导线悬挂高度（m）	起振的风速范围（m/s）	振动的相对延续时间（%）
150~250	12	0.5~4	15~25
310~450	25	0.5~5	25~30
500~700	40	0.5~6	25~35
700~1000	70	0.5~8	30~40

（6）导线应力。运行导线处于平衡时，导线在抵抗形变时所产生的内力称为导线运行张力，档距内导线上任意一点截面单位面积上的内力称为应力。导线运行张力大小对微风振动有很大影响。其影响一般认为有两个方面：一是对导线的振动强度的影响，二是对导线的耐振能力影响。导线张力提高以后，振幅及波长将随之增大，振动角度增大（某些资料认为振动角与导线应力的平方成正比）。同时振动频率也增加，约与应力值的平方根成正比，振动相对时间也增加了，所以振动次数也增加了。但是当应力值达到某一数值后，振动角达到最大值，以后即保持为常数不变，与应力值增加无关；另一方面应力值超过一定数值（约20%破断强度）以后，振动次数即不再增加而趋于恒定情况。所以根据试验和运行经验，各国采取的导线运行应力值范围一般为 18%~25%，我国对钢芯铝绞线及钢绞线采用 25%，但对于大跨越、铝合金导线及振动严重地区，可适当降低导线运行应力。

总之，导线的静态应力（即导线的平均运行应力）越高，动态应力就越大，导线越易起振，导线振动幅值就会增大，同时提高了振动频率，所以在不同的防振措施下，应有相应的年平均运行应力的极限值。若超过此极限值，导线就会很快疲劳而导致破坏。并且促使导线很快疲劳断股，甚至断线。因此 DL/T 741—2010《架空输电线路运行规程》规定，导线和避雷线的年平均运行应力的上限值和防振措施应符合表 2-14 要求。

表 2-14　　　　　　　　　导线和避雷线的年平均运行应力的上限值和防振措施

线路条件	防振措施	平均运行应力上限值（瞬时破坏应力的%值）	
		LGJ	GJ
档距≤500m 开阔地区	不需要	16	12
档距≤500m 非开阔地区	不需要	18	18
档距≤120m	不需要	18	18
不论档距大小	护线条	22	—
不论档距大小	防振器（线）或另加护线条	25	25

注　一般平均运行应力控制在 25% 的瞬时破坏应力。

（7）导线的规格与结构。它对导线振动强度有明显的影响。其原因一是风输入给导线的振动能量与导线的外径的 4 次方成比例，因此应避免采用大截面积导线。其办法之一是采用分裂导线，由间隔棒与分裂导线组成一个体系，它的好处是不仅本身有相当的防振作用，同时也难以产生稳定的振动条件。二是导线由多股与多层绞制组成，可以提高其自阻尼作用，能消耗更多的振动能量，故不易振动或振动强度减弱。三是股数多的结构其单股直径较小，故允许的弯曲幅值可以提高，也就是说，在相同的振动弯曲幅值情况下，其振动应力值也较低。

（8）导线的自阻尼作用。导线的自阻尼所消耗的能量虽很小，但它是分布在整个档距内来消耗振动能量的，可以使某一范围内的振动保持在低的水平上，达到满意的防振效果。导线自阻尼作用一般来自两个方面：一是材料的磁滞阻尼，即每股内部的能量耗损；二是股间滑动阻尼，发生在各股的接触处，并与库仑摩擦有关。这里值得注意的是，新旧导线的差别。输电线路运行一段时间后，导线产生幅变及股间积存灰尘以后，都会使自阻尼能力降低。

（9）悬垂线夹。因为导线断股绝大多数是发生在线夹附近。所以它的设计与制造好坏成为防止振动造成导线断股、断线的重要因素。这就要求：①线夹长度要短、质量轻、惯性小，且中心为回转式，当导线出现振动时，线夹能随导线一起活动，把振动能量向下一档转移而逐渐衰减，从而减少悬挂点处导线受到的振动应力；②线夹的造型要求线槽具有适当的曲率半径及圆滑的喇叭口，以减小导线在线夹内受到的各种附加应力，防止线夹对导线卡伤或磨伤，并防止振动时产生"锤击"情况下对导线的损伤；③改善线夹结构，尽可能减小导线承受的静态弯曲应变力，线夹压板压力不宜过大，以免加速内层线股产生疲劳断股；④采用同级系数好的线夹，即通过疲劳试验，振动次数与断股数的比值达到 100×10^{6}，此种线夹称为理想线夹。

以上是影响导线振动的主要因素，还有其他的因素，如档距端部的阻尼作用（绝缘子串与杆塔）等。

3. 振动特点

（1）微风振动是一种高频（$f = 10 \sim 120 \text{Hz}$）、小振幅 [$A \leqslant d$（导线直径），有时只有 3cm 左右] 呈驻波式的振动，在高压架空线上所产生的这种振动，常常是看不见摸不着的，它不像导线舞动时那样直观。

（2）微风振动所引起的线路疲劳断股等事故，需要有一个累积时间和过程。一般发现危害是在产生疲劳断股或防振器毁坏脱落之后，而这时线路危害较重。

（3）大量实例和试验表明，微风振动使电线产生疲劳断股，有时会从导线、地线内层开始，导线外部无表象，给巡线工作造成假象。

（4）防振器经过长期运行后，其参数变化，特性老化，消振性能衰减，防振效果降低而很难准确判断，只有借助于现场测振，才能掌握防振效果。

4. 振动危害

微风振动的能量及振幅虽然都不大，但是发生振动的时间却很长，约占全年时间的30%～50%，悬垂线夹处的导线长期处于这种反复波折的状态，容易引起导线的耐受疲劳强度降低，导致断线，金具磨损和杆塔部件损坏等。

在 20 世纪 60 年代，我国曾组织有关部门对全国部分地区架空输电线路的风振危害情况进行调查，调查包括数百回线路及大跨越线路运行情况，其中钢芯铝绞线导线 9568m，钢绞线避雷线 8968m，结果发现普遍存在着断股现象。例如，某线路导线采用钢芯铝绞线，平均运行应力 25%CUTS，因未安装防振锤，运行 2 年后检查 1098 个线夹，发现断股 322 处，占 29.3%。

500kV 平武线中山口汉江大跨越，位于湖北省钟祥市境内，建于 1981 年，跨江 105m。直线塔呼高 93m，全高 120.5m，导线标号为 LHGJT-440，三分裂跨江，架空地线标号为 LHGJT-150。防振方案均采用阻尼线加防振锤混合消振方式。到 1987 年，已发现因风振引起架空地线防振锤滑动、脱落多起，阻尼线夹多处脱落，地线严重断股。后来不得不进行停电抢修，采取补救措施，造成一定经济损失。

5. 预防措施

防止微风振动的措施目前已经比较成熟，常用的设计思路有以下两种：①采用有效的防振措施（防振锤、阻尼线）等以吸收和降低振动的能量；②采用有效的保护措施（护线条、防振线夹等）以保证线路在发生微风振动时不至于引起导线的损伤。

在我国的输电线路上，主要采用防振锤、护线条、阻尼线及三种混合类型。实际工程中，具体选用哪种类型，主要根据施工地区的运行经验和实际情况来确定。

一般，护线条是作为一种辅助保护，多单独用于振动不严重地区。而防振锤和阻尼线的应用所需考虑的问题则比较多，其中，又以防振锤使用得最多，最普遍。有文献资料指出，正确设计、安装的防振锤可以降低导线弯曲应变的 90%~95%。但由于微风振动是一个异常错综复杂和随机性很强的现象，有关防振锤的设计和应用除了要考虑到技术和经济上的问题，还必须考虑到施工地具体的地形、地物和风速、风向等多项因素的综合影响，因此，防振锤安装位置的计算是一项理论推导与现场测试紧密联系的工作。

（1）防振锤防振。在导线、地线上安装防振锤用以吸收振动能量，减小导线、地线握持点（线夹）处的弯曲应力。

1）应用研究。自从发现了微风振动现象，用于保护导线的消振装置就被提出。从 1950 年研制的改进型"Stockbridge"防振锤（直到现在仍被广泛应用），到目前为止，可供输电线路使用的防振锤的种类以达数十种类型。

我国常用的防振锤型号有 FD 和 FG 两种（定型防振锤），其由于存在积水的可能以及谐振频率较少，目前已逐步被新型防振锤所替代，现在线路常用的一些多频防振锤，如弯扭组合型 FDZ 防振锤、不对称型 FR 防振锤、FL 防振锤和防振鞭、间隔棒等。

2）防振机理。防振锤是由线夹、钢绞线及锤头组成的一种阻尼器，两钢绞线的中部用线夹固定在导线上，如图 2-15 所示。

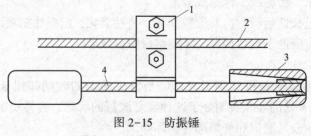

图 2-15　防振锤

1—线夹；2—导线；3—重锤；4—钢绞线

它通过线夹悬挂在导线、地线上，线夹以螺栓形式与导线、地线固接在一起。当发生微风振动时，防振锤线夹与导线、地线一起做上、下垂直方向的振动，这样防振锤就成为一个受迫振动系统。通过钢绞线因弯曲、扭转变形而产生的股间摩擦及钢绞线自身的磁滞损耗来消耗导线、地线的振动能量，即消耗风输入导线、地线的能量，从而将导线、地线的振幅或应变控制在安全的范围内。防振锤作为阻尼器，有其自身的固有频率，也就是通常所说的防振锤的谐振频率。当激振频率位于固有频率附近时，防振锤的受迫振动所消耗的能量最多。因此，导线、地线在防振锤固有频率附近的微风振动将得到最有效的抑制。

3）安装个数。防振锤的安装个数取决于档距、风输入的能量、振动的振幅及持续时间等。详见架空输电线路设计教材，由表 2-15 根据导线型号和档距长度可确定防振锤的安装个数。

表 2-15 防振锤个数的确定

安装个数	1	2	3
架空导线 d（mm）和型号	档距（m）		
$d \leq 12$，LGJ-70，LGJ-35~70	≤300	>300~600	>600~900
$12 \leq d \leq 22$，LGJ-95~240，LGJJ-185，LGJQ-240	≤350	>350~700	>700~1000
$22 \leq d \leq 37.1$，LGJ-300~400，LGJJ-240~400，LGJQ-300~500	≤450	>450~800	>800~1200

4）安装位置。防振锤的安装距离 S 对悬垂线夹来说，是指自线夹中心起到防振锤夹板中心间的距离；对耐张线夹来说，当采用一般轻型螺栓式或压接式耐张线夹时，是从线夹连接螺栓孔中心算起；而对于重型螺栓式耐张线夹也可考虑自线夹出口起至防振锤夹板中心间的距离，防振锤安装距离示意图见图 2-16 所示。

为了使防振锤安装后能达到预期的效果，在确定防振锤的安装位置时必须做到两点：①防振锤必须尽量靠近波腹点，因波腹点使防振锤甩动最大；②防振锤对最高频率和最低频率的振动波都应有抑制作用，因为导线可能出现的振动频率并非一个常值，而是在一定范围内变动。

a. 只安装一个防振锤的距离。在缺乏实际线路的危险振动频率分布规律时，可假定在导线出现的振动范围内，从最小波长（最高频率）至最大波长（最小频率）的全部范围内

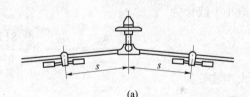

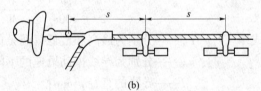

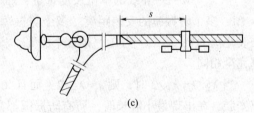

图 2-16　防振锤安装距离
（a）悬垂线夹；（b）轻型耐张线夹；
（c）双螺栓式耐张线夹

都要进行防振保护，而且各波长出现的概率为相等或按正态分布，则安装一只防振锤达到最佳保护效果的原则是，将防振锤的安装点对于最小半波长及最大半波长两种情况都有相同的布置条件（即对波腹的接近程度相同），如图 2-17 所示。

图 2-17 中两个半波分别为导线振动时的最大和最小的半波，波长分别为 λ_M 和 λ_m。设 E 点为防振锤的悬挂点，如上所述防振锤对这两个波有相同的抑制效果，即有 E 到 A 点的距离 AE 与 AB 的比值等于 E 到 C 点的距离 CE 与 CD 的比值。写成数学表达式为

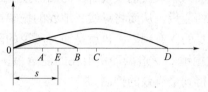

图 2-17　防振锤安装位置示意图

$$\frac{\frac{\lambda_M}{4} - s}{\frac{\lambda_M}{4}} = \frac{s - \frac{\lambda_m}{4}}{\frac{\lambda_m}{4}} \qquad (2-24)$$

式中　S——防振锤安装距离，由式（2-24）可得式（2-25），

$$s = \frac{\frac{\lambda_M}{2} \times \frac{\lambda_m}{2}}{\frac{\lambda_M}{2} + \frac{\lambda_m}{2}} \quad 或 \quad s = \frac{1}{1 + \mu}\left(\frac{\lambda_m}{2}\right) \qquad (2-25)$$

式中　$\mu = \dfrac{v_m}{v_M}\sqrt{\dfrac{t_m}{t_M}}$；

$\dfrac{\lambda}{2} = \dfrac{d}{400v}\sqrt{\dfrac{9.81T}{w}}$。

则最小半波长为

$$\frac{\lambda_m}{2} = \frac{d}{400v_M}\sqrt{\frac{9.81T_m}{W}} = \frac{d}{400v_M}\sqrt{\frac{9.81\sigma_m}{g_1}} \qquad (2-26)$$

最大半波长为

$$\frac{\lambda_M}{2} = \frac{d}{400v_m}\sqrt{\frac{9.81T_M}{W}} = \frac{d}{400v_m}\sqrt{\frac{9.81\sigma_M}{g_1}} \qquad (2-27)$$

式中　T_m、T_M——分别为最高和最低气温条件下的导线张力，kg；

　　　v_m、v_M——分别为导线振动风速的下限和上限，m/min；

　　　　　d——导线的直径，mm；

　　　　　W——导线的单位长度重量，kg/m。

b. 多个防振锤的安装距离。多个防振锤的安装距离，一般均按等距离安装。即第一个安装距离为 s，第二个为 $2s$，第 n 个为 ns。安装距离 s 的计算方法与安装一个防振锤时的计算完全相同。

当 $\lambda_M/2 \gg \lambda_m/2$ 时，则 $s \approx \lambda_m/2$，而且又必须采用两种不同型号的防振锤，如果按等距离安装，在出现最小波长时，所有防振锤都在波节上，因此无法起到应有的防振作用，这时应按不等距离安装为好。其方法有两种：

当只有两个防振锤时，其安装距离分别为

$$s_1 \approx 1.05\frac{\lambda_m}{2} \qquad (2-28)$$

$$s_2 \approx 1.8\frac{\lambda_m}{2} \qquad (2-29)$$

并且当第一个防振锤处于节点位置，第二个防振锤应当满足在波腹点附近的原则。

当有两个以上防振锤时，其安装距离为

$$s_b = \frac{\left[\dfrac{\lambda_M}{2} \Big/ \dfrac{\lambda_m}{2}\right]^{b/n}}{1 + \left[\dfrac{\lambda_M}{2} \Big/ \dfrac{\lambda_m}{2}\right]^{1/n}} \cdot \frac{\lambda_m}{2} \qquad (2-30)$$

式中 b——防振锤的序号，$b=1，2，3，\cdots，n$；

n——应安装防振锤的个数。

（2）阻尼线防振。在导线、地线握持点附近安装适当长度的相同材料的阻尼线以吸收振动能量，此种方法常用于大跨越档和特殊地段的线路上。常用的有简化阻尼线、跨接式阻尼线、圣诞树型阻尼线、蝶型阻尼线等。目前往往把阻尼线与防振锤有机结合起来使用，防振效果更好。

1）阻尼线的构成。阻尼线又叫防振线。它是用一种挠性好，刚性小，瞬时破坏应力大的钢绞线或同型号导线在悬垂线夹两侧做成连续多个的花边而成。

2）防振原理。阻尼线是一种结构简单但理论计算极其复杂的分布型消振器。阻尼线的防振原理是转移线夹出口处波反射点的位置，使振动波的能量顺利地从旁路通过，从而使线夹出口处的反射波和入射波的叠加值减小到最低限度。在振动过程中，一部分振动能量被导线本身和阻尼线线股之间产生的摩擦所消耗，其余能量由振动波传至花边各连接点处，经过多次折射（并伴有少量反射和投射），仅部分波传至线夹出口，大部分能量被阻尼线的自阻尼消耗掉和通过花边到另一侧，使振动大幅度减弱，达到削振的效果。

阻尼线与防振锤比较，低频振动时，防振锤消振效果较好；高频振动时，阻尼线消振效果较好，阻尼线特别适用于小截面积或大跨越档距的防振。

3）阻尼线的材料、长度、弧垂。阻尼线的材料与导线或避雷线相同，用 LGJ 或 GJ。总长度对于一般档距，可取 7~8m 左右。分别在线夹两侧形成两个花边；花边的弧垂一般手牵阻尼线自然形成弧垂即可，约 10~100mm，阻尼线安装示意如图 2-18 所示。

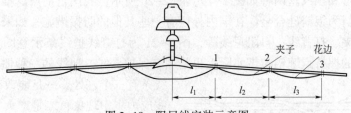

图 2-18   阻尼线安装示意图

4）安装位置。阻尼线的安装原则与防振锤相同，即应考虑到导线发生最大和最小振动波长时均能起到消振作用，以此原则来确定花边的长度。花边的数量一般随档距大小而定。对一般档距，悬点每侧采用两个花边，500~600m 档距每侧采用三个花边，档距超过 600m 以上每侧采用四个，最多曾用到 6 个。根据实验花边弧垂大小对防振效果影响不大，一般取 50~100mm，也有按花边大小确定弧垂的。

阻尼线线夹安装距离的计算目前有以下几种方法：

当采用悬点每侧一个花边时，其安装距离为

$$
\begin{cases}
l_1 = \dfrac{1}{4}\lambda_m \\[2mm]
l_1 + l_2 = \dfrac{1}{4}\lambda_M
\end{cases}
\tag{2-31}
$$

当悬点每侧采用两个花边时，其安装距离为

$$
\begin{cases}
l_1 = \dfrac{\lambda_m}{4} = \dfrac{d}{800 v_M}\sqrt{\dfrac{9.81 \times \sigma_m}{g_1}} \\[3mm]
l_2 = l_3 \\[3mm]
l_1 + l_2 + l_3 = \left(\dfrac{1}{6}n\,\dfrac{1}{4}\right)\lambda_M = \left(\dfrac{1}{6}n\,\dfrac{1}{4}\right)\dfrac{d}{200 v_m}\sqrt{\dfrac{9.81 \times \sigma_M}{g_1}}
\end{cases}
\tag{2-32}
$$

当悬点两侧有两个以上的花边，采用防振锤等距法时，其安装距离为

$$
l_1 = l_2 = l_3 = \cdots = l_n = \dfrac{\dfrac{\lambda_M}{2} \cdot \dfrac{\lambda_m}{2}}{\dfrac{\lambda_M}{2} + \dfrac{\lambda_m}{2}}
\tag{2-33}
$$

式中　λ_m——最小振动波波长，m；

　　　λ_M——最大振动波波长，m。

阻尼线与导线的连接一般采用绑扎法，或用 U 形夹子夹住。阻尼线花边的弧垂 f 与防振效果关系不大。

（3）护线条防振。在导线的握持部分缠上金属线条进行加强，即加装护线条。护线条可使导线在线夹附近处的刚度加大，从而抑制导线的振动弯曲，减小导线的弯曲应力及挤压应力和磨损，提高导线的耐振能力。

护线条有锥形和预绞丝两种如图 2-19、图 2-20 所示。我国目前广泛推广使用预绞丝护线条，线条的材料为铝镁硅合金。在国内外还有一些其他的防振措施，如采用柔性横担、偏心线夹、防振线夹、打背线、自阻尼线等，图 2-21 为打背线护线条示意图。另外除并沟线夹、耐张线夹外的握持点缠铝包带实际上也是用来保护导线、地线的一种惯用方法。采用护线条有三个好处：一是能改善悬挂线夹中导线应力集中现象；二是增大了档距端部导线的刚度；三是还能保护悬挂点附近的导线免受电弧的烧伤。

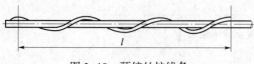

图 2-19　预绞丝护线条

图 2-20　锥形护线条示意图

图 2-21　打背线护线条示意图

2.5.3 次档距振动

次档距振动是采用相分裂导线线路所特有的一种振动现象，在较大风（风速 $v=4\sim18\text{m/s}$）的情况下发生的两间隔棒间线段的振荡现象。

1. 振动原因

风作用在同一水平面的两根子导线上，其中一根子导线被另一根子导线所屏蔽，而被屏蔽的导线处于前方子导线形成的尾流中（气流的漩涡区内），由于尾流效应，使得下风的子导线更容易吸收风的输入能量。导线在空气力学上处于不稳定的状态而引起的自激振动，是一种发生在交变的风力作用下的低频大振幅振动。

2. 振动特点

（1）振幅、频率介于微风振动和舞动之间，振动频率约 $1\sim3\text{Hz}$，幅值 $A_{\max}$ 可达几十厘米（一般几厘米），一般发生在水平面上，呈椭圆形轨迹，如图 2-22 所示。

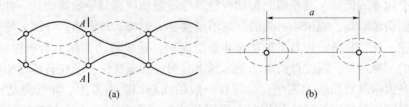

图 2-22　分裂导线的次档距振荡
(a) 俯视图；(b) 顺线路 A-A 截面视图（虚线代表运动轨迹）

（2）分裂导线中背风侧的导线如在静止状态下，受到激发振动作用力后就易于起振，且大于单导线情况。

（3）分裂导线由于间隔棒的存在，整个档距形成一系列次档距，微风振动的振幅值在各个次档距内有显著的差别（叫次档距效应），因振动而产生的最大应变位置则随频率不同而有不同，不像单导线应变最大值必定发生在档距端部（线夹或防振锤处）。

（4）由于间隔棒的存在，特别是采用了柔性间隔棒后，它对整档能起到较好的防振作用。整档端部安装的防振措施仅对端次档距起作用，不能对整档产生阻尼作用，不像单导线。

总之，分裂导线的防振机理很复杂。从有关试验及测振数据中得知：分裂导线的振动次数及在悬垂线夹处的振动应力均比单导线小，并随分裂根数增多而减小（如振动次数，双比单减少到 50% 以下，四又比双减少到 50% 以下；悬垂线夹处的振动应力单：双：四＝4：2：1；导线振动幅值及时间，双比单大约减少一半，导线寿命比单导线提高 4~6 倍，四比单可减少到单导线的 10%~20% 及以下）。

3. 振动危害

次档距振动会造成同相子导线互相碰撞和鞭击，导致导线碰伤，从而造成阻尼性能差的间隔棒螺栓松动、脱离或破断。甚至造成导线断股、短路等恶性事故，威胁架空导线及金具的运行寿命，以至需要更换造价昂贵的导线和金具。

我国第 1 条 500kV 输电线路（即华中的平武工程）在投运初期，因次档距振动而产生的顺线应力使间隔棒松动、掉爪并磨伤导线的情况非常严重。在运行 1 年后经检查发现，全线约有 10% 的间隔棒受到不同程度的影响，其中最严重的一段，在 103 个间隔棒中就有 80

个螺栓松动，造成导线脱落并磨伤。

4. 预防措施

防止次档距振动除了微风振动应采取的防振措施外主要还有以下两点：

（1）选择适当的子导线间的间隔距离与适当增大子导线的直径，可减轻或消除尾流效应对振动的影响。

（2）选用性能良好的阻尼式间隔棒，并合理控制端次档距和次档距的长度（一般端次档距取 25~35m，次档距取 50~70m）。

总之，分裂导线与单导线相比，前者比后者相对讲振动情况要好一些。因为子导线在间隔棒的支撑下相互连为一体，振动时相互干扰和阻尼，能破坏和抑制分裂导线的稳定振动。

2.5.4 舞动

由于导线上的非回转对称的翼状覆冰和不同期脱冰而导致的避雷线的空气动力特性发生变化，从而引起导线低频、高振幅的振动现象。导线舞动状态与导线振动是一种根本不同的现象，微风振动频率高，幅值小，人的眼睛不易察觉。但舞动却不然，导线大幅度地上下振动，像悠大绳一样，它是一种自激振动而非强迫振动。导线舞动实际上是一种复杂的垂直、水平和扭转的三维运动，因此导线舞动的出现带有明显的随机性，既在有覆冰和覆雪的导线上发生，也在大跨越线路段上发生，也可在一般的线路档距内发生。导线舞动机理研究认为：当导线受到横向速度的风力作用时，导线将产生一个向上（下）加速度运动，即除了垂直运动外，还使导线受到一个空气动力力矩的作用而产生扭转，当扭转运动的频率与其垂直运动的频率同步时，就会产生导线舞动。导线舞动的频率低、波长较大、振幅也大（0.3~3m，大者超过 10m），若顺线路方向观去，舞动时导线上任一点的运动轨迹类似于椭圆。椭圆平面垂直于导线，其长轴对铅垂面略有倾斜，如图 2-23 所示（导线所受合力 F，向上、下作用力 F_V 和 $-F_V$，当导线上升或下降到极限位置时 F_V 和 $-F_V$ 为 0）。舞动发生的概率远远小于微风振动，但前者的危害性却远远大于后者。微风振动发生得最频繁，长时间导致导线、地线和金具产生疲劳、断股和磨损，尤其在线夹处易使导线断股或金具部件振动脱落。舞动可能使垂直排列的上下层导线闪络。短时间内导致断股、断线、绝缘子和金具破损、杆塔部件受损，甚至杆塔倾斜及倒塔事故。

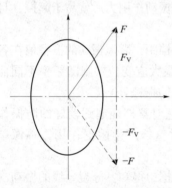

图 2-23　导线舞动的轨迹

1. 舞动要素

舞动是指由水平方向的风对非对称截面线条所产生升力而引起的一种低频（频率约在 0.1~3Hz）、大振幅（振幅约为导线直径的 5~300 倍，可达 10m）的自激振动。导线舞动通常发生于因导线覆冰而形成非圆截面的情况下，只有少数情况例外。所以舞动的形成主要取决于三方面的因素，即导线覆冰、风激励和线路结构与参数（档距）。

（1）覆冰。线路覆冰是舞动的必要条件之一。覆冰多发生在风作用下的雨凇、雾凇及湿雪堆积于导线的气候条件下。导线覆冰与降水形式及降水量有直接关系，而又与温度的变化密切相关，常发生在先雨后雪，气温骤降（由零上降至零下）情况下，且导线覆冰不均匀，形成所谓的新月形、扇形甚至翼形等不规则形状，冰厚从几毫米到几十毫米，此时，导线便有了比较好的空气动力性能，在风的激励下会诱发舞动。

（2）风的激励。舞动离不开风的激励。冬季及初春季节里，冷暖气流的交汇易引起较强的风力，在地势平坦、开阔或山谷风口等地区的输电线路，能使均匀的风持续吹向导线。当导线覆冰，风速为 4～20m/s，风向与线路走向的夹角不小于 45°时，导线易发生舞动。

（3）线路结构及参数条件。线路的结构和参数也是形成舞动的重要因素之一。从国内外的统计资料来看，在相同的环境、气象条件下，分裂导线要比单导线容易产生舞动，并且大截面的导线要比常规截面的导线易产生舞动。

单导线覆冰时，由于扭转刚度小，在偏心覆冰作用下导线易发生很大扭转，使覆冰接近圆形；分裂导线覆冰时，由于间隔棒的作用每根子导线的相对扭转刚度比单导线大得多，在偏心覆冰作用下，导线的扭转极其微小，不能阻止导线覆冰的不对称性，导线覆冰易形成翼形断面。因此，对于分裂导线，由风激励产生的升力和扭矩远大于单导线。

大截面导线的相对扭转刚度比小截面导线的大，在偏心覆冰作用下扭转角要小，导线覆冰更易形成翼形断面，在风激励作用下，产生的升力和扭矩要大些。因此分裂导线和大截面导线更易产生舞动。

2. 舞动条件

（1）舞动的气象条件。气温 $t = 0 \sim -7℃$（有时在 $-5℃$ 或更低，如 $-10℃$），风速 $v = 5 \sim 15m/s$，冬季及早春。如 1987 年 2 月 16～17 日天津塘沽、湖北中山口大跨越等地的舞动均发生于此气象条件下。

（2）舞动的地形条件。风口地段、开阔的平原。

（3）舞动风向条件。风向与线路轴向线的夹角为 45°～90°时易舞动。

（4）舞动的气压条件。气压高，易舞动。因为空气压力高，导线在大气中的比重下降，容易推动导线上下运动；气压低，导线、地线在大气中的比重上升，不易推动导线上下运动。西北地区由于海拔高，气压低，不发生舞动。而中原一带，如邯郸地区，海拔低，气压高，在 1968～1980 年，35、110、220kV 等级电压的架空线路中 7 条线路发生舞动。

舞动发生于冬季至次年早春覆冰雪的导线上，覆冰厚度从 25～48mm 均可能产生舞动。

3. 舞动特点

（1）导线舞动在垂直面及水平面内运动，其轨迹近似于椭圆；振幅 A 可达 0.3～3m，A_{max} 可达 12～15m；频率 f 在 0.1～0.75Hz（20～120 周/min）；半波长 $\lambda/2 = 10 \sim 40m$，最大可达 150～400m（档距越大，波长越大，有时整档只有一个或 2～4 个半波）；持续时间长达几小时或几昼夜。如：1987 年 2 月 19～21 日，荆州、武汉两地 110、220、500kV（姚双、双凤、葛凤线）共 6 条线路持续舞动 3 天。

（2）导线舞动与电压关系不大，各种电压等级的线路上均发生过；引起跳闸的次数多；与覆冰厚度没有显著的相关性，覆冰厚度 $b = 100mm$ 至很小的冰厚均有可能发生舞动；与地形、档距、导线直径及导线张力之间有一定的关系，一般情况下，平原比山区易舞动，大档距比小档距易舞动，大直径的导线比小直径导线易舞动，导线张力低（2～8kg/mm²）易舞动。但也有特殊情况：如有时线路上各参数相同的两相邻导线一档舞动而另一档不舞动；一档中，一相舞动而另两相不舞动。

表 2-16、表 2-17 为 2000 年至今 220kV 及以上输电线路舞动地区分布图，分别以舞动发生的线路条次和次数为统计依据，表 2-18 为 2000 年至今 220kV 及以上电压等级线路舞动事故的电压等级分布图，表 2-19 为 1980～2010 年全国舞动线路跳闸统计。

表 2-16　　　　　220kV 及以上输电线路舞动地区分布图（条次）

省份	湖北	河南	辽宁	华北直属	江西	青海	甘肃	黑龙江	山东	北京	湖南	新疆
线路条数	32	22	12	12	3	3	2	2	2	2	2	2

表 2-17　　　　　220kV 及以上输电线路舞动地区分布图（次数）

地区	东北电网		华北电网			华中电网				西北电网		
省份	黑龙江	辽宁	华北直属	山东	北京	河南	湖北	江西	湖南	青海	新疆	甘肃
舞动次数	1	5	6	1	1	3	8	2	2	3	2	2

表 2-18　　　　　不同地区舞动事故的电压等级分布图（次数）

省份	黑龙江	辽宁	华北直属	山东	北京	河南	湖北	江西	湖南	青海	新疆	甘肃
500kV	0	0	12	0	0	1	27	1	1	0	0	0
330kV	0	0	0	0	0	0	0	0	0	3	0	2
220kV	2	12	0	2	2	21	5	1	1	0	2	0

表 2-19　　　　　1980~2010 年全国舞动线路跳闸统计

电压等级（kV）	35	66	110	220	500（330）	750	1000	合计
跳闸条数	1	231	125	244	106	0	0	707
跳闸次数	1	294	147	274	121	0	0	837

4. 舞动危害

（1）使杆塔产生很大有动载荷，直接危及杆塔。舞动严重时，塔身摇晃，耐张塔横担顺线摆动、扭曲变形，近塔身处连接螺栓松动、损坏、脱落等。

（2）线路跳闸和停电。舞动可使导线相间距离缩短或碰撞而产生闪络烧伤导线，并引起跳闸。

（3）损伤导线、地线。舞动导致导线在悬垂线夹出口处以及防振装置、间隔棒握紧端头处位移、磨损、断股甚至断线。舞动可能造成混线，发生导线、地线碰撞、闪络烧伤或磨损及导线断股等。

（4）金具及部件受损。间隔棒握线夹头部松动或折断，造成间隔棒掉落；大量护线条损伤，危及导线；悬垂线夹船体移动，连接螺栓松动、损坏、脱落，防振金具钢线疲劳，锤头掉落等。

我国有关舞动的记载从 20 世纪 50 年代开始，而真正进行大规模的治理与研究则是在 1987 年湖北中山口大跨越发生舞动而导致断线之后才开始进行的。

5. 防舞措施

舞动的形成取决于三方面因素，即覆冰、风激励和线路的结构与参数。由于这些因素千变万化，因此所发生的舞动非常复杂，给舞动的研究工作和要采取的防舞措施带来诸多困难。到目前为止，我国所开展的研究与实验工作最为全面的舞动治理工程，当属湖北中山口大跨越的舞动治理工程。但从总体上来讲，防舞动工作和措施仍是治表多于治本，经验多于理论，局部多于全面，还需不断努力。

鉴于舞动主要由三个方面的因素所形成的，与此相应的防舞动措施则从三个方面着手。

①从气象条件考虑，避开易于形成覆冰的区域与线路走向；②从机械与电气的角度，提高线路系统抵抗舞动的能力；③从改变与调整导线系统的参数出发，采取各种防舞动装置与措施。即遵循"避舞""抗舞""抑舞"的原则。

我国防舞研究与国外相比虽然起步比较晚，但通过近 10 年的引进、消化、吸收和创新，在防舞装置的开发和研究上已积累了一些较为成功的经验，并已应用到 500kV 输电线路上，如湖北姚双、双凤线，湖南葛岗云线和天津房津线等。为输电工程防舞设计打下了坚实的基础。防舞动的措施可以分为如下几类：

（1）通过改变导线特性来起到抑制舞动的作用，多数防舞装置属于此类，包括失谐摆、抑制扭振型防舞器、双摆防舞器、整体式偏心重锤等。

（2）通过提高导线系统的外阻尼来抑制舞动。如由加拿大爱德华兹（A. T. Edwards）设计的终端阻尼器。

（3）通过提高风动阻力来达到抑制舞动的目的，如由理查德逊（A. S. Richardson）研制的空气动力阻尼器。

（4）通过扰乱沿档气流来达到抑制舞动的目的，如扰流防舞器。

（5）通过各种防覆冰措施来达到抑制舞动的目的。如采用低居里点合金材料、使用防雪导线及大电流融冰等。

（6）提高导线的运行张力和缩短档距也可收到一定的抑制舞动的效果。

常用的防舞装置有以下几种：

（1）失谐摆。由加拿大学者尼戈尔首先提出，与 Harvard 等人共同研制，并在工程实践中取得相当效果的一种有效的防舞装置。其是基于扭振激发机理，运用失谐摆来调整扭振固有频率，使之与横向振动的高阶固有频率分离，从而防止其耦合而诱发舞动。

（2）双摆防舞器及整体式偏心重锤。北京电力研究所与湖北超高压局的协作下研制开发的新型防舞装置，其防舞机理是通过提高导线系统的动力稳定性来达到防舞的目的。其在 1992 年 12 月湖北中山口大跨越发生的圈套舞动中，表现了较明显的防舞效果，并在其他线路上也得到了推广应用。

整体式偏心重锤的研制始于 1990 年，1991 年用于华北 500kV 房津线，1992 年用于直流 500kV 葛上线京山段。1993 年在北京电力建设研究所的舞动试验线路上对整体式偏心重锤的防舞效果进行了验证试验，试验结果表明整体式偏心重锤具有良好的防舞效果。整体式偏心重锤是在日本的分散式偏心重锤设计运行经验的基础上，结合我国的具体情况研制开发的一种新型的防舞装置。具有提高动力稳定性、提供扭转反馈控制、扰乱沿档气流颁布等综合防舞功能，从原理上可抑制各种类型的舞动。

（3）集中防振锤。是一种压重防舞，即限制压重点的振幅，形成节点，从而抑制导线的振幅与振型，以达到控制导线舞动的目的。一是配置压重等于增加了导线系统的振动质量，从而提高了临界风速值；二是配置压重使得导线系统的横向振动固有频率下降，有助于避开与扭振的谐振。

具体做法是在档内 2/9、1/2、7/9 或 1/4、1/2、1/3 处每根导线上集中安装防振锤（数量由起舞的门槛值确定）。此法在湖北姚双线中山口大跨越档使用，振幅 A 降到 0.5m，其他未装防舞器的导线上的振幅 A 为 7m，装失谐摆和双摆稳定防舞器的导线上的振幅 A 为 5~6m。

集中安装防振锤防舞动的特点是取材容易，安装简便，并能抑制微风振动。但应注意：

1）集中安装在各子导线上，自由度大，容易产生扰动，诱发高阶舞动和次档距振荡。对策是在跨越档集中防振锤两端外约 5m 处各加装一个间隔棒固化防振锤，提高其稳定性，还应在跨越档中间段适当加装间隔棒，缩小错开次档距，抑制高阶舞动和次档距振荡。

2）在跨越档三处集中安装防振锤，把一档几乎等分为四段，相当于对四个半波未设防。因此，在四个半波中部的两个波腹点应适当安装防振锤。

虽然集中防振锤取材方便，但由于自身不可避免的劣势，如过多地安装防振锤会造成线夹处导线的损伤和导线张力的增大，而如果防振锤安装数量少又不足以抑制舞动。因此，在单导线输电线路上采取集中防振锤防舞要慎重。

（4）扰流防舞器。扰流防舞器（适用于单导线）是采用金属（较少采用）或塑料制成的预制干扰线，缠绕在导线上，使得导线与扰流线合成体的各个截面形状都彼此不同，即使在覆冰后也仍然如此。这样，各个截面上的空气动力（升力、阻力与扭矩）就会互不相同，相互干扰与抵消，达到抑制舞动的目的。

扰流防舞器的特点是装置质量轻、易于安装，对导线的负面影响也很小，在覆冰较薄时，防舞效果较好。同时，由于沿档距截面的不断变化，也减小了微风振动的振幅，延长了导线的寿命。而在覆冰较厚地区，则最好选用其他防舞装置。此外，由于扰流防舞器一般选用聚氯乙烯制成，它与导线的线膨胀系数不同，在夏季会产生松弛，可能造成位置滑移。另外，由于是高分子材料，存在老化、劣化的问题。

（5）其他防舞装置。如空气动力稳定防舞器、扰流器、空气动力阻尼器等。

在以上各类防舞装置中，除气流干扰线适宜于 220kV 及以下电压等级的线路外，其他的均可在 500kV 线路上安装使用。但在进行防舞设计时，必须根据该地区已有线路发生舞动类型选择防舞装置，这样才能收到良好效果。

失谐摆、双摆防舞器、集中防振锤在国内都有运行实绩，尤其值得推广。根据现有 500kV 输电线路的防舞经验，这些装置的防舞总重量除按公式计算外，其值选取还可按导线自重的 5%~10% 作参考。防舞装置宜采用集中和分散相互结合的布置方式，布置位置在 2/9、1/2、7/9 档距处可有效地抑制 1~3 个半波的舞动，压重装置还可以布置在 1/4、1/2、3/4 或 1/6、1/2、5/6 档距处以有效地减小前三阶舞动振幅，并且可适当分散布置防舞装置，避免集中荷重于一点以造成导线局部应力过大。

2.6　覆冰故障及预防

架空线路覆冰是指架空线路导线、地线及绝缘子串上附着有结实而紧密的透明或半透明冰层的现象。线路覆冰现象全球分布甚广，国外如加拿大，美国中、西部，俄罗斯北高加索地区，法国，捷克，芬兰，瑞典，日本，韩国等架空线路均频遭冰害袭击。国内的云、贵、川、陕、湘、赣等多发，哈尔滨、沈阳等北方城市也时有发生，我国是世界上输电线路严重覆冰的地区之一，发生的概率比世界上任何一个国家都高。各种微气象条件决定了我国线路覆冰的复杂程度，线路覆冰地段的随机性很大，我国已观测到的最大覆冰厚度是 500mm。在防冰害对策上主要以加强设计和防覆冰舞动为主。按覆冰厚度划分为 Ⅰ、Ⅱ 和 Ⅲ 区。根据类似划分，国外在 Ⅱ、Ⅲ 区发生的直接冰害事故占全部冰害事故的 95% 以上，在 Ⅱ、Ⅲ 区内观测到舞动占全部覆冰舞动的 8% 以上。

2008 年年初我国南方大面积的灾害性天气的严重程度为新中国成立以来罕见。华中、华东电网受到的影响最大，设施受损严重。截至 2008 年 2 月 3 日，华中地区的湖南、江西、湖北、河南、四川、重庆六个电网共发生 500kV 线路倒塔 241 基、停运 87 条次，变电站全停 12 座次；220kV 线路倒塔 166 基、停运 393 条次，变电站全停 63 座次。其中湖南、江西电网受灾最严重，500kV 主网架结构遭到很大破坏，部分地区电网与主网解列。国家电网公司出动抢修队伍 54.7 万人次，累计恢复线路 4527 条次，变电站 595 座次。南方电网贵州超高压输电公司在此次冰雪灾害中，其所辖的高肇直流，贵广交流青河Ⅰ线、青河Ⅱ线等 7 条线路因灾停运，共计倒塌 86 基（贵州境内 60 基，广西境内 26 基），严重损坏 35 基（贵州境内 20 基，广西境内 15 基），灾情严峻。

2.6.1 覆冰类型

国外一般分为雨凇、硬雾凇和软雾凇三类。我国分以下四类：

（1）雨凇。非结晶状透明或半透明玻璃体。在气温 $t=-5\sim-1℃$，风速 $v=2\sim20\text{m/s}$ 或是无风，大气中的过冷却水滴在导线、地线，绝缘子及杆塔的迎风面逐渐形成的清澈光滑透明的冰层，其密度 $0.6\sim0.9\text{g/cm}^3$，质地坚硬，黏附力很强，一旦线路设备上形成雨凇后，不论其厚度如何，将导致设备上覆冰速度加快，所以说雨凇覆冰是最严重的一种覆冰形式。我国线路覆冰初始都是雨凇，随气温降低，冰的形成发生变化。

（2）雾凇也称软雾凇。白色不透明的，外层呈羽毛状的覆冰。天气大雾，风速 v 小（$v=7\text{m/s}$），气温低（$-3\sim-5℃$）甚至$-10℃$，大气中的水气在过饱和时，附着或升华凝结，黏附在线路设备表面形成放射状的结晶体，其密度小，为 $0.1\sim0.3\text{g/cm}^3$，质地疏松，黏附力较弱，易脱落。一般对导线、避雷线的危害不大。

（3）混合凇也称硬雾凇。白色不透明或半透明的坚硬冰，在气温 $t=-10\sim-3℃$，风速 $v=2\sim15\text{m/s}$ 时，大气中的过冷水滴在线路设备迎风面形成的雨凇与雾凇混合冻结的不透明或半透明冰层，其密度为 $0.5\sim0.9\text{g/cm}^3$，表现坚硬，黏附力较强。特点是其在雨凇表面生成的，生成速度快（最快 120mm/24h）。其对线路的危害最大，防冰对策主要针对于此。

（4）冻结雪。气温 $t=0℃$ 左右时，由细雨夹雪（湿雪）附着在线路上形成，厚度可达 100mm 以上，对线路危害较大。

另再是大气中的湿气与 0℃ 以下的冷物体接触时，在冷物体表面凝结而形成白霜，白霜对导线、地线威胁不大，但会增加输电线路的电晕损失。

总之，线路覆冰的形成过程可分为干增长、湿增长和干湿混合增长三种情况，雾凇、干雪是属于干增长覆冰过程，雨凇和湿雪是湿增长覆冰过程，而混合凇就是介于二者之间的一种覆冰过程。

2.6.2 覆冰条件及影响因素

1. 线路覆冰的形成

（1）覆冰的速度与冰量。有研究表明，粗导线覆冰慢，细导线覆冰快。

（2）山区覆冰。山区由过冷却水滴撞击导线（或其他物体）表面引起的覆冰增长，其基本方式有两种：干增长（形成粗冰和雾凇过程）和湿增长（形成雨凇过程）。

1）干增长的覆冰物理过程。在干增长过程中，所有撞击到导线上的水滴或雾滴都产生冻结，无水从导线表面或冰面流走，这就表示在后一水滴还没有碰到前个水滴的撞击区之前，前个水滴已完全冻结，干增长的导线表面或冰面温度低于0℃（即-3～-7℃）形成的冰是多孔不透明的。

2）湿增长的覆冰物理过程。在湿增长过程中，如果在后一个水滴打在前一个水滴的同一位置之前，前个水滴冻结释放的潜热不全部消散在环境中，冰面就会出现水膜，并且撞击到冰面上的一个部分水会沿冰面或导线表面流走，这是湿增长的积冰物理过程，湿增长过程中冰表面的温度是0℃（即0～-3℃），这样形成的积冰是透明的冰层即雨凇，密度为0.9g/cm³左右。

2. 导线表面产生覆冰的气象条件

（1）气温及导线表面温度达到0℃以下，是使水滴冻结的条件。

（2）空气相对湿度在85%以上，空气中水汽是产生覆冰的水源。

（3）风速大于1m/s，使空气中的过冷却水产生运动。

较高湿度空气中的液态水是产生覆冰的水来源，风的作用是使空气中的过冷却水滴产生运动。与导线发生碰撞后被导线捕获，较低的温度使水滴产生冻结。试验及研究表明，当空气相对湿度小、无风或风速很小时，即使空气温度在0℃以下，导线上也基本不发生覆冰现象。

3. 导线覆冰的影响因素

导线的覆冰除了气象的因素外，还与季节、海拔高度、导线悬挂高度、地理环境、导线走向及导线本身刚度、直径、通过的电流大小都有一定关系。

（1）海拔高程。在其他各方面条件相同的地区，一般海拔越高，越易结冰，而且越厚，覆冰多为雾凇；海拔较低的地方，覆冰相对比较薄，但多为雨凇或混合冻结。

（2）季节因素。输电线路覆冰灾害主要发生于每年11月到次年3月间，最高频率发生在入冬和倒春寒时。在所有重覆冰地区几乎1月和12月是平均气温最低的月份，但湿度相对11月及2、3月比较小，因此线路覆冰情况比较弱。但是在11月、2月底到3月初，空气湿度相对较高，即便平均气温略高于1月和12月，导线覆冰基本上也比每年1月更加严重。

（3）线路走向及悬挂高度。东西走向的导线覆冰情况大部分都比南北走向的导线覆冰严重。由于冬季覆冰大气多数是北风或者西北风，所以选择线路走廊时，在覆冰比较严重的地段，应尽量使导线呈南北走向。

（4）导线直径与冰重和覆冰厚度之间的关系。在风速小于或等8m/s的情况下，在直径小于或等于4cm的导线中，对于较细的导线，其单位长度上的覆冰量往往比相对较粗的导线上覆冰量要少，但是如果导线线径超过4cm，那么较细导线单位长度上的覆冰量通常要高于比较粗的导线；在风速大于8m/s的情况下，无论导线直径有多大，导线越粗覆冰就越重。

（5）导线表面电场因素。通过现场模拟实验证明，在电场强度E较弱的情况下，导线的冰厚、覆冰量及密度伴随着电场强度的增强而增大，但是当电场足够高时，位于带电导线的覆冰量相对不带电导线的覆冰量少很多，所以说覆冰量与电压极性有明显关系；除此之外，通过强电场的作用，导线覆冰的密度也相对无电场时的密度小。

2.6.3　覆冰危害

1. 覆冰超载事故

（1）导线、地线覆冰超载可能出现从压接管中抽出、断股、断线。

（2）连接金具断裂或变形，防振锤滑动。金具的破坏可能引起倒杆事故。

（3）覆冰导线、地线使弧垂增加，导线间，导线、地线间，对地及交叉跨越绝缘距离减小造成放电；风摆造成导线相碰，烧伤及烧断。

（4）超载引起的杆塔倒塌事故，覆冰增大导线张力，从而增大杆塔及其基础的力矩，如增大转角塔的扭矩，造成杆塔扭转、弯曲、基础下沉、倾斜，甚至在拉线点以下发生折断。对于直线杆若同时断导线、地线，头部顺线路方向折断；导线、地线对称布置时将导致在垂直于线路方向上塔头折断。若断边相导线，将引起塔头扭曲折断；只断导线、拉线或金具破坏将引起顺线倒杆；垂直荷载过大，将使杆塔压弯屈曲，在拉线点以下折断。

（5）严重超载将出现下沉、倾斜或爆裂，导致塔身倾斜或倒杆。

（6）覆冰的线路在风的作用或脱冰绝缘子串会发生扭转、跳跃，严重时导致绝缘子串翻转、碰撞、炸裂等。

2. 不均匀覆冰或不同期脱冰事故

覆冰不均匀的输电线路，其化冰脱落过程也将是不同期的，脱冰跳跃将不可避免的发生。同时覆冰不均匀意味着载荷不均匀，特别是相邻两档的档距相差较大时，不均匀覆冰使相邻两档产生大的张力差。因此覆冰和脱冰都可能引起导线、地线短路、烧伤、断股、断线事故，杆塔屈服或倒塔事故、绝缘子损坏等。

（1）不均匀覆冰使相邻两档产生张力差，导线在线夹内产生滑动导致外层铝股断裂钢芯抽出。不均匀覆冰产生的张力差为静载荷时线股断口有缩颈现象；不同期脱冰产生的张力为动载荷时线股断口无缩颈现象。脱冰跳跃引起导线跳跃，可能造成导线、地线翻上横担，导致导线、地线烧伤或短路，以及横担变形损坏等。

（2）张力差使悬垂的绝缘子串偏移增大，会造成绝缘子发生损坏或破裂。

（3）相邻两档张力差使横担转动，导致导线碰撞拉线，使拉线烧断造成倒杆，或因三相融冰时，中相未融，而边相先融，造成导线不同步摆动，边相碰撞。

（4）杆塔因不同期脱冰使横担折断或向上翘起；或使地线支架扭坏。不均匀覆冰使横担扭转。

3. 绝缘子串冰闪事故

（1）形成原因。

1）空气环境中污秽较重使冰闪跳闸易于发生。纯冰的绝缘电阻很高，但由于覆冰中有大量的电解质，增大了冰水的电阻率。雨凇时大气中的污秽伴随冻雨沉积在绝缘子表面形成覆冰并逐渐加重在绝缘子伞裙间形成冰桥，一旦天气转暖则在冰桥表面形成高电导率（现场实测覆冰电导率最高达 $300\mu s/cm$，显著高于清洁冰）的融冰水膜，同时杆塔横担上流下的融冰水也直接降低绝缘子串的绝缘性能。另外，融冰过程中局部出现的空气间隙使沿串电压分布极不均匀，导致局部首先起弧并沿冰桥发展成贯穿性闪络。

2）绝缘子串覆冰过厚会减小爬距使冰闪电压降低。绝缘子覆冰过厚可完全形成冰柱，绝缘子串爬距大大减少，且融冰时冰柱表面沿串形成贯通型水膜，耐压水平降低导致沿冰柱贯通性闪络。

（2）影响因素。

1）绝缘子串型式。统计表明，冰闪基本上发生在悬垂串，未发现耐张和 V 形串绝缘子冰闪，说明冰闪概率与绝缘子串组装型式密切相关。其原因如下：①耐张串和 V 形串上冰凌不容易桥接伞间间隙；②绝缘子串串型本身自清洗效果好，串上积污量少；③融冰时在绝缘子串上难以形成对冰闪发生至关重要的贯通性水膜。

发生冰闪的绝缘子有单、双串绝缘子，其中双串绝缘子结构发生概率较高。原因是覆冰或大雾时双串绝缘子间电场分布相互影响，电场畸变，使其最低闪络电压比单串低。试验表明，双串间净气隙大于 60cm 时，单、双串放电电压基本一致；而运行的双串绝缘子串间距离为 15cm 时，同等环境条件下双串绝缘子的最低闪络电压比单串低 20%。

2）环境温度。一般在温度较低的夜间结冰时段，沿绝缘子串的冰柱表面难以出现贯通性导电水膜，沿串电压分布也相对均匀，故不易冰闪。而温度相对较高的白天正午时段冰体表面开始融化，常是冰闪高峰时段。较长的冰雪天气时常是结冰与融冰交错出现，冰闪也会反复发生，而短时冰雪天气的冰闪则集中于升温的化冰期。据山西电力公司统计的 25 次故障，有 15 次故障发生在雪后融冰期。

较大范围降雪导致的融冰雪、雾凇、雨凇和区域性的持续大雾，是一种特殊形式的污秽，易形成大范围的绝缘子冰闪故障。绝缘子串冰闪是 220～500kV 覆冰线路跳闸的主要原因。

覆冰雪闪络是近年来京津唐电网出现次数较多的掉闸形式，主要是因京津唐地区冬季大雾、大雪后气温在 0℃ 上下变化，绝缘子上的覆冰、积雪融化所致。1999 年 3 月发生了包括 500kV 大—房线和沙—昌线在内的 47 条次冰闪事故，2000 年 1 月发生了 7 条次冰闪事故。

4. 覆冰导线的舞动和脱冰跳跃事故

输电线路不仅承受其自重、覆冰等静负荷，而且还要承受风产生的动负荷。在一定条件下，覆冰导线受稳态横向风作用，可能引起大幅低频振动，即舞动。此外，导线脱冰跳跃也会使导线发生舞动，导线舞动是威胁输电线路安全运行的重要因素。覆冰导线在气温升高，或自然风力作用，或人为振动敲击之下会产生不均匀脱冰或不同期脱冰。导线不均匀脱冰也会使线路产生危害很大的机械或电气事故。因为随着导线覆冰量增加，相应的张力明显增大，弧垂也有所下降，当大段或整档脱冰时，由于导线弹性储能迅速转变为导线的动能、位能，引起导线向上跳跃，进而产生舞动，使相邻悬垂串产生剧烈摆动，两端导线张力也有显著变化。

不均匀脱冰跳跃的导线向上跳跃会使导线与地线之间的安全距离变小，造成导线、地线间闪络或短路，烧伤导线，并使线路跳闸；导线两端动态张力显著变化的结果是线夹、绝缘子串及挂点处金具容易遭受动态冲击而损坏，甚至损伤塔头；导线、避雷线的跳跃和舞动产生的冲击力也会使直线塔绝缘子串滑移和损坏；耐张引流线自身脱冰反弹或塔上脱冰、大量冰块倾砸击中引流线，也会引起引流线上弹与横担闪络。

2.6.4 防覆冰措施

输电线路覆冰故障严重威胁着电力系统的安全可靠运行。为了提供稳定的供电服务，国内外一直在研究输电线路防覆冰、防舞动技术。防止冰害事故发生的方法从原理上可分为防覆冰方法和除冰方法。

为防止线路发生覆冰故障，首先在设计输电线路阶段采用合适的抗冰设计措施；在设计阶段无法做到有效抗冰时，应该考虑合适的防冰和除冰技术措施。

1. 抗冰设计方法

在设计阶段采取有效措施是防止输电线路冰害事故的最重要方法。对重冰区输电线路采取加强抗冰设计的措施，往往比融冰、防冰以及其他后期措施更为合理和有效。Q/GDW 182—2008《中重冰区架空输电线路设计技术规定（暂行）》是根据我国重覆冰线路的特点，在总结以往运行经验的基础上，特别是抗冰线路运行经验的基础上制定的，可供重冰区输电线路设计参考使用。因此，在对重覆冰地区输电线路进行设计时，应按照其要求对输电线路进行设计。

为完善输电线路有关设计标准，中国电力工程顾问集团公司于 2008 年 2 月 27 日至 28 日在成都主持召开了电网覆冰灾害技术研究专家组第二次全体会议。参加会议的有：国家电网公司建设运行部，顾问集团公司总部，西南、中南、华东、西北、华北、东北电力设计院，以及浙江、湖南、湖北、江西、贵州、广西、广东、安徽、四川等省电力设计院等单位的专家及代表。与会专家对有关设计标准的完善，尤其针对中冰区设计条件、荷载取值以及输电线路差异化设计标准等进行了认真的讨论和分析。在完善输电线路有关设计标准方面，制定了以下原则：

（1）提高输电线路设计气象条件重现期。对 110~330kV 电压等级气象条件重现期由 15 年提高到 30 年，安全等级为三级，可靠度指标为 2.7，失效概率为 3.5×10^{-3}；对 ±500kV 直流，500、750kV 交流电压等级重现期由 30 年提高到 50 年，安全等级为二级，可靠度指标为 3.2，失效概率为 6.9×10^{-4}。

（2）在现行设计规程基础上增加 10~20mm 中冰区设计条件。为了提高输电线路的抗覆冰能力，同时处理好可靠性与电网投资、经济性的关系，在现行设计规程基础上增加 10~20mm 中冰区设计条件及相应设计原则和措施。形成 10mm 及以下轻冰区、大于 10mm 小于 20mm 中冰区和 20mm 及以上重冰区设计覆冰的合理分级。

（3）根据受灾情况分析，认为需对轻冰区、中冰区考虑增加覆冰不平衡张力的影响。不平衡张力原则上根据两侧不同覆冰率经过计算确定，取值不低于最低限值要求。

（4）对重要输电线路，重要性系数取 1.1，使其安全等级提高一级。

（5）对于覆冰严重地区，提高覆冰设防标准。在对以往冰灾调查分析的基础上结合本次冰灾调查情况，重新进行冰区划分。对重要输电线路，在相同条件下，提高 5~10mm 覆冰设防标准，并按照稀有覆冰条件进行机械强度验算。

（6）对微地形、重要交叉跨越以及运行抢修特别困难等局部特殊地段，重要性系数取 1.1，使其安全等级提高一级。跨越主干铁路、高等级公路等重要设施的跨越应采用独立耐张段。

2. 防冰方法

防止输电线路冰害事故最重要的方法是在设计阶段采取有效措施，尽量避开最严重的覆冰地段或"避重就轻"。

（1）认真调查气象条件，避开不利的地形。

（2）在海拔较高、湿度较大、雨凇和雾凇易于形成的山顶、风口、垭口地带，对较长的耐张段，宜在中间适当位置设立耐张塔或加强型直线塔，以避免一基倒塌引起的连环破坏。

（3）对于档距较大的重覆冰地段，采取增加杆塔、缩小档距的措施，以增加导线、地线的过载能力，减轻杆塔荷载，减小不均匀脱冰时导线、地线相碰撞的概率。重覆冰区的新建线路应尽量避免大档距，而采用均匀档距。对于 110kV 线路，档距一般在 300m 以下；对于 220kV 线路，档距一般在 400m 以下；对于 500kV 线路，档距一般在 500m 以下。当地形受限制必须采用较大档距时，宜制成耐张段或采用其他加强措施。

（4）加固杆塔，缩短耐张段长度。将事故频繁、荷重较大、两侧档距相差较大及垂直档距系数小于0.6的直线杆塔采用加固措施后改为耐张杆；对于横跨峡谷、风口处的线段则改为孤立档，并相应加固杆塔。如对前后档距或高差角较大的铁塔提高冰厚等级，铁塔主材可选用 Q390 或 Q420 高强度钢来提高强度等。

（5）改善杆塔结构、扩大导线与地线的水平位移。对于大跨越三联杆，可采取加装地线横担、更换为铁塔或增加杆塔后改为直线等措施。

（6）为减少或防止覆冰后钢芯铝绞线断线或断股，重覆冰区输电线路导线可采用高强度钢芯铝合金线或其他加强型的抗冰导线。

（7）为减轻或防止重覆冰区线路由于不平衡张力作用和脱冰跳跃震动而发生导线损害，宜采用预绞丝护线条保护导线。

（8）对于悬挂角与垂直档距较大的直线杆塔，采用双线夹，以增加线夹出口处导线的受弯强度。对受微地形影响而产生由下往上吹的风使导线容易产生跳跃的局部地段，应采用双联双线夹，使绝缘子串强度增加，避免绝缘子球头弯曲或折断。

（9）为防止杆塔横担上的积水，冰水淌落到绝缘子串上，可在绝缘子串悬挂点处增设防水挡板。

（10）可考虑在绝缘子表面覆涂具有憎水性能的涂料，降低冰与积覆物体表面的附着力。这样虽不能防止冰的形成，但可使冻雨或雪在冻结或黏结到绝缘子之前就在自然力如风或绝缘子摆动时的力的作用下滑落，或者使冰或雪在绝缘子上的附着力明显降低，同样可以达到防覆冰、减少线路出现冰害事故的目的。

（11）合理使用绝缘子。根据覆冰绝缘子串发生闪络的主要过程原理可知，阻断绝缘子串裙边融冰水形成水帘，是防止绝缘子串发生冰闪的一种有效方法。

1）增加大盘径伞裙阻隔法。在直线悬式瓷绝缘子串的上部、中部、下部各更换一片大盘径绝缘子，阻断整串绝缘子冰凌的桥接通路。

2）斜挂法。绝缘子串水平悬挂或 V 型悬挂以及倒 V 型悬挂，均可提高覆冰绝缘子串的冰闪电压。而对于直线杆塔来说，悬垂绝缘子串改为水平悬挂或 V 型悬挂有较大的困难，改为倒 V 型悬挂工作量也很大。DL/T 741—2010《架空输电线路运行规程》中规定，直线杆塔的绝缘子串顺线路方向的偏斜角不得大于 7.5°，这是从直线杆塔两侧的导线档距内的受力平衡来考虑的。如果考虑了两侧的平衡，有意识地将顺线路方向的绝缘子串偏斜角加大，这样也可以改善覆冰绝缘子的冰闪电压。

3）在多次发生舞动的线路区段加装防舞动装置，双串绝缘子间增大挂点间距或加装间隔装置。

4）重覆冰区线路不宜采用玻璃绝缘子串，以减少或防止发生因玻璃绝缘子覆冰后长时间的局部电弧使其烧伤或引起炸裂等情况。

3. 除冰方法

（1）热力融冰法。热力融冰法涉及潮流分配、短路电流、铁磁线、热气、热吸收器、电磁波微波激光器等多方面。

1）改变潮流分配融冰。工程应用中，针对输电线路最方便、有效、适用的除冰方法是增大线路传输负荷电流。在相同气候条件下，重负荷线路覆冰较轻或不覆冰，轻负荷线路覆冰较重，而避雷线与架空地线相对于线路覆冰更多。这一现象与导线通过电流时的焦耳效应有关：当负荷电流足够大时，导线自身的温度超过冰点，则落在导体表面的雨雪就不会结冰。

2）采用阻性线。在覆冰导线上缠绕发热电阻丝，并通过安装于导线上的互感器为电阻丝提供发热电源，使导线上的覆冰融化或脱落。此法在日本和加拿大少数地区使用。

3）短路融冰。将单相、二相或三相导线短路形成短路电流加热导线以达到融冰目的的方法。其包括三相短路电流融冰、两相短路融冰、用于避雷线的"一线一地"短路电流融冰、切合备用相融冰、改变运行方式增大负荷电流融冰、带负荷融冰及采用复合导线带负荷自动融冰装置等。在实际运用中采用两种型式：导线—导线型和导线—地线型，两种型式均与谐波电源连接。

4）过电流融冰技术。

a. 带负荷融冰。此方法分两种情况：①在正常运行的基础上改变系统的运行方式增大负荷电流达到融冰的目的；②对重覆冰线路进行改造，在融冰变电站内设置融冰自耦变压器，利用自耦变压器对特殊结构的多分裂导线进行融冰。

具体方法是将重覆冰线路改造为装有绝缘间隔棒的二分裂导线，并将每相的两根导线用三片绝缘子隔离，自断开点两侧用悬空 T 型接线引入融冰变电站。当需要导线带负荷融冰时，通过专门的融冰自耦变压器的电压差在二分裂导线产生强迫的融冰环流，使得导线发热融冰。

b. 移相变压器融冰法（ONDI 法）。此方法利用移相变压器角度的变化改变平行双回线的潮流分布，通过增加其中一回线的电流来增加发热，达到融冰的目的。

5）直流电加热除冰。湖南中试所开发的 20MVA 固定直流融冰装置可用于 100km 以上的 220kV 线路融冰。该设备装在变电站内，从站内 10kV 取电。该装置 2008 年 5 月完成，并在湘东电网到湘南电网的联络线上进行了试用。2008 年 1 月用一台小型样机，对一条 23km 长的 110kV（LGJ-240 型号）线路进行了实际融冰测试，融冰电流可达 850A，在 24min 内成功融冰。

南方电网公司研制的直流融冰装置 2008 年在贵州电网公司投入应用，直流融冰装置分固定式直流融冰装置、站间移动式直流融冰装置、500kW 移动车发电式，可以满足各电压等级输电线路的融冰需求，固定式直流融冰装置功率 60MW，融冰电流可达 4000A，主要用于 500kV 线路，融冰线路长达 150km，应用效果很好，技术水平达到世界先进水平。

6）电磁力除冰。加拿大专家提出了一种新颖的基于电磁力的方法为覆冰严重的 315kV 双分裂超高压线路除冰。即将输电线路在额定电压下短路，同一相的两个子导线的短路电流产生适当的电磁力，使导体互相撞击而使覆冰脱落。为降低短路电流幅值和提高效率，尽可能使合闸角接近 0°，并采用适当的重合措施激发导体的固有振荡，增加其运动幅度。实验表明，幅值分别为 10kA、12kA 的短路电流可以有效地为 315kV 双分裂导线除冰。三相短路引起的电压降落超过了系统可接受的程度，而单相短路引起的电压降落幅度相对较小。虽然短路电流对电力系统是不利的，但在严重冰灾的紧急情况下，可以在 315kV 系统应用本方法。

7）高频高压激励除冰。高频时冰是一种有损耗电介质，能直接引起发热，且集肤效应导致电流只在导体表面很浅范围内流通，造成电阻损耗发热。试验表明，33kV、100kHz 的电压可以为 1000km 的线路有效融冰。当将冰作为有损耗电介质时，在输电线路上施加高频电源将产生驻波，冰的介质损耗热效应和集肤效应引起的电阻热效应都是不均匀的，电压波腹处介质损耗热效应最强，电流波腹处由集肤效应引起的发热最强。如果使它们以互补的方式出现，且大小比例适当，在整个线路的合成热效应将是均匀的。当频率为 12kHz 时，仅由介质损耗特性就能产生足够的热能；随着频率的增加，产生足够损耗所需的电压也下降。较好的运行频率范围是 20～150kHz。但由于高频电磁波存在干扰作用，这种方法的使用在很多国家受到限制。

（2）机械破冰法。使用机械外力手工或自动强制使覆冰脱落的方法。包括"ad-hoc"方法，风力、电磁力、强力振动、电磁脉冲、超声振动和气动法等。

1）ad-hoc 法。利用起重机、绝缘作业车或带电直接作业方式，在冰可卸时采用手工除冰，或直升飞机、猎枪等除冰。此法不安全，也不十分有效，很少有人推荐使用。

2）滑轮刮铲防冰技术。1993 年加拿大 Manitoba 水电局研制。由地面操作人员拉动可在线路上行走的滑轮，达到铲除导线覆冰的方法。

3）外部振动器除冰技术。此法会引起导线疲劳破坏，不易采用。

除上以外，日本研究出一种机械除冰装置，其本体重 4kg，挂在导线上由直流电动机驱动，在一档的铁塔上装一充电装置，除完一档导线的覆冰后，回到充电装置，充电后进行第二次除冰。我国也有电科院和电网公司研制除冰机器人用于导线除冰。如山东电力研究院研制的架空输电线路除冰检测机器人，甘肃省电科院开发的高压输电线路覆冰除冰机器人等。

（3）被动防冰方法。包括平衡导线重量，使用防雪环、憎水或憎冰性涂料等，利用风、地球引力、随机散射和温度变化等自然条件脱冰的方法。在工程上首先考虑这种除冰方法，其虽不能保证可靠除冰，但无需附加能量。如：

1）平衡锤（抗扭阻尼器）。可防导线扭转，从而防止导线积雪后形成雪环，其常与阻雪环一起使用。

2）阻雪环。用塑料制作，可阻滞雪在导线绞合方向转动，使雪仅在水平方向堆积，当堆积一定厚度时，在风或其他自然力的作用下由导线上自动脱落，可防湿雪。

3）抗冰雪环。利用低居里点铁磁材料制成。其不仅具有普通防雪环的作用，还具有发热效果，可部分融化导线上的冰雪。

4）抑制覆冰及积雪重锤。重锤材料为可煅铸铁，在导线上装设重锤的目的在于使偏心积雪自重平衡破坏而自行脱落，并可防止导线积雪后产生扭转而形成雪筒。运行经验表明，在应用中，抑制积雪重锤安装间隔取 50～100mm 时，对防止导线扭转可起到明显效果。

（4）采用特殊导线。

1）采用复合导线。在普通 LGJ 的基础上，将钢芯与铝线绝缘，利用开关装置切换，使之在正常情况下由铝线传送负荷，而覆冰时，由钢芯导电，利用其电阻大、高损耗、发热量大来达到融冰的目的。此法已由武汉超高压研究所申请专利，目前尚未用于实际线路。

2）采用耐热导线。利用高强度的耐热铝导线防冰。在覆冰季节，人为增加输送负荷，使导线发热来除冰。

3）采用不覆冰导线。基本思路一是仿照低压架空绝缘导线，采用有机橡胶或合成硅橡胶材料等研制部分绝缘导线；其二是将普通 LGJ 表面制成光滑的表面，并涂以防冰涂料，使导线具有憎水性，从而达到不覆冰的目的。

2.7　其他故障及预防

2.7.1　防暑度夏

夏天气温高，避雷线弧垂增大导致导线对地及交叉跨越设施的距离不足，易发生混线、短路和对交叉跨越物放电事故。

气温增高，导线散热条件差，易发生导线连接器（接头）过热及烧坏事故；夏天树、竹生长快，易造成导线触及树枝放电或树枝、树干被大风吹断倒落在导线上造成接地或短路故障，甚至烧断导线，引起火灾。此外，夏天易发生洪水，气候适宜鸟类繁衍，鸟类活动频繁，因此，夏季防洪、防鸟害任务艰巨。

1. 防树害

春、夏两季是树木生长最快的季节。若线路下方和通道内存在有超高树障时，就有可能发生树枝碰线事故，特别是遇到雷雨大风天气时，树枝摆动、折断或树干折倒，均有可能碰触导线，发生接地跳闸事故。目前农村经济不断发展，以"线下种树"为财路的现象普遍存在。所以运行维护单位的树木砍伐工作困难重重。但是去树除障工作又是我们必须要做的工作，其主要措施包括以下几个方面：

（1）建立树木台账。把树木列为 3 类：Ⅰ类是防护区内的树木，这是砍伐的重点，除个别防护区边缘不能满足要求的树木外，多为防护区内水渠地塄上的残树，此种树木对线路威胁最大；Ⅱ类是防护区外的超高树木，只能监控树木根部有无冲刷和烧焦情况，防止倒树掉闸；Ⅲ类是经济作物，多为果园等。此类树木直接关系农民的利益，修剪砍伐难度大，应加强巡视中的观察，并采用危险点的记录观察，责任到人，不留死角。

（2）进行树木砍伐评估和管理。适时评估线路所经过地区树林的面积、高度、体积等。对运行线路而言，掌握通道内树林空间信息后，在知道通道内主要树种年自然生长率的基础上，计算最佳砍伐量和砍伐时间（可采用基于三维可视测量技术的遥感影像处理技术）。

1）新建架空输电线路施工与验收过程中，一定要根据有关规程要求彻底清理通道内树障、房障等障碍物，通过林区时要留出通道，为今后安全运行打好基础。

2）按照《电力线路防护规程》及"运行规程"等有关要求，加强线路的运行维护工作，确保线路对树障的安全距离，对超高树木及安全距离不够的树木，应进行砍伐或修剪，砍伐或修剪树木时一定要遵守"安全规程"中的有关规定，确保人身及设备安全。

3）加大护线宣传力度，经常与沿线政府、公安及群众联系，避免和杜绝在导线下方或通道内再种植高大树木。

4）在穿越林区或不易砍伐段，通过经济比较，采用高塔跨越的方法，将会产生很好的效果。

2. 防洪

夏季是暴雨的多发季节，雷雨大风比较频繁，所以洪水滚滚，山体滑坡，往往会使平原地带的杆塔被淹没，山区丘陵地带的杆塔基础被冲刷而造成倒塔断线事故，形成大面积的停电，给国民经济和人民生活造成严重灾难。因此，我们必须对架空输电线路的防洪工作有足够的认识，并采取积极的预防措施，防止或减少因洪水造成对架空输电线路的危害。

对于以下线路经过的区域要进行重点防洪：①山区河段的河谷中、半山区河段的河床或河滩上以及受山洪水流冲刷的山坡上或渠道边；②平原河段杆塔距河岸距离较小的地方；③水流指向杆塔方向以及两相邻河湾之间土质松软的地方；④长期处于积水中或被洪水冲刷的地方；⑤水库下游的杆塔；⑥煤矿、石矿、有色金属矿等开采区的上方及地陷区。

总之，要根据当时当地的具体情况及有关地质、气象、水文资料采取科学有效的防洪措施。总体来讲包括以下几个方面：

（1）加强运行技术管理与巡视工作。如对上述地段的杆塔和基础在洪水到来之前认真巡视，加强分析，做到心中有数；加强防洪技术资料管理，建立必要的气象、水情等防洪档案；配备足够的防洪器材，建立防洪抢险组织，做到有备无患。

（2）做好杆塔基础及周围的护基、护坡、护墙、排水沟的构筑与维护工作。

（3）在河岸斜坡上种草植被，防止水土流失，对靠近杆塔较近的河岸应筑挡水坡坝，防止洪水对河岸的冲刷引起塌方。

（4）长期泡在水中的杆塔基础，保护范围采取砌墙围土的办法。

（5）对于山坡不稳或可能会出现滑坡的地方必要时以打桩加固的办法。

（6）及时制止在杆塔基础下方或附近取土、挖洞、开矿，以保持基础的稳固性。

（7）新建线路路径应尽可能避开易冲刷区、河谷区、矿区及塌陷区等。

2.7.2　防外力破坏

近年来，随着电网的不断发展，输电线路所经区域扩大，安全运行也面临着更多的问题。在引起线路跳闸的众多原因里，外力破坏占很大比重；从造成的事故来看，在有些省份，外力破坏造成的事故超过了雷击，位居首位。因此，有必要分析研究外力破坏的原因、类型，找出有效的防治措施，确保输电线路安全运行。

外力破坏电力线引起的故障，大多发生在效能频繁的城郊，或者其他工程施工的工区附近，通常主要有以下现象：

（1）违章施工作业。表现在一些单位和个人置电力设施安全不顾，在电力设施保护区内盲目施工，在线路和杆塔附近爆破、挖砂、挖矿，有的挖断电缆，有的撞断杆塔，有的高空抛物，有的围塘挖堰，在输电线下钓鱼等，都会导致线路跳闸。

（2）盗窃、破坏电力设施，危及电网安全。在线路经过的村庄附近，塔材、螺丝、接地引下线、爬梯、拉线 UT 等经常被盗。

（3）房障、树障、交叉跨越公路危害电网安全，清除步履艰难。一些单位和个人违反电力法律、法规，擅自在电力线路保护区内违章建房、种树、修路、挖堰，严重威胁着供电安全。

（4）输电线路下焚烧农作物、山林失火及漂浮物（如风筝、气球、白色垃圾），导致线路跳闸。

（5）机械破坏。如交通或施工车辆碰撞杆塔、导线、接线等；在杆塔上拴牲畜、利用杆塔牵拉重物等。

防外力破坏对策有以下 6 点。

（1）广泛争取各级政府的支持，加大电力设施保护的宣传力度；

（2）开发线路防盗装置及设备，积极探索在线监控新技术；

（3）建立危险点预控体系和特殊区域管理；

（4）建立举报、奖励制度；

（5）做好基建验收，把外力隐患消灭在萌芽中；

（6）为电力设施投保，保证企业的合法利益不受侵害。

2.7.3 防鸟害

自 20 世纪 90 年代以来，鸟类对输电线路的危害不但呈上升趋势，而且遍及全国各地，对电力系统输电线路安全运行造成严重威胁。据资料统计，西安供电局 1999~2000 年由鸟粪引起的闪络事故为 16 次，占线路事故的 50.0%；天津电力公司 1997~2000 年期间发生 26 起复合绝缘子跳闸事故，其中与鸟粪相关的有 10 次，占事故总数的 38.5%；浙江省 2000~2001 年，发生输电线路鸟害故障闪络 11 次，占线路事故的 64.7%；蒙西电网 2000~2002 年由鸟害引起的闪络事故为 36 次，占线路事故的 33.3%；山东供电局管辖地区，鸟害是经常发生的事故之一．占事故总数的 45.0%；湖北省襄樊电网 2001~2004 年，共发生各类故障 55 次，其中鸟害 19 次，占 34.5%。

1. 鸟害基本形式

（1）筑巢类故障。鸟在铁塔上筑巢，树枝等筑巢材料下落，短接绝缘子串引起跳闸。

（2）泄粪类故障。鸟在杆塔上停歇、排泄，鸟粪下落并污染绝缘子，使线路外绝缘水平降低，最终导致线路跳闸，此种情况最常见。

（3）大鸟在线路上穿行，其羽翼搭接在导线间而引起跳闸事故。

（4）引起蛇害。蛇在攀爬杆塔（沿塔身或拉线）偷食鸟蛋或小鸟过程中短接线路。

（5）鸟啄复合绝缘子也多次发生。

容易产生鸟害的鸟类主要有喜鹊、猫头鹰、雕、秃鹫和以鱼虾为食的大体型鸟。

2. 鸟害故障规律

对鸟害故障进行统计分析，发现鸟害故障具有一定的规律性，主要有季节性、时间性、区域性、瞬时性、线路性、迁移性、重复性、相似性等。

（1）季节性。由于鸟类的活动受季节的影响很大，所以线路的鸟害故障也带有明显的季节性。统计表明，冬春两季是鸟害故障的多发期。产生上述现象的原因是：冬季由于鸟类的自然界栖息环境变坏，而导致电力线路杆塔落鸟的概率增加，再加之冬季雨水少，落在绝缘子表面的鸟粪不易被清洗掉，从而加大了鸟粪污闪的概率；春季则正是鸟类繁殖的旺季，电力线路杆塔上的鸟巢此伏彼起，发生鸟害故障的概率自然大大增加。

（2）时间性。由于某些猛禽有夜间捕食的习性；水鸟也有白天在水域捕食，夜宿在杆塔上的习惯，所以猛禽类和泄粪类鸟害故障在夜间发生的概率比较大。而筑巢类鸟害故障则基本上发生在白天。

（3）区域性。由于不同的鸟类都有各不相同的栖息习性和环境要求，这就必然形成鸟害故障的区域分布性。经验表明，在人类活动比较集中的城市和乡镇，发生鸟害的概率很小，几乎为零。而在人员稀少、杆塔附近林木茂密或邻近水库、鱼塘、河流以及有猛禽活动的地方，则往往是电力线路鸟害故障的频发地段。电力线路运行单位应注意积累经验，并在充分调查研究的基础上，正确划分鸟害区，有针对性地采取防鸟害措施。

资料显示多数鸟害故障发生的时间在每年的 11 月至次年 3 月，长达 5 个月时间，其中 1 至 3 月为鸟害最严重时候。鸟害故障多发生在夜间，在 18：00 以后至次日 06：00。鸟害故障点：铁塔位于山顶或丘陵地面凸出处，且靠近冬季不会干枯的河流、溪河、水库和大面积的鱼塘。

（4）瞬时性。有统计资料分析，鸟害故障的重合成功率（排除重合闸方面存在的问题）达84%，如果能成功地防治筑巢类鸟害故障的发生，则重合成功率还可升至91%，而试送或强送成功率则几乎为100%。因此，电力线路鸟害故障属于单相接地瞬时故障。

（5）线路性。①从设备的电压等级上看，由于鸟害故障基本上是属于单相接地瞬时故障，所以对于35kV及以下的中性点非有效接地系统和线间距离足够大的500kV及以上系统的电力线路威胁不大，但对35kV及以下线路上的鸟巢应及时拆除，以免形成两点接地短路。110kV线路单材、横担比较多，而220kV线路的横担则都是桁架型的，故220kV线路的鸟害故障多于110kV线路。②从杆塔的相位上看，由于中相横担（系指三角形和垂直排列的上面一相或水平排列的中间一相）的栖息条件比较好，起落比较方便。三角形和垂直排列的上面一相或水平排列的中间一相的鸟害故障发生频率较高。③从杆塔结构型式上看，鸟害大多发生在铁塔上，水泥杆塔上发生较少。这是因为鸟类为了方便栖息、降落起飞和活动的安全，往往会选择在活动范围大、视线好、平稳高大的物体上。通常水泥杆高度低，横担相对较窄，使鸟类栖息和降落起飞不方便，活动范围也较小。而铁塔比较高，活动范围较大，平稳又安全，因此鸟类活动较多，鸟害事故也较多。尤其是猫头塔等塔形中相横担比边相横担高几米，这是鸟害普遍发生在铁塔中相处的重要原因。

鸟害故障的发生与杆塔主杆的材料结构及横担的排列方式关系不大，但与横担的结构型式关系甚大。桁架结构式横担上发生的鸟害故障比例较高，这是因为桁架横担比单材横担更便于鸟类栖息的缘故。

（6）迁移性。所谓鸟害故障的迁移性指的是当鸟在杆塔上的某一处栖息条件被破坏以后，会在该杆塔的另一个位置或附近另一基杆塔上重新寻找栖息地并引发出鸟害故障。根据这一特性，在拆除电力线路杆塔上的鸟巢时，应注意分析该鸟巢所在的位置是否确已对线路安全运行构成威胁，而不要盲目地见鸟巢就拆，以防该鸟巢被拆除后该鸟又在杆塔上更危险的位置构筑新巢。同时，在设置防鸟设施时还应注意适当扩大防治的范围。

（7）重复性。所谓鸟害故障的重复性是指同一类型的鸟害故障可能在同一基杆塔上于短时间内重复发生。同一类的鸟活动的区域有一个较固定的范围，鸟害容易出现重复性。

（8）相似性。大多数鸟害故障具有明显的相似特点，具体情况为：①横担（或挂线点）有弧光烧伤痕迹；②导线或绝缘子有不同程度烧伤；③在横担上或其他部位有鸟类痕迹，单相接地且重合成功。

3. 防鸟害对策

（1）防止鸟害故障的技术措施。在防止鸟类形成放电通道方面，采取的技术措施有以下几种。

1）采用大盘径绝缘子；

2）加装防鸟粪挡板；

3）安装防鸟罩；

4）安装防鸟网；

5）架设防鸟线；

6）安装防鸟刺；

7）安装感应电极板；

8）在绝缘子制造时，可调整硅橡胶的配方，使鸟"憎恶"硅橡胶的气味和口味，以此来防止鸟啄食复合绝缘子。同时采用在投运前将绝缘子包裹的方式来保护复合绝缘子。

（2）驱鸟的技术措施。在驱鸟方式中采用的方法主要有以下几种。

1）安装惊鸟装置。在杆塔顶部挂红旗，涂刷红油漆，安装风铃、反光镜等。

2）安装风车式驱鸟器。风车式驱鸟器的原理是根据鸟类的生活习性而做成的。

3）恐怖眼式惊鸟牌。恐怖眼是借鉴民航系统的驱鸟经验，选择鸟类敏感色彩，喷涂制作一种反光恐怖大眼睛的双面图案铭牌，安装于杆塔顶部较显眼的位置。

4）安装声光驱鸟装置。声光驱鸟装置是采用声、光、色综合驱鸟方式为一体的驱鸟结构。

5）脉冲电击式驱鸟装置。该装置采用了可调式鸟刺与脉冲电击相结合方式，针对鸟被电击后的记忆效应，直接采用脉冲高电压电击停留在横担上的鸟类达到驱鸟效果。

6）超声波驱鸟器。超声波驱鸟器利用一种超声波脉冲干扰刺激和破坏鸟类神经系统、生理系统，使其生理紊乱以达到驱鸟、灭鸟的最终目的。

通过对上面防治鸟害故障技术措施的研究，具体的杆型可根据不同的环境灵活使用。实践证明，多种方法的组合使用效果会大大增强。同时，还要调动广大科研人员和工作人员的积极性，集思广益，完善和开发新的防鸟设施。

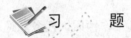

习　　题

1. 如何界定线路故障（线路故障的评判标准）？线路故障的原因有哪些？常见的故障类型有哪些？

2. 线路遭受雷击的形式有哪些？雷击故障的现象有哪些？有哪些危害？

3. 我国现有的防雷保护措施主要有哪些？还存在什么问题？

4. 避雷线的主要作用是什么？线路防雷中避雷线的架设要求有哪些？

5. 试分析架空线路在装有避雷线的情况下发生雷击故障的原因及解决方法。

6. 叙述接地装置的防雷效果的影响。现有降低接地电阻的方法有哪些？其原理如何？

7. 什么是污闪和污闪故障？为什么说污闪故障是电力系统的恶性故障之一？

8. 简述污闪事故的特点及危害。

9. 试从故障成因、表现及影响程度等方面分析污闪故障与雷击故障的区别。

10. 防污闪有哪些技术措施？

11. 简述输电线路舞动故障的危害及特点。目前关于舞动故障的机理的描述有哪些理论？我国现有的防舞措施有哪些？

12. 输电线路导线振动的类型主要有哪些？各自的危害怎样？

13. 防微风振动的思路是什么？常用的措施有哪些？

14. 输电线路导线上的覆冰型式有哪些？其危害怎样？

15. 线路覆冰故障的类型有哪些？其对线路组成元件的影响怎样？

16. 目前行之有效的防覆冰措施的哪些？常见的融冰方式有什么优点和不足？

17. 你对防覆冰有什么见解？

18. 输电线路外力破坏的形式有哪些？如何防外力破坏？

19. 鸟害的形式有哪些？防鸟害的难点是什么？如何防鸟害（说出你自己的想法）？

3 架空线路运行中的巡视与检测

架空线路的运行维护主要以巡视、检查和检测为手段，通过巡视、检查与检测，不仅可及时掌握线路的运行状况及沿线周围环境的变化情况，及时发现线路元件的缺陷和威胁线路安全运行的状态，以便及时消除缺陷，预防事故发生，也可为检修内容提供依据。

3.1 架空输电线路运行中的巡视

为了随时掌握线路的运行状况和沿线周围环境的情况，及时发现设备缺陷和威胁线路安全运行的隐患，为线路故障诊断和检修提供依据，《架空输电线路运行规程》规定必须对运行的输电线路进行适时的巡视与检查，并要求巡视必须到位，记录要认真、真实、表达清晰（必要时画出草图），及时整理上报（其中严重、危急缺陷及时报告）。

3.1.1 线路巡视的分类

架空线路的巡视（巡线），按其工作性质、任务和巡视的周期不同，可分为定期巡视和不定期巡视，定期巡视包括正常巡视（地面巡视）、登杆（塔）巡视、飞行器巡视、监察巡视，不定期巡视包括故障巡视、特殊巡视、夜间巡视等。对于500kV以上线路一般要求进行登塔、走导线检查。

1. 确定巡视周期的原则

（1）运行维护单位应根据线路设备和通道环境特点划分区段，结合状态评价和运行经验确定线路（区段）巡视周期。同时依据线路区段和时间段的变化，及时对巡视周期进行必要的调整。

（2）不同区域线路（区段）巡视周期的一般规定。

1）城市（城镇）及近郊区域的巡视周期一般为1个月。

2）远郊、平原等一般区域的巡视周期一般为2个月。

3）高山大岭、沿海滩涂、戈壁沙漠等车辆人员难以到达区域的巡视周期一般为3个月。在大雪封山等特殊情况下，采取空中巡视、在线监测等手段后可适当延长周期，但不应超过6个月。

以上应为设备和通道环境的全面巡视，对特殊区段宜增加通道环境的巡视次数。

（3）不同性质的线路（区段）巡视周期。

1）单电源、重要电源、重要负荷、网间联络等线路的巡视周期不应超过1个月。

2）运行情况不佳的老旧线路（区段）、缺陷频发线路（区段）的巡视周期不应超过1个月。

3）对通道环境恶劣的区段，如易受到外力破坏区、树竹速长区、偷盗多发区、采动影响区、易建房区等在相应时段加强巡视，巡视周期一般为半个月。

4）新建线路和改造区段在投运后3个月内，每月应进行1次全面巡视，之后执行正常巡视周期。

5）运行维护单位每年应进行巡视周期的修订，必要时应及时调整巡视周期。

架空电力线路的巡视周期见表 3-1。

表 3-1 架空电力线路的巡视周期表

名　　称	周　　期	备　　注
正常巡视	至少每月一次	根据线路环境、设备情况及季节性变化，必要时可增加次数
特殊性及夜间巡视	特殊性巡视：不予规定 夜间巡视：每半年一次	视实际情况而定
故障性巡视	不予规定	视具体情况而定
监察性巡视 （1）维修队的人员负责各段线路的巡视 （2）领导对其进行抽查	一年至少两次 一年至少一次	应在雷雨季节或高峰负荷前以及其他必要的时间进行

2. 正常巡视

正常巡视在国外叫普通巡视，是线路运行人员主要的日常工作之一，也称地面巡视，巡视区段为全线，其目的是通过定期的地面巡视及时掌握线路各部件的运行状况及沿线情况，及时发现设备缺陷和威胁线路安全运行的情况。

（1）正常巡视的周期。正常巡视的周期原则上一月一次，也可根据线路的周围环境，设备情况及季节变化的具体情况适当调整（如：对于特别重要的线路、迎峰度夏，个别地段特别复杂，容易引起线路故障，应适当缩短周期，也可用特巡和其他巡视补充；而新建及设备健康水平较为优良，可适当延长周期）。

正常巡视的时间一般在白天，以徒步巡视的方式进行。巡线工作可以由一个人进行，但炎热天气或通过无人山区、林区等特殊地段时，不得单人巡视（确保安全，全面发现缺陷，互相督促）；单人巡线时不允许登杆处理缺陷。两人巡线时，可以明确分工，也可以一人登杆检查或处理缺陷，另一人就做好监护工作，登杆人员还必须注意保持与带电部分有足够的安全距离。发现危急缺陷或可能给线路带来不安全情况时要及时向领导报告，并留守监护。

必须做到"三带"，望远镜或测距仪、小型工具（电工工具、清理路障工具等）、记录本（仪器）。

（2）正常巡视的要求。运行人员对所辖线路进行的正常巡视严格按工作任务单进行，必须巡视到位，认真检查线路各部件运行情况，发现问题及时汇报。及时填写巡视记录及缺陷记录，不作处理（零星缺陷除外），发现重大、紧急缺陷时立即上报有关人员。

1）巡线工作由岗位技能考试合格的人员担任。

2）线路巡视中无论线路是否停电，均视为带电线路。

3）巡视时，应穿绝缘鞋，单人巡视，禁止攀登杆塔。

4）巡视时要注意狗咬、粪坑等安全问题，不要长时间的在干枯的河道内行走。

5）过往公路时，应注意来往车辆，并遵守交通法规。

6）根据季节变化和区域特征，巡视人员还应携带防暑药品和蛇药。

7）山区巡视时要注意蛇咬、扎脚、路上湿滑等安全问题，不要长时间的在山谷或山涧中行走；注意防火。

8）巡线中遇有大风时，应在上风侧沿线行走，以防断线倒杆危及巡视人员的安全。

9）雷雨天气，巡视人员应避开杆塔、导线和高大树木下方，应远离线路或暂停巡视，以保证巡视人员人身安全。

10）如遇洪水（河水）堵截，人员和车辆应绕行，经完好的桥梁过河。由于水库泄洪和河道上游下大暴雨，河道下游随时有发大水的可能，对此，巡视人员和司机要十分注意。

11）巡视人员必须带好随身工具。对被盗线夹的拉线，巡视人员必须仔细观察后方可采取临时措施，防止拽拉线时误碰导线。

3. 特殊巡视

特殊巡视是在气候剧变（大雾、冰冻、狂风暴雨等）、自然灾害（地震、河水泛滥、森林大火等）、外力影响、异常运行和其他特殊情况时，对线路全线或某几段、某些部件所进行的以发现线路缺陷为目的的巡视。特殊巡视一般不能一人单独巡视，而且是依据情况随时进行的。特殊巡视的重点主要有以下区域和时段，如严重污染的线路段、易击杆塔、覆冰区、易舞动区、外力破坏区、地质灾害多发区等；暴风雨后、严寒季节、线路附近发生火灾时、高温、过负荷期间、重要活动及节假日期间等。

（1）特殊巡视应该注意的问题。

1）对污秽严重区域的线路段，天气潮湿时可能会引起绝缘闪络。所以在降大雾、毛毛细雨和湿雪的时候，对于污区绝缘子需例外地进行特殊性巡视。

2）对于有严重覆冰的地区或地段，当线路上发生覆冰时需组织特殊巡视。仔细观察线路地段上的覆冰情况，并取得覆冰的有关数据。

3）对容易遭受暴风雨和洪水威胁的线路，一般要在暴雨后进行全线特殊巡线，以判明暴风雨对线路损害程度，以确定检修方案。洪水导致的河道堵塞，可能是处于河湾旁边的杆塔或者江河中沙滩上的杆塔受到威胁，要加强监视，必要时每天都要观察。

4）严寒天气之后对温度剧变可能使绝缘子发生裂缝或使已有的裂缝扩大的线路需进行特殊巡视。线路附近发生火灾时，需立即进行特殊性巡视。

5）在输电线路过负荷情况下，特别是又处在高温期间，一是导线接头如有缺陷很容易过热烧坏，二是导线弧垂变大导致对地限距和交叉跨越间距变小。在这种情况下，不仅要夜间巡视，而且在白天还要进行特殊巡线，以弥补夜间巡视的不足。

6）在线路防护区或线路附近进行线路施工、建筑施工、高大型起重机械、爆破、砍树等作业时，线路运行工人要协助监护。

（2）特殊巡视的要求。

1）领导和巡视人员随时注意气象变化及异常情况发生的信息。

2）不得单人巡视。

3）迅速到达现场，详实地了解情况及发展变化趋势。

4）认真做好现场记录，并及时向单位领导通报情况。

5）发现导线接地时要站在上风侧，且注意跨步电压，还要注意维持现场。

6）发现外力影响的情况要做好现场调查。

4. 夜间巡视、监察性巡视、交叉巡视和诊断性巡视

根据运行季节特点、线路运行状况和环境特点确定是否进行巡视，巡视的区域可以为全

线、某线段或某部件。

夜间巡视的目的是为了检查白天不易发现的线路缺陷，如导线及连接器的发热、绝缘子污秽及裂纹的放电情况，电晕情况等。所以夜间巡视的主要内容有两个：一是污秽区绝缘子遇到天气潮湿的放电情况；二是导线表面及连接器接触点温度升降情况。由于漆黑的夜晚很容易观察绝缘子放电情况，如果污秽严重，就会发现在电压梯度特别大的瓷件和铁帽、钢脚的黏结处，有蓝色的电晕光环。这种电晕放电时有时无，则说明污秽相当严重。检查导线连接部分是否良好，特别是对于铜铝过渡接头，用螺栓固定的并沟线夹、跳线接板等，在运行中是否有接触不良，接头温度升高等现象。这种夜间巡视最好选择在负荷高峰期进行，并携带非接触测温仪器测量。

夜间巡视的周期可视线路的运行情况及时进行，一般在线路负荷最大而且没有月光的时间进行。夜间巡视要求：

1）夜间巡视必须两人及以上进行，应沿线路外侧和大风时上风侧进行。

2）夜间巡视应事先确定重点内容。

3）夜间巡视人员必须认真听、仔细看，做好记录。

监察性巡视主要是主管领导或技术负责为了解线路及设备的状况，并检查、指导运行人员的工作而进行的巡视。

还可组织两个巡线员交叉巡线。对某些问题一时不能确定时，可组织有经验的巡线员、技术人员进行诊断性巡视，以确定缺陷的性质。

5. 故障性巡视

故障性巡视是指在线路发生故障时，为查明故障点、故障原因、故障性质而进行的巡视。

故障巡视应根据故障特点和故障发生时的气象特点等进行有针对性的巡视。如潮湿天气、清晨前后的跳闸故障，应重点巡视污秽区的绝缘子；雷雨天气下跳闸事故，要特别注意雷区和易击区的绝缘子、导线是否有烧伤痕迹；春秋季节的跳闸事故，一般重点巡查树林区和鸟害区等。

需要强调的是线路接地故障或短路发生后，无论是否重合成功，都要立即组织故障巡视。因为开关重合不成功，则查明故障的时间直接关系到线路故障停电的时间；如果开关重合成功，但故障点仍然存在，还可能导致再次故障，所以也必须尽快找出故障点，必要时需登杆塔检查。巡视中，巡线员应将所分担的巡线区段全部巡视完，不得中断或遗漏。发现故障点后应及时报告，重大事故应设法保护现场。对所发现的可能造成故障的所有物件应搜集带回，并对故障现场情况做好详细记录，以作为事故分析的依据和参考。

故障性巡视中应注意以下问题：

1）发现故障点后，应采取措施防止行人或牲畜接近，如发现导线断落地面或悬挂空中时，应设法防止行人靠近断线点8m以内，并迅速向有关领导和技术人员报告。报告内容必须具体详细，包括故障地点、线路号、杆塔号、故障性质等，以便确定线路能否临时供电或确定抢修方案。

2）重大故障应设法保护现场，对所发现的可能造成故障的所有物件应搜集带回，并对故障现象做详细记录，以作为事故分析的依据和参考，必要时保留现场，待上一级安全监察部门来调查。

3）事故查线有时并非一次就能查清，这时不论线路是否已投入运行，均需派人复查，直至查出故障点。另外，在地面检查不出来时，在监护人的监护下进行登塔检查，或进行带电走线检查。

4）事故巡线既要突出重点，又要注意档距内导线、地线是否平衡，导线下有无破损物，有无闪络损坏的绝缘子，杆塔下面有无死鸟等。

5）组织事故巡线，一方面要靠平时积累的地形、地貌、交通、气象等资料；另一方面要始终注意和护线员、沿线居民的联系。

6. 登杆（塔）巡视

登杆巡视指为弥补地面巡视的不足，而登上杆塔对塔上部件所进行的巡查。有条件的也可采用直升机巡视。500kV 及以上线路应开展登塔、走导线检查工作。

线路上有很多缺陷是不能从地面上发现的，甚至用望远镜也无济于事。例如，悬式绝缘子上表面的电弧闪络痕迹，导线、地线悬垂线夹出口处的振动断股，绝缘子金具上的微小裂纹，螺栓连接部分的松动，以及其他类似情况。

为了查明上述缺陷，500kV 及以上线路每年必须进行登杆（塔）检查，500kV 以上线路也可走导线检查。登杆检查时，必须仔细地查看所有地面上不易看清楚的部分，同时也检查地面巡视时被疏忽的缺陷和故障点。对于档距中的导线、地线，在杆塔上也要认真查看。例如，导线、地线上有无电弧灼伤的痕迹，导线、地线腐蚀的情况，导线、地线的接头情况，导线、地线有无断股等。如果发现可疑点，在杆塔上面仍看不清楚，那就必须设法登上导线、地线进行检查。在平原地区可用高空飞车进行，在山区，或平原水田地区，可使用滑车，工作人员从导线或地线上滑出去。导线对地距离很小时，也可利用抛上牵引绳、悬挂软梯的办法。

（1）登杆（塔）巡视的重点内容。

1）导线、地线在线夹内是否有断股现象或严重生锈；接头部位，导线、地线固定的部位等是否完好。需要打开线夹，松开铝包带进行检查。

2）检查并沟线夹或跳板搭接线有无过热现象（痕迹）、螺栓的夹紧程度，必要时打开线夹，检查接触面是否氧化发黑，是否有电弧灼伤。当发现螺栓松动时应重新拧紧；铝夹板过热的应及时更换，接触面发黑的应清除氧化膜。

3）检查绝缘子有无劣化现象，要注意瓷件上有无裂纹，有无瓷釉烧伤痕迹，铁附件有无变形、电弧灼伤痕迹，是否锈蚀严重。

4）检查金具是否错用或不符合设计的情况，铸件是否有裂纹、变形，弹簧销或开口销、闭口销有无缺失等。

5）杆塔上附件、塔材是否有锈蚀、螺栓松动，混凝土杆有无裂纹、剥落、钢筋外露、锈蚀等。

（2）登杆巡视要求。

1）登塔巡视出发前，工具、材料必须准备充分，巡视时必须有地面人员进行监护，并可先列出安全措施，严禁一个人单独登塔作业。

2）登塔检查可在停电或带电情况下进行，一般采用停电检查，停电和带电检查时要分别遵守停电作业和带电作业的相关规定，不得自作主张，违反《电业安全工作规程》及有关规定。

3）在登塔检查中发现的一般缺陷，要边检查边改进，及时处理好，该补的补上，该紧的紧上，该修的修好，该换的换掉。但不论当时是否已修好，均应在检查卡上填写清楚。工作结束后，并进行登记和资料存档。

3.1.2 巡视的内容

线路巡视的主要内容有沿线情况，杆塔、拉线和基础，导线和地线，绝缘子和绝缘横担及金具，防雷设施和接地装置，附件及其他设施六大方面。架空输电线路及通道环境巡视检查主要内容如表3-2、表3-3所示。

表3-2　　　　　　　　　　　　　架空输电线路巡视检查主要内容

	巡视对象	检查线路本体和附属设施有无以下缺陷、变化或情况
线路本体	地基与基面	回填土下沉或缺土、水淹、冻胀、堆积杂物等
	杆塔基础	破损、酥松、裂纹、漏筋、基础下沉、保护帽破损、边坡保护不够等
	杆塔	杆塔倾斜、主材弯曲、地线支架变形、塔材、螺栓丢失、严重锈蚀、脚钉缺失、爬梯变形、土埋塔脚等；混凝土杆未封顶、破损、裂纹等
	接地装置	断裂、严重锈蚀、螺栓松脱、接地带丢失、接地带外露、接地带连接部位有雷电烧痕等
	拉线及基础	拉线金具等被拆卸、拉线棒严重锈蚀或蚀损、拉线松弛、断股、严重锈蚀、基础回填土下沉或缺土等
	绝缘子	伞裙破损、严重污秽、有放电痕迹、弹簧销缺损、钢帽裂纹、断裂、钢脚严重锈蚀或蚀损、绝缘子串顺线路方向倾角大于7.5°或300mm
	导线、地线、引流线、屏蔽线、OPGW	散股、断股、损伤、断线、放电烧伤、导线接头部位过热、悬挂漂浮物、弧垂过大或过小、严重锈蚀、有电晕现象、导线缠绕（混线）、覆冰、舞动、风偏过大、对交叉跨越物距离不够等
	线路金具	线夹断裂、裂纹、磨损、销钉脱落或严重锈蚀；均压环、屏蔽环烧伤、螺栓松动；防振锤跑位、脱落、严重锈蚀，阻尼线变形、烧伤；间隔棒松脱、变形或离位；各种连板、连接环、调整板损伤、裂纹等
附属设施	防雷装置	避雷器动作异常，计数器失效、破损、变形，引线松脱；放电间隙变化、烧伤等
	防鸟装置	固定式：破损、变形、螺栓松脱； 活动式：动作失灵、褪色、破损； 电子、光波、声响式：供电装置失效或功能失效、损坏等
	各种监测装置	缺失、损坏、功能失效等
	杆号、警告、防护、指示、相位等标识	缺失、损坏、字迹或颜色不清、严重锈蚀等
	航空警示器材	高塔警示灯、跨江线彩球缺失、损坏、失灵
	防舞防冰装置	缺失、损坏等
	ADSS光缆	损坏、断裂、弛度变化等

表3-3　　　　　　　　　　　　架空输电线路通道环境巡视检查主要内容

	巡视对象	检查线路通道环境有无以下缺陷、变化或情况
线路通道环境	建（构）筑物	有违章建筑，建（构）筑物等
	与树（竹）距离	树木（竹林）与导线安全距离不足等
	施工作业	线路下方或附近有危及线路安全的施工作业等

续表

巡视对象		检查线路通道环境有无以下缺陷、变化或情况
线路通道环境	火灾	线路附近有烟火现象，有易燃、易爆物堆积等
	交叉跨越	出现新建或改建电力、通信线路、道路、铁路、索道、管道等
	防洪、排水、基础保护设施	坍塌、淤堵、破损等
	自然灾害	地震、洪水、泥石流、山体滑坡等引起通道环境的变化
	道路、桥梁	巡线道、桥梁损坏等
	污染源	出现新的污染源或污染加重等
	采动影响区	出现裂缝、坍塌等情况
	其他	线路附近有人放风筝、有危及线路安全的漂浮物、线路跨越鱼塘无警示牌、采石（开矿）、射击打靶、藤蔓类植物攀附杆塔等

3.1.3　飞行器巡视

1. 飞机巡视

飞机巡视分直升机巡视与无人机巡视两种。

（1）直升机巡线。直升机巡视就是利用直升机及机载设备对线路设备进行监视、测量、记录、分析的过程。目前我国使用直升机巡视，主要是利用机载陀螺稳定红外成像测试设备与直升机在线路附近的悬停飞行相结合，寻找线路上局部发热类型的缺陷；利用机载可见光数码技术发现线路上可视缺陷；利用 GPS 技术及语言录制系统对各杆塔的缺陷位置进行记录。

利用红外成像技术航检是采用红外成像仪对线路上的导线接续管，耐张管，跳线线夹，导线、地线线夹，金具，防振锤，绝缘子等进行拍摄，分析数据，判断其是否正常。利用可见光技术航检是在航巡中运用望远镜，照相机，机载可见光镜头检查记录基础杆塔、导线、地线金具，绝缘子等部件的运行状态、线路走廊内的树木生长、地理环境、交叉跨越等情况。

实践证明，飞机巡检具有高效、快捷、可靠、不受地域影响等优点。具体来说：

1）随着超高压电网建设及特高压的全国联网，维护区域不断地扩大，电网的安全稳定高效运营已成为电网运行的当务之急。直升机巡检，为电网运行质量的改善和经济效益的提高提供了强有力的支持，也为在电网管理和技术上与国际接轨创造了条件。

2）直升机巡检大大提高了电力维护和检修的效率，使许多工作能在完全带电的环境下迅速完成，为状态检修创造了条件。

3）由于使用了多种功能的机载设备，所以可以利用最先进的高科技手段对线路设备进行检查、探测、影像记录、准确分析，提高了巡线的科学性和可靠性。

4）使用直升机作业，可使作业范围迅速扩大，不受地形及道路状况限制，可到达人员无法接近的山谷地带。

但同时也应充分认识到，采用直升机巡检，它必须以超高技术和较高的物质基础作支承，还必须从技术、业务、调度、通信、设备、人员培训以及安全可靠性等方面强化管理。

（2）无人机巡视。无人飞机是一种由无线电遥控设备或自身程序控制装置操纵的无人驾驶飞行器。无人飞机有固定翼型、直升机型、小型旋翼型三类机型。无人机巡线技术融合了航空、电子、电力、控制、通信、图像识别等多个高尖技术领域，其关键技术主要包括线路视觉跟踪技术、飞行控制技术、无线通信技术、线路故障探测技术，其中线路故障探测技术主要分为视觉探测、红外线和紫外线探测技术、激光雷达探测技术。

2009 年 1 月，国家电网公司正式立项研制无人直升机巡检系统，山东电科院承担了这一项目的开发任务，该项目研制的"输电线路无人直升机智能巡检系统"达到了国际先进水平，其中多项技术达到了国际领先水平。2011 年，该系统进行了 300 余架次现场飞行巡线试验，共发现 30 余处异常和缺陷，出具 100 余篇杆塔线路巡检报告。2012 年，国家电网山东电科院完成了 500kV 线路 220kV 线路的常规巡线作业任务，并进一步探索了山区、河流、湖泊、矿区等恶劣气象地理条件下的无人直升机巡线作业。目前无人机巡线已在多个电网公司试飞成功，并投入应用。与常规人工巡检方法相比较，此项技术更为先进有效，可以成为保障线路安全运行的一种新的经济可行的手段。

应用于工程实践的无人飞机巡线方式是使用无人飞机控制数据链，把可远传且可见的红外热像仪的信号传送到监视地面屏幕进行分析。无人飞机巡线由两人进行，一人专职操纵飞机，一人监视地面屏幕。发现可疑区段可悬停或者来回飞行细查；实时监视和录像可同时进行，还可进行高清晰度的摄像，飞机飞回后进行图片分析。

目前，无人机巡线技术正朝着更加自动化、智能化的方向发展。随着技术的成熟，无人巡线飞机将具备 GPS 自主线路导航控制、地理匹配自动控制、线路杆塔自动跟踪等飞行控制功能，使无人飞机巡线进入可根据输电线路的走向、海拔高度、转角等全自动化进行线路跟踪飞行控制，使无人飞机紧贴着输电线路进行贴身的巡线工作。同时，具备携带稳定能力的摄像平台，摄像设备自动控制摄像功能，通过线路杆塔自动跟踪识别技术、摄像快速对焦成像技术，使安装的可见、红外热像摄像设备自动对焦到线路杆塔等目标，快速曝光，生成高清晰的地面杆塔、线路、树林、绝缘子、金具等可见、红外影像，从而实现输电网故障自动识别功能。

2. 机器人巡线

巡线机器人的研究始于 20 世纪 80 年代末，日本、美国、加拿大、泰国的一些研究机构先后开展了巡线机器人的研究。国内巡线机器人的研究始于 20 世纪 90 年代末，在"十五"国家高新技术发展计划（863 计划）的支持下，中科院沈阳自动化、武汉大学和中科院自动化所等同时开展了对适用于不同电压等级输电线路的巡线机器人的研制工作，且在 500、220、110kV 线路上开展了带电巡检作业，取得了满意的现场试验结果。

巡线机器人包含两个方面的技术内容，一是沿输电线路行驶作业的机器人技术（机器人本体技术），使机器人能够适应复杂多变的野外环境和运行工况，能够自主跨越（避）输电线路上的障碍，沿输电线路导线或地线全程行走，具有良好的自治性；二是适用于机器人操作的输电线路运行故障的检测诊断技术，充分利用机器人这一移动的平台，对输电线路各组成部分，特别是导线及其金具、绝缘子的故障以及各种交叉跨越距离进行近距离的自动检测，通过无线网络通信技术发送给后台分析软件，对输电线路设备的健康状况进行诊断。实现上述功能的机器人在技术上具有以下几个特点：

1）具备自主越障能力；

2）具备电能在线补给能力；

3）数据和图像远程传输能力；

4）准确的检测与诊断技术。

利用巡线机器人技术，可以实现以下功能和目的：

1）沿输电线路相线全程带电行走，自主跨越输电线路障碍；

2）集成自动检测仪器，对输电线路实施近距离检测，仪器的操动机构具备冗余自由度，可通过操动机构的水平和俯仰运动实施多角度检测；

3）利用集成的可见光摄像机完成输电线路的巡视工作，拍摄导线、地线、绝缘子、杆塔、金具以及线路通道等的高质量图像，供巡检人员回放图像查找输电线的表面问题；

4）利用集成的红外热成像仪扫描输电线路，获取导线、压接接头以及绝缘子的表面温度和红外图像，根据后台软件的故障样本数据库，诊断导线是否断股、破损，压接接头是否松弛以及绝缘子的污秽、低值与零值；

5）利用集成的超声波测距仪自动测量导线对地高度，转换为导线弧垂，同时可以测量各种交叉跨越的距离；

6）巡线机器人系统可以准确获取反映输电线路运行状态的动态数据，为实现输电线路的状态检修提供科学依据。

3.2 架空输电线路的检测项目及周期

3.2.1 基本要求

架空输电线路监测分为离线监测和在线监测，运用带电作业或其他作业方式对杆塔本体、基础、架空地线、架空导线、绝缘子、金具、接地装置的运行状态进行监测，对线路运行状态提供评价依据，对线路故障的原因进行分析和判断，为推广状态检修提供可靠的分析数据，对线路事故起到提前防范的作用，对电网安全运行起到积极的作用。

所有项目的测试都必须遵守电业安全工作规程和其他相关专业安全作业规程；所采用的检测技术应成熟，方法应正确可靠，测试结果应准确。所有带电项目的测试工作应由具备带电作业合格证和经过测试操作培训合格的人进行；高压试验部分应由高压试验培训合格的人员承担；远程在线监测系统的使用、维护、分析应由经过专门培训合格的人员承担；所列测试设备必须遵照规定，地面进行校验。应要做好检测结果的记录和统计分析，并做好检测资料的存档保管。

3.2.2 检测周期及项目

架空输电线路的常规测试项目及周期如表 3-4 所示。

表 3-4 检测项目与周期

项目		周期（年）	备注
杆塔	钢筋混凝土杆裂缝与缺陷检查	必要时	根据巡视发现的问题
	钢筋混凝土杆受冻情况检查 1. 杆内积水 2. 冻土上拔 3. 水泥杆放水孔检查	 1 1 1	根据巡视发现的问题进行 在结冻前进行 在结冻前和解冻后进行 在结冻前进行
	杆塔、铁件锈蚀情况检查	3	对新建线路投运 5 年后，进行一次全面检查，以后结合巡视情况而定；对杆塔进行防腐处理后应做现场检验

项目		周期（年）	备注
杆塔	杆塔倾斜、挠	必要时	根据实际情况选点测量
	钢管塔	必要时	应满足 DL/T 5130—2001《架空送电线路钢管杆设计规定》的要求
	钢管塔 表面锈蚀情况 挠度测量	必要时 1 必要时	对新建线路投运 1 年后，进行一次全面检查，满足 DL/T 5130—2001 的要求 对新建线路投运 2 年内，每年测量一次，以后根据巡视情况而定
绝缘子	盘型绝缘子绝缘测试	6~10	330kV 以上，6 年；220kV 以下，10 年；
	绝缘子污秽度测量	1	根据实际情况定点测量，或根据巡视情况选点测量
	绝缘子金属附件检查	2	投运后第 5 年开始抽查
	瓷绝缘子裂纹、钢帽裂纹、浇装水泥及伞裙与钢帽移位	必要时	每次清扫时
	玻璃绝缘子钢帽裂纹、伞裙闪络损伤	必要时	每次清扫时
	合成绝缘子伞裙、护套、黏接剂老化、破损、裂纹；金具及附件锈蚀	2~3	根据运行需要
	复合绝缘子电气机械抽样检测试验	5	投运 5~8 年后开始抽查，以后至少每 5 年抽查
导线	导线、地线磨损、断股、破股、严重锈蚀、放电损伤外层铝股、松动等	每次检修时	抽查导线、地线线夹必须及时打开检查
	大跨越导线、地线振动测量	2~5	对一般线路应选择有代表性档距进行现场振动测量，测量点应包括悬垂线夹、防振锤及间隔棒线夹处，根据振动情况选点测量
	导线、地线舞动观测		在舞动发生时应及时观测
	导线弧垂、对地距离、交叉跨越距离测量	必要时	线路投入运行 1 年后测量 1 次，以后根据巡视结果决定
金具	导流金具的测试 直线接续金具 不同金属接续金具 并沟线夹、跳线连接板、压接式耐张线夹	必要时 必要时 每次检修	接续管采用望远镜观察接续管口导线有否断股、灯笼泡或最大张力后导线拔出移位现象；每次线路检修测试连接金具螺栓扭矩值应符合标准；红外测试应在线路负荷较大时抽测，根据测温结果确定是否进行测试
	金具锈蚀、磨损、裂纹、变形检查	每次检修	外观难以看到的部位，要打开螺栓、垫圈检查或用仪器检查。如果开展线路远红外测温工作，每年进行一次测温，根据测温结果确定是否进行测试
	间隔棒（器）检查	每次检修	投运 1 年后紧固 1 次，以后进行抽查
防雷设施及接地装置	杆塔接地电阻测量	5	根据运行情况可调整时间，每次雷击故障后的杆塔应进行测试
	线路避雷器检测	5	根据运行情况或设备的要求进行调整
	地线间隙检查 防雷间隙检查	必要时 1	根据巡视发现的问题进行

续表

	项目	周期（年）	备注
基础	铁塔、钢管杆（塔）基础（金属基础、预制基础、现场浇制基础、灌注桩基础）	5	检查，挖开地面 1m 以下，检查金属件锈蚀、混凝土裂纹、酥松、损伤等变化情况
	拉线（拉棒）装置、接地装置	5	拉棒直径测量；接地电阻测试必要时开挖
	基础沉降测量	必要时	根据实际情况选点测量
其他	气象测量		选点测量
	无线电干扰测量		根据实际情况选点测量
	地面场强测量		根据实际情况选点测量

注　1. 检测周期可根据本地区实际情况进行适当调整，但应经本单位总工程师批准。
　　2. 检测项目的数量及线段可由运行单位根据实际情况选定。
　　3. 大跨越或易舞动区宜选择具有代表性地段杆塔装设在线监测装置。

3.3　限距、交叉跨越距离和导线弧垂的测量

3.3.1　架空线路限距的测量

1. 限距的测量方法

限距的测量一般采用"目测"、绝缘绳测量、经纬仪测量或测高仪（测距仪）等测量。

（1）目测法。即巡线人员在巡视线路时，用眼睛观察各种限距，当发现限距变更时，查明原因，若怀疑限距不合格时，必须用仪器进行测量。

（2）绝缘绳测量。即把标有尺度标记的绝缘绳抛挂在导线上进行测量。若导线过高可用射绳枪将绝缘绳射到导线上测量。

（3）经纬仪或全站仪测量。

（4）测高仪或测距仪测量。国外引进的测高仪，其利用超声波测距（发射波与反射波的时间差测距），最多可测量三层六根导线的对地距离并自动换算为线间和跨越距离，方便快捷，但若现场导线层数多时，测量准确性差。专业激光测距仪具有望远镜功能，满足巡视测量要求；而且具有紧凑轻便的外观和"测量瞄准一体化"的设计，使激光和视线处于同一直线上，极大减小了由于激光发射点与视线之间的误差，使测量的结果更加精确。可以测量：点到点距离测量、水平距离测量、高度测量、俯仰角度测量。

对于耐张、转角、换位等杆塔的跳线的限距测量，一般停电后直接登杆用绝缘绳和皮尺测量。此法具有简单、准确的优点。

2. 交叉跨越距离的测量方法

检查交叉跨越的测量方法有两种：

（1）直接测量法。当架线施工竣工后，在投入运行之前，用测量绳和皮尺测量交叉跨越的垂直距离（简称垂距），称为直接测量法。此法操作简便、准确。

（2）间接测量法。用经纬仪测量，此法也适用于运行线路垂距的检查和测量。以下主要介绍用间接测量法测量导线对跨越铁路、公路的具体测量方法及步骤。

1）跨越铁路、公路垂距的测量。

a. 观测站和交叉跨越物在同一平面上。导线跨越公路的导线垂距测量示意图见图 3-1 所示，测量导线对铁路（公路）等跨越物垂直距离。图 3-1 中 P 为导线在地面上的垂直投影与路面中心的交点；H 为导线在跨越处与 P 点的垂直距离；M 为测站点；D 为观测点（M）到导线在地面上的垂直投影与路面中心的交点（P）的水平距离；R 为视线水平时在标尺上的读数；α 为导线在交叉处的垂直角。将经纬仪安置在观测点 M 处，将视距尺立在输电线路与铁路（公路）等跨越物交叉点 P 上，旋平经纬仪望远镜对准视距尺，读出水平视距（上、中、下丝），测出 M 至 P 的水平距离 D，再使经纬仪望远镜视线瞄准导线弧垂，用正倒镜测出平均竖直角 α。

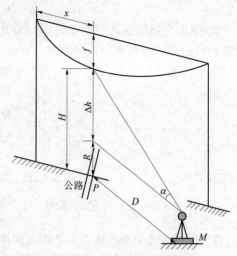

图 3-1 导线垂距测量示意图

由图 3-1 中的几何关系可知：$H = \Delta h + R$，$\Delta h = D\tan\alpha$，因此有

$$H = D\tan\alpha + R \tag{3-1}$$

b. 观测站和交叉跨越物不在同一平面上。当仪器置于 M 点时，因地形限制而不能水平前视 P 点的标尺时，可采用图 3-2 所示的测量方法。由图 3-2 中的几何关系可知：$H = \Delta h + \Delta h_1 + R_1$，$\Delta h = D\tan\alpha$，$\Delta h_1 = D\tan\alpha_1$，因此有

$$H = D(\tan\alpha + \tan\alpha_1) + R_1 \tag{3-2}$$

以上方法测量的步骤为：①确定路面的中心点 P；②选择测站点 M，量出 MP 水平距离 D；③读出 R 或 R_1 及观测角 α 或 α_1；④根据不同情况应用公式（3-1）或式（3-2）计算垂距。

c. 高电压等级的输电线路跨越输配电线路、通信线路、架空管道、索道等空中跨越物的测量。因为它们都是空中交叉，所以导线对这些交叉跨越物垂直距离的测量方法基本相同。具体的测量方法如图 3-3 所示。

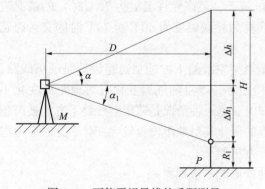

图 3-2 不能平视导线的垂距测量

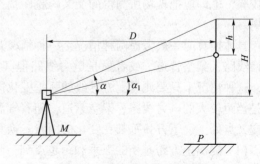

图 3-3 空中交叉跨越的测量

以跨越通信线为例，经纬仪安置在输电线路与通信线的交叉角的二等分线 M 点，测出 M、P 间的水平距离 D，然后仰视通信线测出 α_1，再瞄准导线测出 α，则导线与通信线的净空距离为

$$h = D(\tan\alpha - \tan\alpha_1) \tag{3-3}$$

d. 使用全站仪悬高测量方法进行交叉跨越测量。本方法主要利用全站仪测量无法直接放置棱镜的高处点距离地面的高差，即测量导线、地线距离地面的垂直距离。要测定导线、

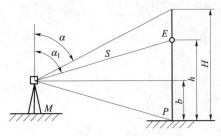

图 3-4　全站仪悬高测量交叉跨越

地线的高度，则可以在观测点的正下方放置一棱镜，只要测得该棱镜距离观测站的水平距离，即可通过全站仪的内置程序计算出悬高点的高度值。如图 3-4 所示，E 点为棱镜点，最高点为悬高点。

观测值为棱镜的斜距 S 和大顶距 α_1，观测悬高点的大顶距为 α，已知棱镜高 h，则有 $(H-b)\tan\alpha = S\sin\alpha_1$，$h-b = S\cos\alpha_1$，由此得出

$$H = h + S(\sin\alpha_1\cot\alpha - \cos\alpha_1) \tag{3-4}$$

2）观测站至交叉跨越点水平距离的测量。用经纬仪采用水平视距法测量观测站至交叉跨越点水平距离，将经纬仪望远镜调整至水平，在视距尺上读出上丝、中丝和下丝的数据为 a、h、b，水平距离为 S。

$$S = K(b - a) + c \tag{3-5}$$

式中　K——视距常数，一般经纬仪 $K = 100$；

c——视距附加常数，外对光望远镜对光时 c 一般取值为 $0.22 \sim 0.38m$，内对光望远镜对光时 c 一般取值为 0。

倾斜视距法测量观测站至交叉跨越点水平距离测量。由于视线与视距尺有一角度 θ，因此倾斜视距法测量水平距离 S 为

$$S = K(b - a)\cos^2\theta + c\cos\theta \tag{3-6}$$

3. 交叉跨越距离测量数据的换算

测量交叉跨越限距时必须记录当时的气温和风速，因为测量时可能不是最高气温，而最大弧垂一般发生在最高气温时（不考虑覆冰），所以要把被测的限距换算到最高气温下导线处于最大弧垂时的对应值。通常线路的交叉跨越距离是按空气温度 40℃ 设计的，未考虑日照或线路负荷所引起的导线温升对导线弧垂的影响。作为运行单位判断交叉跨越距离是否合格也应以空气温度 40℃ 且处于满负荷（即安全电流下，最高允许温度为 70℃ 时）的情况进行校验，也即应把现场所测得的交叉跨越距离换算为导线温度为 40℃ 和 70℃ 时的交叉跨越距离。

具体换算时一般考虑两种情况：一种情况是当架空线路下方的被跨越设施是通信线路、广播线路、架空管道，或者虽是电力线路但其档距小、本身随气温变化时对地距离变化不大，这种情况下只要测量上方导线的弧垂变化即可。另一种情况是若架空线路下方的被跨越物是档距较大的电力线路、架空索道，随着气温的变化其对地距离也发生变化，此时应考虑在交叉点处上、下方弧垂都在变化的因素。换算方法如下。

（1）测出上方跨越档的弧垂和跨越点到一侧杆塔的水平距离 x；

（2）将上方跨越档的弧垂换算到最高气温下的弧垂

$$f_{max} = \sqrt{f^2 + \frac{3l^4}{8l_D^2}(t_{max} - t)\alpha} \tag{3-7}$$

式中　f、t——实测弧垂，m；气温，℃；

f_{max}、t_{max}——需换算的相应弧垂、温度;

  l——被测档档距,m;

  l_D——实测耐张段的代表档距,m;

  α——导线的热膨胀系数。

(3)根据架空线档距中央弧垂与任一点弧垂的关系,得出跨越点上方导线弧垂的增量 Δf_x 为

$$\Delta f_x = \frac{4x}{l}(f_{max} - f)\left(1 - \frac{x}{l}\right) \tag{3-8}$$

式中 x——交叉点至一侧杆塔间的水平距离;

  l——交叉档的档距。

(4)按同样方法,算出被交叉跨越线路在交叉点的弧垂增量 $\Delta f'_x$,于是,得出导线下最高气温下的交叉跨越距离为

$$H_{min} = H - \Delta f_x + \Delta f'_x \tag{3-9}$$

式中 H——被测档实测交叉跨越距离;

  H_{min}——换算到最高气温下的交叉跨越距离;

  f'_x——被交叉跨越线路在交叉点的弧垂增量。

3.3.2 弧垂测量

导线弧垂的大小直接关系到导线对地距离及导线的应力。弧垂越大,导线越松弛,应力越小,抗振动性能好,抗机械破坏的安全性高。但弧垂越大,导线对地(或交叉跨越物)的距离越小,在线路绝缘强度的要求下,杆塔的高度将增加,从而使线路建设成本增加。此外,导线弧垂太大,在风的作用下,导线容易产生摆动而引起闪络事故。导线覆冰脱冰跳跃时,容易造成闪络、断线停电等事故。弧垂过小,导线拉得紧,产生的应力大,使导线和杆塔的受力状态变差,严重时引起断线事故。因此,线路运行和维护中需经常对弧垂进行观测,及时进行调整。

1. 测量要求

运行中的导线、地线弧垂及导线的对地距离及交叉距离应符合 DL/T 741—2010《架空输电线路运行规程》的要求。因此要对导线、地线弧垂进行观测,并遵循以下原则:

(1)合理选择观测档。观测档的选择一般遵守以下原则:

1)选取连续档中的最大或较大者;

2)选择高差较小的平坦地带的档;

3)当耐张段内杆塔较多时,一般按以下情况选择:5 档以内的耐张段,至少选择一靠近中间的大档距作为观测档;6~12 档的耐张段,至少选择两档且靠近两端的大档距作为观测档,但不宜选在耐张塔段内;12 档及以上的耐张段,在耐张段两端及中间至少各选择一较大的档距作为观测档(主要是因为杆塔较多时,导线张力不均,而只选择中间一档无法顾及全段)。

(2)合理确定观测角。为保证观测精度,弧垂观测点(即观测视线与导线的切点)应尽量设法切在弧垂最大处或附近。

利用仪器观测时,切点的仰角或俯角不宜过大,以保证弧垂有微小改变时也能引起仪器读数的变化。一般 $\theta \leqslant 10°$ 且尽量接近高差角 β。

2. 弧垂计算

（1）悬点等高时的弧垂计算。

1）观测档的弧垂计算。在弧垂观测时，指定观测档架空导线的弧垂计算公式为

$$f = \frac{\gamma l^2}{8\sigma_0} \tag{3-10}$$

式中　l——观测档的档距，m；

　　　γ——导线的自重比载，MPa/m；

　　　σ_0——架空线最低点的应力，MPa；

　　　f——观测档的中点弧垂，m。

2）代表档距弧垂的计算。对连续档架空线，常用代表档距下架空线的应力随气象条件的变化规律，代表连续档的架空线应力随气象条件的变化规律，代表档距的符号用 l_D，弧垂用 f_D 表示。代表档距的最大弧垂计算公式为

$$f_D = \frac{\gamma l_D{}^2}{8\sigma_0} \tag{3-11}$$

3）观测档弧垂与代表档距弧垂的关系。由上述式（3-10）和式（3-11）可推出式（3-12）

$$f = f_D \left(\frac{l}{l_D} \right)^2 \tag{3-12}$$

（2）悬点不等高时的弧垂计算。悬点不等高时，导线计算公式为

$$f' = \frac{\gamma l^2}{8\sigma_0 \cos\beta} = \frac{f}{\cos\beta} = f\left[1 + \frac{1}{2}\left(\frac{h}{l} \right)^2 \right] \tag{3-13}$$

式中　β——观测档两基杆塔上导线悬挂点的高差，m；

　　　f——观测档的中点弧垂，m；

　　　h——悬点高差，m。

工程实践中，可容许弧垂的误差率小于 0.5%，因此，当 $h/l<0.1$，$\beta \leqslant 5°43'$ 时，可略去高差对弧垂的影响。

3. 弧垂测量方法

（1）等长法（平行四边形法）。等长法又称平行四边形法，是最常用的观测弧垂的方法，从观测档两侧架空线悬挂点垂直向下量取选定的弧垂观测值，绑上弧垂板，调整架空线的拉力，当架空线与弧垂板连线相切时，中间弧垂即为使用要求的弧垂。当架空线悬挂点高差 $h<10\%l$（l 指观测档距）时，等长法观测弧垂的精度较高，若悬挂点高差增大，切点将远离架空线弧垂最低点，弧垂的精度将降低很多。该方法计算简单、测量点少、实际应用快捷方便、不受施工场地限制，适用于平原地带、开阔地带的杆塔弧垂测量。但该方法需要测量人员攀登至杆塔上部，劳动强度大。测量原理如图 3-5 所示。

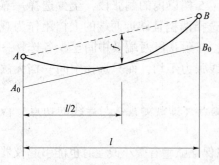

图 3-5　等长法测量弧垂示意图

首先按式（3-10）和式（3-12）计算观测档的弧垂 f；①在被测档两杆塔导线悬挂点 A、B 处向下量出需测量的弧垂值，分别得 A_0 和 B_0 点；②在 A_0、B_0 处各装一块弧垂悬板，使 $AA_0=BB_0=f$；③调整架空线拉力，使架空线与视线相切，则该档中点的弧垂即为所求。

（2）异长法。所谓异长法即观测档两端弧垂板绑扎位置不等高进行弧垂观测的方法。当观测档的架空线悬挂点间高差较大时，为了保证视线切点靠近弧垂最低点，可采用此方法观测弧垂。一般当架空线悬挂点高差>10%l 时，适用异长法观测弧垂。适用于丘陵地带、坡度较缓的山坡地带的杆塔弧垂测量。

当架空线悬挂点高差>10%l 时异长法观测弧垂的精度是比等长法测量精度要高的。数据计算全面、适用于不等高杆塔之间架空线弧垂测量。若悬挂点高差增大>50%l 时，如图 3-6 中 $b<0$，切点位置远低于悬挂点 A 时，就不能进行弧垂测量了。异常法测量步骤过多，测量人员需要攀登至杆塔上部进行测量，易产生误差。

异长法是运行线路弧垂测量的常用方法，如图 3-6 所示。自观测档的架空线悬挂点 A 处选一合适点使视线与导线相切，分别量取此点及视线在另一杆塔上的交点与导线两悬挂点的垂直距离，得 $AA_0'=a$ 和 $BB_0'=b$。然后由式（3-14）得观测档弧垂 f。

$$\sqrt{a} + \sqrt{b} = 2\sqrt{f} \tag{3-14}$$

此法适用于观测档内两杆塔不等高，且弧垂最低点不低于两杆塔基部连线的情况。

（3）角度法。角度法是指用观测架空线弧垂的角度替代观测垂直距离，实现用经纬仪在地面直接测量架空线的弧垂。其原理与异长法相同，即应用经纬仪测量视线与导线某点切线的夹角，通过换算得出被测档的弧垂。此法适用于用异长法无法测量弧垂的山区及沟壑地段。其优点是对于大档距，用目视观测架空线切点比较模糊，用经纬仪比较清晰，观测比较准确。而且等长法、异长法观测弧垂往往需要作业人员登杆观测，角度法可以直接在地面观测，安全方便。

采用角度法观测弧垂时，按经纬仪摆放在被测档位置的不同，分为档端角度法、档外角度法、档内角度法。由于档端角度法的经纬仪摆放在观测档一端的杆塔中心处，观测方便，计算简单，方便信号联络，因此在三种角度法中，应优先使用档端角度法。

1）档端角度法。如图 3-7 所示，将经纬仪仪镜中心置于一侧杆塔下方。A、B 分别为导线的两个悬点，其中 A 为低悬点，A' 为 A 在地面的垂直投影；由仪器测出仪器中心至点 A 的

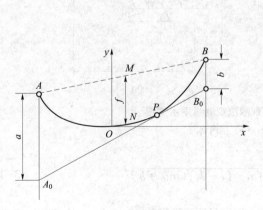
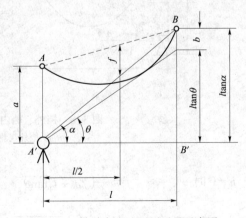

图 3-6　异常法观测弧垂示意图　　　　图 3-7　档端角度法观测弧垂示意图

垂直距离 α、仪器视线与导线相切的垂直角（观测角）θ；即可由式（3-15）和式（3-16）算出观测气温下档距中央弧垂 f。

当 $h \neq 0$ 时

$$f = \frac{1}{4}\left(\sqrt{a} + \sqrt{a - l\tan\theta \pm h}\right)^2 \tag{3-15}$$

当 $h = 0$ 时

$$f = \frac{1}{4}\left(\sqrt{a} + \sqrt{a - l\tan\theta}\right)^2 \tag{3-16}$$

式中　a——仪器中心至点 A 的垂直距离；

　　　f——为观测气温下计算出的档距中点弧垂，m；

　　　θ——仪器视线与导线相切的垂直角，即观测角；

　　　l——为被测档档距，m；

　　　h——两杆塔的高差，m。

2）档外角度法。如图3-8（a）所示，经纬仪仪镜中心置于一侧杆塔外侧 l_1 处。由仪器测出仪器中心至点 A 的垂直距离 α、仪器视线与导线相切的垂直角（观测角）θ；即可由式（3-17）和式（3-18）算出观测气温下档距中点处的弧垂 f。

$h \neq 0$ 时

$$f = \frac{1}{4}\left(\sqrt{a - l_1\tan\theta} + \sqrt{a - (l + l_1)\tan\theta \pm h}\right)^2 \tag{3-17}$$

$h = 0$ 时

$$f = \frac{1}{4}\left(\sqrt{a - l_1\tan\theta} + \sqrt{a - (l + l_1)\tan\theta}\right)^2 \tag{3-18}$$

式中　l_1——仪器距一侧杆塔的水平距离，m。

其余符号同前。

3）档内角度法。如图3-8（b）所示。经纬仪仪镜中心置于导线或地线的正下方。

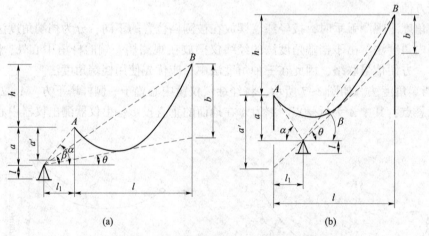

图3-8　档外、档内观测法观测弧垂示意图
（a）档外观测；（b）档内观测

$h \neq 0$ 时

$$f = \frac{1}{4}\left(\sqrt{a + l_1\tan\theta} + \sqrt{a - (l - l_1)\tan\theta \pm h}\right)^2 \tag{3-19}$$

$h = 0$ 时

$$f = \frac{1}{4}\left(\sqrt{a + l_1\tan\theta} + \sqrt{a - (l - l_1)\tan\theta}\right)^2 \tag{3-20}$$

采用角度法观测弧垂比等长法、异常法测量精度高，测量人员不用攀登到杆塔上部进行测量工作，省时省力。但仪器位移次数多非常容易造成误差，数据计算相对较复杂。当测量点满足 $b>0$、$a<4f$ 条件时才可以使用角度法测量弧垂。适用于平原地带、开阔地带、丘陵地带、坡度较缓的山坡地带的杆塔弧垂测量。

（4）平视法。平视法采用水平仪测或经纬仪测量。其原理见图3-9所示，导线的最低点的切线是呈水平状态的，在该切线的适当位置设置观测仪，调整目镜的水平视线使其恰好与档内架空线的最低点 O 相切，即可由测量出的 N_a 或 N_b 用式（3-21）、式（3-22）计算出导线的最大弧垂。

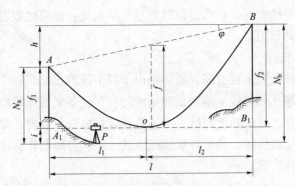

图3-9　平视法观测弧垂示意图

此法的适用条件为 $4f>h$。当 $4f<h$ 时不能用此方法。

当只测得 N_a 时
$$f = \frac{1}{2}\left[\left(N_a \pm \frac{h}{2}\right) + \sqrt{N_a(N_a \pm h)}\right] \tag{3-21}$$

当只测得 N_b 时
$$f = \frac{1}{2}\left[\left(N_b \pm \frac{h}{2}\right) + \sqrt{N_b(N_b \pm h)}\right] \tag{3-22}$$

注：A、B 两个悬点中，A 为较低悬点时，式（3-21）中 h 前取"＋"，式（3-22）中 h 前取"－"；B 为较低悬点时，式（3-21）中 h 前取"－"，式（3-22）中 h 前取"＋"。

4. 弧垂测量时应注意的问题

（1）运用等长法观测弧垂时应注意：在测量架空线路的弧垂时，若气温变化导致架空线温度发生变化，此时应调整观测的弧垂值。其方法是当气温变化不超过±10℃时，保持视点端弧垂板不动，在测站端调整弧垂板；当气温升高时，将弧垂板向下移动一段距离 a；当气温降低时，将弧垂板向上移动 a（其中 a 为因气温变化引起观测档弧垂变化值的2倍）。当气温变化超过±10℃时，应将视点端弧垂板按气温变化后的弧垂重新绑扎。

（2）运用异长法观测弧垂时应注意：如果气温变化时，采用异长法观测弧垂应作调整。即视点端的弧垂板保持不动，观测站端的弧垂板应移动一段距离 Δa，其值按下式计算：$\Delta a = 2\Delta f$（Δf 是架空线弧垂随气温变化的变化量；a 为测站端低于同侧架空线悬挂点的垂直距离）。

（3）运用角度法观测弧垂时应注意，架线工序完成后复查架空线弧垂时，原则上应在观测档上复查，经纬仪摆放位置应尽可能摆放在原来观测弧垂的位置；调平经纬仪后，调整经纬仪的垂直度盘，使望远镜的视线与架空线的轴线相切，读出观测角，利用观测角推算架空线的弧垂；将计算的弧垂值与设计弧垂值相比较确定误差率，在比较时应考虑架空线已释放初伸长的因素。

3.4　导线连接器的测量

3.4.1　概述

导线连接器即导线接头，包括档距中导线的接头（直线连接管）、耐张塔上的引流线接头（耐张引流线连接管）和线路分歧点导线的接头（并沟线夹）等。连接器串联在线路中，通过的总负荷电流与导线相同。正常运行时流过负荷电流，短路时流过短路电流，同时承受各种机械负荷及环境的作用。

1. 故障形式及原因

运行中的导线连接器若出现故障，通常是由于以下原因：

（1）施工存在问题。如导线上的防锈油未清除；压接不紧或压紧时造成连接器及导线损伤等而使导线接头拉断，机械强度降低。当连接器连接质量不好时，接触电阻增大，在电流的长期作用下，有可能被烧坏，甚至造成断线事故。不同金属制作的连接器，还会发生电化学腐蚀，加速连接器的劣化。

（2）设计不合理，材质低劣（电阻率高，发热严重），导线连接点两种截面及导流能力不匹配等。

（3）在长期运行中，受日晒、雨淋、风尘、结露及化学活性气体的侵蚀，造成连接器内壁氧化及锈蚀，产生氧化膜、硫化物等，导致电气性能劣化，接触电阻增大（氧化层可使金属接触表面的电阻率增加几十倍甚至上百倍），引起导线接头处温度升高。

（4）导线运行中的微风振动、风摆等引起的长期机械荷载的作用，导致连接器疲劳和冲击破坏等。

（5）环境及自然气候的影响，如热胀冷缩、环境污染、腐蚀等使接头的机械强度降低。

因此，必须对运行中的导线连接器的电阻和温度进行检查和测试，以保证线路的安全运行。根据规定，铜导线连接器每 5 年至少检验一次；铝线及钢芯铝绞线连接器每两年至少检验一次。

2. 连接器的运行要求

规程规定，运行中的连接器必须满足以下条件：

（1）连接器的温度不得高于所连接导线的温度 10℃ 及以上。

（2）连接器处的电阻（电压降）值应小于或等于同等长度导线的电阻（电压）。

通常情况下，当连接器的电阻与同等长度导线的电阻的比值 $\dfrac{R_j}{R_1} \leqslant 1$ 时，则连接器处于正常运行状态；当 $1.2 < \dfrac{R_j}{R_1} < 2$，则认为连接器已经不安全，即处于劣化状态；当 $\dfrac{R_j}{R_1} \geqslant 2$ 时，则意味着该连接器已经报废，需立即更换。

（3）当连接器外观有鼓包、裂纹、烧伤、滑移或连接器出口处断股，以及弯曲度不符合有关规程规定值时，必须处理或更换。

3.4.2　连接器的测量方法

运行中的导线连接器的测量主要分为两类，即电气参数测量和物理参数测量，相应的测量方法分为停电测量和带电测量两种。可测量的参数包括：连接器的电阻 R、电压降 U 和连接器的温度 t 等。

1. 测电阻法

（1）带电测量。采用测量工具为"T"形杆，可测档距中的直线连接管和耐张档中的引流管。"T"形杆检测原理如图 3-10、图 3-11 所示，杆上有接触金属接触钩和直流毫伏表，测量时可以直接读数连接管两端的电压降。此法适用于电压等级不高，导线呈水平状态或三角形排列的下层导线上的连接器的测量。

把测量杆的接触钩压在运行中的导线上时，毫伏表指针指示两钩之间导线上的电压降 U_l；把接触钩压在连接器的两端时，毫伏表指针指示连接器内的电压降 U_j，由 $U=IR$ 得出，$U_j=IR_j$，$U_l=IR_l$，则

$$U_j/U_l = R_j/R_l \tag{3-23}$$

式中　R_j——两钩之间连接器的电阻，Ω；

　　　R_l——两钩之间导线的电阻，Ω；

　　　I——通过的负荷电流，A。

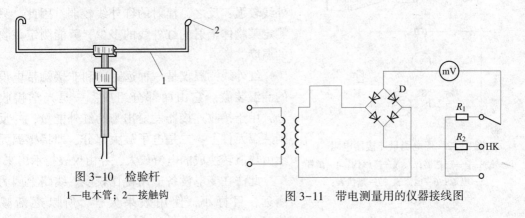

图 3-10　检验杆　　　　　　　　　　　图 3-11　带电测量用的仪器接线图
1—电木管；2—接触钩

测量时须注意：

1）导线中必须有负荷电流，为使毫伏表中示值明显，最好在线路负荷最大时进行。

2）测导线的压降时应在距连接器处 1m 以外的地方测，以减少测量误差。因为接头劣化时，电流在连接器附近将集中在外层导线上（集肤效应），此时测出的 U_l 较大，而 1m 以外处的电流则较均匀，测得的压降较准确。

3）铜导线上的接头不宜采用此法。由于铜导线表面易氧化形成表面膜，从而影响测量精度。

4）此测量方法属于带电作业，应遵守带电作业的规定，在恶劣气象及风速 $v>5\text{m/s}$ 时不宜进行。

此法工具简单，操作方便。但存在着测量精度不高（氧化层影响测量精度），测量引流线接头时难以控制金属钩与杆塔上的空气间隙，导线太高时难以测量，且读数困难，非水平排列的导线其上层导线难以测量等缺点。

（2）停电测量。在线路停电后，可用蓄电池或变电站的直流电源供给直流电进行测量。

其测量原理同带电测量一样，适用于各种电压等级的线路。该方法依然采用"T"形杆（带接触钩的测杆）进行测量。

　　测量示意图如图 3-12 所示，杆上装有接触钩 3，接触钩挂在导线 1 上，接触钩之间的距离约为 4m。调节可变电阻器 8，使电源 5 回路的电流大约为 6~12A，然后把连好毫伏表 7 的接触钩 9 用试杆 4 先后挂到连接器 2 和离开连接器 1m 处的导线上，并从毫伏表分别读出电压降 U_j 和 U_1，然后求出其电阻比。

　　停电测量时，一般不把导线落下来，只在特殊情况下，如测量跨过山谷的导线上连接器时，才把导线落下来在地面上测量。

　　2. 测温度法

　　（1）红外线测温仪测量。通过测定物体辐射的红外线的多少来测量物体的温度。红外线测温仪是根据红外线的物理原理制造的。任何物体，不论它是否发光，只要温度高于绝对零度（-273℃），都会一刻不停地辐射红外线。温度高的物体，辐射红外线较强；反之，辐射的红外线较弱。因此，只要测定某物体辐射的红外线的多少，就能测定该物体的温度。

　　红外线测温仪是一种远距离和非接触带电设备的测温装置。它由两部分组成：一是光学接收部分，用于接收连接器发射出来的红外能量，并反射到感温元件上；二是电子放大部分，即将感温元件上由热能转换成的电流放大，并由仪表指示出来。

　　此法在变电设备上用得比较多。线路上因为距离远，目标小，使用效果欠佳，所以逐渐减少使用。

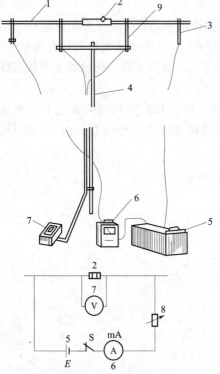

图 3-12　停电测量连接器电阻

1—导线；2—连接器；3、9—接触钩；4—试杆；

5—电源；6—电流表；7—毫伏表；

8—可变电阻器

　　（2）红外热像仪测量。红外热像仪与红外线测温仪的基本原理相同。它是一种利用现代红外线技术、光电技术、计算机技术对温度场进行探测的仪器，由摄像头、显示记录系统和外围辅助系统等组成。红外热像仪的镜头视野范围大，可对范围内的许多被测目标同时测量，并可将被测目标的热像呈现在屏幕上。目标温度不同，在屏幕上的颜色也不同，屏幕边沿有以颜色显示的标尺（即用不同颜色标明不同的温度），将被测目标在屏幕上呈现的颜色和标尺上的颜色相对照，则可知被测目标的温度范围。较高级的红外热像仪，不但可以通过颜色了解被测目标的温度，同时还备有数字处理功能，可以精确地读出屏幕上被测目标的实际表面温度，还可以将现场中的热像录制在磁带上。

3.5　劣化绝缘子的检测

　　绝缘子的测量有两类，一类是为了检出零值或低值绝缘子的检测（测零），另一类是为了了解绝缘子表面染污程度的测量（测量）。其测量目的为及时发现绝缘严重降低或完全失去绝缘性能的绝缘子（零值绝缘子或低值绝缘子），以确保线路有足够的绝缘水平；了解运行绝缘子的染污程度，为适时清扫绝缘子提供依据。本节主要介绍劣化绝缘子（包括瓷质绝缘子、复合绝缘子及玻璃绝缘子）的检测原理及方法。

1. 瓷绝缘子的检测

瓷绝缘子由于瓷件与钢帽、水泥黏合剂之间的温度膨胀系数相差较大，当运行中瓷绝缘子在冷热变化时，瓷件会承受较大的压力和剪应力，导致瓷件开裂，而且瓷绝缘子的瓷件存在剥釉、剥砂、膨胀系数大等问题，受外力作用时，会产生有害应力引起裂纹扩展。瓷绝缘子的劣化表现为头部隐形的"零值"和"低值"，对零值或低值瓷绝缘子，必须登杆进行逐片检测，每年需花费大量的人力和物力。由于检测零值和劣质的准确度不高，即使每年检测一次，也会有相当数量的漏检低值绝缘子仍在线路上运行，导致线路的绝缘水平降低，使线路存在着因雷击、污秽闪络引起掉串的隐患。

瓷绝缘子的检测需逐片检测，可检测的项目主要有：分布电压、绝缘子的绝缘电阻、绝缘子的温度等。

（1）运行中绝缘子的检测原则。每2~4年测分布电压一次（正常运行状态下）。若被测绝缘子分布电压低于标准值的50%；或被测绝缘子分布电压高于50%但明显同时低于相邻两侧合格绝缘子的分布电压时，则判为低、零值绝缘子。

每2~4年测绝缘子绝缘电阻一次（停电测量）。若500kV线路中，被测绝缘子的绝缘电阻小于500MΩ；500kV以下线路中绝缘子的绝缘电阻小于300MΩ时，则判为低值或零值绝缘子。

每2~4年做交流耐压试验一次（停电测试）。对机械破坏负荷为60~300kN级的绝缘子，施加工频交流耐电压60kV，1min，未能耐受者则判为低值或零值绝缘子。

（2）检测方法。

1）分类。

a. 按检测的原理可分为测量绝缘子的电气参数和物理参数两种。

测量电气参数的方法有：用绝缘电阻表测量绝缘电阻或测量绝缘子两端（铁帽与钢脚）的电位差（用短路叉、火花间隙杆、光电测杆、静电电压表等）。

测量物理参数的方法：用红外测温仪、超声波仪等。

b. 按检测方法分接触型和非接触型两种。

c. 按是否停电分带电测量和停电测量。

2）测绝缘电阻。绝缘电阻检测的目的则是找出零、低值绝缘子，确立更换绝缘子的位置、数量，同时也为年平均零、低值率的统计提供依据。测量绝缘子绝缘电阻的方法有两种，高阻杆测量和绝缘电阻表测量。

a. 测量原理。良好的绝缘子电阻 R 在数千兆欧以上，而劣化的绝缘子其 R 则较低，在300MΩ以内，对新装绝缘子的绝缘电阻应大于或等于500MΩ；运行中绝缘子的绝缘电阻应大于或等于300MΩ。

用测量绝缘子绝缘电阻的方法可在停电或不停电线路上测量，属接触式测量，一般要求在空气温度不太高的气象条件下进行，否则易出现误判断。

所用绝缘电阻表为5kV，可读取的最大 R 值为 2×10^5MΩ。

b. 测量方法。绝缘子绝缘电阻的测量可以带电测量或停电测量，采用高阻杆加绝缘电阻表，用高阻杆直接接触带电绝缘子，在绝缘电阻表上读取绝缘子的绝缘电阻，从测得的绝缘电阻中减去高阻杆的电阻值得到绝缘子的绝缘电阻。

该方法准确性较高。但存在检测时工作量太大，难以进行；必须在空气相对湿度低于80%的良好天气且绝缘子表面无凝露的条件下进行，否则易误判断。

3) 测分布电压。

a. 绝缘子串上的电压分布。悬式绝缘子主要由铁帽、铁脚和瓷件三部分组成。从理论分析，可将这三部分看成一个电容器，其铁帽和铁脚分别为两个极，瓷件可作为介质。假设每个绝缘子的电容为 C_0，绝缘子串可以看成由几个电容 C_0 串联的等值电路。此外，绝缘子上的金属部分又分别和接地杆塔以及导线形成电容 C_1 和 C_2。因此，绝缘子串的电压分布可由电容所组成的等值电路来表示，如图 3-13 所示。

实际上，每个绝缘子的电容 C_1 和 C_2 互不相等，其大小取决于该绝缘子对杆塔和导线的相对位置。但是，为了分析方便，可以近似地假设对于每个绝缘子都相同。这样，电路在交流电压作用下，每个电容都将流过电容电流，并在电容上产生压降。流过每个串联电容 C_0 的电流，包括三个分量：①贯穿所有串联电容的电流分量 I_0 对每个 C_0 都相同，如图 3-13（b）所示。②由对地电容 C_1 引起的电流分量为 I_1，流过每个 C_0 的 I_1 值都不相等，并随着离横担距离增加而增加，因此靠近导线的绝缘子流过的电流最多，电压降也最大，如图 3-13（c）所示。③由对导线电容 C_2 引起的电流分量为 I_2，流过每个 C_0 的 I_2 值也不相等，并随着离导线的距离增加而增加，同样可知靠近横担的绝缘子流过的电流最多，电压降也最大，如图 3-13（d）所示。

由此可见，每个 C_0 上分布的电压是由这三个电流分量的总和在 C_0 上引起的压降。因此，由于 C_1 和 C_2 的影响，沿绝缘子串电压分布是不均匀的。从图 3-13（a）中绝缘子上电压和绝缘子序号的关系曲线可以看出，良好的绝缘子串上每片的分布电压呈图示分布：导线侧最高，中间最低，近横担侧较高。呈马鞍形。导线侧第一片绝缘子承受的电压最大。故该绝缘子上的电场强度较大，会引起电晕甚至闪络放电，从而加速了绝缘子老化。为此，在超高压绝缘子串的上、下端装有均压环，如图 3-13 所示。这是为了增加绝缘子对导线的电容 C_2 以改善电压的分布，降低了靠导线第一片绝缘子的电压。

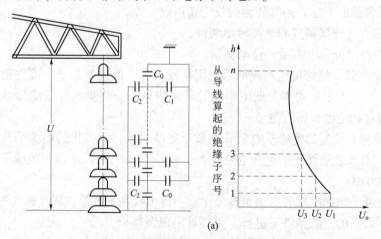

图 3-13 绝缘子串的等值电路和绝缘子串的电压分布（一）

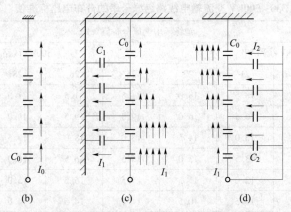

图 3-13　绝缘子串的等值电路和绝缘子串的电压分布（二）

当绝缘子串中有劣化绝缘子时，劣化绝缘子上的分布电压 ΔU 大多在常值的 50% 以下，且劣化的绝缘子还有一个显著的特点：ΔU 明显低于两侧良好绝缘子的电位差。

采用分布电压法来判定劣化绝缘子的标准有两个：①ΔU 低于标准规定值的 50%；②ΔU 高于标准规定值的 50%，但明显同时低于相邻两侧良好绝缘子的电压值。

表 3-5、表 3-6 为 35~220kV 和 330~550kV 交流输电线路绝缘子串的分布电压标准值。

表 3-5　　　　　　　　　　35~220kV 交流输电线路绝缘子串的分布电压标准值

自导线侧起	绝缘子串电压分布值（kV）								
	35kV 线路/串			110kV 线路/串			220kV 线路/串		
	2 片串	3 片串	4 片串	6 片串	7 片串	8 片串	12 片串	13 片串	14 片串
1	10.0	9.0	8.0	19.0	18.5	17.0	18.0	22.5	31.0
2	10.0	5.0	4.8	11.0	10.0	10.0	16.0	18.2	16.0
3		6.0	3.5	9.0	8.5	8.0	15.0	12.1	12.0
4			4.0	8.0	7.0	6.5	13.0	12.1	9.0
5				7.0	5.0	4.0	11.0	9.0	7.0
6				10.0	5.0	5.0	10.0	7.5	6.5
7					9.0	5.0	9.0	7.1	6.0
8						8.0	8.0	6.9	5.0
9							7.0	6.0	5.0
10							7.0	6.0	5.0
11							7.0	6.0	5.0
12							6.5	6.5	6.5
13								7.5	6.0
14									8.0
总计	20	20	20.3	64	64	63.5	127	127.4	128

注　35~110kV 分布电压标准值来自 DL/T 626—2015《劣化悬式绝缘子检测规程》；220kV 分布电压标准值来自《送电线路实用技术手册》，1994. 邓治武，马学贤等主编。

表 3-6　　　　330~500kV 交流输电线路绝缘子串的分布电压标准值

自导线侧起	绝缘子串电压分布值（kV）								
	330kV 线路/串				500kV 线路/串				
	19	20	21	22	25	26	28	29	30
1	19.0	18.5	18.5	18.0	21.5	21.5	21.0	21.0	21.0
2	17.0	16.5	16.5	16.0	19.5	19.5	19.0	19.0	19.0
3	15.5	15.0	15.0	14.5	18.0	18.0	17.5	17.5	17.5
4	14.0	13.5	13.5	13.0	16.5	16.5	16.0	16.0	16.0
5	12.5	12.0	12.0	11.5	15.5	15.5	15.0	15.0	14.5
6	11.5	11.0	10.5	10.5	14.5	14.5	14.0	14.0	13.5
7	10.5	10.5	9.5	9.5	13.5	13.5	13.0	13.0	12.5
8	9.5	9.0	8.5	8.5	12.5	12.5	12.0	12.0	11.5
9	8.5	8.0	8.0	8.0	11.5	11.5	11.0	11.0	10.5
10	7.5	7.5	7.5	7.5	10.5	10.5	10.0	10.0	9.0
11	7.0	7.0	7.0	7.0	10.0	9.5	9.0	9.0	9.0
12	6.5	6.5	6.5	6.5	9.5	9.0	8.5	8.5	8.5
13	6.5	6.0	5.5	5.5	8.5	8.0	7.5	7.5	7.5
14	6.5	6.0	5.5	5.0	8.0	7.5	7.0	7.0	7.0
15	7.0	6.5	5.5	5.0	7.5	7.0	6.5	6.5	6.5
16	7.5	7.0	6.0	5.0	7.5	7.0	6.5	6.0	6.0
17	8.0	7.5	6.5	5.5	7.5	7.0	6.5	6.0	6.0
18	9.5	8.0	7.0	6.0	7.5	7.0	6.5	6.0	6.0
19		9.0	7.5	6.5	8.0	7.0	6.5	6.0	6.0
20			8.5	7.0	8.5	7.5	6.5	6.0	6.0
21				8.0	9.0	8.0	7.0	6.0	6.0
22					10.0	9.0	7.5	6.5	6.0
23					11.5	10.0	8.0	7.0	6.0
24					13.5	11.0	8.5	7.5	6.5
25						12.5	9.0	8.0	7.0
26							10.0	8.5	7.5
27							11.5	9.5	8.0
28								11.0	9.0
29									10.5
总计	190.5	190.5	191.0	190.0	289.0	289.0	289.0	289.0	288.5

　　b. 分布电压表法。用绝缘子分布电压测量表带电测量绝缘子串的电压分布值，与输电线路绝缘子串的分布电压标准值比较，按分布电压判定劣化绝缘子的标准进行识别。

　　c. 可变火花间隙检测杆测量。这是我国 20 世纪 60 年代较为普遍使用的 110kV 及以下线路绝缘子检测工具，如图 3-14 所示。其主要部件是一对具有可调间隙的电极和一个与之串联的、具有高绝缘强度的圆筒形电容器。可变间隙由一个带半圆屏蔽的针状电极（固定极）和一个半径随角度增大的弧状电极（动电极）组成。当动电极随操作杆顺时针转动时，空气间隙变小，当间隙距离所对应的放电电压等于被测绝缘子上的电压时，该间隙就击穿放电，安装在电极上的指针指示出相应电压值。串联电容器的作用是防止间隙击穿时可能使电网对地短路。

此工具的缺点是检出率低（仅为50%）。动电极易受损变形，使误检率增加；电容器胶木管绝缘易受潮击穿；检测时劳动强度大而费时；线路电压等级提高，绝缘子片数越来越多，测量复杂。所以这种工具不受欢迎而淘汰。

d. 可调固定火花间隙检测杆测量。图3-15为可调式火花间隙检测原理和装置示意图。可以根据检测绝缘电阻等级的不同来调整其间隙距离，以适应不同电压等级的需要。

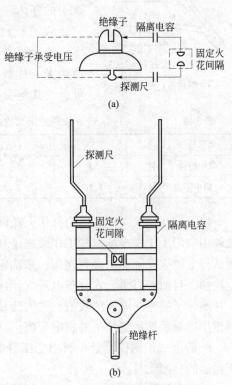

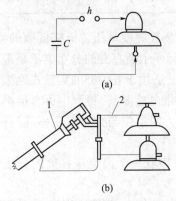

图 3-14　可变火花间隙试验
（a）示意图；（b）实测图

图 3-15　火花间隙检测装置示意图
（a）检测原理；（b）检测装置示意图

我国以往使用的火花间隙电极大都为尖对尖，而球对球的电极形状放电分散性较小。考虑到分散性小和过去实际使用的电极形状，故在行业标准 DL/T 415—2009《带电作业用火花间隙检测装置》中采用了球对球和尖对尖两种电极。测量时的间距见表3-7。

表 3-7　　　　　　　　　　　各级电压等级火花间隙的间隙距离

额定电压（kV）	绝缘子串最低正常分布电压值（kV）	50%最低正常分布电压值（kV）	按50%最低正常分布电压值的0.9得出的相应间隙距离（mm）	
			球—球	尖—尖
63	4.0	2.0	0.4	0.4
110	4.5	2.25	0.5	0.5
220	5.0	2.50	0.6	0.65
330	5.0	2.50	0.6	0.65

当测得的分布电压下降到最低正常分布电压50%时，则认为是不合格的，需要更换。

固定可调式火花间隙检测装置具有结构简单、轻巧、可快速定性等优点。它适用于不同电压等级的悬式绝缘子零值和低值的检测。同时，也不能用于绝缘子少于 3 片的线路上。

图 3-16 火花间隙试验
1—短路叉；2—绝缘子

e. 短路叉检测杆测量。工具更简单。只有一个金属丝做成的叉子（见图 3-16），检测时跨接绝缘子钢帽和铁脚，利用它在接触被测绝缘子的瞬间所存在一个小间隙时是否放电来判断被测绝缘子的好坏。此法虽说只能检测零值绝缘子，却因其简单轻巧，广泛应用于 110kV 以上线路中，尤其是 330kV、500kV 线路。

使用短路叉检测零值绝缘子时应注意当某一绝缘子串中的零值绝缘子片数达到了表 3-8 中的数值时，应立即停止检测。此外，针式绝缘子及少于 3 片的悬式绝缘子串不准使用这种方法。

表 3-8 使用短路叉检测是零值绝缘子的允许片数

电压等级（kV）	35	63（66）	110	220	330	500
串中绝缘子片数	3	5	7	13	19	28
串中零值片数	1	2	3	5	4	6

以上 c、d、e 三种方法均称作火花间隙检测法，因其装置简便易用、价格低廉的特点，被较多应用于工作现场。其工作原理是利用被测运行中绝缘子上所存在的分布电压是否能将测试杆上的火花间隙击穿为判据，来确定绝缘子是否劣化。适用于 63~330kV 悬式绝缘子带电检测。目前已有语音式分布电压（绝缘电阻）监测仪（带电检测），检测中可直接报出每一片绝缘子的分布电压的数值。一人测量，另一人记录后，回单位与分布电压标准值核对，再累加后就是该串绝缘子的相电压值。

f. 静电式检测仪测量。利用低压静电电压表作表头，串联一个高绝缘强度的分压电容所构成的检测工具。

此仪器读取电压值准确度高，但易损坏，重量大，操作费力，适用于鉴别少数是否真正劣化的疑难绝缘子的检测。

g. 自爬式零值绝缘子检测仪测量。自爬式零值检测仪利用一个可调固定火花间隙，当测到某片绝缘子时，检测器发出声和光，则表明该片绝缘子完好，若无声无光，则说明该片绝缘子为零值绝缘子。由电动推动装置实现在耐张绝缘子串上自爬功能，可大大减轻劳动强度，检测一片 28 片绝缘子的耐张串只需 90s。若将其进一步改进，可能成为超高压线路上较实用的工具。

h. 超声波绝缘子检测仪测量。超声波劣质绝缘子检测仪主要由高压探头、接收传感器和接收器以及数字式电压显示仪、绝缘操作杆等几部分组成。高压探头接触被测绝缘子，高压传感器进行信号取样，经超声波换流器将交流信号转换为超声信号，经绝缘操作杆传至接收传感器，将超声信号还原为电信号送给接收器，接收器内的识别电路、计算电路将交流信号数字化，由数字电压表显示出被测绝缘子的分布电压。

由于该装置的抗干扰能力较强，且输入电容量较小（实测为 1~2pF），因此可在 500kV 线路上进行测量，并能保证测量的精度。

4）红外线热像仪检测劣化绝缘子。绝缘子的发热由三部分组成，一为电介质在工频电压作用下的极化效应发热，二为内部穿透性泄漏电流发热，三为表面爬电泄漏电流发热。当绝缘子性能良好，且表面清洁时，其发热主要是第一项，当绝缘子劣化后，或为瓷件开裂、瓷盘积污，均会使第二项或第三项的泄漏电流加大而使发热增加，致使绝缘子温度升高。

正常绝缘子串的分布电压主要取决于绝缘子自身电容及其对地、对导线的杂散电容。与绝缘电阻值无关，并呈现不对称的马鞍形分布，因此，在投入运行时，绝缘子串的温升也表现为不对称的马鞍形分布，即在绝缘子串两端的温度偏高，中间逐渐降低，温度连续分布。

有研究资料表述：劣化绝缘子的发热功率只有一个极大值，即其绝缘电阻降到等效容抗值时，它的发热功率最大。当劣化绝缘子电阻为 $10\sim300M\Omega$ 时，它的发热功率大于正常绝缘子的发热功率，其温升要比正常绝缘子高；当其绝缘电阻在 $5M\Omega$ 以下时，绝缘子上分布电压很低，发热功率小于正常绝缘子，温升也较正常较低。而当劣化绝缘子的绝缘电阻在 $5\sim10M\Omega$ 之间时，其温升与正常绝缘子的绝缘电阻相差很小，在热场分布上很难区分。

值得注意的是：污秽严重的绝缘子热像特征是瓷盘温升高于无污秽绝缘子瓷盘温升的热像。

红外线热像仪检测绝缘子是根据绝缘子串的分布电压在各片绝缘子上反映出来的热分布，进行成像处理来检测绝缘子的。因为当绝缘子劣化时，将流过较大的短路电流，不良绝缘子与良好绝缘子的表面温度存在差异，尽管这种差异很小，但应用红外线热像仪可以将绝缘子表面的温度分布以直观、形象的热像图显示出来。当绝缘子串中出现不良绝缘子时，红外热成像图上显示的温度是不连续的，温度分布断开处即是不良绝缘子的位置。对于涂有半导体釉的防污绝缘子的遥测相当顺利，因为表面电流较大、温升较高，一出现零值绝缘子，该片的温度将比其他正常绝缘子低几摄氏度，易于用红外线热像仪识别；对于玻璃绝缘子或普通釉的瓷绝缘子，正常时温升就很小，当出现不良绝缘子，其温度比其他正常绝缘子温差很小，导致在现场使用时，难度有所增大。

该方法采用非接触式检测，可在距绝缘子相当远的地面上进行，也可航空检测，并不受高压电磁场的干扰。利用红外热像法来检测不良绝缘子，简单方便、速度快、效率高，甚至可普查每串绝缘子，还可结合检测进行巡线，是高压、超高压及特高压输电线路不良绝缘子检测的发展方向。

5) 紫外成像仪检测劣化绝缘子。当空气中电场强度达到 E_d（$E_d=3kV/mm$，实际情况受空气气压、温度、湿度、污染程度影响有所不同）以上时，就会产生电离放电现象。电离过程中，空气中的电子不断获得和释放能量。当电子释放能量时，会辐射出光波和声波，在高压设备放电处就会有电晕产生。伴随放电产生的，有臭氧、紫外线、微量的硝酸和声波等。高压设备的电晕消耗了电能，并在某些情况下可反映设备的损坏程度。

紫外成像技术，就是利用特殊的仪器接收紫外线信号，经处理后成像并与可见光图像重合，达到确定电晕的位置和强度的目的，从而为进一步评价设备的运行情况提供依据。早期的紫外成像仪受太阳光中紫外线干扰的限制，只能在晚上使用。新型的紫外成像仪，通过安装特殊的滤镜，使仪器工作在紫外波长 $240\sim280nm$ 之间的太阳盲区内（此波长区间的太阳光被地球的臭氧层所吸收），在白天也能观测电晕。

当运行中的绝缘子发生劣化出现裂纹。绝缘子的裂纹可能会构成气隙，当气隙的电场强度达到 E_d（$E_d=3kV/mm$）以上，就会产生放电现象。绝缘子的劣化，可能会导致表面变形，从而使电场强度变强，在一定的条件下产生放电。利用紫外成像技术可在一定灵敏度、一定距离内对劣化的绝缘子进行定位、定量的测量，并评估其危害性。

紫外成像和红外成像是一种互补性而非冲突性技术。电力设施一个完整的检测应该包括紫外成像、红外成像和可见光检测。电晕是一种发光的表面局部放电，由空气局部高强度电场而产生电离。该过程产生微小的热量，通常红外检测不能发现。红外检测通常是在高电阻处产生热点。紫外成像仪可以看到的现象往往红外成像仪不能看到，而红外成像仪可以看到的现象往往紫外成像仪不能看到。紫外成像仪检测一般可检测出缺陷劣化前期，红外热像仪检测往往检测缺陷后期的现象。高湿度、低气压和高温促进电晕放电，适宜紫外成像仪检测，红外热像仪适宜高温天气干扰检测，雨天不能检测。

6) 电晕脉冲式检测仪检测劣化绝缘子。电晕脉冲式检测仪是一种专门在地面上使用的检测仪，其既可以用于检测平原地区的线路，也可用于山区线路。测量原理是根据运行中绝缘子串的连接金具处会发生电晕，并形成电晕脉冲电流通过杆塔流入大地中，当同一塔上三相绝缘子串中无不良绝缘子时，各相电晕脉冲处于平衡状态，当有不良绝缘子时，则各相电晕脉冲处于不平衡状态。通过对各相电晕脉冲分别计数，并选出最大、最小计数值，取两者的比值（最大/最小）作为判别依据：比值接近于 1 表明该基塔上绝缘子串中无不良绝缘子，与 1 有较大差别时，则认为有不良绝缘子。在确定该基塔上绝缘子串中有不良绝缘子时，再采用其他方法登塔测量，确定具体的不良绝缘子，大大减少了塔上的检测工作量。

7) 电子光学探测器检测劣化绝缘子。电子光学探测器是应用电子和离子在电磁场中的运动与光学介质中传播的相似性的概念和原理（即带电粒子在电磁场中可聚焦、成像与偏转）制造的一种仪器。

由于架空线路中的绝缘子串中，每片绝缘子电压分布不均匀，离导线最近的几片绝缘子上的电压降最大，而有零值绝缘子时，沿绝缘子上电压将重新分布，会引起表面局部放电或增加表面局部放电的强度。离导线近处的绝缘子上的分布电压将急剧上升，检测绝缘子表面局部放电时产生光辐射强度与平均光辐射强度进行比较，若此光辐射强度超过不良绝缘子存在时的光辐射强度，就可以根据表面局部放电的光辐射强度与绝缘子上的电压关系曲线，找到靠近导线的第一片绝缘子上的分布电压。根据等到的分布电压值与良好绝缘子串第一片绝缘子的正常分布电压值的差别，便可判断是否存在不良绝缘子。

该探测器的特点是检测效率高，但仅能判断出串中是否存在零值绝缘子，但不能确定有零值绝缘子的片数以及它们的具体位置。

8) 激光振动检测法检测劣化绝缘子。近年来国外已开始将激光技术用于对已开裂绝缘子的遥测，如英国 CERL（中央电力研究所）研究过用激光多普勒振动仪的方法来测量绝缘子表面的微小振动。

日本研制出一种用超声源引起绝缘子的振动，然后再用激光来测量的方法。它测量原理是从振动的频谱来看，已开裂的绝缘子的中心频率与正常时不同。如将超声发生器所产生的超声波用抛物型反射镜对准被测绝缘子激起微小振动，然后将激光对准此被测绝缘子，根据反射回来的信号的频谱分析，即可判定该绝缘子是否已开裂。目前已有可能在现场用此法对 50m 以内的绝缘子实现遥测。

2. 运行中的钢化玻璃绝缘子自爆后的试验

玻璃绝缘子有缺陷时伞裙会自爆，只要坚持周期性的巡检，就能及时发现和更换。但自爆后的玻璃绝缘子应选择性的进行机械荷载承受能力实验，目的是查出同批钢化玻璃绝缘子自爆的原因。

采用卧式静拉力试验台进行拉力试验。残锤拉力测试的推荐值的测试结果应大于原良好钢化玻璃绝缘子额定机械荷载的70%。若测试值小于该推荐值时，则应对该批绝缘子进行监督。

钢化玻璃绝缘子自爆后应注意收集运行周边环境、温度、湿度和等值附盐密度，以及发现自爆的时间，必要时应对微地形进行分析。

3. 运行中的复合绝缘子的测试

运行中的复合绝缘子主要的特性是憎水性和憎水迁移性，它决定了复合绝缘子的耐污水平。运行中的复合绝缘子故障主要危险点是绝缘子端部与芯棒连接机械强度、环氧引拔棒的质量、硅橡胶的质量、密封质量以及均压环的正确安装，复合绝缘子是棒型结构，一旦失效，对线路的影响将大于由多个绝缘子组成的绝缘子串。

对于复合绝缘子，一般根据运行规程要求定期登杆检查伞裙、护套、黏结剂老化、破损、裂纹；金具及附件锈蚀；定期抽查机电性能与憎水性，还需按批次抽样进行机械拉伸破坏负荷试验。

（1）取样原则。根据其特性和危险点，推荐采用下列选用原则：

1）位于工业污染源 5km 半径以内的下风区杆塔上的复合绝缘子。

2）严重多污源区，距离在 3km 范围内的杆塔上的复合绝缘子。

3）跨河、湖两边杆塔上的复合绝缘子。

4）湿地周边 1km 半径内的杆塔上的复合绝缘子。

5）村庄周边 1km 半径内的杆塔上的复合绝缘子。

6）垂直档距较大杆塔上的复合绝缘子。

7）位于风口杆塔上的复合绝缘子。

8）严重覆冰区段杆塔上的复合绝缘子。

9）雷击区杆塔上的复合绝缘子。

10）鸟类活动频繁区段杆塔上的复合绝缘子。

（2）取样周期。DL/T 1000.3—2015《标称电压高于 1000V 架空线路用绝缘子使用导则第 3 部分：交流系统用棒形悬式复合绝缘子》规定了基于喷水分级法的以年为单位的运行复合绝缘子憎水性的检测周期，即：当憎水性为 HC1~HC2 级时，绝缘子继续运行，下一个检测周期是 3~5 年；当憎水性为 HC3~HC4 级时，绝缘子继续运行，下一个检测周期是 2~3 年；当憎水性为 HC5 级时，绝缘子继续运行，但憎水性能需跟踪检测；当憎水性为 HC6~HC7 级时，绝缘子退出运行。

（3）测试项目及判定标准。一般进行试品表面的滴水试验，通过对水滴形态的分析，进行其憎水性评价。

1）试品分析。试品表面的水滴形态与憎水性分析标准见表 3-9。

表 3-9　　　　　　　　　　　　　试品表面的水滴状态

HC 值	试品表面水滴状态描述
1	只有分离的水珠，大部分水珠的后退角 $\theta_1 \geqslant 80°$
2	只有分离的水珠，大部分水珠的后退角 $50° < \theta_1 < 80°$
3	只有分离的水珠，水珠一般不再是圆的，大部分水珠的后退角 $20° < \theta_1 < 50°$

HC 值	试品表面水滴状态描述
4	同时存在分离的水珠和水带，完全湿润的水带面积小于 $2cm^2$，总面积小于被测区域面积的 90%
5	一些完全湿润的水带面积大于 $2cm^2$，总面积小于被测区域面积的 90%
6	完全湿润总面积大于被测区域面积的 90%，仍存在少量干燥区域（点或带）
7	整个被试区域形成连续的水膜

2）良好的复合绝缘子伞裙护套材料应满足的条件。

a. 憎水性角 $\theta_{av} \geqslant 100°$，$\theta_{min} \geqslant 90°$。

b. 一般应为 HC1~HC2 级，且 HC3 级试品不多于 1 个。

3）复合绝缘子伞裙护套材料老化的判定。

a. HC1、HC2 级的硅橡胶，可判定为具有良好的憎水性。

b. HC3 级的硅橡胶可判定为一般性表面老化。

c. HC4~HC5 级的硅橡胶，可判定为较严重的老化。

d. HC6~HC7 级的硅橡胶，可判定为材料表面完全老化。

4）复合绝缘子伞裙护套憎水性暂时性丧失的判定。在硅橡胶遇到严重潮湿状态下，表面的憎水性会出现暂时性消失的现象。憎水性也会在一定的时间内恢复，其恢复时间与硅橡胶的品种、填充材料、材料的老化、表面积污有关，积污严重的憎水性丧失后恢复较慢，以下为判别方法。

a. 新安装的复合绝缘子憎水性恢复时间，HC1 级时，浸水 24h 后，憎水性恢复平均时间为 37.57s（其中，最短 15s，最长 85s），对憎水性时间大于 38s 的复合绝缘子可判定为憎水性不稳定。

b. 应将试品送标准试验室（环境条件：温度 20±5℃，相对湿度 40%~70%），在蒸馏水中浸泡 96h，在湿度接近室温时其电导率小于 $10\mu s/cm$，再进行憎水性减弱测量和恢复特性测量，试验后的憎水性丧失恢复时间不应大于 85s，出现 HC 级大于 3 级、憎水性恢复时间大于 85s 的复合绝缘子应给予高度重视。可判定为老化型憎水性不稳定。

（4）现场检测。复合绝缘子检测方法与悬式盘形绝缘子的检测由于其本身材料和结构不同，其检测原理和检测方法也存在区别。目前国内外对复合绝缘子均没有有效的在线监测手段，现场检测方法主要有以下几种。

1）目测。最为普遍采用的方法。由于缺陷尺寸小，通常需要借助于高倍望远镜，在确保安全的前提下尽可能接近绝缘子进行观察。其主要检查伞裙护套有无破损、裂纹及电击穿，芯棒有无裸露，是否从金具中滑移。主要检出表面较大的损坏。

2）测电场分布。用于充分濡湿的复合绝缘子。由于复合绝缘子的内部缺陷的存在，使得缺陷部位的电场会或多或少地发生突变。用特制探头沿绝缘子表面测量电场，并通过计算机把电场曲线显示出来。据相关研究表明，此法只对充分濡湿的复合绝缘子有效，在干燥状态下，这种方法不明显，同时，其检测的费用较高。

3）现场憎水性分级。即在保证安全的前提下，对复合绝缘子进行人工淋湿，在线观测，确定复合绝缘子的憎水性等级。如采用塔上测量、地面分析的复合绝缘子憎水性带电检测方式，现场测量时，工作人员携带喷水装置和图像拍摄装置登塔对运行复合绝缘子进行带电喷水、拍照，然后在地面通过憎水性分析软件对所得喷水图像进行分析。检测系统软件基于先进的数字图像处理技术，通过提取憎水性图片的信息熵、种子率、频谱幅值均值等灰度信息，水珠或水迹的形状系数和面积百分比等对复合绝缘子的憎水性状态进行客观判断。此法排除了喷水分级法对人的主观判断依赖性较大的不足，可真实地反映复合绝缘子的憎水性，但对测量人员的技术要求较高，并在安全保证上要求高，投入较高。

4）紫外成像法。利用电子紫外光学探伤仪进行测量。复合绝缘子在局部放电过程中带电离子会放出紫外线，当绝缘子表面形成导电性碳化通道时，局部放电加剧。此法的不足之处是：①要求在夜间、正温度环境下进行；②要求检测时复合绝缘子正在发生局部放电，这就要求检测应在高湿度甚至有降雨的环境中进行；③检测结果容易受到观察角度的影响；④检测设备较昂贵。

5）红外成像技术。利用电子红外热像仪进行测量。适用于复合绝缘子的跟踪观测，复合绝缘子在电场作用下引起的损坏，由于局部放电的作用，都伴有热效应。另外，复合绝缘子芯棒内部劣化也会导致绝缘子发热，因此，无论在实验室或者在现场，利用红外成像技术都可以很好地检测到复合绝缘子的缺陷。此法的不足之处是：只有当复合绝缘子的局部放电水平较显著时，故障绝缘子的热故障图像才比较明显。

6）其他。如定向无线电发射诊断技术、超光谱成像技术、光谱无线电测量技术等在一定层面上也取得了一定的成果。

目前，不管哪一种方法都不能取得很好的效果，现场中需要多种方法和手段的综合利用才能更好地检测出复合绝缘子的真实运行状态。复合绝缘子现场检测方法推荐四种方法，简称"看""照""掰""喷"。

看——外观检查。内容包括：在雨、雾、露、雪及晴天气条件下绝缘子表面的放电及憎水性能的变化情况；伞裙护套表面是否有腐蚀和破损、漏电起痕、树枝状放电或电弧烧伤；伞裙与护套之间是否有脱胶现象；端部金具是否有锈蚀现象，锁紧销是否缺少。

照——红外测温。充分利用各单位现有的红外成像技术，检测跟踪发热异常的绝缘子。在日常检测中，此项工作应制度化，对于运行 5 年以上的复合绝缘子要根据运行情况按每年至少 5% 的比例进行红外测温。

掰——掰伞裙。将被测量的绝缘子用手向垂直于伞裙表面的方向上下掰动各 3 次，观察伞裙是否有破损，表面是否有裂纹，判断伞裙的老化状态，是否有硬化、脆化、粉化、开裂等现象。若出现以上情况，即可判定其出现了老化或产品质量问题。

喷——测量憎水性。结果的判定不以一次检测结果为依据，应综合多次测量结果进行判定。运行绝缘子的憎水性 HC 级规定为绝缘子伞裙上表面测量值。若绝缘子伞裙下表面等值附盐密度大于 $0.6mg/cm^2$ 时，应进行清扫、水冲洗。水冲洗后放置 96h 后重新测量，若恢复至 HC5 级以上分级水平，则可以继续运行，否则应退出运行。

3.6 绝缘子污秽检测

暴露在空气中的绝缘子表面会不断积累空气中的污秽物，在湿润时就会降低绝缘子的绝缘性能，如果绝缘子表面污秽度达到一定的程度，那么在绝缘子表面潮湿的状况下，绝缘子表面的泄漏电流就会增加，甚至发生污秽闪络，导致整条输电线路以及整个配电网发生故障，对输电系统的安全运行造成巨大威胁。

3.6.1 污秽度概念

绝缘子污秽度指的是绝缘子表面的积污程度。测量绝缘子污秽是为了了解绝缘子的污秽程度，为划分线路的污秽等级、选择绝缘子及确定绝缘子串的清扫周期提供依据。

污秽度的表示按国际大电网会议第 33 届委员会推荐，污秽度有以下五种表示方法，即：等值盐密法（ESDD-equivalent Salt Deposit Ddensity）、积分电导率法、脉冲计数法、最大泄漏电流法和绝缘子污闪电压梯度法。目前我国常用的表示方法为等值盐密法。

等值附盐密度、表面污层电导率、污闪电压梯度和泄漏电流是表征污秽度的四个特征参量。绝缘子发生污闪的全过程包括：积污、潮湿、干带和局部电弧发展四个阶段。以上四个参量中：等值附盐密度只反映积污的一个阶段；表面污层电导率反映了污闪过程中的积污和潮湿两个阶段；只有泄漏电流脉冲计数法、最大泄漏电流法和绝缘子污闪电压梯度法反映了污闪的全过程，并能在污闪发生之前测定出污秽严重程度并给予报警。

因此，采用泄漏电流最大幅值和泄漏电流脉冲计数这两个泄漏电流特征量来表征绝缘子污秽度是较为理想的，其不仅易接近绝缘子污秽的实际情况，而且可实现在线检测和报警。

3.6.2 污秽度测量方法

1. 现场巡视

一般在恶劣天气条件下夜间巡视，用人眼观察绝缘子串有无跳火花现象。山区高电压等级的线路很难进行，属于很粗糙检测方式。但最为直观，在能安全到达的线路，对于有经验的人员来说很有效果。

2. 测量等值盐密

等值盐密法主要是测量外绝缘的单位表面积上等值附盐量。以每平方厘米多少毫克NaCl 来等值于绝缘子表面上的实际污密。此等值 NaCl 与实际污层分别溶于相同容积和相同温度的蒸馏水中具有相同电导率。此盐量称为等值盐密。

等值盐量的测量，应在实际运行的绝缘子上进行。其可以测得绝缘子表面的污物分布。但这种方法只测量了污物有效分量的等值量，即污秽中能导电部分，忽略了非导电部分。在某些情况下它所反映的污秽度与真实污秽度有较大差异，而且没有考虑湿润、电弧发展过程等影响，不能体现不均匀污秽对污闪电压的影响。此法简单易行，对测量的技术要求不高，在我国电力系统中已应用多年，是目前最通用的测量方法。优点是随时可以检查绝缘子的污秽程度。缺点是没有反映潮湿和电压作用的影响，并且积污量与取样时间是否合适有很大关系。同时，测量污秽等值盐量时，使用水量的多少，影响测定值的准确度，有时可以相差几倍。其次，等值盐密是一个平均的概念，是一个静态参数，时效性差。又因污物成分的不同，再者，测量数据有很大统计性，需经 2~3 年测量，并取得五个以上数据，经数据处理后方具有代表性。它不适用于合成绝缘子和涂有憎水涂料的绝缘子。

3. 积分电导率法

积分电导率法实际上是把绝缘子表面的污层看成具有电阻率 ρ 或电导率 K 的导电膜，绝缘子表面的总电阻 R 或总电导 G 可分别表示为

$$R = \rho \int_0^L \frac{\mathrm{d}x}{\pi D(x)} \left.\begin{array}{c} \\ \\ \end{array}\right\}$$

$$G = \frac{1}{\rho \int_0^L \frac{\mathrm{d}x}{\pi D(x)}}$$

(3-24)

式（3-24）中如令形状系数 $f = \int_0^L \frac{\mathrm{d}x}{\pi D(x)}$ ，其可根据绝缘子的形状求得。则电导率

$$K = Gf \tag{3-25}$$

式中　x——弧长；

　　　L——泄漏距离；

$D(x)$——绝缘子上弧长为 x 处的直径。

如把式（3-24）和式（3-25）中的 ρ 或 K 看成常数，认为污层是均匀分布的，实际上污层不是均匀分布的，它是由不同电导带串、并联形成的。尤其是不同电导带的串联电导取决于最小电导带，由积分电导率法求得的电导率，也只能认为是个等值电导率。

此法用绝缘子表面整体上的电导率代表污秽度，可与污闪电压直接联系起来。绝缘子电导是决定绝缘子性能的表面综合状态（污层的积污量和湿润程度等）参量，所以此法被认为是确定污秽度的合适方法。其可反映污闪过程中积污和潮湿两个阶段。

测量污层表面积分电导率时，应先使污层湿润处于饱和受潮的条件下，在绝缘子两极上施加适当高的工频交流电压 U（不低于 30kV/m，施加时间不超过 2~5 个周期，保证能测量到足够小的电导值并不至于烘干污层），测量其泄漏电流 I，则表面电导

$$G = I/U \tag{3-26}$$

由绝缘子的污层表面电导率为 $K=fG$，根据事先求出的 f 值，即可求出电导率 K。

污层电导率法直接与污闪电压有关系，测电导率时的湿污层不仅包括积污还包括湿润，较接近于实际情况。污层电导率法分为整体和局部表面电导率法，整体表面电导率法的测量需要施加较高电压，对测量仪器设备和操作技术均要求较高，在现场对大试品进行湿润也较困难，测量结果受形状影响较大，常得出不合理的结果。一般只能在实验室进行，不适于在生产现场使用。局部表面电导率法则克服了整体表面电导率法的这些不足，测量所加电压不高，方法简单，适于现场使用。欧洲有些国家采用此法，我国还没有正式采用。另外此法必须在恶劣天气下进行，有一定困难，尚未到成熟推广阶段。

4. 泄漏电流脉冲读数法

在运行电压下逢潮湿天气，污染绝缘子上会出现局部电弧和较大的泄漏电流脉冲，显然，绝缘子表面污秽越严重，出现泄漏电流的脉冲频度越高，幅值越大。因此记录某处在一定周期内超过某一幅值泄漏电流脉冲数，即可代表此处的污秽度。

可以在线检测，它反映污闪的全过程（包括积污、潮湿、干带和局部电弧）。此法实行起来比较方便，运行部门常用电磁式记录器串接到绝缘子串的接地端，记录器不需要辅助电源，使用很方便。

利用流经绝缘子表面的泄漏电流值来表示绝缘子的污秽程度，能实现污秽程度的自动检测和报警。由于局部电弧时燃时灭，泄漏电流时大时小，目前还没有找到污秽度与泄漏电流的定量关系，因此有人提出用最大泄漏电流值，但确定多大泄漏电流值作报警电流，仍需作

进一步深入研究。该方法不适合于干旱少雨地区。

5. 最大泄漏电流法

绝缘子表面污层是导电的，在运行电压作用下的泄漏电流，应能反映污秽的轻重。几乎从一出现污闪开始，人们就试图靠记录泄漏电流来检测绝缘子的积污情况，并定出危险电流值，但到 50~60 年代，人们还是怀疑此法的有效性和危险电流值的可靠性。原因是污层上的局部电弧时燃时灭，产生的泄漏电流忽大忽小，再加上记录仪器的缺陷，自然令人难以掌握规律。直到 70 年代维玛（Verma）提出临界泄漏电流值与污闪电压有一定的关系，泄漏电流法才又受到世人的重视。有试验证明，临界泄漏电流与污闪电压之间存在确定关系。

尽管临界泄漏电流 I_c 与污闪电压 U_f 之间存在确定的关系，但仍不能用临界泄漏电流 I_c 代表作用于系统安全运行的污秽度。临界泄漏电流 I_c 代表的是污秽度，其临界电压即运行电压。临界泄漏电流是绝缘子污闪前的最大泄漏电流，也是污闪后的最小泄漏电流，在临界点上测得的相应于闪络的泄漏电流必定是最大值，否则不会发生闪络。但不在临界点上的泄漏电流是忽大忽小的，应在一定的时间范围内（如 15min 或 30min 内）测得许多电流脉冲值中取其最大数值来代表，此即为最大泄漏电流法，该最大泄漏电流可用作报警电流。

此法能够反映污闪的全过程，能用于在线检测，可作为报警装置。但所用设备要能记录脉冲值，可以经常显示积污过程。此法受地区限制较大，能使用于经常湿润的地区，绝不能用于干旱地区。

6. 污闪电压梯度法

绝缘子的污闪电压梯度是单位泄漏距离污闪电压。即工频污闪电压除以绝缘子的串长。此法是直接以绝缘子的最短耐受串长，或最大污闪电压梯度来表征当地的污秽度，其结果可直接用于污秽绝缘的选择。污闪电压梯度和污闪电压本质上是一样的。它们是表征绝缘子性能的最直接、最理想的污秽度参量。

把多种型式、不同长度的多串绝缘子串挂在足够高电压和足够大容量的自然污秽试验站中，积污绝缘子遇到恶劣天气时则可能闪络，而最先闪络的必然是耐污性能最差的绝缘子或串长最短的绝缘子串。单串绝缘子的污闪概率也是不高的，所得结果是否代表当地的最短耐受串长，或最大污闪电压梯度，也不易做出结论。

此方法能在运行情况测定绝缘子串的真实耐污性能和它们之间的优劣顺序，直接给出绝缘水平。缺点是较费钱也较费时间，对电源设备及测量仪器的要求很高。且要做出一个结论，可能需要数年甚至更长时间，而且受地区限制，同时，现场测量不容易捕捉到时机，由于自然污秽的积污水平达到临界状态，与引起污闪的气象条件还可能同时发生，往往是污秽度已经临界水平，而没有出现充分的潮湿条件而测量不到临界的污闪电压。此法现场运用受设备和条件的限制，普遍使用有难度。对运行维护不方便。

7. 人工雾室电压梯度测量法

将从现场换下有代表性的运行污秽绝缘子串，送到试验研究单位的人工雾室内进行雾内电压试验，以判断该串绝缘子是否有足够的绝缘强度。此法操作麻烦，运送过程中可能碰掉绝缘子表面的污秽，且取样时间很重要，故试验数据也是具有很大的统计性。

3.6.3　等值附盐密度的测量

1. 等值附盐密度的概念

用一定量的蒸馏水清洗绝缘子表面的污物，测取污液的电导值；以相同水量产生相同电导值所加的 NaCl 量作为等值盐量 W，将 W 除以绝缘子的瓷表面积 A 所得的值，即为等值附盐密度，简称等值盐密，符号为 W_0。

$$W_0 = W/A \tag{3-27}$$

式中　W——NaCl 量，即等值盐量，mg；

　　　A——绝缘子的瓷表面积，cm^2。

等值盐量的物理意义是将绝缘子表面污物的密度转化为相当于平方厘米含有多少毫克的盐（NaCl）。

2. 等值盐密的测量

（1）取样对象。根据污源调查的结果，结合线路路径的情况和测试点的选择要求，以线路单元确定测试点。确定的测点要有一定的代表性和准确性，选择测试点应满足下列要求：

1）在污源点附近每一条线路应选择 2~3 个测试点。一般选择直线杆型，特别是发生过污闪故障的杆型。

2）在污源范围内每条线路至少选择两个测试点。

3）交叉污源附近应以污源性能选择适当数量的测试点。

4）在污秽最严重的地段内，应选具有代表性的杆型作为测试点。

5）一般地区应每 5km 左右选一直线悬垂绝缘子的杆型作为一个测试点。

运行中普通悬式绝缘子串中的上、中、下三片或整串绝缘子，逐片测出其等值盐密，取其算术平均值。一般情况在 110kV 线路中，取一串中的上、中、下三片绝缘子；在 220~500kV 线路中，取一串中上 2 片、中 1 片、下 2 片共 5 片绝缘子。

（2）取样时间选择。以当地污闪季节来临之前，绝缘子表面可能达到的最大积污量为原则。一般测试周期按年度进行，每年雨季来临之前要完成测试。

（3）等值盐量的测试方法。测试所用的器具有等值盐量表、洗污盘、杯子、毛刷、量筒（100mL、500mL）、蒸馏水（或云离子水）、泡沫塑料、毛刷、小刀及测试记录本。以 YLB-2 型等值盐量表为例，操作程序如下：

1）先用量筒量取 300mL 蒸馏水倒入洗污盘，再将污秽的绝缘子放在洗污盘内，用毛刷清洗绝缘子的全部瓷表面，包括钢脚周围以及不易清扫的最里一圈表面。

2）将洗污盘中的污水搅和均匀后装满 100mL 的量管，并把盐量表上的测量棒与量管的两端进行牢靠连接。

3）启动盐量表开关，表针旋转，待表针不动时指针所指的数值即为该绝缘子的等值盐量值。

4）将所测量的盐量值记录在测试表格内，保存备查。

（4）测量要求及注意事项。

1）等值盐量的测试应取电力线路停电检修时现场拆下的绝缘子或带电更换下的绝缘子进行现场测量，时间最好选择在污秽严重的季节，以确保测量数据的准确性。

2）测试绝缘子串的等值盐密时，应取上、中、下绝缘子的混合液，取其平均值。

3）测试样品应以当地污秽季节所达到最大积污量为准。

4）被测试的绝缘子（也称为样品），在拆、装、运输等环节中要尽量保持绝缘子瓷表面的完整性。并注意样品在拆取前认真记录线路名称及杆号，样品绝缘子在三相中的位置，绝缘子的规格和拆取日期（含试验日期）数据等。

防污型绝缘子也可按上述方法测试,测出的盐密值乘以 2 即为普通绝缘子的等值盐密。

(5) 盐密值的测量计算。

1) 单片绝缘子等值盐密测量。从盐量表上读出 100mL 的盐量,查表 3-10 直接得出单片绝缘子的等值盐密。但应注意表 3-10 中污秽 0 级中:①盐量读数 0~14.5 对应的盐密值为 0~0.3(弱电解质);②盐量读数 0~29 对应的盐密值为 0.06(弱电解质)。

表 3-10 盐量与等值盐密换算表

项目	污 秽 等 级				
	0	I	II	III	IV
直读式盐量表读数 (mg/100mL)	0~14.5	14.5~24.2	24.2~48.3	48.3~120	>120.8
	0~29				
等值盐密 (mg/100mL)	0~0.3	0.03~0.06	0.06~0.10	0.10~0.25	>0.25
	0~0.06				

2) 三片绝缘子等值盐密测量。使用 YLB-2 型直读式等值盐量表读取的 100mL 水中的盐量 W' 乘以水量倍数即可求得等值盐量,计算式为

$$W = 3W', \quad W_0 = \frac{W}{A} \tag{3-28}$$

式中 W'——100mL 水中 NaCl 的含量,mg;

W_0——单片或平均盐密值,mg/cm²;

W——300mL 水中的盐量,mg;

A——一片 X-4.5 型绝缘子的瓷表面积 1450cm²。

一片绝缘子用蒸馏水 300mL 的盐量,取上、中、下 3 片绝缘子,需用水 900mL,水量倍数为 900/100=9。以 3 片 X-4.5 型绝缘子混合液平均盐量为例,X-4.5 型绝缘子的表面积为 1450mm²,单片或平均等值附盐密度(ESDD)为

$$W_0 = \frac{W'K}{1450B} = \frac{3W'}{3 \times 1450} = \frac{W'}{1450} \tag{3-29}$$

式中 K——水量倍数;

B——绝缘子片数。

在污秽季节中,用一段时间内的等值盐密来推算全年的等值盐密,可按式(3-30)考虑。

$$年归算盐密值 = \frac{(120~200) \text{ 天×实测盐密值}}{\text{实际运行天数}} \tag{3-30}$$

若要确定一测试绝缘子的污秽等级,可将所测得的盐量与表 3-10 中数值进行比较即可确定出相应污秽等级。如所测等值盐量为 56.6mg/100mL,该值包括在污秽等级中 III 级中规定数 48.3~120mg/100mL,对应的等值盐密为 0.10~0.25mg/cm,故可确定为 III 级。又如所测等值盐量为 139.6mg/100mL,此时它大于表中所列值,对应的盐度大于 0.25mg/cm³,同样可确定为 IV 级。

3. 电导法

污层的电导率是反映绝缘子表面综合状态(污层的积污量和湿润程度)的一个重要参

数，表面综合状态决定了绝缘子的性能。因此可以认为，测量污层导电率是确定现场污秽等级的一个适宜办法。电导法是指用 DDS-11 型和 DDS-114 型电导仪来确定污秽等级的方法。

电导法测试要求及注意事项与等值盐密测量方法基本相同。要求样品在拆、装、运输等工艺环节中要装在特制的木盒内，以保证测试结果准确可靠。10kV（有效值）的电压仅施加两个周波。通过模拟峰值储存器检出 50Hz 泄漏电流。一般每隔 15min，重复测量一次，测量结果记录在磁带上。

（1）清洗绝缘子注意事项。

1）清洗一片普通型（X-4.5）悬式绝缘子，用 300mL 蒸馏水（电导率不超过 10μs），盛入盆中，水量可以分两次使用。用干净的毛刷将瓷件的污秽物全部清洗于水中，将洗下的污秽物全部收集在容器内，毛刷仍浸在污液内，以免毛刷带走污液。将污液充分搅拌，待污液充分溶解后，用电导仪测量污液的电导率，并同时测量污液的温度。

2）清洗一片防污悬式绝缘子的所用的蒸馏水量 Q_A（mL）为

$$Q_A = \frac{S_F}{X_P} \times 300 \tag{3-31}$$

式中　S_F——防污悬式绝缘子的瓷表面积，cm^2；

　　　X_P——清洗普通（X-4.5）悬式绝缘子表面积，cm^2；

　　　Q_A——防污悬式绝缘子用蒸馏水量，mL。

（2）测量时间要求。

1）若为了划分架空线路的污秽等级。应测全年最大积污量，一般需要根据各地的气候条件来确定。

2）若为了决定闪污等级以指导线路清扫，则应按等值严密的增长速度进行测算来决定测量盐密的时间。

3）如果是为了探索线路清扫日期以掌握积污规律，测试时间可按具体规定全年进行。

（3）温度换算。

1）将在温度 t℃下测得的污液电导率换算成 20℃时的值，其换算公式为

$$\sigma_{20} = \sigma_t K_t \tag{3-32}$$

式中　σ_{20}——20℃时污液的电导率，$\mu S/cm$；

　　　σ_t——t℃时污液的电导率，$\mu S/cm$；

　　　K_t——温度换算系数。

根据换算后的电导率，查出与 20℃标准温度时 300mL 蒸馏水清洗液电导率相对应的含盐量 W，再按式（3-33）算出被测瓷件表面的等值盐密

$$W_0 = W/A \tag{3-33}$$

式中　W_0——被测瓷件表面的等值盐密，mg/cm^2；

　　　W——查得 300mL 蒸馏水时全部瓷件上总含盐量，mg；

　　　A——被测瓷件表面积，cm^2。

关于被测瓷件表面积，可根据金具手册或由厂家提供的产品说明书确定，也可按实际情况自行计算得出。

若被测瓷件的蒸馏水量是由式（3-31）计算出的，在计算等值盐密时总盐量的计算式为

$$W_t = \frac{wq}{300} \tag{3-34}$$

式中　W_t——被测瓷件总盐量，mg；

　　　q——实际用蒸馏水量，mL；

　　　w——总盐量，mg。

等值盐量以表 3-10 所列数值为准。根据等值盐量除以悬式绝缘子表面积，就得出其等值盐密值，用等值盐密值与表 3-10 所列数值对比，即可初步确定该线路的污秽等级。

2）污层电导率 K_t（μS）的计算式为

$$K_t = \frac{I}{U}f\left[1 - b(t - 20)\right] \tag{3-35}$$

式中　I——经湿污流过的电流有效值，mA；

　　　U——施加电压有效值，kV；

　　　F——绝缘子形状因素，计算方法见 GB/T 4585—2004《交流系统用高压绝缘子的人工污秽试验》；

　　　t——绝缘子湿污层表面温度，℃；

　　　b——取决于温度 t 的因素，根据表 3-11 确定。

表 3-11　　　　　　　　　　　　　　　　因素 b 的值

t（℃）	5	10	20	30
b	0.031 56	0.028 17	0.022 77	0.019 05

悬浮液的体积电导率 σ_θ（S/m）和悬浮液温度 θ（℃）的关系，可按式（3-36）计算，将 σ_θ 校正到 20℃时值，即

$$\sigma_{20} = \sigma_\theta\left[1 - b(\theta - 20)\right] \tag{3-36}$$

式中　b——取决于温度 t 的因素，见表 3-11。

等值附盐密度为

$$W = \frac{W_0 V}{A}（mg/cm^2） \tag{3-37}$$

式中　W_0——根据悬浮液电导率查得的悬浮液盐度（mg/cm^2），根据 GB/T 4585—2004 或 IEC 5076（1991）、IEC 60—l（1989）确定；

　　　V——悬浮液的体积，cm^2；

　　　A——清洗表面的面积，cm^2。

3.7　导线、避雷线振动的测量

现场测振是工程实用和防振试验研究中至关重要的环节之一。我国从 20 世纪 60 年代初开始采用苏联测振标准，即绝对振幅测量方法，开展了全国范围的电线振动调研和现场测振试验研究，并制定了有关测振、防振方面条文，对我国架空送电线路防振起到了很大的推动作用。1996 年，美国电气与电子工程师协会（IEEE）在总结加拿大安大略水电局长达 20 余年试验研究成果的基础上，制定了《电线振动测量标准》。该标准采用了相对振幅测量方法

来衡量电线受风振危害程度，这一标准目前为世界广泛采用。尽管我国目前尚未明文规定采用 IEEE 测振标准，但从 70 年代末也开始采用或部分采用 IEEE 测振标准。

3.7.1　测量目的

测量的目的是为了逐步掌握导线、地线振动的规律，了解实际振动状况，为采用合理有效的防振措施，减轻振动对设备的破坏提供依据。通过导线、避雷线振动的测量可以了解线路导线的振动水平以确定是否采用防振措施；验证已有防振措施的防振效果。

我国 20 世纪 50 年代开始对导线、地线的振动现象进行试验研究，现场测振则是从 1963 年研制出 424 钟表型测振仪开始。

3.7.2　测振仪器

按 IEEE 测振标准，国内外均开发一些现场测振仪器装置，如加拿大 HILDA 无线电遥测装置、美国的 SCOLARIII 测振仪、瑞士的 VIBRECTI、澳大利亚的 DULMISON、我国的 LY-90 型测振仪及加拿大 ROCTES 公司先后研制生产的 TVM-90 型和 TVM-900 型测振仪，在世界上已广泛使用。

目前我国已使用过的测振仪器主要有：钟表式、电子机械式、无线电遥测式、超声波遥测式和微波遥测式五种。可观测的振动参数主要有：振动角 α，微应变 ε，振幅 A、扰动频率 f、振动持续时间 τ、振动次数 n 和振动波形等。

3.7.3　测量方法

1. 选择测点

若为了验证防振装置的防振效果，可选择开阔、远离树木和障碍物的地段；若为了了解导线振动水平心确定是否需要采用防振装置，则开阔地段及有屏蔽的地段均应测量。具体选择时以下情况应注意进行振动测量。

（1）导线、地线使用应力大、电压等级高、新建的线路；

（2）风向与线路走向垂直的大跨越档及处于平原开阔的线路；

（3）巡视中发现存在风振破坏的线路。

2. 仪器安装

测试季节以冬春季为最好，此时导线张力大，均匀微风出现的频率高，是易产生微风振动的季节。

（1）测振仪器的安装方式。有正常安装法和"倒装法"两种。

正常安装法的特点是，仪器装置本体采用连接夹具固定在悬垂线夹下部，测振仪传感探头在距电线与线夹分离点 89mm 处与电线接触（或连接），定时抽样记录电线该点相对与悬垂线夹的相对振幅等数据，进行振动监测。如加拿大 HILDA 无线电遥测装置、美国的 SCO-LARIII 测振仪、瑞士的 VIBRECTI、澳大利亚的 DUULMISON、我国的 LY-90 型测振仪等，这些测振仪都采用了正常安装法。

80 年代初，加拿大魁北克水电研究院（IREQ）开发出所谓"倒装"测振仪器装置，该装置也符合 IEEE 测振标准。"倒装法"的特点是，将测振仪直接安装于电线上，测振仪本体夹具距导线与悬垂线夹分离点 89mm，测振传感探头与该分离点接触，自动记录相对振幅等数据。如加拿大 ROCTES 公司研制的 TVM90 型和 TVM900 型测振仪，均采用此安装模式。

（2）测振仪安装位置。测振仪器的安装位置视具体的测试仪器的种类而定。

1）当采用振动角来判定振动程度时（如国产 424 钟表型测振仪），应安装在靠近线夹的第一个最大振幅处（即接近防振锤安装处），此时主要测振动角 α。

2）当采用微应变标准来判定振动强度时，测振仪装在悬垂线夹上，测振头装在距线夹出口处89mm处。如一般电子机械式、HJN-2 无线电遥测式测振仪均装于此处。若该处有护线条，或大跨越采用滑轮线夹时，则仪器安装距离比 89mm 要大，此时所得结果要进行折算。

3）当校验防振措施的效果时，可采取在试验段内一根导线无防振装置而另一根导线有防振装置，在距线夹同一距离处安装测振仪，以进行效果验证。大跨越、振动严重地段不采用此法。

（3）测量要求。测振时需对同一地点进行多次测量，有效测量时间不少于 20 天，大跨越档一般测 20~30 天，并应测量该处的风向、风速、气温及线路的型号、档距、弧垂和杆高等。

3.8　杆塔倾斜检测

由于基础立柱顶面高低不平引起杆塔中心偏离铅垂位置的现象叫杆塔倾斜。杆塔倾斜率就是杆塔倾斜值与杆塔地面上部高度之比的百分数。造成输电线路杆塔倾斜，很多是由于车辆撞击，取土施工，导线覆冰、风偏、舞动，线路大跨越，导线悬挂异物，塔材被盗，基础塌陷等因素引起的顺线路或横线路方向的倾斜，严重时导致倒杆断线的重要事故。对杆塔倾斜进行测量目的是检查杆塔的运行状态及杆塔本身结构，确定倾斜的数据，为维护提供依据，保障杆塔架构的安全运行。

线路投运前，随竣工验收一起对杆塔倾斜进行测量，测量重点是终端塔和耐张塔。可以及时发现杆塔倾斜存在的缺陷，让施工方及时处理，确保线路投运后的安全运行。线路投运后，当发生滑坡、沉陷等地质灾害或外力破坏时，对杆塔进行倾斜测量，可以为事故分析提供准确数据，也可以为采取临时措施和永久措施提供判断的依据。

3.8.1　规范要求

《110~500kV 架空电力线路施工及验收规范》（GB 50233—2014）规定见表 3-12。

表 3-12　　　　　　　　　　　　正常杆塔倾斜最大允许值

类别	钢筋混凝土杆	铁塔
杆塔倾斜度（包括挠度）	1.5%	0.5%（50m 及以上高度铁搭） 1.0%（50m 以下高度铁搭）
横担歪斜度	1.0%	1.0%
铁塔主材相邻接点间弯曲度>0.2%		

3.8.2　杆塔倾斜测量方法

1. 重锤法

在杆塔顶部中心位置上，用绝缘绳吊一重锤至地面，量出锤尖触地点至杆塔中心点的距离，即为该杆塔地面以上部分的倾斜值。

2. 经纬仪法

（1）测量方法一步骤：

1）在塔脚间拉线找出中心点，在横线路方向摆好钢尺（或塔尺）。

2）将经纬仪按顺线路方向在距塔高 2 倍远的线路中心位置架好（可用目测选定，其误差对测量结果影响不大）。

3）调平仪器，将镜筒内的十字线交点对准杆塔顶部中心，固定水平度盘，将镜筒往下对准地面上的钢尺或塔尺，读出横线路方向上的倾斜值 S_1。

4）按同样方法，将经纬仪架在横线路方向上，测出顺线路方向的倾斜值 S_2，即可得出总的倾斜值 S。

$$S = \sqrt{{S_1}^2 + {S_2}^2} \qquad (3-38)$$

再用经纬仪测出杆塔地面以上高度（或查图纸）求出 H，则可由式（3-42）算出其倾斜值 G。

$$G = \frac{S}{H} \times 100\% \qquad (3-39)$$

式中　G——倾斜度，%；

　　　S——倾斜后偏移距离，mm；

　　　H——对应的高度，mm。

（2）测量方法二步骤：如图 3-17 所示选择 A、B 两点，其在铁塔的正或者侧面中心线上，以此两点作为观测铁塔的倾斜率。

1）为了测量精确，首先将仪器置于铁塔中心线延长线上（可稍微偏移，但不可偏移过多），距离为铁塔全高等长以上。

2）测量 A 点，得一竖直角 $\angle 1$，在此将仪器水平置零。

3）在步骤 2 的基础上（此时水平角度为 0°），测量 B 点（水平线轴），测得竖直角 $\angle 2$。

4）在步骤 3 的基础上，观测铁塔 B 点为

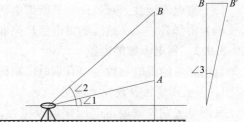

图 3-17　用经纬仪测量铁塔倾斜示意图

左或者右偏移，如图 3-17 测得为右偏移，转动水平制动微调，测得水平角 $\angle 3$。

铁塔的倾斜率为
$$G = \frac{\tan \angle 3}{\tan(\angle 2 - \angle 1) \times \cos \angle 2} \qquad (3-40)$$

铁塔倾斜量
$$S = GH \qquad (3-41)$$

3. 倾角仪法

专利资料显示，电力杆塔倾斜角度测量仪用于测量电杆、铁塔倾斜角度，对于电杆，可以一次接触测量获得水平面内两个相互垂直方向的竖直倾斜角度（一般指线路路径方向和路径垂直方向）。对于自立铁塔，可以通过固定顺序测量四个塔腿主材的同侧相对主材倾角，由测量仪存储并计算相对应的塔腿主材的倾角来确定塔身的倾斜角度，并显示线路路径方向和路径垂直方向的竖直倾斜角度值。

测量仪可同时完成两个互相垂直方向的倾角读数，对非等径的锥度混凝土杆和钢管杆通过键盘选择锥度值，测量时测量仪自动处理。测量指示为电杆的实际两方向竖直倾斜角度。测量仪侧面设置一水平泡，用于测量时调整测量尺与接触面在水平方向的垂直；也可通过调整测量尺使另一方向的倾斜读数值为零，得到精确的被测方向的倾斜角度值。

3.9　雷电参数的测量

雷电活动的原始数据是否符合客观实际，直接影响着输电线路的防雷设计和输电线路的安全运行。因此，对雷电活动进行长期观测，对雷电参数进行测量，充分收集雷电活动的资料，统计雷电活动的数据，对线路运行过程中防雷措施的改善，都具有十分重要的意义。

3.9.1　雷电参数

（1）雷电流通道波阻抗。线路波中的波阻抗为

$$Z = \sqrt{\frac{L_0}{C_0}} = 138\lg\frac{2h_d}{r} \tag{3-42}$$

式中　L_0——每米线路上的电感，H/m；

　　　C_0——每米线路上的电容，F/m；

　　　h_d——导线平均对地高度，m；

　　　r——导线的半径，m。

（2）雷电波的波形。主放电的雷电波波形如图 2-2。它用幅值 I、波前 τ_1 和波长 τ_2 来表示。

（3）雷电流极性。其表征雷云所带电荷的极性。

（4）雷暴日。某一地区的雷电活动强弱的评价指标。

3.9.2　雷电参数的测量

目前测量的雷电参数主要有雷电压幅值、雷电流幅值及陡度、极性的测量。

1. 雷电压幅值及极性的测量

采用电火花仪测量雷电压幅值及极性。测量原理如图 3-18 所示。在一块绝缘板的两面，各放一张感光胶片，胶片上各有一个电极，上电极接于被测冲击电压的线路，下电极接地，整个装置包在一个暗箱内，以免胶片感光。当正的雷电波沿线路传来时，上电极此时有许多正电荷，下电极受感应作用，有许多负电荷。上下电极之间电场强度较高，就沿感光胶片形成了局部的沿面放电，于是胶片就记录下放电轨迹，如图 3-19 所示。由于正极性时放电较易发展，分支较多，所以正极性的电花图直径较大，而下胶片负极性的电花图则是片状的，像一些有散裂边缘的扇形，其直径较小，两者火花直径比 1.8~2.0 倍。当沿线传来的是负的雷电波时，则上下胶片的火花图情况正好相反。根据事先校正好的电火花图直径大小和开关与雷电压之间的关系曲线，即可判断雷电压的幅值与极性。

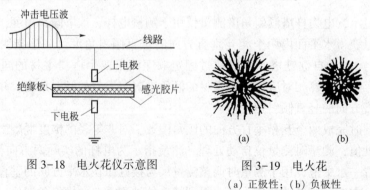

图 3-18　电火花仪示意图　　　　图 3-19　电火花

（a）正极性；（b）负极性

2. 雷电流幅值的测量

采用磁钢棒和正切检磁计测量雷电流幅值。

（1）测量原理。根据电磁学原理，把一根导线通以电流时，则在导线周围产生电磁场。若将一根磁钢棒放在导线附近并沿着电流的磁力线装设，则电流 I 通过避雷线时将引起磁钢棒磁化；当电流消失后，磁钢棒中有剩磁，剩磁的大小与电流 I 成正比，而与距离 r 成反比。磁钢棒的极性（即 N—S 极）取决于电流方向。因此，只要知道磁钢棒中剩磁量的大小，并考虑安装距离 r 就可以求出电流 I 的大小。

磁钢棒剩磁量的大小可用正切检磁计求得。即把带有剩磁的磁钢棒放进检磁计中，由剩磁的大小来改变检磁计上的指南针的偏角。然后利用在实验室中事先作出的电流 I 与偏角 α 的关系校正曲线，即可查出电流值。如检磁计上的指南针按顺时针放射偏转，则表示电流为正极性，否则为负极性。

（2）雷电流的检测方法。

1）磁钢棒的安装。将磁钢棒一端涂上颜色，放入专用支架的小孔内，再把支架安装在避雷线上或塔顶测针上。在塔顶安装的测针为长度约 2m，直径为 16mm 圆钢，测针的下端应良好接地，支架与杆塔接地部分的距离应不小于 0.8m，支架与防振锤的距离不小于 0.2m。

为便于判断雷电流的极性，装在测针上的磁钢棒从塔顶向下俯视时，磁钢棒的涂色端一律指向顺时针方向。

安装磁钢棒的支架应牢固可靠，支架与测针（或避雷线）应保持垂直，为防止磁钢棒周围有铁磁物质影响磁场强度，固定支架和封堵磁棒的绑线用铀绑线。此外，在同一测量地点，应采用同一厂家生产的同一型号的磁钢棒，并用相同的 α—I 曲线和同尺寸的支架。

2）雷电流检测。①调整仪器：转动基座使指针指向 0；②将现场取回的磁钢棒依次放入正切检磁计的 A、B、C、D 孔内，记录指针的偏角 α；③由 α—I 曲线图查出相应的电流值，即为雷电流值。

（3）雷电流极性的判断：当指针偏转时，若指针的 S 端偏离磁钢棒的涂色端，根据同性相斥的原理，可知涂色端是 S 极；若指针 S 端向涂色端偏转，则说明涂色端是 N 极。因为安装支架时对磁钢棒的涂色端是按顺时针方向放置的，而今要知道涂色端的极性，则根据"右手定则"即可知道雷电流的极性。

（4）磁钢棒测量注意事项：①用正切检磁计测量时，应选择周围及地下没有铁磁物体及电流的空旷地带；②最好面向南将检磁计放在面前的平面上，进行调零；③检测过程中，检磁计周围不应有铁磁性物体；④测量中每个磁钢棒均应分别放入 A、B、C、D 孔内各测一次，取 $\alpha=40°\sim50°$ 范围内的相应值，以防出现较大误差；⑤同一地区应使用相同型号和规格的磁钢棒和检磁计及相应条件下测得的 a—I 曲线。

3. 雷电流最大陡度的测量

用电火花仪组成的陡度计测量，也可用磁钢式陡度仪测定。

（1）电火花仪的测量原理。

电火花仪组成的陡度计测量原理如图 3–20 所示，它是将电火花仪接在一个用作感应电动势的线圈两端，线圈放置在避雷线或避雷针的接地引下线附近，线圈的轴线沿着雷电流的

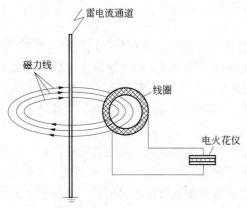

图 3-20　电火花仪组成的陡度计测量原理

磁力线方向。当发生雷击时，雷电流经接地引下线流入大地，在接地引下线周围产生磁场，其环状磁力线与线圈相连，在线圈两端感应出电动势，此电动势幅值 E 与雷电流最大陡度成正比，即

$$E = - M(\mathrm{d}i/\mathrm{d}t)_{\max} \qquad (3-43)$$

式中　M——互感系数，其值在线圈的几何尺寸及安装位置确定后，即为定值；

　　　E——由电花仪测出；

　　　$(\mathrm{d}i/\mathrm{d}t)_{\max}$——雷电流的最大陡度。

（2）磁钢式陡度仪测量。磁钢式陡度测量原理如图 3-21 所示，当线路上落雷后，引流导体上应有雷电流 i_0 流过。由于互相感应的结果，在感应回路中就产生电流 i_1，i_1 经磁化线圈产生的磁场，把安装的磁钢棒磁化。

当雷电流发生最大陡度时，回路中产生 i_1 的极大值。此时，i_1 的变化率为零。

$$M(\mathrm{d}i_0/\mathrm{d}t)_{\max} = i_1 R \qquad (3-44)$$

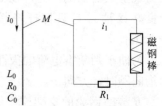

图 3-21　磁钢式陡度测量原理

式中　M——载流回路和测量回路的互感系数，在陡度仪几何尺寸及安装位置确定后，即为定值；

　　　R——测量回路的总电阻，是已知量；

　　　i_1——可由交流退磁法检验出来。

3.10　接地电阻的测量

架空线路杆塔接地的作用是在雷击状态下将冲击电流或雷电流通过杆塔基础的自然接地和人工接地体导入大地，以保证设备的安全。根据接地电阻定义可知，流经接地装置入地的电流 I，在接地装置上产生电压 U，电压 U 与电流 I 之比（$R=U/I$），即为该接地装置的接地电阻。

接地电阻测量是线路验收和运行时的主要测试项目，但实际操作时往往不规范，误差较大。

3.10.1　杆塔接地电阻的计算

有避雷线的杆塔均应接地。在雷季干燥时，每基杆塔不连避雷线时的工频接地电阻，不宜超过表 1-24 的数值。运行中杆塔接地电阻测量值应按设计要求为标准。

（1）水平接地体工频接地电阻计算公式

$$R_{\mathrm{g}} = \frac{\rho}{2\pi L}(\ln L^2 + 5.34 + A) \qquad (3-45)$$

式中　R_{g}——工频接地电阻，Ω；

　　　ρ——土壤电阻率，$\Omega \cdot \mathrm{m}$；

L——接地体总长度，m；

A——水平接地体形状系数，见表 3-13。

表 3-13   水平接地体形状系数

序号	1	2	3	4	5	6	7	8
形状	—	∟	∧	○	+	□	✳	✳
系数 A	-0.5	-0.8	0	0.48	0.89	1	3.03	5.65

水平敷设的接地体可以是表 3-13 中的各种形状，其单射线水平接地体最大长度一般不超过表 3-14 中的数值。

表 3-14   单射线水平接地体最大长度

土壤电阻率 ρ（$\Omega\cdot$m）	≤500	≤1000	≤2000	≤5000
射线最大长度 L（m）	40	60	80	100

（2）在 $\rho \leqslant 300\Omega\cdot$m 的地区可考虑杆塔基础的自然接地作用。因混凝土毛细孔中渗透水分，其电阻率接近土壤，杆塔自然接地电阻值可参考表 3-15 中的数值。

表 3-15   杆塔自然接地电阻值推荐

杆塔型式	钢筋混凝土		铁塔	
	单杆	双杆	单柱	门型
工频自然接地（Ω）	0.3ρ	0.1ρ	0.1ρ	0.06ρ

3.10.2 接地电阻的测量

接地电阻的测量大多采用交流电进行测量，以避免直流电引起的化学极化作用而影响测量结果的准确性。测量接地电阻仪表有：电压表—电流表、电桥法和接地电阻兆欧表。现在一般用 ZC-8 型接地电阻测量仪，其按补偿原理制作。

1. 测试时间

测量接地电阻一般应在每年 1~3 月、11~12 月时间段进行，测量应在良好天气进行，遇有雷雨天应禁止测量，禁止雨后测量接地电阻。

2. 接地电阻测试周期

接地电阻测试周期应按相应试验规程和有关规定执行。

一般线段，每 5 年测量一次接地电阻，发电厂变电站进出线段 1~2km 及特殊点，每 2 年测量一次接地电阻。

3. ZC-8 型接地电阻测量仪

ZC-8 型接地电阻测量仪有四个端子 C1、P1、C2、P2，用以测量土壤电阻率。测量接地电阻时，一般已在仪表内将 C2、P2 短接，引出端钮标 E，E、C1 和 P1 分别接接地端、电流端和电位端。

（1）测量方法。

1）测量前将仪器放平，然后调零，使指针指在红线上。

2）将被测杆塔接地体和端钮 E 连接，电压探针 A 和电流探针 B 分别与仪器的端钮 P1、C1 连接，测量接地电阻的接线和电极布置图如 3-22 所示。图中 l 为接地体最长放射线长度，电流探针 B 至接地体的距离 Z 一般取 l 的 4 倍，电压探针 A 至接地体的距离 Y 取 l 的 2.5 倍。

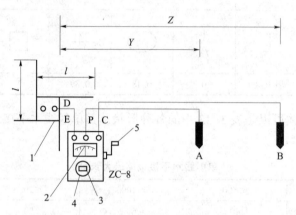

图 3-22　测量接地电阻的接线和布置

1—被测接地装置；2—检流计；3—倍率标度；4—测量标度盘；5—摇柄

3）所有连线截面积一般应小于 $1 \sim 1.5\text{mm}^2$。

4）使用绝缘电阻表，当发现有干扰、指针摆动时，应注意改变几个转动速度，以避免外界的干扰，使指针稳定。

将"倍率标度"置于最大倍数处，缓慢摇动发电机手柄，同时转动测量盘，直到检流计指针停在中心红线处。当指针在红线上时，加快发电机转速至 120r/min。调节测量刻度盘指针稳定指在红线位置，即能标出电阻值。如果测量刻度盘读数小于 1，应将倍率开关放在较小一挡，然后重新测量。测量标度盘的读数乘以倍率，即得所测的接地电阻值。

（2）注意事项。

1）应以 120r/min 的速度均匀摇动仪器摇柄。

2）选取适当倍率。读表值乘以倍率比即可确定接地电阻值。

3）按沿顺线路方向和垂直方向设置辅助接地电极 A、B。杆塔中心距 A 的距离应约等于 5 倍杆塔底部的对角线宽度，A 连接于绝缘电阻表 P 旋钮，B 连接于绝缘电阻表 C 旋钮，P2、C2 短接于铁塔。

4. 电压表—电流表法

电压表—电流表法是常用的接地电阻测量方法，其测试接线如图 3-23 所示，测量时只要同时读取电压表和电流表的示数，再经过计算（$R=U/I$），即可得接地电阻值。

采用电压表—电流表法测量接地电阻不受测量范围限制，小到 0.1Ω（如大电流接地系统的接地电阻）大到 100Ω 及以上的接地电阻都能测量，而且测量结果也比较准确。所以对于大型接地网，如 110kV 及以上变电站的接地网或当接地网对角线 $D \geqslant 60$ 不能采用比率计法和电桥法时，应采用电压表—电流表法。

但测量时需要独立的电源，测量的准备工作和测量过程较繁琐，测后需经过计算才能得出接地电阻值。

5. 比率计法

简化原理接线如图 3-24 所示。从图中可见，起测量作用的主要部件是拥有两个框架式线圈的电磁式流比计，第一框架线圈与被测接地体、电源和辅助接地体相连；第二框架线圈（r）与被测接地体、串联的附加电阻 R_{11}、接地棒相连。测量时，流比计指针偏转的角度与流入两框架式线圈里的电流比成正比 $I_2(r+R_{11})=I_1R_x$，或 $R_x=I_2(r+R_{11})/I_1$。所以，只要事先把流比计的刻度用电阻校准，测量时就可以直接读出接地电阻值来。MC-07 和 MC-08 型接地电阻测量仪就是利用这个基本原理制成的。

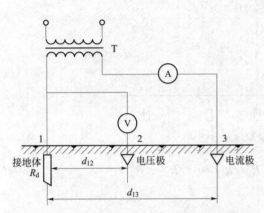

图 3-23　电压表—电流表法测试接线图　　图 3-24　流比计接地电阻测量原理图

6. 电桥法

其原理接线参见图 3-25，调节滑线电阻 r 使检流计（P）指针指零，因为 $I_1R_x=I_2r$，则有 $R_x=I_2r/I_1$。

根据这个基本原理制成的接地电阻测量仪（如 ZC-8），取 $kI_2/I_1=n$，n 称为电桥倍率，k 为倍率电阻并联系数。只要在测量时，调节滑线电阻 r 使检流计指针指零，就可以从刻度盘上直接得到接地电阻值（$R_d=nr$）。

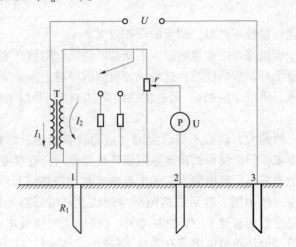

图 3-25　电桥型接地电阻测量原理图

1—接地体；2—电压极；3—电流极；P—检流计；r—滑动电阻；T—试验变压器

7. CA6411 表法

近年来从国外引进的一种钳式接地电阻测量仪。这种仪器在测试中不必使用接地辅助接地体，不必引接地辅助线，也不需要中断待测设备的接地，只要像类似钳形表测电流一样钳住接地引下线，就能测出接地电阻。

测量原理如图 3-26 所示，将测量头卡住接地引下线，仪器在信号线圈产生一个交流信号 E。此时，E→架空地线→杆塔→接地极→大地，形成一个回路。表头显示的电阻即为此回路的总电阻 $R_{总}$。

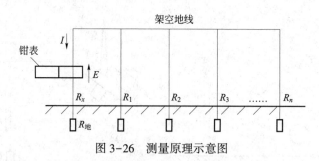

图 3-26　测量原理示意图

$$R_{总} = R_x + R_{地} + R_{地线} + R_1//R_2//\cdots//R_n \approx R_x \tag{3-46}$$

式中　　　　　R_x——待测量杆塔的接地电阻；

　　　　　　　$R_{地}$——大地电阻（$R_{地} \ll 1$）；

$R_1//R_2//\cdots//R_n$——该线路其余各杆塔接地电阻的并联值（由于线路中的杆塔数一般均在

　　　　　　　　　100 基以上，此并联电阻很小，可以忽略）。

架空地线 $R_{地线}$ 的电阻，通常小于 1。因此有 $R_{总} \approx R_x$。

此法的优点：

(1) 在整个接地系统接触良好的情况下，能正确地测出整个泄流通道的接地电阻。

(2) 使用方法简单，免除打辅助接地棒的困难，工作量小，效率高。平均可以测 15 基/人·天。

不足之处：

(1) 在接地体生锈、接触不良时，测量的误差较大。

(2) 由于测量整个泄流通道的接地电阻，不能判断超标电阻值产生的位置。

(3) 无法用于测量无避雷线的线路。这种仪表所测的杆塔上方必须有非绝缘的架空地线和相邻杆塔连通才有效，所以 10~35kV 无避雷线线路、500kV 及以上电压等级的绝缘避雷线线路无法采用。

(4) 测量结果值一般偏大，而且不符合我国《电力设备接地设计技术规程》规定的必须解开避雷线测量的要求，但所测得的接地电阻值还是接近的，有参考价值。

钳型表测量的接地电阻属回路电阻。它的增量来自被测杆塔塔身（含拉线）、地下人工敷设接地线、本档架空地线电阻、前后或两侧架空地线及杆塔回路等效阻抗中的电阻分量等，其测量方法和增量参数请参照 DL/T 887—2004《杆塔工频接地电阻测量》标准。当发现该杆塔的接地电阻值与设计接地电阻值有明显不符时，再采用三极法接地电阻仪复核杆塔接地电阻值。

3.10.3　土壤电阻率的测量

土壤电阻率指单位长度土壤电阻的平均值，单位为 $\Omega \cdot m$ 或 $\Omega \cdot cm$。其是决定接地电阻大小的主要因素。

根据土壤类型以及土壤中所含水分的性质和含水量，土壤电阻在相当大的范围内会变动。运行中杆塔因周边土壤环境变化，土壤电阻率也会发生变化，因此对特殊地段进行土壤电阻率抽查，是校核接地电阻可靠性的重要检测手段。

1. 测量仪器

推荐使用接地电阻测试仪（ZC-8 系列）测量土壤电阻率。选用仪器应满足下列条件：便携、全自动数字显示、抗干扰抑制电压 40V、测试电压 500V、测试电流（20Ω-10mA、200Ω-1mA、$2\sim2k\Omega$-0.1mA）、测量精度 2%。

2. 测量原理及方法

土壤电阻测量方法有三极法和四极法两种，图 3-27 所示为用 ZC-8 接地电阻测量仪进行四极法测量的接线图。

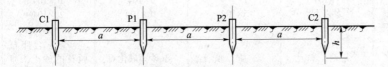

图 3-27　土壤电阻率测量原理

在被测地区，按照直线排列埋入土壤内四根均匀的直径为 $1.0\sim1.5cm$，长 0.5m 的圆钢作电极（记为 C1、P1、P2、C2），其埋入深度 h 为 $0.1\sim0.15m$（不低于 $a/20$），两极之间距离 a 为 $2\sim3m$（埋深的 20 倍）。测量时，将仪器四个端钮分别接在 C1、P1、P2、C2 电极上。从 C1、C2 端通入电流，则 C1、C2 对内侧两个电极 P1、P2 上产生的电位 U_{P1} 和 U_{P2} 分别为

$$\left. \begin{array}{l} U_{P1} = \dfrac{\rho I}{2\pi}\left(\dfrac{1}{a} - \dfrac{1}{2a}\right) \\[3mm] U_{P2} = \dfrac{\rho I}{2\pi}\left(\dfrac{1}{2a} - \dfrac{1}{a}\right) \end{array} \right\} \tag{3-47}$$

因为 P1、P2 两电极间的电位差为

$$U_{P1} - U_{P2} = \frac{\rho I}{2\pi a}$$

所以土壤电阻率为

$$\rho = 2\pi a \frac{U_{P1} - U_{P2}}{I} = 2\pi a R \tag{3-48}$$

式中　R——实测的接地电阻读数，Ω；

　　　　a——棒极之间的距离，m。

测量的电阻率不一定是一年中的最大值，应按下式校正

$$\rho_{max} = \Psi\rho \qquad (3-49)$$

式中　ρ_{max}——土壤最大电阻率，$\Omega \cdot m$；

　　　Ψ——土壤干燥季节系数，见表3-16，干燥时取小值，潮湿取大值。

表3-16　　　　　　　　　　　　　土壤干燥系数

深度（m）	Ψ值	
	水平接地体	2~3m的垂直接地体
0.5以下	1.4~1.8	1.2~1.4
0.8~1.0	1.25~1.45	1.15~1.3
2.5~3.0	1.0~1.1	1.0~1.1

装有避雷线的杆塔工频接地电阻值见表3-17。

表3-17　　　　　　　　装有避雷线的杆塔工频接地电阻值（上限）

土壤电阻率（$\Omega \cdot cm$）	1×10^4及以下	1×10^4 5×10^4	5×10^4 10×10^4	10×10^4 20×10^4	20×10^4及以上
土壤类别	耕地，黏土，淤泥黑土	砂质，黏土，黄土	湿砂，风化石，砂质土壤	干砂，含卵石顽石的砂土，卵石，碎石，风化石	花岗岩，石英石，石灰石
接地电阻（Ω）	10	15	20	25	30

3. 测土壤电阻率时的注意事项

（1）应在测区找不同的4~6点进行测量，全面了解电阻率水平方向的分布情况。

（2）了解土壤分层情况，避免测量误差。

（3）测量时尽可能避开地下管线。

（4）测量应在良好天气进行，并且测前一周无雨。

（5）在测量干燥岩石和黏土时，由于它们内部存在一些具有溶解盐的间隙水，应注意它的电阻率取决于水分含量、电解溶液的浓度和物理化学性质。

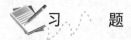

习　　题

1. 线路运行中的巡视有哪些？定期巡视和故障巡视的重点是什么？

2. 运行中的测量和测试项目有哪些？其主要目的是什么？

3. 如何判别劣质绝缘子？绝缘子串中存在劣质绝缘子的危害有哪些？

4. 简述架空线路上常用绝缘子劣化的原因。其对运行线路的危害怎样？

5. 如何判断劣化绝缘子？目前劣质绝缘子的检测方法有哪些？原理是什么？

6. 叙述绝缘子串上的电压分布，其用什么仪器测量？

7. 简述间隙电压法带电测量瓷绝缘子判定标准及分析方法和注意事项。

8. 简述污秽的种类和来源。

9. 绝缘子的污秽度表示方法有哪些？不同污秽度指标各具有什么特点？

10. 什么是等值附盐密度？其测量目的是什么？如何测量？（举例说明一种方法）。

11. 导线连接器的常见故障形式有哪些？如何判断劣化的连接器？试分析导线连接器的测试原理。

12. 简述导线连接器测量的目的及必要性。试分析连接器劣化的原因及不良连接器的判别标准。

13. 简述雷电流幅值的测量目的及测量原理和方法。

4 架空输电线路的停电检修

输电线路的检修是根据巡视、检查、测试所发现的问题所进行的正规的预防性修理工作，旨在消除设备缺陷，提高设备健康水平，预防事故，保证设备安全运行。在线路设备停电状态下的检修工作称为停电检修，如更换老化、损坏的元件，修理破损的和有缺陷的零部件，使其恢复正常水平的正规预防性维修；由于自然灾害（如地震、洪水、风暴及外力的袭击）使输电线路发生倒杆、断线、金具或绝缘子脱扣等事故，为保证线路尽快恢复供电，不能坚持到下一次检修，而被迫停电抢修的工作。输电线路停电检修一般可分为维护、大修、事故抢修和改进工程四类。

4.1 检修内容与周期

4.1.1 检修内容

1. 维护

为了维持输电线路及附属设备的安全运行和必要的供电可靠性而进行的工作，称为维护，也称为维修。

维护工作的主要内容有：

（1）砍伐影响线路安全运行的树木、竹子、杂草等；

（2）杆塔基础培土，开挖排水沟；

（3）消除塔上鸟巢及其他杂物；

（4）调整拉线；

（5）督促有关单位消除影响安全运行的建筑物、障碍物；

（6）处理个别不合格的接地装置，少量更换绝缘子串或个别零值绝缘子；

（7）导线、架空地线个别点损伤、断股的缠绕、补修工作；

（8）各种不停电的检测工作，如绝缘子检测、接地电阻测量、交叉跨越垂直距离的测量等；

（9）涂写悬挂杆塔号，巡视道路、便桥的修补；

（10）悬挂警告牌，加装标志牌等。

维护工作是运行人员一种经常性的运行工作，没有固定周期，通常由线路运行人员自行处理。所以，巡线人员应携带必要的随身工具，发现问题，及时处理；不能处理的，运行单位统一安排处理。需要费用、专门材料的可报工区列入计划，等批准后再执行。

2. 大修

为了提高设备的健康水平，对现有运行线路进行修复或使线路及其附属设备保持原有的机械性能或电气性能并延长其使用寿命的检修工程称为大修。

大修任务主要有：更换同型号的导线、金具、金属构件或防腐处理等。

大修的周期，一般为一年一次。

3. 改进工程

为提高输电线路的供电能力，改善系统接线而进行的更换导线、增建、升压、改建或撤除部分线段等工作，称为改进工程。

线路大修和改进工程常常交叉在一起进行，一般包括如下内容：

（1）更换或补强杆塔及其部件；

（2）更换或修补、增设导线或避雷线，并调整弛度；

（3）成批更换已劣化的绝缘子或更换成防污绝缘子，绝缘子清扫检查；

（4）大量处理接地装置；

（5）成批更换或增装防振装置，跳线并沟线夹或引流线螺栓紧固；

（6）杆塔防锈处理；

（7）处理不合格的交叉跨越；

（8）升压改造；

（9）根据反事故措施计划提出的其他项目。

4. 事故抢修

针对自然灾害及人为事故等造成的永久性停电故障而进行的旨在尽快恢复送电的抢修工作，或有紧急缺陷但尚未形成事故而及时组织的修理工作，是一种突发性的情况紧急检修。事故抢修的目的，一是想办法尽快恢复送电，二是检修质量要符合标准。

事故抢修的内容不确定，如巡线时发现并沟线夹过热，导线外层铝股已熔化断裂散开，发现带拉线的单杆的四根拉线的金具被窃，现场只剩下五根光杆在运行等情况，需立即组织抢修。事故抢修的关键是使停电线路尽快恢复供电，但必须保证抢修质量符合标准。

4.1.2　检修项目及周期

停电检修作业的项目很多，维修项目应按照设备状况，巡视、检测的结果和反事故措施的要求确定，其主要项目及周期见表 4-1。

表 4-1　　　　　　　　　　架空输电线路检修、维护主要项目及周期

项　　目	周期（年）	说　　明
绝缘子清擦 1. 定期清擦 2. 污秽区清擦	1	根据线路的污秽情况采取的防污措施，可适当延长或缩短周期 根据污秽程度
杆塔螺栓检查紧固	5	新线路投入运行一年后需紧一次
铁塔刷油漆	3～5	根据其表面状况决定
杆塔倾斜扶正		根据巡视测量结果决定
检查线夹紧固螺栓	1	结合检修进行
混凝土杆内排水，修补防冻装置	1	根据季节和巡视结果在结冻前进行
砍修剪树、竹	1	根据巡视结果确定，发现危机情况随时进行
修补巡线道、桥	1	根据现场需要随时进行
修补防鸟设施和拆巢	1	根据需要随时进行
修补防汛设施	1	根据巡视结果随时进行

项　目	周期（年）	说　明
杆塔金属基础接地拉线检查	5	1. 抽查数量为总数的 10% 2. 根据土壤情况决定
绝缘子测试	2	1. 据绝缘子劣化程度，可适当延长或缩短周期 2. 瓷横担和钢化玻璃绝缘子不测试
导线弧垂、限距、交叉跨越距离的测量		新建线路投入运行一年后需测量一次。以后应根据巡视结果决定
杆塔接地电阻测试	5	变电站进出口段（1~2km）每 2 年一次
接地引下线与接地网的检修	不超过 3 年	根据检查巡视结果进行，不得有开断、松脱或严重腐蚀等现象。如采用测量接地引下线与接地网（或与相邻设备）之间的电阻值来检查其连接情况，可将所测的数据与历次数据比较和相互比较，通过分析决定是否进行挖开检查

根据巡视结果及实际情况需维修的项目如表 4-2 所示。

表 4-2　　　　　　　　　根据巡视结果及实际情况需要维修的项目

序号	项　目	备　注
1	更换或补装杆塔构件	根据巡视结果进行
2	杆塔铁件防腐	根据铁件表面锈蚀情况决定
3	杆塔倾斜扶正	根据测量、巡视结果进行
4	金属基础、拉线防腐	根据检查结果进行
5	调整、更新拉线及金具	根据巡视、测试结果进行
6	混凝土及混凝土构件修补	根据巡视结果进行
7	更换绝缘子	根据巡视、测试结果进行
8	更换导线、地线及金具	根据巡视、测试结果进行
9	导线、地线损伤补修	根据巡视结果进行
10	调整导线、地线弧垂	根据巡视、测试结果进行
11	处理不合格交叉跨越	根据测量结果进行
12	并沟线夹、跳线连板检修紧固	根据巡视、测量结果进行
13	间隔棒更换、检修	根据检查、巡视结果进行
14	接地装置和防雷设施维修	根据检查、巡视结果进行
15	补齐线路名称、杆号、相位等各种标志及警告指示、防护标志、色杆	根据巡视结果进行

维修工作应根据季节特点和要求安排，要及时落实各项反事故措施。维修时，除处理缺陷外，应对杆塔上各部件进行检查，检查结果应在现场记录。

维修工作应遵守有关检修工艺要求及质量标准。更换部件维修（如更换杆塔、横担、导线、地线、绝缘子等）时，要求更换后新部件的强度和参数不低于原设计要求。

4.2 停电检修的组织措施

停电检修的线路一般缺陷较多，需要处理的工作量大，而停电时间往往受到限制，因而需要较多人力突击，往往多个班组合作停电检修一条线路。鉴于停电检修的复杂性，其组织措施包括：制订计划、检修设计、施工准备、组织施工、竣工验收等。

4.2.1 制订计划

检修计划通常在每年第三季度进行编制，第三季度初提出下年度检修的技术原则及要求，包括停电检修和不停电检修项目，下达到各工区。计划的审批下达一般在下一年度的第一季度末。对于紧急特殊项目则可能会出现随报随批。编制的依据主要有以下几个方面：

（1）上级颁发的有关规程制度的要求；

（2）运行人员提供的线路运行状况资料；

（3）上次大修中未完成的项目和预防性试验中发现的重大问题，需列入大修技改计划的；

（4）上级发布的反事故措施和改进运行技术措施需要落实和实施的；

（5）经上级主管部门和有关领导批准的可推广的技术革新项目；

（6）改善劳动条件，保护人身及线路安全的措施；

（7）其他带有共性需要逐步实施的项目等；

（8）综合考虑各种因素，包括工作量的大小、轻重缓急、检修力量、资金、运输能力、材料及工器具等。

1. 检修计划编制的内容

检修计划编制的内容包括全年检修工作的分类，按检修项目编写材料工具表、工时进度表、费用概算等。大修、技改计划编制的具体内容：

（1）基本情况。包括申报单位名称、工程或设备名称、工程主要内容或设备基本参数，本次大修、技改的目的意义等。

（2）主要项目内容。要根据巡视、测试和检查中所发现的线路缺陷，存在问题，大修、技改的项目要求内容，逐条并分别列项、改进措施等不漏项地填报清楚。

（3）论证。即项目实施的紧迫性，可行性，改进措施、方法及预期效果等，越细越好，且尽可能做到有理有据。

（4）费用概算。工程费用一般包括大修、技改器材费（该项目所需的设备、材料费用）、人工费和其他费用（如工人的野外施工补助费、施工车辆运输费，麦苗补偿费、树木砍伐等政策性补助费以及需外包项目的外包费用等）。除此之外，还有大修、技改后更换下来的线材、塔材、金具、铁件不可再用的器材回收费，此部分为器材回收残值，也就是说，本次大修、技改费用为器材费+人工费+其他费用−器材回收残值。

（5）附"大修、技改工程材料、器材和人工明细表"，以备审批之用。

（6）签字盖章。当大修、技改计划编制完成后，应由计划编制人员和申报单位主管分别签名，并加盖章单位公章后按时上报到上一级主管部门。

2. 计划编制的要求

（1）线路大修计划可分年、季、月计划，其中年计划为头一年第三季度编报下年度的计划；季计划应在每季度的中间月报下一个季度的计划；月计划应在上个月中旬报下一个月的计划。

（2）大修计划的安排应根据上级的有关指示并结合线路大修周期、停电时间安排配合表进行，同时还要根据项目的轻重缓急、工作量大小及现场环境条件、气候特点等进行综合平衡，力争做到切实可行。

（3）所列费用要适当，有现行标准的套用标准，无标准的要进行科学估算。

（4）当大修计划经上级主管部门批准下达后，即应认真组织执行，以维护计划的严肃性。若对原计划有较大变化时，应及时修改原报计划或再补计划，并说明理由，经上级批准后方可执行。

4.2.2　检修设计

线路检修工作，应进行线路检修设计，即使是事故抢修，在时间允许的条件下，也要进行检修设计。只有现场情况不明的事故抢修，而时间又极其紧迫需马上到现场处理的检修工作，才可不进行检修设计，但也应由有经验的、工作多年的检修人员到现场决定抢修方案，指挥检修工作。检修工作完成后，还应补画有关的图纸资料，转交运行单位。

检修设计的依据：

（1）缺陷的记录资料；

（2）运行测试计划；

（3）反事故技术措施；

（4）采用的行之有效的新技术、新工艺及技术革新的内容；

（5）上级颁发的有关技术资料。

检修设计的主要内容包括：

（1）杆塔结构变动情况的图纸和必要的施工说明；

（2）杆塔及导线限距的计算数据；

（3）杆塔及导线的受力复核；

（4）检修施工的多种方案比较；

（5）需要加工的器材及工具的加工图纸；

（6）检修施工达到的预期目的及效果；

（7）所需人工数；

（8）进行工作的停电范围及断开的断路设备。

停电计划的编制要尽量考虑用户的利益，不能想停就停。停电检修日期的确定，应根据用户的情况和季节特点决定，如尽量利用用户的轮休日对其线路进行检修；对季节性生产的工厂可利用非生产季节对其线路进行停电检修；对原料充足、产品畅销期的工厂尽量减少停电检修；对农村线路应避免在急需用电阶段停电检修，可在农闲季节进行。

4.2.3　施工准备

施工准备主要是材料及工具的准备，停电检修之前发送停电通知也是重要的施工准备工作。

施工准备工作的内容包括：根据检修工作计划中的检修项目和材料工具计划表准备必需的材料和备品。需要先加工或进行电气强度试验和机械强度试验的，要及时做好记录。

此外，准备好检修工作的场地，对于准备的材料和工具，需要预先运往现场的（如水泥杆及卡盘、底盘、拉盘等），则经大搬运及小搬运送到检修工作的场地。其他小件材料及工具，应存放在专用的场所，以便由检修人员准时带往现场。

运行单位应备有正常使用的检修工具和器材。应备有一定数量的事故备品及抢修工具，并应专门存放保管，输电线路的事故备品及储备地点，根据运行经验和抢修时使用方便等条件确定，经总工程师批准。

事故备品按运行单位的定额执行。事故备品备件应按规定事故备品备件管理及本单位的设备特点和运行条件确定种类和数量。事故备品应单独保管，定期检查测试，并确定各类备件轮回更新使用周期和办法。

凡属于必须建立抢修队伍的单位必须配备抢修队伍，根据事故备品备件管理规定和不同的抢修方式配备充足的事故备品、抢修工具、照明设备及必要的通信工具，并且分类保管，一般不许挪作他用。工器具包括组立杆塔的整套材料，包括发电机、电焊机、电动机、机动绞磨、起吊制动钢丝绳、吊点、吊点绳、抱杆、地锚和大滑轮以及对讲机、光电经纬仪、GPS等。抢修工作完成后，应及时清点补充。

对一项检修工程，停电时间应尽量压缩，要对检修工作做详细的安排。

4.2.4　组织施工

根据施工现场情况及工作需要组织好施工队伍，明确施工检修项目、检修内容。制定检修工作的技术组织措施，采用成熟的、先进的施工方法，施工中在保证质量的基础上提高施工效率，节约原材料并努力缩短工期或工时。制定安全施工措施，并应明确现场施工中各项工作的安全注意事项，以确保施工安全。组织施工的总体原则是：以安全为前提，保证质量为目的，组织高效、可靠的施工。组织施工的具体内容如下：

（1）施工组织：根据施工现场情况及工作需要将施工人员分为若干班组，指定班组负责人及负责安全工作的安全员，安全员应由技术较高的工作人员担任。材料、工具由材料员负责领取、保管。记录员记录检修工作的人工消耗、缺陷处理和材料消耗情况，生活管理员负责生活管理以及领取有关补贴。

（2）明确任务：组织施工人员了解检修任务的项目、内容、图纸和质量标准等，使每个施工人员做到心中有数。

（3）制定技术措施：应尽量采用成熟的先进经验，以便施工中既能保证质量又能提高施工效率，节约原材料。

（4）制定安全措施：施工前要向施工人员交底，使每个施工人员明确现场施工中各项工作的安全注意事项。

施工的每项工作在条件允许时，可组织各班组互相检查，有专人深入重点的现场检查，确保各项检修工作的安全和质量。

4.2.5　竣工验收

线路检修的竣工验收包括验收和评级两个内容。线路的检修或施工在竣工后或部分竣工后，要进行总的质量检查和验收，然后将有关竣工后的图纸转交运行单位。验收时，要由施工负责人会同有关人员进行竣工验收。对不符合施工质量要求的项目要及时返修，以保证其检修质量。

1. 验收

检修工程的竣工验收工作是一项确保检修质量的关键工作。检修部门或施工单位应贯彻执行三级检查验收制度，即自我验收、班组检查验收、部门检查验收。根据线路施工、检修的特点一般验收可分下面三个程序检查：

（1）隐蔽部分验收检查。隐蔽部分指竣工后难以检查的工程项目，其完成后所进行的验收即称为隐蔽部分验收检查。

（2）中间验收检查。这是指施工和检修中完成一个或数个施工部分后进行的检查验收。

（3）竣工验收检查。这是指工程全部或其中一部分施工工序已全部结束而进行的验收检查。关于线路施工、检修验收程序及检查要求，请参看不同电压等级架空电力线路施工及验收行业标准的规定。

2. 评级

大修验收评级分为优、良、合格、不合格四等。

（1）"优"的条件。

1）按期或提前完成计划检修任务，彻底消除了缺陷；

2）全面达到检修质量标准，设备外观整洁，恢复了设备性能；

3）原始数据和资料记录正确、详细、整洁、完整；

4）安全措施执行良好，无不安全现象；

5）节约材料，没有返工，有工时、材料消耗记录；

6）质量评价有3/4项目达到"优"，其余为"良"。

（2）"良"的条件。

1）除个别特殊原因（非检修人员过失）未达到质量要求外，均符合质量要求，设备外观整洁，设备特性满足运行要求；

2）按期全面完成计划检修项目；

3）原始数据和资料记录正确、详细完整，有工时、材料消耗记录；

4）安全措施执行得好，无不安全现象；

5）分项验收评价多为"优"或"良"。

（3）合格的条件。

1）不能达到检修质量标准，当时又无条件返工，但对保证案例运行无严重妨碍，有记录总结，经领导批准投运；

2）未能按预定计划项目和进度完成全部检修项目；

3）分项验收评价主要部分为"合格"或一半为"合格"；

4）记录不够详细，有错误而得到补充修改。

达不到上述条件的设备应评为"不合格"。不合格的设备当不影响安全运行时，可暂时投入运行，但必须在短时期内限期返工，达到合格。如果影响安全运行则不能投入运行。

3. 总结、决算

大修竣工后一般应有总结，并填写竣工报告，做好竣工决算。有关大修的图纸、资料应及时转交运行单位并归档。

4.3　停电检修的安全措施

检修线路需要停电，所涉及的部门比较多，除维修施工单位外，还涉及调度、物资供应、运转、变电、设计、制造、调试等部门，工作量较大，操作人员多，作业面比较广，环境复杂。所以确保停电检修中的安全是一个系统工程，必须做到组织健全、计划周密、措施完备、准备充分、指挥科学、仔细认真。其中重中之重就是要自始至终落实好"三大措施"，即组织措施、安全措施、技术措施。

4.3.1 停电检修应重点防止的事故

（1）防止触电。停电检修时，线路虽然已停电，但仍需防止各种人身触电事故。这是停电检修重点防护的内容，也是停电检修容易发生的隐患和事故。以下是停电作业中应注意避免出现的错误。

1）错登带电杆塔。错登带电杆塔或错登双回路中有电回路。

2）穿越有电低压线。高低同杆架设，但低压线路电源不是同杆高压线，检查人员需穿越低压线，检修高压。

3）错停线路。线路停电操作发生错误，检修线路未停电，验电接地未执行。

4）停电线路中途送电。调度人员误操作，将停电线路强送。

5）向线路倒送电。有两路电源或自发电通过降压变压器升压后，向高压线路倒送电。

6）误触带电线路。在部分停电设备上工作时误触带电部分。

7）导线、拉线松弛时误碰有电低压线。一般要注意施工中导线跨越的高低压架空线，而不注意跨越有电的接户线，尤其拉线施工中更容易麻痹大意，无人监护，触电后也不易马上发觉。

8）进户开关倒进火。

（2）防高空摔跌。高空摔跌早在电力归属煤炭工业部时已列入严厉禁止的恶性事故，但仍不能完全防止。发生的原因主要有以下几种情况：

1）登杆塔或软梯时动作不熟练，未经严格训练。

2）木杆未检查杆根，混凝土埋深不够，拉线杆的拉线缺损受力不能平衡。

3）杆塔上工作未系好安全带、安全绳，绝缘子串上工作未打好保护绳。

4）高空移位时疏忽大意，未进行保护；如人在高梯上工作，梯对地夹角过大或过小，梯脚未做防滑措施；梯上工作人员工作时一腿未勾住梯挡保护。

5）配合作业时，站立位置不妥，在起重、紧线等过程中突发故障，涉及塔上作业人员。

（3）防掉串、倒杆、倒塔、断线事故。

（4）防淹溺、中暑、虚脱等引起的事故；往往认为自身体质较好，疲劳过度，缺乏自我保护及监护引发。

（5）防起重、施工机械等作业时，措施不当而引起的事故。

（6）防操作不当、安装不当造成的设备损坏事故等。

4.3.2 保证安全的组织措施

1. 工作票制度

线路检修实行工作票管理制度，按作业的方式分第一种工作票和第二种工作票。

（1）第一种工作票。适用于在停电线路（或在双回线路中的一回停电线路）上工作，或在停电的配电变压器台架上（或在配电变压器室内）的工作。

（2）第二种工作票。适用于带电作业或在带电线路杆塔上的工作，以及在运行中变压器台杆上（或在配电变压器室内）的工作。

测量接地电阻、涂写杆塔号、悬挂警告牌、修剪树枝、检查杆根地锚、打绑桩、杆塔基础上的工作、低压带电工作和单一电源低压分支线的停电工作等，可以按工作负责人的口头命令或电话命令执行。

事故处理和拉合开关的单一操作可以不填写工作票，但应履行许可手续，做好安全措施。

工作票要求：

（1）用钢笔或圆珠笔填写，一式二份。一份交工作负责人，一份留存在签发人或工作许可人处。

（2）工作票内容要准确、清楚，不得任意涂改，如有个别错、漏字需要修改，为了减少不必要的重复，允许在错误、遗漏处将两份同时作同样的修改。

（3）一个工作负责人在其工作期间只能签有该项工作的一张工作票，工作期间工作票应始终保留在工作负责人手中，工作终结后交签发人保存三个月。

（4）工作票的有效期以批准的检修期为限。

2. 工作许可制度

填用第一种工作票，工作负责人必须在得到值班调度员或工区值班员的许可后，方可开始工作。而值班调度员必须在发电厂、变电站将线路可能接受电的各方面都拉闸停电，并挂好接地线后，将工作班组数目、负责人姓名、工作地点和工作任务记入记录簿内，才能发出许可工作的命令。

许可工作的命令可以当面通知，也可电话传达或派人传送至工作负责人本人。如果值班高度或工区值班员不能用电话和工作负责人直接联系时，中间可经过变电站用电话传达。变电站值班员应将命令全文记入操作记录簿，并向工作负责人直接传达。用电话传达时，值班调度、变电站值班员、工作负责人必须认真记录，清楚明确，并复诵核对无误。严禁约时停、送电。

3. 工作监护制度

办完工作许可手续后，工作负责人（监护人）应向工作班全体人员交代现场安全措施、带电部位和其他注意事项，并始终在工作现场，对工作班人员的安全进行监护，及时纠正不安全动作。

如果需要分组工作，每个小组应指定小组负责人（监护人）。线路停电工作时，工作负责人（监护人）只有在班组成员确无触电危险的条件下，才能参加工作班的工作。

工作票签发人和工作负责人对有触电危险、施工复杂、容易发生事故的工作，应增设专人监护，负责监护人不得兼任其他工作。

如工作负责人必须离开工作现场时，应临时指定合格的负责人，并设法通知全体工作人员及工作许可人。

4. 工作间断制度

产生检修工作间断的可能性有多种情况，如天气状况、设备及人员等都有可能引起检修工作发生间断。为保障检修间断期间和间断结束后能继续操作的安全，建立了工作间断制度。

（1）临时工作间断。在工作过程中如遇雷、雨、大风或其他任何情况威胁到工作人员安全时，工作负责人或监护人可根据情况，临时停止工作。

（2）白天工作间断。白天工作间断时，工作地点的全部接地线应保留不动。如果工作班必须暂时离开工作地点，则必须采取安全措施和派人看守，不让人、畜接近挖好的基坑或接近未竖立稳固的杆塔及负载的起重和牵引机械装置等。恢复工作前，应检查接地线等各项安全措施的完整。

（3）夜间工作间断。如经调度允许的连续停电，夜间不送电的线路，工作地点接地线可以不拆除，但次日恢复工作前应派人检查。如果将工作地点所装的接地线拆除了，次日必须重新验电装接地线后才能恢复工作，而这一切必须得到工作许可后方能进行。

5. 工作终结和恢复送电制度

（1）检修工作完成后，工作负责人（包括小组负责人）检查线路地段状况以及在杆塔上、下导线上及绝缘子上有无遗留的工具、材料等，通知单位并查明全部工作人员由杆塔上撤下后，命令拆除接地线。

（2）接地线一经拆除，即认为工作全部结束，也即认为线路带电，不准任何人再登杆进行任何工作。

（3）工作终结后，工作负责人从工作地点回来亲自向工作许可人报告工作终结；或者用电话报告工作许可人工作终结，电话复诵无误。电话报告又可分为直接电话报告和经由变电站中间转达方式，后者所述三方必须认真记录，清楚明确，并复诵核对无误。

（4）工作许可人在接到所有工作负责人（包括用户）的完工报告，并确知工作已经完毕，所有工作人员已由线路上撤离，接地线已经拆除，并与记录簿核对无误后，方可拆除发电厂、变电站线路侧的安全措施，向线路恢复送电。

无论开始工作的许可命令或是工作终结的汇报，都涉及工作许可人与工作负责人之间通信联络的问题，因此检修工作自始至终要保持通信联络畅通。

4.3.3 保证安全的技术措施

不管是在全部停电或部分停电的电气设备上工作还是在电力线路上工作，都需采取停电、验电和装设接地线，有时还要悬挂标示牌和装设遮栏。

1. 停电措施

停电线路检修前，必须做好下列停电措施：

（1）断开电源。包括断开停电检修线路在发电厂、变电站（包括用户）的断路器、线路侧隔离开关和母线侧隔离开关，以达到切断电源的目的。

（2）断开检修各端断路器、隔离开关。为保证检修段不致因电源突然送电或倒送电威胁施工安全。

（3）断开影响停电检修安全的交叉跨越、平行线路和合杆线路的断路器和隔离开关。以防跨越距离不足而使线路带电及强大的电磁场导致的线路感应电。

（4）断开可能倒送电的低压电源开关，停用路灯控制线。倒送电是停电检修线路带电的主要原因，必须防止；而路灯控制线白天应该无电，但为防止突然送电，也应断开。

停电操作应该注意以下几点：

（1）操作断路器停电后，应该查断路器、隔离开关是否断开，同时应挂"线路上有人工作，禁止合闸"的标示牌，并加锁，跌落熔断器应摘下熔管。

（2）停电检修的线路上有高压线路同杆或在邻近有高压线路时，在工作人员伸手后距有电线路距离大于安全距离时，可以不停电。

（3）停电检修的高压线路有合杆的低压线路时，一般应停电。如果只进行简单的工作，如清扫绝缘子、换横担、熔丝等，在采取了措施后，允许低压线不停电。

2. 验电时应注意的事项

（1）规范验电。工作负责人接到许可工作命令后，在装设接地线之间必须要验电。验电时应戴合格的绝缘手套，使用合格的验电器，验电器应有声、光两重信号。验电前应先在有电的设备上检验验电器，证明其良好。验电时应有专人监护。

（2）验电顺序。同杆线路时，应先验低压，后验高压；先验下层，后验上层。

（3）逐相验电。不能只验一相，而必须逐相进行。在实际工作中曾经发生过由于开关三相触头不同期、绝缘击穿、邻近或同杆架设的另一电力线路断线等原因而造成断路器或隔离开关虽然在断开位置，但某一相仍然带有电压的情况。

3. 挂、拆接地线操作程序

（1）接地操作。线路一经验明无电，在工作负责人的监护下，立即在工作范围内可能来电侧挂上接地线。拆除地线时，工作人员使用合格的绝缘棒或戴绝缘手套，接地线不可触及人体，以防此时突然来电。注意在电缆及电容器上装挂接地线时，应先充分放电，防止电容对人体放电，造成伤害。

（2）挂、拆接地线程序。挂接地线时应先接接地端，后接导线端；即先将接地的一端接地，再将另一端挂到导线上去，接地线连接要可靠，不准缠绕。拆接地线的顺序与挂接地线的顺序相反。

（3）同杆多层线路挂、接顺序。同杆架设多层电力线路时，挂接地线时应先挂低压，后挂高压；先挂下层，后挂上层。

（4）挂接地线的范围。挂接地线的范围的就是安全作业的范围，是停电检修作业防止触电事故的保障，应在以下位置挂接地线。

1）工作范围各电源的停电侧；

2）凡有可能送电到停电线路的分支线及用户进线处；

3）有可能倒送电的配电变压器停电侧；

4）邻近平行或同杆线路有电，应考虑增设接地线，以防止感应电；

5）为确保施工安全，与有电线路交叉处应根据需要，在无电的施工线路上增设接地线；

6）在工作范围停电的低压电网和路灯线上挂接地线。

（5）接地线的规格要求。接地线应使用多股软铜线并由接地和短路导线、绝缘棒成套组成，软铜线截面积应根据系统可能出现的最大短路电流验算，但不能小于 $25mm^2$，并三相连在一起。接地线的接地端用金属棒做临时接地时，金属棒直径应不小于 10mm，金属棒打入地下的深度不小于 0.6m，接地部分必须牢固可靠。

利用铁塔或混凝土杆铁横担接地时，允许每相分别接地，但铁塔和接地线连接部分应保证接触良好，不得缠绕连接；在有接地引下线的杆塔上，可以将接地线下端接到接地引下线上，但连接必须可靠，不允许缠绕；严禁使用其他导线作接地引下线。

4.4 导线、地线的检修

4.4.1 导线、地线检修的一般要求

运行的输电线路经受着各种力的机械作用以及负荷电流、短路电流、雷电流的热作用，

还有电化腐蚀和化学腐蚀及外力破坏等，这些对导线和地线都可能造成损伤。

常见的导线和地线缺陷有断股松股、接头发热、电弧烧伤、锈蚀、毛刺、断线、压接松股、挂点折断等。当发现导线或避雷线有上述缺陷时，应根据具体情况及时进行处理。导线、地线的检修一般满足如下要求。

（1）导线、地线的连接必须使用与之配套的接续管及耐张线夹。连接后的握着强度在架线施工前应进行试件试验，试件不得少于 3 组（允许接续管与耐张线夹合为一组试件），其试验握着强度对液压及爆压都不得小于导线、地线保证计算拉断力的 95%。

（2）导线、地线修补、切断重接后，新部件的强度和参数不得低于原设计要求。

1）导线、地线切断重接工作应事先取连接试件做机电性能试验，试验合格后方可在检修施工中应用。

2）小截面导线采用螺栓式耐张线夹及钳接管连接时，其试件应分别制作。螺栓式耐张线夹握着强度不得小于导线保证计算拉断力的 90%。钳接管连接握着强度不得小于导线保证计算拉断力的 95%。地线连接握着强度应与导线相对应。

（3）不同材质、不同规格、不同绞制方向的导线、地线严禁在一个耐张段内连接。

（4）在一个档距内，每根导线或架空地线上不应超过一个接续管和两个补修管，并应符合下列规定：

1）各类管成耐张线夹出口间的距离不应小于 15m；

2）接续管或补修管出口与悬垂线夹中心的距离不应小于 5m；

3）接续管或补修管出口与间隔棒中心的距离不宜小于 0.5m。

（5）进行导线、地线更换或调整弧垂时，应进行应力计算，并根据导线、地线型号，牵引张力正确选用工器具和设备。

（6）导地线弧垂调整后，应满足 DL/T 741—2010《架空输电线路运行规程》要求。

4.4.2 导线、地线的检修标准

GB 50233—2014《110-750kV 架空电力线路施工及验收规范》中 8.3.2～8.3.4 中有关导线、地线损伤处理标准的规定。导线在同一处的损伤处理根据损伤的严重程度采取修光棱角毛刺、缠绕处理、补修预绞丝处理、补修管补修和锯断重接等方法。

1. 修光棱角毛刺的标准

导线在同一处❶的损伤同时符合以下情况时可不作补修，只将损伤处棱角与毛刺用 0 号砂纸磨光即可：

（1）铝、铝合金单股损伤深度小于直径的 1/2❷；

（2）钢芯铝绞线及钢芯铝合金绞线损伤截面积为导电部分截面积的 5% 及以下，且强度损失小于 4%；

（3）单金属绞线损伤截面积为 4% 及以下。

2. 补修的标准

导线在同一处损伤需要补修时，应符合表 4-3 中规定。

---

❶ "同一处"损伤截面积是指该损伤处在一个节距内的每股铝丝沿铅股损伤最严重的深度换算出的截面积总和

❷ 损伤深度达到直径的 1/2 时按断股论。

表 4-3　　　　　导线损伤补修处理标准

处理方法	线　别	
	钢芯铝绞线与钢芯合金绞线	铝绞线与铝合金绞线
以缠绕或补修预绞丝修理	导线在同一处损伤的程度已经超过 GB 50233—2014 第 8.3.2 条的规定，但因损伤导致强度损失不超过总拉断力的 5%，且截面积损伤又不超过总导电部分截面积的 7%时	导线在同一处损伤的程度已经超过 GB 50233—2014 第 8.3.2 条的规定，但因损伤导致强度损失不超过总拉断力的 5%时
以补修管补修	导线在同一处损伤的强度损失已经超过总拉断力的 5%，但不足 17%，且截面积损伤也不超过导电部分截面积的 25%时	导线在同一处损伤，强度损失超过总拉断力的 5%，但不足 17%时

采用缠绕处理时应符合下列规定。

（1）将受伤处处理平整。

（2）缠绕材料应为铝单丝，缠绕应紧密，回头应绞紧，处理平整，其中心应位于损伤最严重处，并应将受伤部分全部覆盖。其长度不得小于 100mm。

采用补修预绞丝处理时应符合以下规定。

（1）将受伤处线股处理平整。

（2）补修预绞丝长度不得小于 3 个节距。

（3）补修预绞丝应与导线接触紧密，其中心应位于损伤最严重处，并应将损伤部位全部覆盖。

采用补修管补修时应符合以下规定。

（1）将损伤处的线股恢复原绞制状态。线股处理平整。

（2）补修管的中心应位于损伤最严重处。其两端应分别超出损伤边缘不小于 20mm。

（3）补修管可采用钳压、液压。其操作应符合 DL/T 5285—2013《输变电工程架空导线及地线液压压接工艺规程》。

3. 锯断重接的标准

导线在同一处损伤符合下述情况之一时，必须将损伤部分全部割去，重新以接续管连接。

（1）导线损失的强度或损伤的截面积超过 GB 50233—2014 8.3.3 采用补修管补修的规定时；

（2）连续损伤的截面积和损失的强度均没有超过 GB 50233—2014 8.3.3 以补修管补修的规定，其损伤长度已超过补修管能修补的范围；

（3）复合材料的导线钢芯有断股；

（4）金钩、破股已使钢芯或内层铝股形成无法修复的永久变形。

按照 DL/T 741—2010 的 5.2.1 规定，导线、地线由于断股、损伤造成强度损失或减少截面的处理标准按表 4-4 处理。

4.4.3　补修工艺

1. 钳压连接

钳压连接适用于 LGJ-240 及以下的导线和 LJ-185 及以下的导线。钳压连接是将导线插

表 4-4   导线、地线断股、损伤造成强度损失或减少截面积的处理

线别	处 理 方 法			
	金属单丝、预绞式修补条修补	预绞式护线条、普通补修管补修	加长型补修管、预绞式接续条	接续管、预绞式接续条、接续管补强接续条
钢芯铝绞线钢芯铝合金绞线	导线在同一处损伤导致强度损失未超过总拉断力的5%，且截面积损伤未超过总导电部分截面积的7%	导线在同一处损伤导致强度损失在总拉断力的5%～17%间，且截面积损伤在总导电部分截面积的7%～25%间	导线在同一处损伤导致强度损失在总拉断力的17%～50%间，且截面积损伤在总导电部分截面积的25%～60%间	导线在同一处损伤导致强度损失在总拉断力的60%以上，截面积损伤在总导电部分截面积的60%以上
铝绞线铝合金绞线	断股损伤截面积不超过总面积的7%	断股损伤截面积占总面积的7%～25%	断股损伤截面积占总面积的25%～60%	断股损伤截面积超过总面积的60%
镀锌钢绞线	19股断1股	17股断1股19股断2股	17股断2股19股断3股	17股断2股以上19股断3股以上
OPGW	断股损伤截面积不超过总面积的7%，光纤单元未损伤	断股损伤截面积占总面积的7%～17%，光纤单元未损伤（修补管不适用）		

注 1. 钢芯铝绞线导线应未伤及钢芯，计算强度损失或总铝截面积损伤时，按铝股的总拉断力和铝总截面积作基数进行计算。

2. 铝绞线、铝合金绞线导线计算损伤截面积时，按导线的总截面积作基数进行计算。

3. 良导体架空地线按钢芯铝绞线计算强度损失和铝截面积损失。

入钳接管内，用钳压器或导线压接机压接而成。其施工方法如下：

（1）按前述的一般要求，将导线及钳接管清洗干净后，将导线头从两端插入钳接管内，管两端露出导线 30～50mm。

（2）然后插入衬垫，使其处于两导线之间，并在接线管上划出压痕位置。

（3）将钳压管放入钳压器的钢模内进行钳压，其压口位置及钳压顺序如图 4-1 所示。

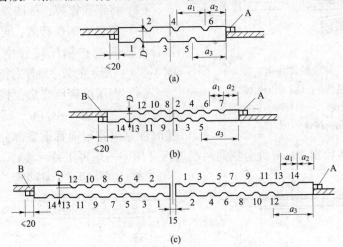

图 4-1　导线钳压连接钳压顺序

（a）LJ-35 铝绞线钳压顺序；（b）LGJ-35 钢芯铝绞线钳压顺序；（c）LGJ-240 钢芯铝绞线钳压顺序

A—绑扎；B—衬垫；1～14—钳压操作顺序

（4）压接完毕后，压口数及压后尺寸、钳压部位尺寸应符合表4-5的要求。压后尺寸允许误差为±0.5mm。

（5）对LGJ-240导线使用两个钳接管连接。

（6）每压完一个模稍停一会儿，然后再松膜，以保证压后成凹深度。最外边的模口一定要压在导线的短头处。

表4-5　　　　　　　　　　钢芯铝绞线钳压压口数及压后尺寸、钳压部位尺寸

管型号	适用导线		压模数	压后尺寸 D（mm）	钳压部位尺寸（mm）		
	型号	外径（mm）			a_1	a_2	a_3
JT-95/15	LGJ-95/15	13.61	20	29.0	54	61.5	142.5
JT-95/20	LGJ-95/20	13.87	20	29.0	54	61.5	142.5
JT-120/20	LGJ-120/20	15.07	24	33.0	62	67.5	160.5
JT-150/20	LGJ-150/20	16.67	24	33.6	64	70.0	166.0
JT-150/25	LGJ-150/25	17.10	24	36.0	64	70.0	166.0
JT-185/25	LGJ-185/25	18.90	26	39.0	66	74.5	173.5
JT-185/30	LGJ-185/30	18.88	26	39.0	66	74.5	173.5
JT-240/30	LGJ-240/30	21.60	14×2	43.0	62	68.5	161.5
JT-240/40	LGJ-240/40	21.66	14×2	43.0	62	68.5	161.5

2. 液压连接

液压连接是指用导线压接机将连接导线的压接管或耐张线夹进行压接的一种方式。液压连接适用于LGJ-240以上导线或钢绞线的连接。其施工方法如下：

（1）在导线两端量取钢压接管的一半长度加10mm，用红铅笔划印，然后在红铅笔线上用细铁丝或铝线扎紧导线，并把铝股松开如图4-2（a）所示。

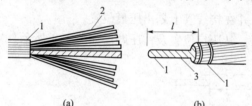

（a）　　　　　　（b）

图4-2　导线的绑扎和切除

（a）铝股松开；（b）铝股锯掉

1—绑扎细铁线；2—铝股线；3—钢芯；
l—钢压接管一半长度

（2）将铝股锯掉，如图4-2（b）所示。

（3）先套入铝压接管，再将钢芯插入钢芯接管，其两端在钢压接管中央接触，然后按图4-3（a）所示的数字顺序对钢压接管进行压接。

（4）钢压接管压完后，将铝压接管移至钢压接管上，按图4-3（b）所示进行压接。压接时注意钢管与铝管重叠部分不压，压接顺序是自重叠部两端各留出10mm处分别向两端进行（压完一端再压另一端）。

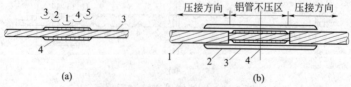

（a）　　　　　　　　（b）

图4-3　导线接续管液压操作示意图

（a）钢压接管压接；（b）铝压接管压接

1—钢芯铝绞线；2—铝压接管；3—钢芯；4—钢压接管

（5）液压时，相邻两模应重叠5~8mm，压接完毕将铝管涂防锈漆封口。

（6）压接钢芯铝绞线的耐张线夹时，是将钢芯插入钢锚后，按图4-4（a）中A箭头方向压接，然后将铝管套入钢锚中按图4-4（b）中B方向压接。

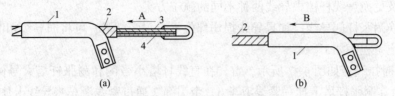

图4-4　钢芯铝绞线用压缩式耐张线夹液压操作示意图

（a）钢锚压接；（b）铝管压接

1—铝管；2—钢芯铝绞线；3—钢芯；4—钢锚

（7）压接钢绞线时，按图4-3（a）所示1、2、3及4、5的顺序进行压接。

4.4.4　导线、地线的检修方法

1. 导线的修补

（1）补修管修补。根据有关规定，在一个档距内钢芯铝绞线断股、损伤总面积7%~25%时，可以用补修管补修。补修是由铝制的大半圆管和小半圆管组成，如图4-5所示。补修时将导线套入大半圆管中，再把小半圆管插入用液压机压紧，或缠绕一层导爆索进行爆压。爆压时补修管外表用塑料带缠绕5~6层后再缠绕导爆索。液压补修管时，应将导线表面及补修管内壁用汽油清洗干净，涂一层电力脂，再用钢丝刷清除表面氧化膜，爆压时不涂油。液压用的钢模，即为同规格的导线连接管用的钢模。

（2）预绞补修条补修。由铝合金制的预绞补修条也可用来补修导线，如图4-6所示。使用预绞补修条时，先将导线清洗干净再涂一层电力脂，再用钢丝刷子清除氧化膜后，用手沿着导线的扭绞方向一根一根地缠绕在导线上。各种钢芯铝绞线用的预绞补修条规格和使用数量见表4-6。

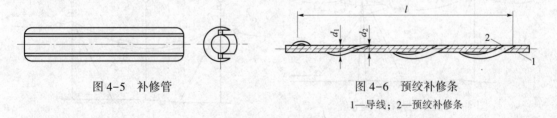

图4-5　补修管　　　　　　图4-6　预绞补修条

1—导线；2—预绞补修条

表4-6　　　　　　　　　　　　　预绞补修条规格和使用数量

预绞补修条型号	适用导线型号	d_1（mm）	d_2（mm）	l（mm）	使用根数
FYB-95	LGJ-95	3.6	11.6	420	13
FYB-120	LGJ-120	3.6	12.9	450	14
FYB-150	LGJ-150	3.6	14.2	480	16
FYB-185	LGJ-185	4.6	16.2	580	14
FYB-240	LGJ-240	4.6	18.1	640	16

2. 导线的局部换线

局部换线是指当导线损伤长度超过一个补修管的长度或损伤严重，已不可能采用补修管补修时，将导线损伤部位锯断后重接的方法。按照导线损伤的部位不同，可以分为更换耐张杆侧的导线及更换直线杆档中导线两种不同的施工方案。

（1）更换耐张杆侧导线。如果导线损伤部位靠近耐张杆塔，可将旧导线切断，再接一段新导线。其施工程序如下。

1）打临时拉线。如图4-7所示，首先在直线杆塔小号侧和耐张杆塔大号侧各打一桩临时拉线1；再在耐张杆塔上挂一紧线滑车3，牵引绳2通过紧线滑车将导线卡住。

2）将耐张杆上导线引流线7拆开。

3）用牵引绳2将导线拉紧，使得耐张绝缘子串6呈松弛状态，摘下横担悬挂处的连接销子，从横担上拆下绝缘子串并绑在牵引绳上，慢慢放松牵引绳使耐张绝缘子串同导线缓缓落地。

4）换新导线。锯断损伤导线并将一段新导线的一端与旧导线连接好，新导线的长度应等于换去的旧导线长度（注意留有一定的连接用的长度）。在将新导线的另一端与耐张线夹连接好后，拉紧牵引绳将导线连同耐张绝缘子串一起吊上杆塔，当耐张绝缘子串接近横担时，再稍微拉紧牵引绳以便杆塔上的安装人员在杆塔上较顺利地将耐张绝缘子串挂在杆塔横担上，同时接好导线的引流线。

5）完成上述工作后，就可拆除临时拉线和牵引绳等设备，换线工作结束。

（2）更换直线杆塔档距中导线。当损伤部位在直线杆塔的档距中，导线切断后需要换一段新导线，这时将出现两个导线接头。根据规程规定，一档内只允许有一个接头。此时的换线施工方法可按以下程序进行。

1）首先在损伤导线位置两侧的1号直线杆、3号直线杆上将拟换线的导线打好临时拉线2，如图4-8所示。

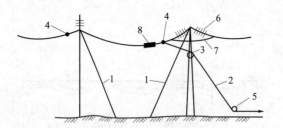

图4-7 更换耐张杆塔侧导线

1—临时拉线；2—牵引绳；3—紧线滑车；4—卡线器；
5—地锚；6—耐张绝缘子串；7—导线引流线；8—导线接头

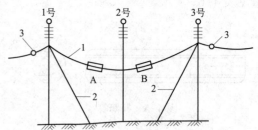

图4-8 更接直线杆档距中间导线

1—导线；2—临时拉线；3—卡线器

2）将2号杆塔上的导线从悬垂线夹中拆除，并回落到地面上。再从导线损伤处A和距离2号杆塔15m左右B处将导线分别切断，换上已经计算所需长度的新导线，并应考虑两端连接时所需要的长度，连接好新旧导线。

3）做好导线升空准备。

4）提升导线并挂在2号杆塔的悬垂线夹（注意控制绝缘子串保持垂直状态）内，最后拆除拉线完成局部换线作业。

检修施工中的注意事项有：①切割导线铝股时严禁伤及钢芯，导线、地线的连接部分不得有线股绞制不良、断股、缺股等缺陷，连接后管口附近不得有明显的松股现象；②采用钳接或液压连接导线时，应使用导电脂。

4.5 杆塔的检修

杆塔的检修包括杆塔本体状态的检修、杆塔工作状态的检修和杆塔附件的检修等。检修项目有铁塔、混凝土杆本体缺陷的处理，倾斜杆塔的扶正，杆塔的移位和加高，杆塔的更换等。杆塔检修的一般要求有以下三点：

（1）更换、补加的杆塔部件不得低于设计值；

（2）螺栓紧固扭矩应符合 GB 50233—2014 第 7 章要求；

（3）检修后杆塔的防盗、防松措施不得低于原标准。

4.5.1 杆塔本体缺陷的处理

1. 铁塔本体缺陷的处理

铁塔的常见缺陷主要有塔材锈蚀、焊缝裂口、杆件弯曲或变形等。其处理方法如下：

（1）铁塔零件（塔材或螺栓等）因锈蚀（面积超过剖面积的 30%以上）或其他原因降低了机械强度而需要加强时，应更换或采用镶接板补强（焊一块板材），如不能焊接，可用螺栓连接进行补强。补强后的镶接板必须进行防锈处理。

（2）焊缝上的裂口，特别是主要构件上，应使用气焊或电焊焊好，如焊接有困难时，应立即用螺栓连接，加镶接板补强。

（3）弯曲或变形的杆件或部件其变形未超过规定限度时，可采取冷矫正方法矫正，否则应予以更换。

在补加、更换塔材时应注意以下方面：①新更换或补装的铁塔零部件，其螺栓紧固应达到规定的扭矩；②更换铁塔主材前，应制定施工技术方案。

2. 混凝土杆本体缺陷的处理

混凝土杆的常见缺陷：连接处缺陷、杆身出现裂纹、混凝土酥松或脱落，钢筋外露、杆内积水等。处理时应根据实际情况采取打套筒（抽水灌混凝土）、加装抱箍等补强、加固措施或更换处理。处理方法如下：

（1）杆身裂纹的修补。当裂纹深度<2mm 时，用水泥浆填缝并抹平；靠近地面的裂纹除用水泥浆填补外，还应在地面上、下 1.5m 段内涂沥青。

（2）杆面上的混凝土被侵蚀剥落或松动时的补强。凿去酥松部分，用清水清洗干净后，用高一级的混凝土补强。

（3）钢筋外露。彻底除锈后，用 1:2 的水泥砂浆涂 1~2mm 后，再浇混凝土补强。

（4）混凝土杆的排水。挖开基础，在冻土以下的电杆上凿一个小洞，放完水后再回填土夯实。该放水孔不必堵塞，一般有孔电杆可几年不再放水。

上述（1）（2）（3）工作均不宜在 5℃以下的天气进行。

4.5.2 倾斜杆塔的扶正

运行的杆塔因各种原因而产生倾斜，当倾斜程度超过运行标准时，必须将杆塔恢复至正确位置，这一工作称为扶正。正杆之前应判明造成杆塔倾斜的原因，杆塔因设计不周或雨季长时间积水，导致土壤抗压能力不足所致的基础下沉；拉线松弛、外力破坏、张力差等。

杆塔的扶正按其倾斜程度采取相应的正杆措施。对于倾斜不太严重的杆塔采用加固措施即可；对于倾斜严重的杆塔，应根据具体情况进行加固设计，按设计要求进行施工。

1. 基础下沉所致倾斜杆塔的扶正

（1）带拉线的单杆。若倾斜不严重，导线、地线对地距离尚能满足要求，且电杆杆身无裂纹等时，通过调拉线正杆。

（2）带拉线的双杆（门形杆）。如果倾斜原因是基础下沉而导致某一拉线松弛，可采用先拆开叉梁的下抱箍，然后调拉线正杆，然后把横担找平再装好叉梁抱箍。

（3）转角杆。杆向合力方向倾斜时，最好打一条临时外角拉线（转角合力方向的相反方向），用该临时拉线正杆。

（4）无拉线电杆。倾斜原因大多是因埋深不够或土壤松软所致。若倾斜的电杆基础未埋设卡盘，可待电杆调正后加装卡盘。对有卡盘的拉线杆，扶正后，在横线路方向加装拉线（简称人字拉线）。

（5）自立式铁塔。扶正较困难，一般先用经纬仪观测并记录其倾斜量，然后在塔中心立一木桩，过 3~6 月后再观测，若塔身倾斜无发展，可不进行处理；若倾斜继续增加，应进行加固设计，按设计要求进行加固。但在未进行加固之前，可采取加装临时拉线的应急措施。

2. 拉线松弛所致的倾斜杆塔的扶正

拉线松弛所致的倾斜杆塔分两种情况。

（1）拉线抱箍螺栓未拧紧而导致拉线抱箍下滑，引起拉线松弛。可先放松拉线下把的 UT 型线夹，将抱箍复位后拧紧抱箍螺栓，重新用 UT 型线夹调紧拉线即可。

（2）双拉线抱箍因水平分力为 0，摩擦力太小而导致抱箍下滑。处理方法：加装承托抱箍。

（3）因拉线的马道坡与拉线方向不一致，使拉线棒弯曲，运行一段时间后，拉线受力将拉线勒入土中，从而使拉线松弛，引起电杆倾斜。可以重新开挖马道并调直拉线棒后再调紧拉线扶正电杆。

3. 因外力破坏所致的倾斜杆塔的扶正

首先应检查杆塔是否损坏，有无抱箍下滑、拉线棒是否弯曲等，然后针对损伤情况处理。严重损坏则需更换新杆，局部破裂可以采取修补或更换处理，损伤不严重的杆塔修补后正杆。

4. 由张力差所致的杆塔倾斜的扶正

线路相邻两档存在张力差可能导致杆塔倾斜，一般处理方法是在顺线路方向上拉力小的方向加装拉线。

在对倾斜杆塔处理时应注意以下三点：

（1）自立式电杆的倾斜扶正必须将根部开挖后方可处理。一般在电杆倾斜的反方向挖一个深 500~800mm 的坑，以免正杆时电杆产生裂纹。

（2）倾斜电杆在扶正处理前必须打好临时拉线。

（3）倾斜扶正应采用紧线器具进行微调，严禁采用人（机械）拉大绳的方法。

4.5.3 移杆

移杆是指将因故而产生电杆偏离线路中心或双杆的两杆彼此不在横线路方向上（迈步）杆塔移到原有正确位置上而进行的工作。

1. 混凝土杆

图 4-9 所示电杆偏离线路中心线。偏离距离为 ΔL，移杆的方法及步骤如下：

（1）打临时拉线，保持杆身稳定；

（2）挖一个电杆移动的通道；

（3）在移动方向的反方向坑壁和底盘侧各垫一块垫板，如图 4-9（b）所示；

（4）在坑壁与垫板之间置一千斤顶，摇动千斤顶移动杆身（此法用于移动距离较小时）；

（5）移动距离较大时，用牵引绳套在底盘上由牵引设备牵引移杆，如图 4-9（c）所示。

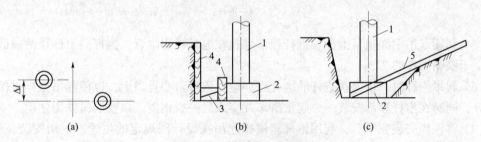

图 4-9　电杆移位示意图
（a）杆位图；（b）电杆移出；（c）电杆移入
1—电杆；2—底盘；3—千斤顶；4—垫板；5—牵引钢绳

2. 铁塔的移位

在新基础做好后，新旧铁塔之间铺设钢轨，用千斤顶将旧塔四腿均匀抬高，在塔脚上安装好能在钢轨上滑行的滚轮，铁塔上方打好四方临时拉线，牵引铁塔到新基础，这种工艺与带电作业进行铁塔移位相似。如果移位距离很近，也可在新旧基础位置之间挖卸，将移去铁塔的各个重力式基础进行前拉后顶移动到新位置后，再将铁塔复位。

4.5.4 杆塔的加高

当运行线路出现新的被交叉跨越物或导线对地距离不够时，需进行此项工作，以满足安全距离要求。该工作属于改进工程，需进行检修设计，进行必要的计算（受力、限距等）及采取相应的措施。

1. 混凝土杆的加高

水泥杆的加高多数是在电杆顶部加装一段由角钢组成的平面的或立体的桁架，简称铁子，如图 4-10 所示。水泥杆加装铁帽子的方法如下。

（1）如图 4-11 所示，首先在杆顶部装好固定铁帽子的抱箍。

（2）在距杆顶 300mm 附近安装一个起吊滑车。

（3）将起吊钢绳 3 穿过起吊滑车 2 后再穿过转向滑车 6 并至牵引设备。

（4）利用起吊钢绳将边导线稍稍提升，这时全部导线质量作用在起吊钢绳上，然后把导线从悬垂线中移出，临时挂在电杆上后再松开起吊钢绳；最好在电杆上绑一放线滑车，将导线放在滑车内，以免磨伤导线。

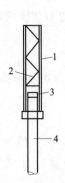
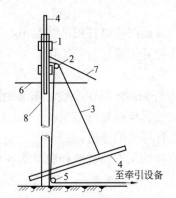

图 4-10 铁帽子示意图
1—主材；2—斜材；3—抱箍；4—电杆

图 4-11 铁帽子安装起吊
1—铁帽抱箍；2、5—起吊滑车；3—钢绳；
4—抱杆；6—转向滑车；7—横担；8—吊杆

（5）利用起吊钢绳起吊抱杆，抱杆根部绑扎在电杆顶部附近，抱杆高出杆顶的最低高度应不低于铁帽高度的 2/3。

（6）起吊抱杆时，钢绳在抱杆的绑扎点，应在抱杆重心点以上，以便起吊抱杆时保持垂直上升；同时在抱杆顶部安装一个起重滑车并穿入另一根钢绳，以便起吊铁帽之用。

（7）将铁帽安装完毕后，利用抱杆将横担起吊在设计图规定的位置。一切安装完毕后，再利用抱杆将导线吊起放在悬垂线夹内卡紧。

（8）最后利用滑车 2 和钢绳 3 将抱杆慢慢放至地面。

如果铁帽角钢不太重，用人力可以抬举时，可以不用抱杆起吊，仅用滑车 2 和钢绳 3 将角钢吊至杆顶附近后，用人力抬举抱箍安装在杆顶上。

加装铁帽的电杆，如无拉线时，应打拉线，以保证电杆的稳定。

2. 铁塔的加高

铁塔的加高，通常都是加接一段塔腿而不是接长塔身，以保证铁塔强度且便于施工。铁塔加高的方法如下：

（1）一般将避雷线和导线放在地上，以减轻起吊重力。

（2）在塔身平口处打好四条临时拉线并通过滑车组与地锚连接，以便调节拉线使塔保持平稳。

（3）用吊车将塔吊起后，将接腿安装在基础上再把原塔固定在新塔腿上。

耐张塔或转角塔的加高方法与前述相同，但放松导线和避雷线时，应在耐张塔两侧相邻直线杆塔处，将导线和避雷线打好临时拉线后，再放松耐张塔上的导线和避雷线。

4.5.5 杆塔的更换

1. 杆塔更换的原因

（1）线路巡视中发现杆塔损坏无法修复；

（2）由于档距中导线对地距离不够，采取调整弧垂或弧垂再不能调整时，必须调换更高的杆塔；

（3）档距中，避雷线对地距离不够，且原档距较大，必须增加 1 基直线杆塔，同时将原杆塔移位。

2. 杆塔更换的规定

在原路径上新增或更换杆塔。

(1) 新杆塔组立前应按新塔位对两侧档距重新测量、验算，并考虑相邻杆塔的设计使用条件；

(2) 绝缘配置应不低于原线路标准。

更换杆塔与基建施工组立新杆塔相比更加困难，发生事故的机会也多，必须慎重对待。首先要核对图纸资料，并摸清杆塔现有的强度、埋深有无变化，并核对现场地形是否适合初定的施工方案。

3. 施工方法和步骤

(1) 更换直线杆。在同一位置换电杆可以用旧杆作抱杆起吊新杆，然后用新杆作抱杆放倒旧杆。如果位置不同，按基建施工方法选择适当吊立方法。

旧杆的拆拔，对 15m 以下的拔稍杆均可采用人字抱杆的方法。抱杆的高度和吊点位置的选择应恰当，特别对埋深的估计应正确，必要时应用皮尺丈量确定，不得马虎凑合，否则将可能出现倒杆事故。此外，应查明电杆有无卡盘。如果起吊时重量过重，应查明原因后再进行起吊。

对于 18m 及以上的水泥杆的拔除，可采用倒落式抱杆或独角抱杆放倒旧杆。用倒落式抱杆倒杆时，马道应挖深一点，否则电杆容易折断。

用独角抱杆拔杆时，特别注意它的受力不能过大。地下水位较高的基坑，由于水的附着力，使起吊力大大增加，这里，应注意抱杆及四方横绳的受力情况，如确实下面无卡盘，可将水泥杆不停地摇动，边起边摇，将水泥杆徐徐拔出。起吊前先将电杆转动，也可减少起吊力。

在原杆位换杆，杆位需顺线路移动 0.1~0.5m。在空旷地带可大开挖，顶住杆根，在旧杆较高位置装导向滑车，牵引钢绳经滑车和新杆吊点相连，用牵引钢绳板立新杆，如图 4-12 所示。而在城区街巷，可在旧杆上挂起吊滑车组，新杆的吊点应在重心，牵引钢绳从吊点、起吊滑车组和杆根的导向滑车到绞磨，如图 4-13 所示。

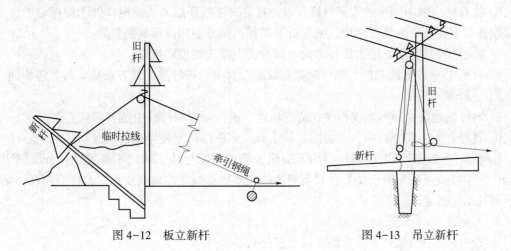

图 4-12　板立新杆　　　　　　　　图 4-13　吊立新杆

在起吊新杆前，旧杆需用临时拉线加固，如果旧杆损坏严重，必须采取补强措施，尤其新杆重心离旧杆根较远时，其上风侧拉线受力很大，特别应注意监视。对新杆吊点的选择应进行强度验算。

（2）更换耐张杆。线路转角杆塔的位置，为两个不同方向线路的交点，不能任意加以移动；直线耐张杆塔若必须前后移位时，将影响前后两档导线、地线长度，一档发生缩短，另一档势必需要接长；因此，通常对于耐张杆塔移位，均采用原地拔杆再立杆的施工方式。施工方法较为复杂。一般施工流程为：打临时拉线→耐张杆塔落线→原地拔起待移→杆塔组立→紧线。

1）耐张杆的落线。

a. 带拉线的转角混凝土杆，应先在转角内侧做好下风方向的临时拉线。

b. 耐张杆塔的前后若均为直线杆塔，应先将前后直线杆塔的导线、地线用临时拉线固定（又称埋线），每根导线、地线用一只地锚在靠耐张杆的一侧约距直线杆塔两倍杆高处拉住导线、地线，根据架空线的张力大小，也可两根线合用一只临时地锚固定。

c. 若邻近的第一基杆塔同样是耐张杆塔，则该杆塔的临时拉线做法与紧线施工时相同，即临时拉线上端直接拉在横担挂线处。

d. 在前后的邻近杆塔已做好埋线措施后，才能开始落线。落线施工是紧线时挂线施工的还原，即施工方式与挂线相同，在横担上挂紧线滑轮，牵引钢丝绳端扣在耐张线夹上，另用短绳将绝缘子串与钢绳捆在一起，推动绞磨，拉紧牵引钢绳使绝缘子串松弛，杆上操作人员立即脱去横担上连接绝缘子串的金具，然后令绞磨开始倒退，放松牵引钢绳，最后使绝缘子串与导线徐徐落地。

e. 落线时每一相导线要在耐张两侧同时进行，使每一相的两侧基本上同时脱离，以减少杆塔受一侧脱离的不平衡张力的影响，必要时则应安装一侧的临时拉线。

2）拔杆。耐张杆塔两侧导线、地线均落地后，即可开始进行拔杆，其施工方法如下：

a. 拔水泥单杆，可采用固定式人字抱杆，以滑轮组起吊，固定钢丝绳，采用单点结扎在水泥杆重心处，此时可以拆除全部拉线，推动绞磨使杆身拔出地面。

若拔锥型电杆，应先挖空根部四周泥土。若根部装有卡盘，要将卡盘上埋土全部挖空。同时可利用杆端拉绳摇晃杆身，使地下部分四周发生松动。

b. 拔双杆应采用倒落式人字抱杆，以倒杆立杆法的还原方式使抱杆处于脱帽前的位置，放松绞磨牵引绳使杆身慢慢倒地。或先拆下横担，再分别用拔单杆法拔除。

采用此法拔杆，应先挖去倒杆方向一部分泥土使成斜坡形坑口。

c. 对于18m以上的双杆，也可选择双绞磨交替牵引拔杆法，其方法基本与上法相同。

3）立杆紧线施工。

a. 旧杆倒地后立即拆除横担等并清理场地，进行新杆的排杆组装和起立工作。

b. 新杆起立后安装拉线，并拆除立杆工具，然后即可安装导线、地线。

c. 恢复导线、地线时，若杆型均无变化，仍可用原导线、地线不需更动；若线间距离改变，除中导线可以照旧安装外，其余两边线均需根据弛度缩短或放长；若杆型加高，则导线、地线均需改变。

4. 更换铁塔

更换杆塔可分为原地置换铁塔和移位置换铁塔。

原地置换铁塔通常有如下几种方法：

（1）移位法。将整基铁塔从原塔位顺线路方向拉开，让出塔位，在原塔位处组立新塔后，将导线、地线移到新塔上，然后将旧塔拆除。这种方法也可用带电作业方法进行。

（2）包装法：新塔比旧塔根开大，可以先将新塔立正后，再拆除旧塔。

（3）无抱杆一次整基倒立。新塔在地面上整基组装好，以旧塔作抱杆，新塔起立的同时，旧杆像抱杆一样慢慢倒下，当新塔立正时，旧塔已经倒在地面上。

4.6　绝缘子、金具的检修

4.6.1　一般要求

（1）更换绝缘子片（串）时应复核导线荷载，并据此选用工器具。

（2）带电检测瓷质绝缘子时，发现劣化绝缘子片数超过规程规定时，应立即停止检测。

（3）直线杆塔的绝缘子串顺线路方向偏移的处理，应参照 DL/T 741—2010 的要求。

（4）更换后的金具应符合原设计要求，连接可靠，严禁以小代大。

（5）500kV 线路检修时，应防止金具表面产生毛刺或凸起。

（6）更换导线、地线的连接金具前，应采取防止导线、地线脱落的保护措施。

4.6.2　检修项目

1. 检查

根据输电线路对绝缘子的运行要求检查和发现绝缘子的缺陷，针对具体情况分析研究，安排时间处理（清扫或更换）。

（1）各连接金属销有无脱落、锈蚀，钢帽、钢脚有无偏斜、裂纹、变形或锈蚀现象。

（2）瓷质（玻璃、瓷棒）绝缘子有无闪络、裂纹、灼伤、破损等痕迹。

（3）复合绝缘子有无伞裙损伤、端部密封不良等情况。

2. 清扫

（1）绝缘子清扫一般采用停电清扫和带电清扫两种方式。

（2）瓷质（玻璃）绝缘子停电清扫应逐片进行，对有污垢严重的绝缘子应使用清洗剂进行擦拭。

3. 更换

绝缘子在运行中的损坏和老化带来的主要缺陷：绝缘子龟裂、裙边缺损、凸缘破坏、球头锈蚀、变形、紧固件脱落、零值等。

当发现有上述缺陷的绝缘子时，应针对具体情况进行分析研究，确定检修方案，对于瓷质裂纹、破碎、瓷釉烧坏、钢脚和钢帽裂纹及零值的绝缘子，应尽快更换。

（1）新更换的绝缘子应完好无损、表面清洁，瓷绝缘子的绝缘电阻宜用 5000V 绝缘电阻表进行测量，电阻值应大于 500MΩ。

（2）绝缘子串钢帽、绝缘体、钢脚应在同一轴线上，销子齐全完好、开口方向与原线路一致。

（3）复合绝缘子更换时，应用软质绳索吊装，严禁踩踏、挤压。

（4）更换绝缘子片（串）前，应做好防止导线、地线脱落的保护措施。

4.6.3　更换不良绝缘子和金具的方法

更换绝缘子的作业可以停电作业，也可以带电作业。作业方法、准备工作、人员组织分工根据线路具体情况而定，本节只介绍停电更换绝缘子作业。

作业的关键在于作业过程中如何转移导线张力，使绝缘子串、金具不承受荷载。根据导线荷重及导线张力的大小，绝缘子、金具的更换可用以下方法：

（1）用绳索或滑车组更换。如图 4-14 所示，把导线荷重转移到绳索或滑车组上，然后摘下绝缘子串碗头挂板的连接销子，使绝缘子串脱离导线。再用另外一套滑车将旧绝缘子串落下，同时送上新绝缘子串。此法用于 LGJ-95 及以下导线，垂直档距不超过 300m 的线路上。用滑车组也可更换 LGJ-95 及以下的耐张绝缘子串。

（2）用双钩紧线器或手扳葫芦代替滑车组作牵引工具。运用不同规格的双钩紧线器或手扳葫芦，配合相应的边板或钢绳套，即可更换各种型号导线的绝缘子金具。

（3）用换瓶卡具更换单片绝缘子。在大截面导线的线路上，绝缘子所受的拉力较大，如用双钩紧线器更换单片绝缘子就会觉得很笨重，劳动强度也很大。所谓换瓶卡具，即上、下两片夹具分别夹在不良绝缘子相邻的绝缘子钢帽上，均匀收紧两片夹具之间两个丝杠，不良绝缘子承受的拉力转移到卡具上，不良绝缘子上、下两销子，便可摘下不良绝缘子换上新的，如图 4-15 所示。

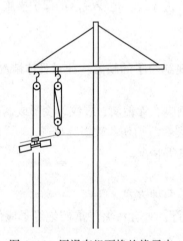

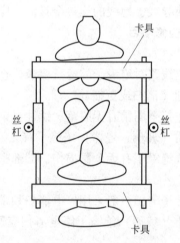

图 4-14　用滑车组更换绝缘子串　　　图 4-15　用换瓶卡具更换绝缘子串

换瓶卡具适用于悬垂绝缘子串中，同样适合耐张绝缘子串，但更换绝缘子串端部绝缘子时，需换上一个专用卡具。

现在不少地方停电更换耐张绝缘子串，常常用带电作业工具，如用耐张线夹固定器（俗称飞机头）把导线收紧，松弛绝缘子整串更换绝缘子串。

4.6.4　更换绝缘子的受力分析

1. 直线杆塔

（1）在直线杆塔上绝缘子串承受载荷的分析。在杆塔上更换绝缘子作业时，一般在天气良好的情况下进行。即在无冰、风速不大于 5 级（10m/s）。因此，绝缘子串上承受的载荷仅考虑导线、金具的本身质量与风压。

1）绝缘子串上的垂直载荷 Q（kg）

$$Q = (g_1 S L_v / 9.8) + W \tag{4-1}$$

式中　g_1——导线的自重比载，N/（mm²·m）；

　　　S——导线的截面积，mm²。

L_v——垂直档距，m；

W——金具和作业人员等的质量，kg。

2）绝缘子串上的水平荷载 P（kg）

$$P = g_4 SL_h/9.8 \tag{4-2}$$

式中 g_4——导线风压比载，N／（$mm^2 \cdot m$）；

L_h——水平档距，m。

3）绝缘子串上承受的总荷载 G（kg）

$$G = \sqrt{Q^2 + P^2} \tag{4-3}$$

（2）在直线杆塔上提升导线的力。在单导线情况下绝缘子串上的水平荷载影响是很小的，可以忽略不计，为了简化计算，一般仅考虑提升导线本身的质量，按式（4-4）计算

$$G = qL_v \tag{4-4}$$

式中 q——导线每米质量，kg/m；

L_v——垂直档距，m。

在现场若只知道导线的标称截面积，而一下查不到导线的单位质量时，可按式（4-5）估算。

$$G = KSL_v/1000 \tag{4-5}$$

式中 S——导线的截面积，mm^2；

L_v——垂直档距，m；

K——换算系数，K 值按表 4-7 选用。

表 4-7 K 值系数表

导线型式	铝绞线	钢绞线	钢芯铝绞线（轻型—重型）
K	2.75	8.4	3.6~4.6

2. 耐张杆塔

（1）载荷分析。在运行线路上耐张绝缘子串是承受导线的水平张力，其与代表档距和当时的气象条件有关。当已知该耐张段的代表档距和当时的气象条件时，就可以在该工程的导线机械特性表中查到当时的导线应力。

导线的水平张力等于导线的应力与导线截面积的乘积，以式（4-6）表示

$$F = \sigma S/9.8 \tag{4-6}$$

式中 F——导线的水平张力，kg；

σ——导线应力，N/mm^2；

S——导线的截面积，mm^2。

（2）导线过牵引张力的计算。过牵引计算是指计算牵引导线后引起的过牵引力和过牵引应力。计算的目的是为了验算导线的安全系数和工器具的机械强度。

在更换整串耐张绝缘子串时，必须将导线收紧，使绝缘子串松弛后，才能达到更换绝缘子的目的。收紧导线时将造成导线应力的增大，则此增大的应力称为过牵引应力。过牵引应力与导线截面积的乘积即为过牵引张力。

当耐张段较长时，线长缩短一点，对整个耐张段弧垂的影响不大，应力增加也不大。但

对孤立档（特别是档距较小的孤立档）而言，线长缩短一点，弧垂就明显变小，导线的应力增加较大，其值会很大，有时可能造成横担变形、导线拉断或工具损伤。所以在实际工作中，一定要通过计算过牵引张力来验算导线的安全系数及工器具的机械强度。

下面以孤立档为例计算过牵引张力。

为了简化计算，不考虑对过牵引张力影响较小的导线弹性系数，悬挂点高差以及杆塔、横担挠度等因素。计算过牵引张力的步骤如下：

（1）计算孤立档的线长 L

$$L = l + \frac{8f^2}{3l} \quad \text{或} \quad L = l + \frac{g_1^2 l^3}{24\sigma^2} \tag{4-7}$$

式中　l——孤立档档距，m；

　　f——导线弧垂，m；

　　g_1——导线的自重比载，N/（m·mm^2）；

　　σ——导线的水平应力，N/mm^2。

（2）计算收紧导线，线长减少后的过牵引应力 σ_1（N/mm^2）

$$\sigma_1 = \sqrt{\frac{g_1^2 l^3}{24(L - l - \Delta L)}} \tag{4-8}$$

式中　L——过牵引前的线长，m；

　　ΔL——过牵引长度，m。

过牵引长度是指由于过牵引而引起的，随导线应力增加而增加的长度。其由三部分组成：①过牵引所产生的架空线伸长值 ΔL_1；②收紧弧垂后，因架空线的几何变形而引起的架空线长度变化 ΔL_2；③由于挂线侧杆塔挠曲、导线蠕变伸长及绝缘子串的弹性伸长等因素而引起的挂线点的偏移 ΔL_3（可略去不计）。

$$\Delta L = \Delta L_1 + \Delta L_2 \tag{4-9}$$

允许的过牵引长度是根据架空线的许用应力计算而得出的过牵引长度。其值分别使用式（4-10）或式（4-11）计算。

孤立档时

$$\Delta L = \left[\frac{l^2 g^2 \cos^2\varphi}{24}\left(\frac{1}{\sigma_0^2} - \frac{1}{[\sigma]^2}\right) + \frac{[\sigma] - \sigma_0}{E\cos\varphi} \right] \frac{l}{\cos\varphi} \tag{4-10}$$

连续档时

$$\Delta L = \left[\frac{l_D^2 g^2}{24}\left(\frac{1}{\sigma_0^2} - \frac{1}{[\sigma]^2}\right) + \frac{[\sigma] - \sigma_0}{E} \right] \sum \frac{l_i}{\cos\varphi_i} \tag{4-11}$$

式中　ΔL——架空线的允许过牵引长度，mm；

　　σ_0——架空线原有应力，N/mm^2；

　　$[\sigma]$——架空线许用应力，N/mm^2；

　　g——架空线比载，N/（m·mm^2）；

　　l——孤立档档距，mm；

l_D——代表档距，mm；

φ——架空线两悬挂点的边线与水平方向的夹角，°；

E——弹性模量，N/mm²；

l_i——耐张段中各不同档的档距，mm；

φ_i——耐张段中各档距架空线两悬挂点间边线与水平方向的夹角，°；

$\sum \dfrac{l_i}{\cos\varphi}$——耐张段中各档 $\dfrac{l_i}{\cos\varphi}$ 的和。

（3）过牵引张力 T（kg）的计算

$$T = \sigma_1 S/9.8 \tag{4-12}$$

式中　σ_1——导线的水平应力，N/mm²；

S——导线的截面积，mm²。

4.7　其　他　检　修

4.7.1　更换横担

单独更换横担的作业并不多见，一般在原设计横担不够安全，横担严重锈蚀，或者横担需要接长、加高时才遇到更换横担。

1. 直线杆更换横担

更换直线杆横担一般需要三个步骤：①将导线从绝缘子上松下，缓慢放下导线；②卸下绝缘子串；③将旧横担拆下，换上新横担。作业工具需要滑车、绞磨或无头绳等。施工中不允许随便往下丢。横担换好后，再恢复绝缘子、导线。若因年代太久螺栓锈蚀难以松开，可以加些煤油，最好是专用油剂。

如图 4-16 所示，直线杆横担更换方法如下：

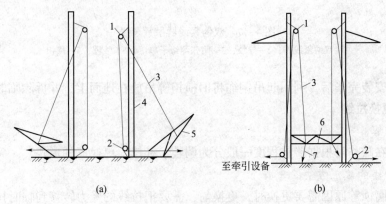

图 4-16　起吊横担布置图

(a) 起吊边导线横担；(b) 起吊中导线横担

1—起吊滑车；2—转向滑车；3—起吊钢绳；4—主杆；5—边导线横担；6—中导线横担；7—控制大绳

（1）首先把导线放到地面或通过放线滑车暂时挂在电杆上。

（2）在电杆顶部安装一个起吊单滑车，起吊钢绳通过转向滑车和该起吊滑车后，绑扎在拟拆除的边导线横担上。

（3）利用起吊钢绳慢慢将拆除的边导线横担放落地面。

（4）两边导线横担拆除后再拆除中导线横担。

（5）安装新横担时，先起吊安装边导线横担，再起吊安装中导线横担，或先安装中横担再安装两边横担。

（6）安装中导线横担时，托担抱箍的孔眼与横担的连接孔可能对不正，这时可在杆顶绑大绳，在地面拉动大绳使连接孔对正。

2. 耐张杆横担的更换

更换耐张杆横杆时，首先用一套紧线工具把横担两侧的导线放落到地面。其施工方法如下：

（1）用双钩紧线器做临时吊杆将横担吊住，然后拆除横担吊杆。

（2）拆除横担抱箍与电杆连接的螺栓，这时用小锤轻轻敲打抱箍，则横担与抱箍（横担与抱箍是连接在一起的）就会慢慢向上滑动。

（3）对于转角杆，为便于横担向上移，可在外角侧的横担加装临时拉线，以抵消角度合力，拉线随横担上移，缓慢放松。

（4）待横担上移 200mm 左右时，在杆顶部安装起吊车和起吊钢绳，将新横担和横担抱箍吊上安装在电杆上。

（5）利用双钩紧线器将两侧导线拉紧，这时可自旧横担上拆下耐张绝缘子串，并把它挂在新横担上。图 4-17 为双钩紧线器拉紧导线的情况。

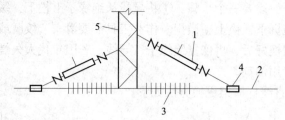

图 4-17　双钩紧线器吊紧导线

1—双钩紧线器；2—导线；3—耐张绝缘子串；4—卡线器；5—横担

（6）一切安装完毕后，利用起吊钢绳将旧横担等吊放在地面上，并拆除临时拉线。

4.7.2　更换拉线

1. 检修内容

当拉线存在缺陷时根据严重程度一般分为调整、补修、更换三种形式。

2. 更换拉线的施工方法

拉线由于腐蚀等原因需要更换时，更换前，需要把拉线的受力转移到临时拉线上，临时拉线可由钢丝绳和双钩紧线器组成。钢丝绳和双钩紧线器的规格，应和原钢绞线的强度配合。

（1）首先用钢丝绳打好临时拉线，用双钩紧线器调紧拉线，但如果不影响线路安全也可以不打临时拉线。

（2）调节 UT 型线夹将拉线松脱，然后登杆将拉线上把楔型线夹拆除，并拆除旧钢绞线。

（3）将裁好的新钢绞线装入两端线夹中，上把钢绞线回头长度为 0.3m，下把回头为 0.5m。

（4）再次登杆将拉线上把安装在拉线抱箍上。

（5）调节 UT 线夹将拉线调紧，螺母露出丝扣长度一般以 30~50mm 为宜。

（6）调节拉线时不得使杆身弯曲，要同时调节杆上的所有拉线。

（7）最后将钢绞线尾部与拉线绑在一起，一切工作完毕后，将临时拉线拆除。

3. 更换拉线中应注意的问题

（1）杆塔上有人工作时，严禁调整拉线。

（2）拉线断股未超过修补范围时应采取缠绕方法补修。

（3）杆塔拉线更换时必须事先打好可靠临时拉线、严禁利用临时拉线、非标准拉线代替永久拉线。

（4）更换后拉线的机械强度不得低于原设计标准，并采取防盗措施。

4.7.3　铁塔基础检修

铁塔基础表面出现裂纹可用水泥砂浆涂抹，以使其表面紧密、光滑、不透水，但对一般干缩缝可不作处理。

混凝土基础因腐蚀而发生酥松时，必须找出原因，制定预防措施，以免杆塔因基础的机械强度不足而发生倾斜或倒杆。对已发生酥松的基础，可除去酥松部分，重新浇灌。

基础下沉或发生倾斜时，也应进行分析研究，采取措施适当处理。

对混凝土基础和铁塔地脚螺栓，因浇筑不良而有松动时，就凿开重新浇灌。

注意：

（1）装配式基础、洪水冲刷严重的基础需要加固（或防腐）时，应事先打好杆塔临时拉线。

（2）修补、补强基础时，混凝土中严禁掺入氯盐，不同品种的水泥不应在同一个基础腿中同时使用。

4.7.4　钢筋混凝土电杆防腐处理

（1）杆塔防腐通常采用涂刷防腐漆的办法，电杆钢圈接头的防腐也可采用环氧树脂、水泥包覆的方法处理。

（2）用涂刷防腐漆，应严格按照“除锈、底漆、面漆”的工艺程序。

杆塔的涂漆防锈是一项很费时的工作，其中表面除锈是防锈防腐，保证防锈漆寿命的关键。为了减轻工人劳动强度，提高工效，可选用带锈涂料（底漆），带锈涂料的类别有：

（1）稳定性带锈涂料——可将锈层中不稳定的铁氧化合物转变为稳定的铁氧化合物；

（2）渗透性带锈涂料——可将紧密黏附于钢铁表面的锈层包围而不继续扩大锈蚀；

（3）转化型带锈涂料——可将锈层转化为一种能与钢铁形成牢固的保护膜。

防锈漆的种类很多，应根据不同的腐蚀源适当选用，尤其要注意选用合适的底漆。

底漆的作用有防锈，增强整个漆膜的黏着力和强度，延长油漆的寿命。常用的底漆有酚醛底漆、醇酸底漆、脂胶底漆、环氧底漆等。

面漆应按所需耐何种腐蚀性物质来选用，若大气中酸性物质较多，就应选耐酸漆作面漆；若碱性物质较多，则用碱性漆，一般地区可选用防锈漆或普通油性调和漆。

在钢筋混凝土电杆防腐处理中要采用同一成膜材料的底漆和面漆。例如铁线酚醛底漆，就应用酚醛防锈漆或普通油性调和漆作面漆，而不能用醇酸磁漆用面漆，否则会发生"咬底"（底漆被咬掉）现象。

4.7.5 杆塔接地装置的检修

1. 接地装置检修的一般要求

（1）接地装置改造前，应实测土壤电阻率，结合地质、地形和运行经验等确定改造方案。

（2）接地装置改造后应以回填土自然沉降后所测量的接地电阻为准。

（3）垂直接地体的顶端距地面应不小于 0.6m，两水平接地体间的平行距离不宜小于 5m。

（4）接地体之间的连接，应采用焊接，其焊接尺寸应符合有关工艺要求，并在焊接处采取防腐措施。

2. 检修项目

（1）检查。

1）检查接地引下线与杆塔的连接情况。

2）开挖检查接地引下线和接地体的腐蚀程度和连接情况。

（2）改造。

1）水平接地体一般采用圆钢或扁钢。垂直接地体一般采用角钢或钢管。

2）新敷设接地体和接地引下线的规格：圆钢不小于 $\phi12mm$，扁钢不小于 $50mm\times5mm$。接地引下线的表面应采取有效的防腐处理。

3. 接地装置缺陷及处理方法

接地装置是接地体和接地线的总称。输电线路杆塔的接地装置包括引下线、引出线、接地网等。接地装置的缺陷及处理方法。

（1）接地体锈蚀（包括杆塔接地引下线、埋入地中的地网引出线、接地网）。

发生腐蚀的部位主要是：

1）接地引下线与水平接地体的连接处，由于腐蚀电位不同极易发生电化学腐蚀，有的已经形成电气上的开路。

2）接地线与杆塔的连接螺栓处，由于腐蚀、螺栓锈蚀，接触电阻非常高，有的已经形成电气上的开路。

3）接地引下线本身。由于所处的位置比较潮湿，运行条件恶劣，运行中又没有按期进行必要的防腐保护，因而腐蚀速度较快，特别是运行 10 年以上的接地线，作热稳定校核时还能满足短路电流热稳定要求。

4）水平接地体本身。有的水平接地体本身埋深不足，特别是一些山区的输电线路杆塔，由于地质为石头或土层薄，埋深不足 30cm，回填土又是用碎石回填，土中含氧量高，极易发生吸氧腐蚀，在酸性土壤中的接地体容易发生吸氧腐蚀；在海边的接地装置极易发生化学和电化学腐蚀。再加上设计时为了节省材料往往采用比较小的截面积，腐蚀更是愈加严重。

接地体腐蚀的处理如下：

当接地体锈蚀时，接地体上下引线连接点连接不牢，增大接地电阻，达不到原设计要求，失去接地保护的作用，应及时进行处理。

a. 用钢丝刷将所有的外露接地体的锈蚀部分擦拭除锈，再用干棉纱布擦净除锈，然后涂上红丹或黄油。

b. 对埋设地下的接地体，应挖去表层泥土，视锈蚀情况如何，可进行除锈或补焊钢筋，再覆土整平并做好记录。

（2）外力破坏，如撞击、被盗等。对于架空线路杆塔的接地装置，特别是接地线，外力破坏是一个特别值得关注的问题，据对某 110kV 接地装置的调查，约 60% 的杆塔接地装置被破坏，有的接地引下线被剪断，有的接地体被挖走，对线路的安全稳定运行造成了很大的影响。

轻度外力破坏变形，可进行矫形复位，必要时可设置警示标志。

（3）假焊、地网外露。发现接地网有假焊缺陷，应进行补焊，同时重新测量接地电阻，并做好记录。由于水土流失或人为取土，造成接地体外露，应及时进行复土工作，必要时可设置保护电力设施的警示标志。

（4）接地电阻超过规定值。降低接地电阻的方法：①应尽量利用杆塔金属基础，钢筋水泥基础，水泥杆的底盘、卡盘、拉线盘等自然接地；②应尽量利用杆塔基础坑埋设人工接地体；③利用化学处理的方法增加地网抗阻功能。

注：（1）垂直接地体采用角钢或钢管，是因为这两种型材能满足施工要求，而圆钢、扁钢不能满足施工要求，所以不能采用。

（2）常规的接地电阻测量方法必须将接地引下线与杆塔脱离，所以，接地引下线和杆塔本体之间应采用螺栓连接，而且连接必须牢固、可靠，接触面应良好，因此不得采用焊死的连接方式。

4.7.6 附属设施的检修

1. 附属设施的检修一般要求

（1）附属设施一般包括杆塔标志牌、防雷、防鸟、防洪、防外力破坏、在线监测等设施。

（2）杆塔上的附属设施安装后不应影响杆塔结构强度和线路的安全运行。

（3）线路检修还应注重对附属设施的检查维护，检查附属设施是否完好、齐全，发现异常或外力破坏现象，及时进行修补。

2. 附属设施的检修项目

（1）各类标志丢失、脱落、损坏时，应按原标准进行更换、补充。

（2）各类在线监测、防雷、防鸟等设施是否完好，发现问题及时处理。

（3）对损坏的防洪、防外力破坏设施应及时进行修补，并不得低于原标准。

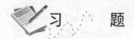

习　题

1. 述运行线路停电检修应重点预防的事故有哪些。如何保证停电作业安全？

2. 检修设计的依据是什么？设计内容有哪些？

3. 试述装拆接地线人员的保护措施。在装拆顺序、挂接地线范围和接地线规格上有什么规定？

4. 简述验电工作人员保护措施有哪些。验电器试验、验电顺序和验电方面有什么规定？

5. 更换不良绝缘子串或单片绝缘子的方法有哪些？施工的技术关键是什么？

6. 运行绝缘子的故障形式有哪些？绝缘子劣化后如何检修？

7. 更换绝缘子时，什么情况下必须进行过牵引计算？为什么？

8. 运行导线的损伤原因和损伤形式有哪些？如何处理？

9. 什么情况下必须进行局部换线？换线中应注意的技术关键有哪些？

10. 导线补修的方法有哪些？举例说明如何进行导线的缠绕补修？

11. 杆塔倾斜的原因有哪些？如何将由不同原因造成的倾斜杆塔扶正？

12. 停电包括哪些方面？是否只要线路上无电就行了？

13. 杆塔运行中常见的缺陷形式有哪些？

14. 什么情况下必须更换杆塔？不同形式杆塔的更换方法有哪些？

15. 什么是杆塔的移位？如何将因故而产生较小位移的门形杆恢复到正确的位置？

16. 杆塔防腐处理的目的是什么？防腐处理的方法和程序怎样？

17. 接地装置运行中存在的主要问题有哪些？如何处理？

18. 运行线路上的附属设施有哪些？针对附属设施的检修项目有哪些？

5 架空输电线路的带电作业

5.1 概　　述

带电作业是指在一定的条件下，在特定的电力设备上，在运行电压的情况下进行的一种特殊作业。即不停电进行检修、测试的一种作业方法，电气设备在长期运行中需要经常测试、检查和维修。带电作业是避免检修停电，保证正常供电的有效措施。

5.1.1 带电作业的发展

1. 我国带电作业技术发展历程

我国的带电作业起步于 20 世纪 50 年代初，当时的电力工业基础薄弱、网架单薄、设备陈旧，经常需要停电检修和处理缺陷。1952 年 5 月，为满足鞍山钢铁公司恢复和扩建对电量需求，减少停电检修对鞍钢建设和生产的影响，鞍山电业局从 1952 年 5 月起，开展了配电（3.3~6.6kV）油开关套管的带电清扫，带电检测（22~44kV）线路绝缘子串，带电测量导线接头电阻等带电作业工作。随后通过不断的技术革新，开展带电作业工具研制和开展配电带电作业。

1957 年东北电业管理局首次在 154~220kV 高压线路上进行了不停电检修。1958 年，又进一步研究等电位作业的技术问题，并成功在 220kV 线路上首次进行了等电位带电检修线夹的工作。1958 年 4 月 12 日，人民日报发表《电力工业的重大技术革新——不停电检修电力线路》报道。4 月 29 日水利电力部以〔58〕水电生字第 58 号"关于推广不停电检修电力线路的通知"发向全国，5 月 4 日，上海科教电影制片厂到鞍山拍摄了中国第一部反映不停电检修电力线路的科教片。8 月 12 日，报刊发表毛泽东在薄一波副总理的陪同下，参观了电业工人自己制作的带电作业工具的新闻照片，从此带电作业在全国广泛开展了。全国带电作业以 1958 年作为正式开始。

1958~1985 年期间，由于电网结构比较脆弱，基本是一线带多变或单一供电，对带电作业项目的研发比较紧迫，全国带电作业多种项目研制成功，比如带电换电杆、带电换横担、带电复（换）导线、带电水冲洗、带电跨越架线、带电换开关立柱、带电测试避雷器或互感器、带电短接阻波器、沿绝缘子串自由进入电场、带电爆压导线、缺相（短接）检修等。上海开展了高架绝缘斗臂车带电检修、消缺等作业。

1969 年广州表演"10kV 人体接地试验"证明身穿均压服（屏蔽服，Ⅰ型屏蔽服通流容量 5A，Ⅱ型通流容量 30A）在 10kV 单相触电时能起到保护人身安全。随后，在 10kV 配电线路上开展的带电作业很多采用穿屏蔽服等电位作业的方法（但是经大量的带电作业事故证明，由于屏蔽服通流能力和系统中性点运行方式等因素，此种方法是危险的。现在配电线路上开展带电作业均使用绝缘遮蔽隔离和个人绝缘安全防护措施的中间电位作业方法）。

1975 年在广州，14 个省市 24 个大中城市"三八"班 247 人表演了 23 个项目，之后有了科教片珠江大跨越带电作业邮票。

2. 我国带电作业安全规程的演变

1956 年 6 月 14 日，鞍山电业局成立了中国第一个带电作业专业组，制定了《不停电检修工作规程》等规程。

1958 年 1 月，鞍山电业局总工刘承钴主编《3.3～66kV 送电线路带电检修暂行安全工作规程（木杆、水泥杆、铁塔）》，3 月又制定了《3.3～66kV 送配电线路带电检修现场操作规程》。12 月水利电力出版社将前两个规程合编为安全工作规程。

1960 年 5 月，水利电力出版社出版了署名辽吉电业管理局的在《不停电检修现场安全工作、操作规程》基础上修订而成的《高压架空线路不停电检修安全工作规程》，全书 17 千字，主要讲述在不停电线路上检修的安全组织措施和技术措施等，共 3 章 7 节和 8 个附录，供全国带电作业执行，它指导全国带电作业 10 余年。

1973 年 8 月 12 日，水利电力部在北京召开"全国带电作业现场表演会"，会上 19 个省市 30 个单位表演了 49 个项目，大会技术组提交的《带电作业安全技术专题讨论稿》，为统一制定全国性带电作业安全工作规程奠定了技术基础。1977 年 12 月 21 日，水利电力部以〔77〕水电生字第 113 号文件颁发《电业安全工作规程》发电厂和变电站部分及电力线路部分两本规程（即 77 版《安规》），正式将带电作业纳入部颁安全规程，共 7 节 45 条。

1978 年，水电部生产司〔78〕电生字 189 号文责成山东、四川、山西省编写 77 版《安规》电力线路部分的条文说明，其中带电作业一章由东北电管局编写。1979 年 6 月在重庆市召开编写单位参加的审稿会，从而有了 82 版带条文说明的《安规》，但主要内容无改动，等同于 77 版《安规》。1984 年，水电部生产司又组织对 82 版《安规》带电作业部分进行了条文说明编写。

1990 年能源部颁布 DL 409—1991《电业安全工作规程（电力线路部分）》。

2003 年国家电网公司修编《国家电网公司电力安全工作规程 带电作业部分》，电网安监〔2005〕83 号内容试行。

随后，带电作业在全国得到了广泛的推广应用，从 10kV 配电线路到 500kV 输电线路，从检测、更换绝缘子、线夹、间隔棒等常规项目到带电升高、移位杆塔等复杂项目均有开展。近年来，又进一步开展了紧凑型线路、同塔多回线路、750kV 线路和特高压交直流输电线路带电作业的研究及应用。

5.1.2 带电作业的意义

带电作业是指在高压电工设备上不停电进行检修、测试的一种作业方法。电气设备在长期运行中需要经常测试、检查和维修。带电作业是避免检修停电，保证正常供电的有效措施。带电作业的内容可分为带电测试、带电检查和带电维修等几方面。带电作业的对象包括发电厂和变电站电气设备、架空输电线路、配电线路和配电设备。架空输电线路带电作业的主要项目有带电水冲洗绝缘子，检测不良绝缘子，清扫和更换绝缘子，带电修补导线、地线等。带电作业的意义体现在以下几点。

（1）保证不间断供电。

（2）加强了检修的计划性。

（3）可节省检修时间。

（4）简化设备。

5.2　带电作业的安全原理

5.2.1　电流对人体的影响

在带电作业环境中，当人体处于带电体与地之间，接触带电体则通过人体的电流为

$$I_r = \frac{U}{R_r} \qquad (5-1)$$

式中　U——带电体对地电压，V；

　　　R_r——人体的等值电阻，Ω；

　　　I_r——流经人体的电流，A。

1. 人体电阻

人体各种组织的电阻各不相同。血液的电阻值最小（约 500Ω），肌肉、神经、骨骼、脂肪、皮肤按顺序电阻值增大，表皮角层的电阻最大，其电阻系数为 $292\Omega \cdot cm^2/mm$。角质层虽然只有 $0.05 \sim 0.1mm$ 厚，却占人体总电阻的很大比例。皮肤潮湿和出汗会使人体电阻降低，人体通过电流时电阻也会发生变化；接触的电压越高，通过的电流越大，通电的时间越长，人体电阻也会降低。总之，人体电阻在不同的情况下其数值是变化的。所以在工作中若皮肤损伤和大量出汗的情况下，人体电阻值大大降低，导电性能大大增加，这时触电是很不利的。因此国家劳动保护一般按人体出汗状况取人体电阻为 1500Ω 考虑。在分析带电作业原理时，常常把人体看成良导体。

2. 防触电的途径

触电时通过人体的电流，与加在人体上的电压成正比，与回路阻抗成反比。如果在触电回路中，作用于人体的电压极小或回路阻抗极大，那么流过人体的电流就会很小。当通过人体的电流小于带电作业安全电流时，就能保证带电作业人员不会遭到触电伤害。因此，可以从两条途径着手降低带电作业时通过作业人员的电流。

（1）减少作用于人体的电压。带电作业时退出线路重合闸和《电业安全工作规程》中禁止在有雷电情况下进行带电作业均是为了避免带电作业中过电压对带电作业的安全造成影响，前者为开关连续开断、合闸而产生的操作过电压，后者为大气过电压。

（2）增大触电回路的阻抗。在 10kV 中性点不接地系统中，运行人员穿戴绝缘手套并使用绝缘性能良好的绝缘操作杆，站在地面或电杆上操作高压跌落式熔断器保险丝具时，由于绝缘手套和绝缘操作杆的绝缘电阻增大了"带电体—人体—大地"这个触电回路的阻抗，有效限制了触电电流。假设操作杆和绝缘手套的绝缘电阻达到 $1000M\Omega$（绝缘杆的电阻一般可达到 $10 \times 10^{13}\Omega$），那么通过人体的电流 I_b 为

$$I_b = \frac{3U_\varphi}{|z_C + 3R_b|} = \frac{3 \times 10 \times 10^3 / \sqrt{3}}{\sqrt{Z_C^2 + 9 \times (10^9)^2}} \leqslant 5.774 \times 10^{-15}$$

可见，增大触电回路阻抗可使通过人体的电流远小于 1mA 的带电作业安全电流的数值。

5.2.2　电场对人体的影响

1. 作业环境的电场

均匀电场场强的计算公式为

$$E = U/d \qquad (5-2)$$

式中　U——两电极上的电压，V；

　　　　d——两电极之间的距离，m。

但在不同类型的带电作业，作业人员均处于极不均匀的工频交变电场中。该工频交变电场变化的速度对于电子运动的速度而言相对缓慢，并且电极间的距离也远小于相应的电磁波长，因此对于任何一个瞬间的工频电场，可以近似地按静电场考虑。

（1）单导线下的电场强度。导线和地面之间，电场强度的分布是极不均匀的，如图 5-1 所示。导线与地面之间，电场强度按对数函数分布。导线表面的电场强度最高，其场强可按式（5-3）计算

$$E_{max} = \frac{U_{\varphi \cdot max}}{10r\ln\dfrac{r+n}{r^2}} \tag{5-3}$$

式中　E_{max}——导线表面的电场强度，kV/cm；

　　$U_{\varphi \cdot max}$——导线对地最高电压（有效值），kV；

　　　　R——导线半径，cm；

　　　　n——导线分裂数。

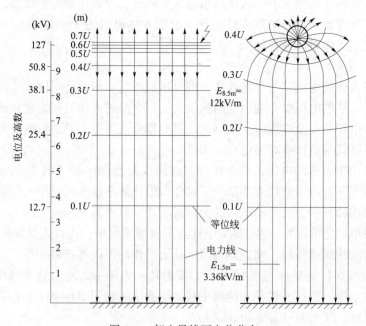

图 5-1　架空导线下电位分布

（2）带电作业时人体的体表场强。按带电作业三种方式，带电作业人体的体表场强相差较大。

1）人体在地面时体表场强。人站在地面时对场强影响如图 5-2 所示。由于人体进入电场后，一部分电力线就近地落到人体上，使竖直的电力线发生弯曲，指向人体上部，人体下部电力线也发生弯曲，但最终还是指向地面，人的上部等位线向上挑起并拉长，头顶部等位线密度增加了许多倍。实测可知，1.8m 高的人体电场要比原来电场强度（$E_{1.8} = 3.54$kV）

高 18~22 倍，即达到 63.8~77kV/m。所以，地电位带电作业时，人体沿电场纵向的突出部位，体表场强最高。

2) 人体在中间电位作业时体表场强。人体离开地面后，如图 5-3 所示，身体上部接受来自导体的电力线，而身体下部、脚跟等末端向地面发出电力线。因此，等电位线在头部及脚跟密度最大，场强较高，其他部位也有少量电力线进入和发出，但密度很低。所以，中间电位法作业时，沿着电场纵向的人体突出部位，体表场强较高，其他部位体表场强度低。

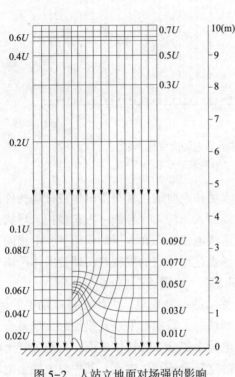

图 5-2 人站立地面对场强的影响　　图 5-3 人身离开地面后对场强的影响

3) 人体在电位转移前后的体表场强。转移电位前瞬间，由于导线附近本来场强就高，人体引起电场畸变，使上举的手指与导线间的那段气隙内电场进一步加强，并随手指转移而加快升高，当场强达到空气击穿强度 25~30kV/cm（峰值）时，间隙就会击穿。放电前的手指尖端体表场强达到最高值，放电后手不断接近导线，放电持续不断，直到握住导线后，放电停止。人身附近的电力线图形将从图 5-4（a）变化到图 5-4（b）。可以想象人体头部体表场强将变弱，而脚部体表场强将大大变强。

2. 电场对人体的影响

当人体体表场强约为 240kV/m 时，人体即有"微风感"，此时人体表面充电电流密度为 $0.08\mu A/cm^2$。这是人体对电场感知的临界值，被公认为人体皮肤对表面局部场强的电场感知水平。据试验研究，人站在地面时头顶部的局部最高场强为周围场强的 13.5 倍。一个中等身材的人站在地面场强为 10kV/m 的均匀电场中，头顶部最高处体表场强为 135kV/m，小于人体皮肤的电场感知水平。

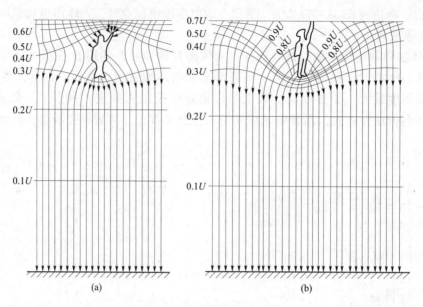

图 5-4   电位转移前后电场的变化

(a) 电位转移前；(b) 电位转移后

带电作业时人体可看作良导体，根据工作人员作业时的位置与带电体或杆塔构件构成各种各样的电极结构。其中主要的电极结构有导线—人与构架、导线—人与横担、导线与人—构架、导线与人—横担、导线与人—导线等。这些电极结构在电压的作用下，电极间产生空间电场，并且都是极不均匀电场。在空间电场场强达到一定的强度时，即使人体距离带电体符合安全距离的要求，也会有"微风感""异声感""蛛网感""针刺感"等。

（1）微风感。是电场引起气体游离和电荷移动的一种现象。人体在强电场中的风吹感，可以通过实验解释：把一个带电尖端物体靠近蜡烛时，我们会发现，蜡烛的火焰就会被吹向一边，好像有风存在。这是因为带电导体上的电荷大都分布在物体表面，易使尖端上电荷密集。于是尖端附近的电场强度就最强，使这里的空气分子产生电离。其中与尖端上电荷异性的离子向尖端靠拢，而与尖端电荷同性的离子则背离尖端而去，形成了一股气流，把蜡烛的火焰吹向一方，该现象称"电风"。同样道理，强电场中的人体也会带电荷（感应电荷）。所以人体表面也会产生电荷堆集现象，这些电荷如果积聚在人体的尖端部位（如指尖、鼻尖等），使这里的空气产生游离，出现离子移动而引起电风，这种电风拂过皮肤，人体就会有一种特有的"风吹感"。

（2）异声感。在电场强度较大且电场极其不均匀的带电体附近，作业人员手握金属工具快速移动的过程中，会听到一种类似运行变压器所发出的"嗡嗡"声。据有关专家总结，可能是铁磁物质在周期性的交流电场中产生的振动与人体耳膜发生共振所致。在交流电场中，当电场强度达到一定数值后，许多人耳边会产生"嗡嗡"的响声。初步分析认为，这是由于交流电场周期性变化，对耳膜产生某种机械振动所引起的，这种振动与变压器的频率是一样的。因此，人们听到的这种异声与变压器运行时交流声是一样的。有的人还在等电位时做过另一种试验，手中拿一把金属扳手，伸向远端并上下左右晃动，自己就会听到阵阵的嗡嗡声，其节奏和强弱与晃动的快慢及幅度有关。

(3) 蛛网感。在强电场中，如果人的面部不加屏蔽，也会产生一种特有的感觉。这是因为尖端效应，使面部的电荷集中到汗毛上，汗毛上的同性电荷所产生的斥力使一根根汗毛竖起。在交流电场中，汗毛的反复竖立，牵动了皮肤，产生了一种特有的异感，大多数人认为好像面部黏上了蜘蛛网一样难受，所以我们把它称为面部蛛网感。如果作业人员不戴屏蔽帽，这样的现象会使头发竖起来，产生"怒发冲冠"之状。

(4) 针刺感。是在电场中，人体上的感应电荷对接地体放电引起的。冬天皮肤干燥，穿着羊毛衫等易发生摩擦静电，当手碰到接地的金属物件时会有强烈的刺痛感，还可以看到明显的小小电火花。如当人穿着塑料凉鞋在强电场下的草地上行走时，只要脚下的裸露部分碰到附近的草尖上就会产生明显的刺痛感。这种刺痛感有时十分强烈，以至于人们无法忍受。事实上，是人体电容对地的瞬时放电过程所引起的感觉。

国际大电网会议认为：①高压输电线下的地面电场强度为 10kV/m 时，是非常安全的；②高压输电线下的地面电场强度为 15kV/m 时，是可以接受的合理值；③高压输电线走廊的边界下，电场强度取 3～5kV/m 是足够安全的。但由于带电作业是电力系统的一个特殊工种，且作业人员的工作时间较短，我国 GB 6568—2008《带电作业用屏蔽服装》中规定，人体电场强度的允许值规定为 l5kV/m，这是依据人体感觉阈值确定的；同时，规定人体面部等裸露处的局部场强允许值为 240kV/m，是以"电场识别水平"而确定。

因此，在强电场下，保证带电作业人员舒适并安全地工作，必须考虑电场的影响，必要时采取防护措施。场强限制的选择依据为：①防止暂态电击引起的不愉快效应；②限制由于电场长期作用引起的生理效应。

综上所述，要做到带电作业时不仅保证人身没有触电受伤的危险，而且也要保证作业人员没有任何不舒服的感觉，就必须满足以下要求：①流经人体的电流不超过人感知电流水平 1mA（1000μA）。②人体体表的局部场强不超过人体的感知水平 2.4kV/cm。③足够的安全距离和合格的作业工具。

5.3 带电作业方法

5.3.1 作业方法分类

我国目前带电作业方式有借助绝缘工具间接作业、等电位作业、沿耐张绝缘子串进入强电场作业、分相作业、全绝缘作业等。具体分类如下：

1. 按人体是否接触带电体分类

按作业人员与带电体的位置可将带电作业分为间接作业与直接作业两种方式。

(1) 间接作业。间接作业是指作业人员不直接接触带电体，而是相隔一定距离，用各种绝缘工具对带电设备进行检修，国外称"距离作业"。间接作业是带电作业的一种主要作业方式，也是其他带电作业方法的基础，地电位作业、中间电位作业、带电水冲洗和带电气吹清扫绝缘子等都属于间接作业。

(2) 直接作业。直接作业是指作业人员直接与带电体接触进行各种作业。输电线路作业时，作业人员穿戴全套屏蔽防护用具，借助绝缘工具进入带电体，人体与带电设备处于同一电位，防护用具越导电越好。而在配电线路作业中，作业人员穿戴全套绝缘防护用具，直接对带电体进行作业。虽然与带电体之间无间隙距离，但人体与带电体是通过绝缘用具隔离开来，不处于同一电位，因此防护用具越绝缘越好。直接作业包括等电位作业、沿绝缘子串进入强电场作业、分相作业、全绝缘作业。

2. 按人体电位分类

按作业人员的自身电位可将带电作业分为地电位作业、中间电位作业和等电位作业三种方式。

（1）地电位作业：作业人员处于地电位，用绝缘工具对带电体进行操作的作业。

（2）中间电位作业：利用绝缘工具将作业人员置于带电体与接地体之间，使人在低于带电体电位的情况下，用绝缘工具对带电体进行操作的作业。

（3）等电位作业：作业人员与带电体处于同一电位下直接对带电体进行操作的作业。

带电作业的方式是多种多样的，选择作业方式时，可根据实际情况，如作业难度、作业量、作业人员的技术水平、作业工器具等条件任意选择，但必须以保证人身及设备的安全为前提。

5.3.2 作业原理

现以间接作业与直接作业这种分类方式介绍其作业原理。

1. 间接作业

（1）地电位作业。作业人员位于地面或杆塔上，人体电位与大地（杆塔）保持同一电位。其特点：

1）作业人员可在带电设备周围进行操作，不占据设备原有的空间尺寸，适合相间距离和对地距离较小的 35kV 以下线路和设备。

2）人体与接地体处于同一电位，所处位置电场强度不高，不需要采取电场保护措施。

3）330kV 及以上线路和设备由于静电感应严重，应采取电场保护措施。

地电位作业的位置示意图及等效电路如图 5-5 所示。

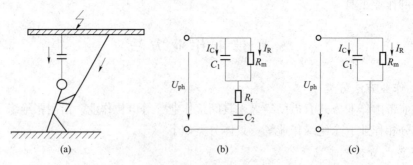

图 5-5 地电位作业
(a) 位置示意图；(b) 等效电路；(c) 简化等效电路

此时，通过人体的电流有两条回路：

电阻通道由带电体→绝缘工具→人体→大地

电容通道由带电体→空气间隙→人体→大地

这两个回路电流都经过人体流入大地（杆塔）。严格地说，不仅在工作导线与人体之间存在电容电流，另两相导线与人体之间也存在电容电流。但电容电流与空气间隙的大小有关，距离越远，电容电流越小，所以在分析中可以忽略另两相导线的作用，或者把电容电流

作为一个等效的参数来考虑。在上述回路中，流过人体的电流

$$I = \frac{U}{Z} \tag{5-4}$$

式中　I——通过人体的电流，A；

　　　U——交流电压，V；

　　　Z——交流回路的阻抗，（包括回路电阻 R，感抗 X_L，电容 X_C）。

$$Z = \sqrt{R^2 + X^2} = \sqrt{\left[R^2 + (X_L - X_C)^2\right]} \tag{5-5}$$

由式（5-4）可见，地电位作业时，沿绝缘工具流经人体的泄漏电流与设备的最高电压成正比，与绝缘工具、人体串联回路的阻抗成反比。若忽略串联回路的电抗及人体电阻，则流经人体的泄漏电流主要取决于绝缘工具的绝缘电阻。而绝缘工具越长，绝缘电阻越大。

图 5-5 中，R_m 为绝缘工具的绝缘电阻，例如 220kV 设备上使用的 $\phi32 \times \phi28 \times 1.800$ 规范的 3640 绝缘杆，其绝缘电阻为 $R_m \approx 9 \times 10^{10}$（$\Omega$）；$R_r$ 为人体总的电阻，取值为 1500Ω；C_1 为人体对带电体的电容。在各电压等级设备上，当人体对带电体保持安全距离时，C_1 约为 $4.4 \times 10^{-12} \sim 22 \times 10^{-12}$F，在 220kV 时，取 $C_1 = 4.4 \times 10^{-12}$F，则其容抗为

$$X_{C1} = \frac{1}{2\pi f C_1} = \frac{1}{2 \times 3.14 \times 50 \times 4.4 \times 10^{-12}} = 0.72 \times 10^9 \Omega$$

C_2 为人体穿绝缘鞋（胶鞋或布鞋）时对地的电容，电容 C_2 取决于鞋子绝缘程度，干鞋子电容的最大值约为 350PF，其容抗值为

$$X_{C2} = \frac{1}{2\pi f C_2} = \frac{1}{2 \times 3.14 \times 50 \times 350 \times 10^{-12}} = 10^6 \Omega$$

由上可知，$(R_r + X_{C2}) \ll R_m$，$(R_r + X_{C2}) \ll X_{C1}$，所以 R_r 和 X_{C2} 对流经人体的总电流影响不大，忽略 R_x 和 X_{C2}，等值电路（b）可以简化为 C_1 和 R_m 的并联等效电路，即在相电压 U_{ph} 作用下的电阻、电容并联回路。

（2）电流估算。在 220kV 线路上，绝缘工具在相电压（127kV）作用下的泄漏电流 I_R 为

$$I_R = \frac{U_\phi}{R_m} = \frac{127 \times 10^3}{9 \times 10^9} = 1.4 \times 10^{-6}(A) = 1.4(\mu A)$$

在相同相电压（127kV）作用下，通过等效电容 C_1 的电容电流 I_C 为

$$I_C = \frac{U_\phi}{X_{C1}} = \frac{127 \times 10^3}{0.72 \times 10^9} = 176 \times 10^{-6}(A) = 176(\mu A)$$

由此可知，通过人体的总电流 I_r 为

$$\dot{I}_r = \dot{I}_R + \dot{I}_C \tag{5-6}$$

计算可得，I_r 的最大值不会超过 200μA，远低于人体的感知水平。因此，尽管导线电位与人体的电位（地电位）之差约达 127kV，但是流过人体的电流非常小，以致人体毫无感觉。

根据有关单位实测数据表明：在 220kV 及以下设备上的地电位带电作业时，人体的体表最大场强为 1.5kV/cm，小于人的感知场强水平 2.4kV/cm，因而电场对人体无影响。这就是人为什么可以站在地面用绝缘棒进行带电作业却能保证安全的道理。

（3）作业注意事项。

1）保持绝缘工具良好的绝缘状态。通过前面的分析可知，在正常情况下，泄漏电流 I_R 与电容电流 I_c 相比很小，流过人体的电流主要是由电容电流 I_c 决定的。但是，当绝缘工具表面含有污秽时，特别是有盐分的污物，同时又在潮湿的条件下使用，绝缘电阻 R_m 急剧减小，这时泄漏电流 I_R 将大大超过电容电流 I_c，在这种情况下，很容易造成沿面放电，对人体安全构成威胁。因此，绝缘工具在制作时要注意表面绝缘处理，操作时要保持其绝缘有效长度，使用时要保持表面干燥洁净，运输和储藏时要注意妥善保管和防止受潮。

2）防止静电感应和强电场的影响。当操作人员的手或面部碰及铁塔时，有一定的麻刺感觉。这是由于 C_2 的存在，使得人体在强电场中有一定的悬浮电位值

$$U_r \approx \frac{C_1}{C_1 + C_2} U_{ph} \tag{5-7}$$

如果以 $C_1 = 4.4 \times 10^{-12} F$ 和 $C_2 = 350 \times 10^{-12} F$ 代入计算则得

$$U_r = \frac{4.4}{4.4 + 350} U_{ph} = 0.012 U_{ph}$$

在 220kV 设备上进行地电位作业时，$U_r \approx 0.012 \times 127 = 1.524kV$。此时，人体就会集蓄一定的电荷 Q_r，其电荷量为 $Q_r = C_2 U_r = 350 \times 10^{-12} \times 1.524 \times 10^3 = 5.334 \times 10^{-7} C$。如果人体偶尔碰到接地体，这些电荷就会形成电击电流，使人体产生痛感，虽然这种麻刺对人不构成威胁，但是由于突然的麻电，可能造成高空摔跌，因此也必须加以防范，目前国内多采用穿屏蔽服或穿导电鞋，前者作用是虽产生感应电荷，但当身体碰及铁塔时，电荷是经过屏蔽服向铁塔泄放；而后者使人与大地接触良好（使得 $C_2 \approx 0$），获得真正的地电位。

在 330kV 及以上电力系统中开展地电位作业时，人体表面场强超过人的感知水平 2.4kV/cm，使人体产生不适之感，这时就不能忽视强电场对地电位工作人员的影响了，因而需要穿屏蔽服进行地电位作业。

（4）中间电位作业。中间电位作业，是介于地电位作业和等电位作业之间的一种作业方法，它要求作业人员既要保持对带电体有一定的距离，又要保持对地有一定的距离，利用绝缘工具将人置于带电体与接地体之间，使作业人员在低于带电体电位的情况下，用绝缘工具对带电体进行操作的作业。这时，人体与带电体的关系为大地→绝缘体→人体→绝缘体→带电体。此时地电位作业中的绝缘工具的长度 l 变成了 $l_1 + l_2$；空气间隙变成了 $l_1 + l_2$ 的组合。采用中间电位作业法时，要考虑两个间隙的组合距离大于单一间隙距离的 20%。

中间电位作业的位置示意图及等效电路图见图 5-6，由图 5-6（a）可见，作业人员站在绝缘梯（台）上，用操作杆进行的作业也属于间接作业。此时人体电位是低于电导体电位，高于地电位的某一悬浮的中间电位，人体处于两部分绝缘体的保护下。

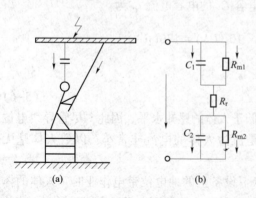

图 5-6　中间电位作业

（a）位置示意图；（b）等效电路

图中 R_{m1}、R_{m2} 为两部分绝缘工具（或绝缘子串）的绝缘电阻，R_r 为人体电阻，C_1、C_2 分别为人体对带电体和接地体的电容。由图 5-6

可见，作业人员处于带电体与绝缘梯台之间，人体对带电体和地分别存在一个电容。由于该电容的耦合作用，人体具有一定的电位（高于地电位而低于导体的电位）。

在采用中间电位法作业时，带电体对地电压由组合间隙共同承受，人体电位是一悬浮电位，与带电体和接地体存在电位差，作业过程中有电流流过人体，对人体造成的影响。因此对作业人员提出以下要求：

1）地面作业人员不许直接用手向中间电位作业人员传递物品。这是因为：①若直接接触或传递金属工具，由于二者之间的电位差，将可能出现静电击现象；②若地面作业人员直接接触中间电位人员，相当于短接了绝缘平台，使绝缘平台的电阻 R_{m2} 和人与地之间的电容 C_2 趋于零，不仅可能发生空气间隙急剧减小，而且因为组合间隙变为单间隙，有可能发生空气间隙击穿，导致作业人员电击伤亡。

2）当系统电压较高时，空间场强较高，中间电位作业人员应穿屏蔽服，避免因场强过大引起人的不适感。但在配电线路带电作业中，由于空间场强低，且配电系统电力设施密集，空间作业间隙小，作业人员不穿屏蔽服，而穿绝缘服进行作业。

3）绝缘平台和绝缘杆应定期进行检验，保持良好的绝缘性能，其有效绝缘长度应满足相应电压等级规定的要求，其组合间隙一般应比相应电压等级的单间隙大 20% 左右。

2. 直接作业

等电位作业。等电位作业，又称同电位作业。作业人员借助于各种绝缘工器具对地绝缘后，直接接触带电设备进行作业，人体的电位与带电体的电位相等，因此在国外又称为徒手作业法。

等电位作业时，人体与带电体的关系为大地（杆塔）→绝缘体→人体→带电体。等电位作业的示意图及等效电路图如图 5-7 所示。

1）作业方式。等电位作业根据所使用的绝缘工具的结构不同，有以下几种常用的作业方式：

a. 立式绝缘硬梯（包括人字梯、独脚梯、升降梯等）等电位作业：这种方法由于受到作业梯高度的限制，多用于变电设备的带电作业，如套管加油、开关短接、接头处理、解接引下线等作业时经常使用。

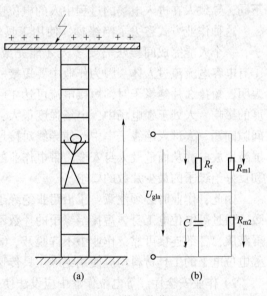

图 5-7 等电位作业
(a) 位置示意图；(b) 等效电路

b. 绝缘软梯（飞车）等电位作业：这种方法简单方便，允许作业高度相对于其他作业方式来说高些，且软梯（飞车）易于携带，是常用的一种等电位工具。经常用来处理防振锤，修补导线（但导线损伤严重或规格不符合要求则不能挂软梯）等。

c. 定向或转向水平梯等电位作业：这种方法是将绝缘硬梯水平组装在杆塔上进行杆塔附近的等电位作业，如爆压跳线、调整弧垂等作业时经常使用。

d. 挂蜈蚣梯等电位作业：将绝缘硬梯垂直悬挂在母线、横担或构架上进行等电位作业，这种方法大多用于变电一次设备的带电作业。与立式绝缘硬梯相比，可以省掉四方拉绳，且工具轻巧。

e. 绝缘绳索牵引吊篮进入强电场等电位作业。

f. 绝缘高架斗臂车等电位作业：绝缘斗臂车就是装在汽车活动臂上端、具有良好绝缘性能的绝缘臂和绝缘斗的一种专用带电作业汽车。作业时人员站在绝缘斗内，由液压升降、传动装置将臂展开，将作业人员送到作业高度进行作业。

g. 绝缘三角板等电位作业：绝缘三角板短小轻便，适用于配电线路杆塔附近等电位作业。

h. 沿耐张绝缘子串进入强电场的作业。

沿耐张绝缘子串进入强电场的作业是等电位作业的一种特殊方式，只适用于 220kV 及以上电压等级的耐张串上的作业。其作业方法是指作业人员身穿屏蔽服，在 220kV 及以上电压等级的耐张双串上或多串绝缘子串上，按照人体移动每次短接绝缘子不超过 3 片的方式，以蹲姿方式从横担侧进入导线侧的电场中，在绝缘子串上用夹具更换任何单片绝缘子的方法。

在这种作业方式下，人处于绝缘子串上相应绝缘子的电位，即工作时人的电位与所处位置上的绝缘子的电位相等，即等电位；作业中人沿绝缘子串移动，串上各绝缘子的分布电压不同，导致人在进入电场的过程中人的电位也不断变化。

这种作业方式省去了绝缘梯，使用工具轻巧，操作方便，工作效率高。如换单片绝缘子，一个人能完成间接法需要多人才能完成的工作量。但作业过程中同样存在一些问题：①有电容电流流过人体。因为作业中要短接一部分绝缘子，因此有电容电流流过人体。实测表明，短接 3 片绝缘子时，短接电流可达 $13.6\mu A$，短接的越多，电容电流越大。②电场强度的影响。人处于强电场中，电场强度很大，若无防护措施将使人有不舒服和恐慌。③组合间隙问题。人进入绝缘子串中，使导线对接地体的净空气间隙减小，当过电压时，将可能对屏蔽服放电，从而危及人身安全。带电作业的组合间隙应满足相应电压等级的最小组合间隙和良好绝缘子的最少片数的要求。

因此，作业时必须注意：①沿耐张绝缘子串进出强电场的作业，等电位电工手脚对应一致，通过等电位电工身体短接绝缘子的片数不得超过 3 片。②等电位作业电工应穿合格全套屏蔽服，各部连接可靠，作业中不许脱开。③等电位电工无论在绝缘子串中的哪一片，传给等电位电工的工具材料均应使用绝缘工具传递。

2) 作业安全性。等电位作业中应设法使人体各部位与带电体电位相等，不存在电位差，不会有电流流经人体，从而保证带电作业人员的安全。下面对作业人员在没有任何保护的情况下进行电场等电位的过程进行分析。

a. 等电位后的稳定电流。人体有麻电感觉以致死亡的原因，不在于人体所处电位的高低，而取决于流经人体电流的大小。

理论上，根据欧姆定律：没有电位差就没有电流。已经与带电体等电位的工作人员与导体之间不存在电位差，通过人体的电流等于零，等电位作业是安全的。

实际情况下，当人体与带电体等电位后，假设人体有两点与带电导线接触，两点之间的距离是 1m，那么这段导线的电压降，即为作用在人体上的电位差。假设导线为 LGJ-150，通过负荷电流 200A，1m 长 LGJ-150 导线的电阻是 0.00021Ω，那么电压降 $\Delta U=0.00021\times200=0.042V$，这就是加在人体的电压。如果人体电阻 $R_r=1500\Omega$，那么，通过人体的稳定

电流 $I = \dfrac{\Delta U}{R_r} = \dfrac{0.042}{1500} = 28 \times 10^{-6}$A，即 28μA，电流很小，人体感觉不到。

所以通常说，人体与带电体等电位后，作用于人体的电位差等于零，流过人体的电流也等于零，等电位作业的名称也由此而来。当然，人体与带电体接触后，并不能说电位绝对相等，因为人体与导线之间还存在一定的电容，但其电容电流是微不足道的。

b. 等电位瞬间过渡过程中的冲击电流。由于高压导线周围形成的电场分布不均匀，导线表面的电场强度最高，越远离导线，电场强度越小，所以当一个导电体在周围绝缘的条件下置于高压电场中时，将受到感应作用，导体越靠近高压线，感应作用越大，这就使得人体与导线之间形成的局部电场也越来越大。例如，在 110kV 线路上等电位作业，当人的手接近导线大约 2~3cm 时，导线周围局部电场强大到空气间隙发生游离，导线开始向人手放电，当人手继续靠近导线时，放电加剧。接近导线时，就看到放电小火花并发出"啪啪"的声音，这就是正负电荷中和时发出的能量转化为光、热、声能的缘故，这时空气间隙绝缘被击穿。当人手握紧导线，中和放电完成时，人体与导线电位达到相等，以上这个短暂的过程就叫作过渡过程。

在上述等电位的过渡过程中，会发生较大的冲击电流，可能有安培级的电流流过人体。试验证明，在这种类似板—棒间隙的不均匀电场中，2~3cm 空气间隙可以耐受峰值为 20~30kV 的电压，这个电压作用在人体与导线间形成的电容 $C_人$ 上，形成一个局部放电回路，其等值电路如图 5-8 所示。

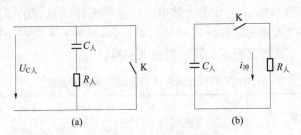

图 5-8 过渡过程人体局部放电等值电路

(a) 电容充电；(b) 电容放电

冲击放电瞬间类似等值电路中开关 K 接通的瞬间，这时限制电流的只有人体电阻 R_r，冲击电流最大值可由欧姆定律求得，一般约为 10~20A。冲击电流的起始值虽然很大，但是它衰减迅速，能很快将能量消耗在电阻上，当人体完全等电位之后，电流将趋于稳定，并且衰减到一个极小值，不会再使人有不良感觉。但是，这并不表示进行等电位作业时不需要采取任何保护措施。事实上，瞬间冲击电流会使作业人员感到很难受，甚至发生意外事故。实际作业时，作业人员必须穿屏蔽服或用"等电位转移线"去接触导线，而不能直接徒手去接触导线，尤其是在电压更高的线路上，冲击电流将更大，对人的刺激也更大。屏蔽服分流作用使流过人体的冲击电流很小；用电位转移线搭接，人体可以对导线保持较大的距离，使感应电荷减少，使冲击电流也减少，所以这两种方法都可以避免等电位瞬间冲击电流对人身的影响。

应该注意的是，等电位之前，人体与导线之间存在电容；等电位时，人体与导线被短接，成为一体，此电容不复存在；人体脱离电位后，人体与导线分离，空气绝缘，电容又出现。相应的，电容产生时，发生静电感应现象，电容器充电；电容被短接，电容器放电。所以移动作业位置时，若人体没有与带电体保持同电位，那么就会发生充电和放电过程，产生放电小火花及响声，等电位作业人员靠近导线时，如果动作慢，当与导线保持的空气间隙达到被击穿的临界距离（如 110kV 线路约 2~3cm 时），那么空气绝缘会时而击穿，时而恢复，电容 $C_人$ 与系统之间的能量反复交换，并将部分转化为热能，这可能会使绝缘手套铜丝烧断。因此，等电位过渡过程及脱离电位都应该迅速。

c. 等电位瞬间过渡过程中的体表场强。带电作业人员由地电位向等电位过渡过程中，人体的感应电势随着与导体距离的减小而增大。但是感应电势本身只说明整个人体与地之间的电位差，由于人体的形状复杂，对于带电体的方位也不相同，所以人体各部位的电场强度也是不同的，尤其是接近超高压导线或与超高压等电位时，人体的各部位电场强度极高，致使相互之间差异更大。目前，电位转移前那一瞬间的体表场强的准确值还很难确定，但是对于 500kV 设备而言，空气的临界击穿场强约为 25~30kV/cm（峰值），以手与导线这对电极为例，由于手部的场强比导线表面高（尖端电荷密度高），因此可以估计，手尖的体表场强将达到 $E_{max}=18~21kV/cm$（有效值）。不论在哪种电压等级的线路上等电位作业，在电位转移的瞬间，均会出现这种非常高的体表场强，这也是所有等电位作业都必须采用电场防护措施的主要根据。

根据测定，等电位后，人体表面场强在 110kV 时达 3.25kV/cm，220kV 时达 7.25kV/cm，330kV 时达 9.8kV/cm，即使是地电位带电作业时，当电压在 330kV 距离带电体 2.6m 时，人体表面场强也要达到 3kV/cm，比起上述电位转移前人体所具有的体表场强值小得多。但是，这些数值仍已超过人体的感知场强水平 2.4kV/cm，若不采取安全措施，会使工作人员感到皮肤重麻、刺痛，其严重程度如同一般触电一样。

表 5-1　　　　　　　　　　500kV 等电位人体体表电场强度的实测值

等电位人体所处位置	体表电场强度（kV/m）						
	头顶	右肩头	左肩头	前胸	后肩	面部	脚尖
离四分裂导线下 1m（未等电位）	400	130	80	40	12	125	90
等电位，但头部不超过导线	220	200	200	20	200	20	700
等电位，但头顶高出导线 0.5m	480	300	350	60	190	—	—

由表 5-1 可见，作业人员在等电位过程中，由于头部和脚部凸出，使电场畸变后场强高达 400kV/m、480kV/m 和 700kV/m。由此说明："带电作业工具应尽可能避免尖角"。

从上述三方面分析的结果来看，等电位作业也是安全的。但是必须指出，在等电位的瞬间过渡过程中冲击电流和体表场强很大，并且电压等级越高，其值越大；同时，对于 110kV 以上的设备，在人体等电位后，体表场强也都超过了人体感知水平，所以要注意防止冲击电流和高压电场的影响，作业人员就必须穿屏蔽服或采用"电位转移线"进行。

综上，保证带电作业安全的关键问题是：解决电场屏蔽，分流暂态、稳态电流问题，同时对事故情况有效防护，因此，保证在带电作业中采用优良的绝缘工具、足够的对地间距和可靠的电场保护措施是等电位作业缺一不可的三个条件。

5.4　带电作业的安全技术

5.4.1　安全要求

1. 带电作业的气象要求

带电作业主要考虑风、雨、雪、雾、雷、温度和湿度等气象条件。一般在天气良好，无大风（$v<5m/s$）条件下进行，否则必须采取相应的安全措施，具体如下：

（1）风力超过5级（$v \geqslant 8m/s$）时，作业人员、工具设备等受风力影响较大，作业时难以保证安全距离，一般不进行带电作业。

（2）绝缘工具在雨、雪、雾天气下，绝缘性能降低，容易造成工具闪络。如确实需要在上述天气进行带电作业，则必须按照特殊气象条件的规定进行作业，并经总工程师批准后方可进行。

（3）雷电易引起电网系统过电压，使带电设备和绝缘工具发生闪络或击穿而受到破坏，从而威胁人身和设备安全，所以在有雷电时，严禁进行带电作业。

（4）当气温低于0℃或高于+38℃时，作业人员操作比较困难，一般不宜进行带电作业。

（5）当空气相对湿度大于80%时，对绝缘工具的绝缘性能影响较大，特别是绝缘绳索的绝缘强度将明显下降，放电电压降低，泄漏电流增加，易发热冒烟，产生明火，烧断绳索。所以，空气相对湿度大于80%时一般不准进行带电作业。

（6）在紧急情况下，必须冒雨、雪、雾或风力在五级以上的恶劣天气进行带电抢修时，必须按《电业安全工作规程》的规定执行，进行充分讨论论证，采取可靠的安全措施，经主管领导和总工程师同意后，方可进行。

2. 带电作业人员要求

（1）基本要求。

1）身体健康，无妨碍工作的病症，能适应高空作业，（体格检查每两年一次）；

2）具有一定的电气和带电作业基本知识，掌握一定的检修技术；

3）能掌握触电解救法和紧急救护法；

4）熟悉《电业安全工作规程》与《带电作业安全工作规程》，经考试合格；

5）有较强的组织纪律性和工作责任心；

6）作业班长具有丰富的带电作业经验和一定的组织能力。

（2）技术要求。

1）参加带电作业人员专门培训，具有带电作业基础理论知识和实际操作水平，并经考试取得合格证书；

2）熟悉作业工具的名称、原理、结构和性能，掌握使用方法和电气机械试验方法、标准和周期；

3）熟悉作业项目的操作方法、程序、工艺要求和注意事项；

4）熟悉并严格执行作业规程中的相关规定；

5）作业负责人必须了解现场设备的作业方法、操作程序和人员素质，正确分工，并进行监护。

另外，带电作业中使用的工器具应满足技术参数和使用要求。

5.4.2 带电作业的电流防护

带电作业中，使用绝缘工具的间接作业、带电水冲洗、在横担侧摘挂绝缘子串，以及在载流导体上等电位工作时，都会有某些电流流经人体。这些电流主要包括：绝缘通道中的泄漏电流、在载流设备上工作时的旁路电流，以及带电断引作业时的空载电流、环流。

泄漏电流是外加电压作用下流经绝缘体及表面的电阻电流。带电作业中遇到的泄漏电流，主要指沿绝缘工具表面流过的电流。它是由外来杂质（水分、酸及其他）的离子或绝缘介质本身的离子移动所引起的。实验证明，泄漏电流的大小随空气相对湿度和绝对湿度的增加而增大，同时，也与绝缘工具表面状态（即是否容易集结水珠）有关。当绝缘工具表面绝缘电阻下降，泄漏电流增加达到一定数值时，便在绝缘工具表面出现起始电晕放电，最后导致闪络击穿，造成事故。即使泄漏电流未达到起始电晕放电数值而增大到一定数值时，也会使操作人员有麻电感觉，这对安全极为不利的。

绝缘通道中的泄漏电流的防护分绝缘工具的泄漏电流防护、绝缘子串的泄漏电流防护和在载流设备上工作时的旁路电流防护三种情况。

1. 绝缘工具的泄漏电流防护

绝缘工具上的泄漏电流，主要是指沿绝缘材料表面流过的电流。它是由外来杂质的离子或绝缘介质本身离子移动所引起的。

在间接作业中，作业人员使用绝缘杆操作或安装某种绝缘工具时，人体与绝缘工具一般呈串联状态。因此，从绝缘工具流过来的泄漏电流将全部通过人体入地，此时有

$$i_人 = \frac{U_{ph}}{R_绝 + R_人} \tag{5-8}$$

因绝缘工具的绝缘电阻均在 $10^{12} \sim 10^{13} \Omega \cdot cm$ 左右，所以正常情况下绝缘操作杆等绝缘工具的泄漏电流都在 $10^{-6}A$ 以下，即只几微安电流，大大小于交流 1mA 的感知水平。当受潮后，它的体积电阻率及表面电阻率均将下降到 10^{-11}，泄漏电流也将上升到 $10^{-4}A$，而接近毫安级水平。所以正常工作时，只要工具的有效长度满足 DL/T 409—1991 的要求，流过绝缘工具的泄漏电流就只有几个微安。但绝缘工具一旦严重受潮，电流将上升几个数量级，达到毫安级电流就会危及人身安全。特殊设计的雨天作业工具，因防雨罩可限制泄漏电流过高增长，故在下雨条件下可以安全使用，其泄漏电流一般均控制在几百微安。为防止雨天作业时绝缘工具泄漏电流增大导致安全问题可对作业工具进行改造，如在工具握手前部加装报警器，当泄漏电流达到报警值时发出报警，即可停止操作。

2. 绝缘子串的泄漏电流防护

干燥洁净的绝缘子串，因其绝缘电阻可高达 500MΩ 以上，且电容量又很小（约 50~70pF），所以其阻抗值是很高的，流过绝缘子串的泄漏电流只几十微安。但在一定程度污秽后，在潮湿的气候条件下，泄漏电流就会剧增到毫安级。当塔上人员在横担一侧摘挂绝缘子，而另一端尚未脱离带电体时，则绝缘子电流串的泄漏电流将通过人体流入大地，从而影响安全。

防护的办法通常采用塔上电工穿屏蔽服，使泄漏电流经屏蔽服的手套和衣裤入地的办法。

3. 在载流设备上工作时的旁路电流防护

在载流设备上工作时应注意两个方面的电流防护，徒手作业时的旁路电流的防护和使用

导流绳时的旁路电流的防护。

（1）徒手作业时的旁路电流的防护。载有负荷电流的导体上任意两点间，均有一定的电位差。一般情况下，导体的电阻不大，所以电位差也不大，人体穿屏蔽服接触这两点，大部分电流流过电阻仅几欧姆的屏蔽服，小部分电流流过千余欧姆的人体。这种在载流导体上等电位作业时自然产生的电流称为旁路电流，绝大多数情况下不需加以防护。

但在阻抗较大的载流设备（如阻波器）上工作时，由于阻波器感抗在数欧以上，阻波器两端压降很大，等电位工作人员如果同时接触阻波器两端，将会有较大旁路电流从屏蔽服通过，以致烧损，这是很危险的。

因此，凡是在阻抗较大的载流设备附近等电位作业，都要采取防护过大旁路电流经屏蔽服的措施。办法是采取足够截面积的短路线将阻抗器件短接起来，就可以保证等电位作业的安全。

（2）使用导流绳时的旁路电流的防护。在开断空载电流的等电位作业中，采用消弧绳做导流，以防止旁路电流通过等电位电工的屏蔽服或人体。此时，不仅要注意消弧绳的消弧作用，而且不能忽视它的导流作用，应尽量减小导流回路元件（挂钩、金属滑轮、金属软线）间的接触电阻。

5.4.3 带电作业的电场防护

在电力系统中，进行等电位作业时，电位转移的瞬间，均会出现非常高的体表场强。根据有关单位测定，电位转移完成后场强数值均超过了人体感知场强水平。为防止冲击电流和高压电场的影响，作业人员在 110kV 及以上设备进行等电位作业时，必须穿屏蔽服或采用"电位转移线"，使体表场强小于 2.4kV/cm。等电位作业电位转移时，人身裸露部分与导电体的距离规定见表 5-2。

表 5-2   人身裸露部分与导电体的距离规定

电压等级	35kV	110~220kV	330~500kV
距离	0.2m	0.3m	0.4m

1. 人体进入高压强电场后的电场分布及人体电流

人员在带电作业过程中，构成了各种各样的电极结构。由于带电作业的现场环境和带电设备布局的不同，带电作业工具和作业方式的多样性以及人在作业过程中有较大的流动性等因素，使带电作业中遇到的高压电场变化多端。

当导体接近一个带电体时，靠近带电体的一面会感应出与带电体极性相反的电荷，而背离的一面则感应出与带电体极性相同的电荷，这种现象称为静电感应。在带电作业中，静电感应会对作业人员产生不利的影响，特别是超高压带电作业中，甚至可能危及作业人员安全。

由高压静电场产生的电磁波和流经人体的电流将会使人体受到直接的影响，而且还可能产生生物学效应。苏联人自 1962 年以来开展的电场对人体影响的研究及生理学研究，证明了电场对人体有两种影响，即直接影响和放电影响。

直接影响为电场影响和通过人体的位移电流的影响。它取决于电场在人体上引起的感应电势以及人体与地之间的绝缘质量，从而决定通过人体电流的大小。人体如果长时间流过超过允许限值的电流的话，将会产生不利的影响。

人体在电场中感应电势的大小将取决于他在电场中所处的位置和电场强度的大小，而人体对地绝缘质量则与人体电阻、电容及人体对地电容等因素有关。

放电影响为电位从架空导线转移到人体以及从人体转移到工器具时所产生的冲击电流。它取决于人体接触电阻和放电电流。放电电流产生火花放电的能量则由人体电容和人体对地电位值所决定，可由式（5-9）表示

$$W = 0.5 C_{rd} V_{rd}^2 \tag{5-9}$$

式中　W——火花放电能量，J；

　　　C_{rd}——人体对地电容，F；

　　　V_{rd}——人体对地电位，kV。

放电电流将引起对人体表皮的刺激，使人感到有针刺感，并伴随有痛觉，从而会产生无意识的反抗动作，如果这种放电频繁发生的话，将会扰乱人体表皮生物的电流相位，使调节呼吸的功能和心律也将受到扰乱，产生相应的生物学效应。因此，强电场对人体的两种影响程度均可用一种简单的参量——电流来进行描述。

人体进入高压强电场后将会产生感应电势，同时使周围的电场畸变。随着人体与高压导线相对位置的不同，人体周围的电场分布也很不相同。

以 500kV 线路实测结果为例，当人穿屏蔽服与中相导线等电位后，在距悬垂绝缘子串 5m 处的四分裂导线上测量导线附近的电场强度分布情况，结果显示：导线表面场强为 440kV/m，导线四分裂间距中心线处场强为 480kV/m；导线左右两侧及下方各 0.4m 处的场强分别为 780kV/m 及 900kV/m；导线上方 0.6~0.7m 处的场强大于 1100kV/m。在这种情况下，人骑坐在两下分裂导线上时，周围的场强测量结果是屏蔽服外头顶为 580~780kV/m；胸前处为 40~70kV/m；后背处为 120~240kV/m。

当人体距悬垂绝缘子串的位置改变时，同样电位情况下，人体周围相应部位的电场强度基本一致，且局部最大场强的部位也一致，均在头顶处。例如，在距悬垂绝缘子串距离分别为 lm 和 2.5m 处，屏蔽服外头顶处的电场强度均为 700kV/m 左右，均为局部最大场强处；服外后背处的场强均为 260kV/m。

由此结果表明，处于等地位状况下的人体周围的电场分布与相对于绝缘子串的距离无关，这一点也从试验室的等电位测量结果中得到证明，即局部最大场强为头顶处的 620~650kV/m。

当人体相对于导线位置改变时，人体周围的电场分布就变得很不规则，局部最大场强的部位也很不规则。下面以三种相对位置的测量结果为例加以说明。

当人体与导线等电位坐在两条下分裂导线上时，由于人体各部位相对于导线距离的不同，则各部位的电场分布也不尽相同。如人头顶部不超出导线与超出导线 0.5m 处的场强值约相差一倍以上，前者为 220kV/m，后者为 480kV/m。而当双脚自由下垂时，脚尖处的场强可达 700kV/m，为局部场强最大处。当人体处于导线下方 1m 处而未与导线等电位时，其局部最大场强为头顶处的 400kV/m，局部最小场强在脚尖处，仅为 92kV/m。由此可见，人体周围的电场分布与人体相对于导线的位置有关，而等电位时的人体局部最大场强要比中间电位时高 1.8 倍左右。因此可以说，人体进入高压强电场后，等电位作业状况的感应电势最高，中间电位作业状况为次之。

人体处在高压强电场中的充电电容电流的大小随着电场强度的增加而增大，呈非线性关

系。同时，屏蔽服与导体及人体间的绝缘质量以绝缘电阻大小均影响到充电电容电流的大小。随着导线电压的提高，带电作业时人体充电电流也会增加，对于 500kV 等电位带电作业时，充电电流约为 1100μA，对于 750kV 架空线路的等电位带电作业，苏联计算流经人体电流将达到 4900μA。

根据美国和加拿大的试验结果表明，当人体处于电压为 138kV 和 345kV 两种电场中，站立在屏蔽篮中与高压导线等电位时，通过无屏蔽的顶部流经人体的电流将达到 300～320μA；当加上顶部和后背部的屏蔽后，才使电流分别降至 70μA（138kV 电场）和 13μA（345kV 电场），只有在人体穿上导电服后，才使流经人体的电流降至 50μA 以下。

以上数据表明，进入高压强电场的人体最大电场强度和人体电流均超过了人体允许限值，必须对进入电场的作业人员采取充分的屏蔽防护措施。

2. 静电感应

当一个不带电的导体靠近带电体时，如果带电体所带的是正电荷，则它和不带电物体的负电荷相吸，与正电荷相斥，这时不带电物体靠近带电体物体的一面带负电，而另一面就带正电。如果把带电体取走，则不带电物体的正负电荷又中和了，和原来一样仍不带电，这种在电场影响下引起物体上电荷分离的现象称为静电感应。带电体作业人员进入电场也会发生静电感应现象。

（1）带电作业中静电感应。输电导线通过电流时，周围产生电场，使线路附近导体的电荷重新分布，即静电感应现象。我们在进行输电线路带电作业时，对人身有下列感应现象：

1）对地为绝缘，作业人员穿胶鞋在铁塔上工作时，在进入电场后，由于静电感应使人体带电，当手接触铁塔的瞬间，就会出现麻电。

2）在电场中，由于静电感应，绝缘的金属物体带电，当与人体接触的瞬间就会产生放电。例如，当杆塔上工作人员接拿用绝缘绳上吊的金属工具瞬间会产生麻电。

人体进入线路杆塔附近的电场时，将会产生感应电势和静电感应电流，同时也将使已被杆塔畸变了的电场变得更加不均匀，而且电场强度随着离开杆塔距离的不同而有很大变化。人体感应电流则随着感应电势的增加呈非线性增长。同时，人体感应电流还与人体电阻、电容和对地电容以及人体皮肤电阻和接触电阻等因素有关。

带电作业人员沿线路杆塔攀登的过程中，人体与塔身的距离约为 0.5m。人体周围空间电场的分布随着人体攀登高度的增加而变化。一般来说，在与导线等高处的塔身以下，随着人体对地距离的增加，空间电场强度也随之增大，在与导线等高处的塔身以上部位，空间电场强度则随着人体对地距离的增加而减小，直至另一相导线等高处或跳线等高处，电场强度会有一次再度升高的过程，然后再下降。

对于在杆塔横担上站立或下蹲的人体，在横担上方 1m 处的空间电场分布一般规律为：边相导线悬挂点的横担上方的空间电场强度为最高，而在中相导线悬挂点的上方及与边相导线悬挂点之间的横担上方，电场强度均较低，这是由于横担本身的屏蔽作用所致。

（2）静电感应对作业人员的影响。根据模拟试验和实际线路杆塔上测量表明，作业人员在不穿屏蔽服而对杆塔绝缘的情况下，在 110kV 线路上感应电压最高达 1000V 以上；在 220kV 线路杆塔上最高可达 3000V 左右；在 500kV 线路杆塔上最高可达 10000V 左右。

在输电线路杆塔上静电感应最大的地方是在铁塔横担端部。人体触及 500kV 线路杆塔横担端部，可产生感应电流 490μA（接近铁塔作业时约有 800μA）。因为小于人体的安全电流（工频）1mA，所以尚无危险。但是，为防止静电感应冲击而造成高空作业人员突然麻电，可能发生高空跌落事故，因此，仍须引起注意。

以 500kV 线路杆塔的实测值为例，人体沿杆塔攀登并在塔身上工作时，位于与导线等高的塔身处的空间电场强度最大，其次是横担上边相导线悬挂点上方。对第一代线路杆塔来说，其塔身上和横担上最大场强值分别为 40kV/m 和 35kV/m，与其对应的人体最大感应电流分别为 378μA 和 171μA，而最大场强的一般水平为 30~40kV/m，人体感应电流的一般水平为 200~300μA；对于第二代线路杆塔来说，其塔身上和横担上的最大场强值分别为 24~58kV/m 和 27~54kV/m，人体感应电流分别为 225~329μA 和 302μA。而一般情况下，最大场强的一般水平为 40~60kV/m，感应电流一般水平为 220~330μA。

由实测结果可以看出，在 500kV 线路杆塔上进行地电位作业时，作业人员将会受到电场的影响，并会产生大于人体允许安全限值的感应电流流经人体，因此，必须对塔上作业人员采取必要的防护措施，以避免电场对人身造成的影响。

另外，根据对部分 220kV 及 330kV 线路杆塔的测试结果表明，在 330kV 线路杆塔上工作时，人体体表最大场强的一般水平为 20~30kV/m，人体感应电流为 150~250μA；220kV 线路杆塔上的最大空间场强一般水平为 10~25kV/m，人体感应电流一般水平为 50~150μA。可见，在 330kV 线路杆塔上作业的人员也必须采取防护措施，而在 220kV 线路杆塔上作业的人员，也要根据具体情况采取必要的防护措施。

5.4.4　屏蔽服保护原理及理论分析

1. 屏蔽服保护原理

屏蔽服相当于一个用导电纤维材料做成的法拉第笼，将人体很好地屏蔽在里面，同时由于它良好的导电性，当与导线处于同一电位情况下则不会产生电位差，使处在高压电场中的人体外表各部位形成一个等电位屏蔽面，从而使人体被高电压充电而不会发生电击，保护人体免受高压电场及电磁波的影响。这一原理早在 1837 年就被米哈依尔·法拉第发现并证明了。

2. 屏蔽服保护效果及理论分析

衡量屏蔽服屏蔽性能的指标为屏蔽效率。它是一项相对指标，即指屏蔽前接受电极上的电压与屏蔽接受电极上的电压之比，用电平量来表示，单位为 dB，即

$$S_E = 20\log U_{\text{ref}}/U \tag{5-10}$$

我国现行的 GB/T 6568—2008 标准和 IEC/TC—78 制定的《带电作业用导电服》标准中，均规定屏蔽效率的限值为 40dB 以上。40dB 表示高压电磁场穿透屏蔽服后，其电场强度将衰减至 1/100。IEC 标准中还规定对整套屏蔽服进行屏蔽效率试验，用流经人体及屏蔽服的总电流（I_1）与流经人体电流（I_2）的比值来表示，也可用屏蔽效率系数（φ）来表示

$$\varphi = \frac{总电流}{人体电流+总电流} = \frac{I_1}{I_1 + I_2} \tag{5-11}$$

此时，φ 应不小于 99%，相当于 S_E>40dB。

苏联用"电场屏蔽系数（K_E）"和"电流屏蔽系数（K_I）"两个指标来衡量屏蔽服的屏蔽效果，具体要求为：K_E>20 和 K_I>100。

K_E 表示屏蔽前后的电场强度之比，K_I 表示屏蔽前后的人体电流之比，K_I>100 的指标相当于屏蔽服内人体电流衰减至 1/100，其值与 40dB 相当。

　　屏蔽服主要起屏蔽电磁场及分流人体电流的作用，同时也起均压和电位转移棒用。

　　(1) 屏蔽作用。能大大减弱人体表面电场强度。如屏蔽效率为 40dB 的屏蔽服在 500kV 四分裂导线上等电位作业时，如果作业人员肩背部屏蔽服外的电场强度为 400kV/m 时，则穿透到屏蔽服内的电场强度只有 4kV/m，实测为 2kV/m。

　　(2) 均压作用。如果作业人员不穿屏蔽服去接触带电体，由于人体存在一定的电阻，人体与带电体的接触点（如手指）与未接触点（如脚板）之间存在电位差而导致放电刺激皮肤，使作业人员有电击感。穿上屏蔽服后，由于衣服电阻很小（可视为导体），上述现象可以消除，从而起到均压作用。

　　(3) 分流作用。当人体处于等电位状态时，由于对邻相导线和地之间存在电容，将有一个与电压成正比的电容电流流过人体。一般人体承受暂态电流不大于 0.45A，工频稳态电流不超过 1mA。由于屏蔽服电阻小并具有一定的载流能力，当其与人并联时，便能起到分流暂态和稳态电流的作用。

　　(4) 其他作用。包括方便电位转移、保护等。因此，衡量屏蔽服保护效果的指标应是屏蔽效率和流经人体的电流两大指标。屏蔽效率与屏蔽服金属丝网格密度及网格结构有关，还与空气湿度有关。金属网格密度的增加和空气湿度的增加都可使屏蔽服的屏蔽效率得以提高，而屏蔽服的电阻也相应降低。流经人体电流的大小则主要取决于人体感应电场水平的大小和屏蔽服电阻的大小，同时还与人体电阻、电容、人体对屏蔽服电容及人体和屏蔽服对地电容等因素有关。

　　我国对屏蔽服电阻上限值的规定为：整套衣服 20Ω，上衣、裤子、手套、短袜等单件为 15Ω，鞋子为 500Ω。

　　IEC 标准对屏蔽服电阻上限值的规定：整套衣服 60Ω，上衣、裤子为 40Ω，手套、短袜为 100Ω，鞋为 500Ω。

　　降低屏蔽服电阻可以提高屏蔽服的分流作用，减小流经人体电流。但是，还必须降低人体电场强度水平，才能起到限制人体电流的目的。人体电场水平包括电磁波穿透屏蔽服后在人体表面形成的电场强度和人体裸露面对地电容感应电势产生的电场强度两部分。

　　分析得知，人穿屏蔽服与高压导线等电位后，流经人体的电流由三部分组成：①由电磁波穿透屏蔽服对人体产生的电流；②由屏蔽服电位差对人体产生的分流电流；③由人体裸露面对地电容产生的充电电流。其中，由人体电阻分流的电流大小取决于屏蔽服电阻及人体电阻的大小；由电磁波穿透而产生的人体电流部分所占比例很小，仅占人体电阻分流的 1/30 左右；由于人体裸露面的局部场强较高，由此产生的人体电流必将成为控制人体电流的主要部分，裸露面的局部场强水平是成为控制人体电流的主要因素。

　　例 1：500kV 等电位测量流经人体与屏蔽服的总电流为 1100μA，人戴军便帽时流经人体电流为 42μA，面部裸露处的局部场强为 270～380kV/m，此时屏蔽服的屏蔽效果为 96.3%；当头部罩上面纱后，人体电流降为 27μA，则屏蔽服屏蔽效果增加为 97.6%。

　　例 2：500kV 等电位测量流经人体与屏蔽服的总电流为 281μA，人穿整套屏蔽服后流经人体电流为 2.8μA，此时，屏蔽服的屏蔽效果达 99% 以上，加上衣料对电磁场的屏蔽效率在 40dB 以上，该屏蔽服的保护性能在电磁场屏蔽和人体电流分流两方面均达到 99% 及以上的效果，这是符合 IEC 标准的。

　　如果例 2 中的人体戴帽不完善或未戴屏蔽帽，则流经人体电流将增大 3～4 倍，甚至 20

多倍，这时屏蔽服的屏蔽效果降至97%，甚至降到81%。，如果人体只穿屏蔽裤而不穿屏蔽上衣和帽，则通过人体上半身裸露部分流经人体的电流将高达无屏蔽时的64%。

以上事例说明，一套保护性能优良的屏蔽服，除了有满足屏蔽效率要求的衣料外，还应有设计合理、配套齐全的衣帽结构连接体，才能保证有优良的屏蔽效果。

3. 屏蔽服的安全防护

(1) 等电位和中间电位作业人员的防护。等电位及中间电位作业人员的最有效防护手段是穿着全套屏蔽服，以对人体构成一个封闭的屏蔽空间，从而使作业人员受到一个整体的、恒定的、不受其所在位置影响及作业活动影响的保护，从而消除电场对人身产生感应电势的直接影响，消除通过人体电容电流的直接影响以及消除转移电位过程中冲击电流的放电影响。

通过全套屏蔽服的屏蔽，等电位作业人员所受到的电场影响程度将远小于在塔上用绝缘工具法进行作业的人员，而且这种影响程度还可以通过加强屏蔽的手段得以显著减小。但是，如果带电作业人员穿着屏蔽服时不注意正确完整的连接，屏蔽帽无帽檐或戴法不正确等，使人体裸露面范围增大，均将导致裸露面局部场强增大和流经人体电流增大，导致屏蔽效果的下降。这应引起作业人员的高度重视，最好是戴披风帽式的大檐帽，效果较好。屏蔽服的穿戴时应注意以下几点：

1) 在屏蔽服里应穿上有阻燃性的内衣内裤，如棉、丝绸织成的内衣，可避免局部过热时化学纤维对人体皮肤造成黏附性灼伤；同时，穿上内衬衣裤可消除人体对屏蔽服的不舒适感，并增大人体与屏蔽服间电阻，以降低人体分流电流。

2) 冬天的棉衣必须穿在屏蔽服里面，以保证屏蔽服的分流作用。如果棉衣穿在外面，必然增加屏蔽服与导线间绝缘电阻从而降低分流作用，将使流经人体电流增加。

(2) 地电位作业人员的防护。为防止塔上作业人员免受暂态电击和可能产生的有害生态影响，对塔上带电作业人员的安全防护措施建议如下：

1) 在500kV线路杆塔上作业的人员，凡需在高场强区停留作业的，必须穿静电防护服和导电鞋。

2) 在330kV线路杆塔上作业的人员，凡需在高场强区停留作业的，必须穿静电防护服和导电鞋。

3) 凡登220kV及以上线路杆塔的作业人员必须穿导电鞋，以保证在任何情况下与杆塔保持同电位，避免作业时产生暂态电击引起刺痛，或造成二次事故。

4) 对110kV线路个别塔型的静电感应水平超过限值的杆塔，塔上作业人员也应穿导电鞋以作防护。

5) 退出运行的电气设备，只要附近有强电场，所有绝缘体上的金属部件，不论其体积大小，在没有接地前，处于电位的人员禁止用手直接接触。

6) 已经断开电源的空载相线，不论其长短，在邻导线接入电源（或尚未脱离电源）时，空载相线有感应电压，作业人员不准触碰，并应保持足够的距离。只有当作业人员使用绝缘工具将其良好接地后，才能触及空载相线。

7) 在强电场下，塔上电工接触传递绳上较长的金属物体前，应先使其接地。

8) 绝缘架空地线应当作有电看待。塔上电工要对其保持足够的距离。先接地后，才能触及。

随着季节、天气的变化，屏蔽服外可套雨衣、防寒衣，对静电感应的屏蔽率没有任何影响。夏季出汗、下雨等，由于人体表皮电阻下降，流过人体的电流增加，屏蔽率降低，所以要良好考虑作业条件，采取相应的措施。

5.4.5　带电作业的安全距离

为了保证人身安全，作业人员与不同电位物体之间所应保持的各种最小空气间隙距离的总称，称为安全距离。安全距离包含最小安全距离、最小对地安全距离、最小相间安全距离、最小安全作业距离和最小组合间隙。通常，安全距离是按电网正常运行时可能出现的最高运行电压下，作业人员在活动范围内，空气间隙在操作过电压条件下，出现间隙放电的危险率水平小于 1.0×10^{-5} 而确定的。

1. 安全距离的确定

带电作业的安全距离，是保证带电作业人身与设备安全的关键。在很大程度上取决于过电压幅值能否引起绝缘和绝缘工具闪络或空气间隙放电。安全距离的确定，应根据各级电压所能出现的最大内过电压幅值和最大外过电压幅值，求出其相应的危险值，取其中最大的数值再增加 20% 的安全裕度而确定。

220kV 作业人员与带电体之间应保持的最小距离确定。

（1）按内过电压选择。220kV 线路上带电作业时线路内过电压倍数取 3，再考虑 11.5% 电压升高，所以，220kV 线路可能出现的内过电压最大值公式计算得

$$U_{gc} = \sqrt{2} U_{Xg} K_1 = \frac{220}{\sqrt{3}} \times 1.15 \times 3 \times \sqrt{2} = 620(\text{kV})$$

查《机电工程手册》中操作波（500/50000μs）正极性棒板间隙放电曲线得到 620kV 雷电波过电压的危险距离是 1.4m。按危险距离增加 20% 裕度查安全距离为 1.68m。

（2）按外过电压选择。当工作地段附近有雷电时不宜进行带电作业，但不能排除远方落雷后，雷电波从线路传到作业地点的可能性。从最坏的情况考虑，假设离作业点 5km 处落雷，根据经验公式（5-12），可计算出沿导线传到作业点的大气过电压值。

$$U = \frac{U_0}{KLU_0 + 1} \tag{5-12}$$

式中　U——沿导线传到作业点的大气过电压值，kV；

　　U_0——雷电外过电压幅值，kV；

　　L——雷电压传输距离，km；

　　K——雷电波衰减系数，$K = 0.16 \times 10^{-3}$。

如 220kV 线路 X-4.5 型 13 片绝缘子的 50% 冲击放电电压从有关设计手册中查得为 1186kV（正极值），取此值为雷电外过电压幅值，雷电波衰减系数按最不利的情况取 $K = 0.16 \times 10^{-3}$，距带电作业地点 5km 处落雷，沿线路传到作业点的最大可能的外过电压值公式计算得

$$U = \frac{U_0}{KLU_0 + 1} = \frac{1120}{0.16 \times 10^{-3} \times 5 \times 1120 + 1} = 591(\text{kV})$$

因为雷电波近似看成为是 1.5/40 的全波（即波头 1.5μs，波长 40μs）的冲击电压，查《机电工程手册》正极性棒板间隙放电曲线得到 591kV 雷电波过电压的危险距离是 0.99m。

从上述计算得到，其控制作用的操作过电压，所以规定 220kV 作业人员与带电体之间应保持的最小距离，即按操作过电压幅值计算的结果 1.4m，再按其控制作用的危险距离增加 20% 裕度后为 1.68m。因此，《电业安全工作规程》定为 1.8m，有足够的安全裕度。

（1）最小安全距离。最小安全距离是指为了保证人身安全，地电位作业人员与带电体之间应保持的最小距离。

《电业安全工作规程》中对各线路电压等级的最小安全距离规定见表 5-3。

表 5-3 人体对带电体的单间隙最小安全距离

电压等级（kV）	10	35	110	220	330	500
最小安全距离（m）	0.4	0.6	1.0	1.8 (1.6)*	2.6	3.6**

* 因受设备限制达不到 1.8m 时，经本单位生产主管批准，采取必要措施后，可采用 1.6m。

** 为暂定数据。

（2）最小对地安全距离。最小对地安全距离是指为了保证人身安全，带电体上作业人员与周围接地体之间保持的最小距离。

《电业安全工作规程》中，规定带电体上作业人员对地的安全距离等于地电位作业人员对带电体的最小安全距离。等电位作业对地距离应保持规程所规定的最小安全距离见表 5-4，当不能满足时，应采取可靠措施。

表 5-4 等电位作业人员与地之间的安全距离

电压等级（kV）	10	35	63 (66)	110	220	330	500
安全距离（m）	0.4	0.6	0.7	1.0	1.8 (1.6)	2.6	3.6

（3）最小相间安全距离。最小相间安全距离是指为了保证人身安全，带电体作业人员与临近带电体之间应保持的最小距离。

《电业安全工作规程》中，对最小相间安全距离规定见表 5-5。

表 5-5 最小相间安全距离

电压等级（kV）	10	35	110	220	330	500
安全距离（m）	0.6	0.8	1.4	2.5	3.5	5.0

（4）最小安全作业距离。最小安全作业距离是指为了保证人身安全，考虑到工作中必要的活动，地电位作业人员在作业过程中与带电体之间应保持的最小距离。

确定最小安全作业距离的基本原则是：在最小安全距离的基础上增加一个合理的人体活动增量。一般而言，增量可取 0.5m。在部颁《电业安全工作规程》中，对在带电线路杆塔上工作时的最小安全作业距离作出了具体规定如表 5-6 所示。

表 5-6 最小安全作业距离

电压等级（kV）	≤10	35	110	220	330	500
安全距离（m）	0.7	1.0	2.0	3.0	4.0	5.0

（5）最小组合间隙和良好绝缘子的最少片数。中间电位作业人员、等电位人员在进入电

场过程中，与接地体和带电体两部分间隙之和即组合间隙。

　　最小组合间隙是指为了保证人身安全，在组合间隙中的作业人员处于最低的 50% 操作冲击放电电压位置时，人体对接地体与带电体两者应保持的距离之和。

　　不论哪种作业方式，带电体均有可能通过空气间隙、绝缘工具和绝缘子串三个路径放电，除要求空气间隙（或组合间隙）和绝缘工具的有效绝缘长度满足要求以外，绝缘子串的闪络电压也必须满足系统最大操作过电压。因此，绝缘子串中必须有足够数量的良好绝缘子，其闪络电压大于最大操作过电压。最小组合间隙和良好绝缘子的最少片数见表 5-7。

表 5-7　　　　　　　　　　　最小组合间隙和良好绝缘子的最少片数

电压等级（kV）	35	63	110	220	330	500	1000
最小组合间隙（m）	0.7	0.8	1.2	2.1	3.1	4.0	7.2
良好绝缘子片数	2	3	5	9	16	23	37

　　注　表中数据 1000kV 为单串绝缘子结构，海拔高度 500~1000m。

　　实际上《电业安全工作规程》对 35~110kV 所规定的最小组合间隙数据没有实用价值。如沿绝缘子串进入强电场，只能在 330kV 及以上设备上进行；220kV 线路在满足的条件下才能进行。

　　2. 绝缘工具最短有效长度的确定

　　有效绝缘长度是指绝缘工具在使用过程中遇到各类最大过电压不发生闪络、击穿，并有足够安全裕度的绝缘尺寸，是在带电作业工具设计和使用时的一项重要技术指标。有效绝缘长度按绝缘工具使用中的电场纵向计算，并扣除金属部件的长度。有效绝缘长度的绝缘水平由固体绝缘的性能和周围空气的绝缘性能决定。

　　带电作业绝缘工具的有效绝缘长度是指绝缘工具的全长减去握手部分及金属连接部分的长度。带电作业绝缘工具的最短有效绝缘长度，是保证安全的关键问题。根据试验，当绝缘工具的长度在 3.5m 以下时，其沿绝缘体表面放电电压均等于空气间隙的击穿电压，说明绝缘工具在一定距离下能承受较高的电压（但要注意不能使绝缘工具受潮），所以对支、拉、吊杆等承力工具和绳索的最短有效长度规定为空气的最小安全距离。

　　3. 操作杆等活动绝缘工具最短有效绝缘长度的确定

　　绝缘操作杆使用频繁，握手处容易移动，使有效长度缩短，因此，对绝缘操作杆应增加 30cm 的活动范围，见表 5-8。例如 220kV 操作杆有效长度为 180cm+30cm=210cm。

表 5-8　　　　　　　　　　　操作杆等绝缘工具最短有效绝缘长度

额定电压（kV）	10	35	110	220	330	500	1000
操作杆有效绝缘长度（cm）	70	90	130	210	310	400	680
支、拉、吊杆、绳索的有效绝缘长度（cm）	40	60	100	180	280	370	680

　　注　表中 1000kV 最短有效绝缘长度数据为海拔高度 500~1000m。

　　4. 保护间隙

　　（1）保护间隙用在大电流直接接地系统。当不符合带电作业绝缘要求时，可以加装保护间隙进行限压保护，一般用在 220kV 以上的线路带电作业。

（2）保护间隙的挂接方法。安装点应距作业人员 20m 以上，并在作业相上挂接，操作方法及步骤如下：

1）将保护间隙的各部分组装好，调好间隙；

2）把绝缘绳、滑车挂在带电的导线上；

3）将保护间隙的下端引下良好地接地，然后用绝缘绳把间隙拉上去，固定在导线上。

（3）保护间隙的整定原则。

1）在系统中出现危及人身安全的操作过电压时，保护间隙能正确动作，以保证人身安全；

2）保护间隙的使用不应增加线路的跳闸率；

3）保护间隙在最高工频电压运行下不允许误动作；

4）保护间隙的操作波冲放电压小于作业时组合间隙相应的操作波冲放电压。

根据上述原则和试验数据，保护间隙距离整定值见表 5-9。

表 5-9　　　　　　　　　　　　保护间隙距离整定值推荐

电压等级（kV）	220	330	500	1000
保护间隙距离（m）	0.7~0.8	1.0~1.1	2.0~2.5	3.6

注　表中 1000kV 保护间隙距离整定值的海拔小于 1000m。

（4）保护间隙安全注意事项。

1）使用保护间隙应与调度联系，得到调度同意后，方可安装使用。

2）保护间隙的保护范围（按波长 250μs 的操作波冲放电压相差 3% 计算），可达 2.2km。作业时只需在作业点相邻杆塔上悬挂一组并有专人看护，不必逐基悬挂。

3）保护间隙的挂钩应与导线接触牢固，下端要良好接地，接地电阻不得大于 10Ω。

4）悬挂保护间隙前应可靠接地，接地线截面积不得小于 25mm²。

5）保护间隙的引线要考虑到系统短路电流的影响而不致烧伤烧断。

6）保护间隙应采用活动可调试，在悬挂间隙时，间隙放在最大位置，当作业人员即将进入绝缘子串时，才将间隙放到整定的距离。

7）保护间隙的接地点，无关人员不准进入。

8）悬挂和拆除保护间隙的人员应穿全套屏蔽服，以防跨步电压危及人身安全。

5. 安全距离不足的补救措施

（1）加装绝缘隔离作为防护措施和原理。在人体和带电体之间，加装有一定层间绝缘强度的挡板、卷筒护套等固体绝缘设备来弥补空气间隙不足的做法，称为绝缘隔离法。

加装绝缘隔离作为防护措施。由于固体绝缘的击穿强度一般都比空气高得多，当加入绝缘隔离后，这时空气间隙的有效长度就将加长，放电电压可得到提高，因此，只要适当选择绝缘板的厚度与面积，就能达到提高绝缘水平的目的。

由于该方法受设备的体积形状等限制，提高放电电压的幅度是有限的，故一般只在 10kV 及以下设备上采用。

（2）加装保护间隙作为防护措施的原理。在带电作业时，如果工作人员周围的空气间隙不能符合安全距离的要求，则可在作业点附近将导线与大地之间人为并联一个间隙，使得并联的保护间隙小于空气间隙，这样，就可以把系统中传来的电压，暂时地限制到某一个可控的预定水平上，从而确保作业点人员的安全，这种方法称为保护间隙法。

6. 安全距离修正

必须注意的是本节所列安全距离、绝缘工具有效绝缘长度等数据适用于海拔高度 1000m 及以下，当海拔高度在 1000m 以上时，由于空气温度、压强的影响，应根据作业区不同海拔高度，修正各类空气与固体绝缘的安全距离和长度、绝缘子片数。

（1）安全距离的修正。海拔高度每提高 100m，空气间隙的放电电压降低约 1%。IEC（TC-78）IEEE《安全间隙作业间隙导则》规定：海拔 1000m 高度以上每增加 300m，推荐间隙值增加 3%。

（2）绝缘工具有效绝缘长度修正公式。绝缘工具有效绝缘长度的修正公式为

$$L = \frac{L_0}{1.1 - 0.1H} \tag{5-13}$$

式中　L——修正后最小有效绝缘长度，m；

　　　L_0——修正前最小有效绝缘长度，m；

　　　H——安装点的海拔高度，km。

需要说明的是：对于 1000kV 特高压线路的最小安全距离、最小组合间隙、保护间隙及绝缘工具有效绝缘长度要满足 DL/T 392—2015《1000kV 交流输电线路带电作业技术导则》；DL/T 1240—2013《1000kV 带电作业工具、装置和设备预防性试验规程》的要求。

5.4.6　带电作业停用重合闸

停用重合闸只起到一种后备保护作用，是带电作业过程中由于意外事故引起的开关跳闸。它的积极作用就是防止事故后果扩大化。例如，由于作业距离不足造成放电，线路跳闸经过重合，线路上再次充电势必加剧人员烧伤或其他后果。停用重合闸并非万全的后备措施，因为它也会带来以下负面影响：

（1）延误线路瞬间故障的消除。例如，由于风害、鸟害、雷害造成的瞬间故障将得不到及时处理，增加了事故次数和经济损失。

（2）占用了宝贵作业时间。停用 220KV 及以上线路重合闸，必须履行地调、总调间的一系列审批程序，往往会让带电作业失去最佳的作业时间。

（3）非直接接地系统停用重合闸往往事倍功半。例如，66kV 带电作业发生单相接地事故，线路并不会跳闸，停用重合闸是没有必要的。

带电作业有下列情况之一者，必须停用重合闸。

（1）中性点有效接地系统中，有可能引起单相接地的作业项目。例如，在"上"字形杆塔的上线进行引线直连项目，存在单相接地的可能性。

（2）中性点非有效接地系统中，有可能引起相间短路的作业项目。例如，在多层母线的最上层进行直连、短接工作，存在相间短路的可能性。

（3）工作票签发人或工作负责人认为有必要停用重合闸的作业项目。例如，新项目、新人员首次带电模拟操作训练，操作内容十分繁杂、作业范围超越一杆一塔、参与人数众多的作业项目，停用重合闸都会产生积极效果。

5.5　带电作业工器具

带电作业使用的工具有检测和检修工具、设备及装置、安全防护用具，通常检修工具按材质又分为绝缘工具和金属工具两大类。

1. 带电作业工具分类

带电作业工具分类见表5-10。

表 5-10　　　　　　　　　　带电作业工具分类

	绝缘梯台	软梯、竖梯、挂梯、平梯、靠梯
	绝缘操作杆	操作杆、测零杆、测距杆、电位转移杆、绝缘棒、绝缘夹钳
	绝缘滑车	滑车、滑车组
	绝缘支、拉、吊、抱杆	绝缘支杆、绝缘吊杆、绝缘紧线拉线、绝缘抱杆、绝缘羊角抱杆
	绝缘横担	绝缘平举横担、绝缘伞形横担、绝缘涨缩横担
绝缘工具	绝缘拖瓶装置	绝缘托瓶架、绝缘吊瓶、绝缘托瓶板、绝缘抓瓶器
	绝缘绳	绝缘传递绳、绝缘承力绳、绝缘控制绳、绝缘测距绳、绝缘保护绳、绝缘吊点绳套、绝缘保安绳
	绝缘遮蔽罩（等电位用）	导线遮蔽罩、耐张装置遮蔽罩、针式绝缘子遮蔽罩、棒型绝缘子遮蔽罩、套管遮蔽罩、跌落开关遮蔽罩、隔离开关遮蔽罩、绝缘布
	绝缘遮蔽罩（地电位用）	横担遮蔽罩、杆身遮蔽罩、杆顶遮蔽罩、绝缘隔板、特殊遮蔽罩
	其他工具	分流线、短接线
	卡具	导线卡具、绝缘子卡具、连接金具卡具、横担卡具
	紧线器	液压紧线器、丝杠紧线器、涡轮紧线器、扁带紧线器、杠杆提线器、推拉器
金属工具	通用小工具	拔销器、取瓶器、扶正器、扳手、带电线夹、安装及缠绕器、转瓶器、瓷绝缘子连接器、挑钩、扒线钳
	金属滑车	锁扣滑车、翻斗滑车、封闭式滑车、单门滑车
	固定器	角钢固定器、杆身固定器、抱杆固定器
	软梯及其他	软梯头、钩子、短接线、螺栓拔出器、架空地线提升器
	消弧装置	消弧绳、弹簧消弧器、消弧开关、消弧枪、短接开关、消弧滑车
	清扫、喷涂绝缘子装置	清扫刷、水冲洗工具、气吹绝缘子工具、喷涂用机硅油枪
	断线工器具	杠杆断线钳、丝杆断线钳、液压断线钳、多用枪
设备及装置	载人装置及设备	飞车、吊篮、工程车
	起重设备	手摇设备、轻型卷扬机、机动绞磨、人推绞磨
	保护间隙	弧形保护间隙、球形保护间隙
	压接设备及器材	爆压工具、机械压接工具
	通信设备及其他	单工对讲机、双工对讲机、更换单串耐张绝缘子保护装置
检测仪表	带电作业绝缘工器具电气检测仪器	高压绝缘测试仪、表面潮湿测试仪、绝缘电阻表

检测仪表	带电作业工器具机械检测仪器	拉力表、简易拉力试验台、卧式多功能拉力试验机、立式拉力试验机
	电气设备接头测温装置	半导体点温计、红外线测温仪
	绝缘子检测装置	火花间隙检测装置、绝缘子分布电压测量仪
	场强测量仪表	地面场强表、塔上场强表、人体电流表、光纤场强电压表
	其他测量仪表和设备	钳形电流表、核相仪、水阻率表、等值盐密度测试仪、屏蔽服表面电阻测量仪、导线钢芯断头测量仪、风速测量仪、温度仪、湿度仪、泄漏电流报警器
个人防护用品	屏蔽用具	屏蔽服、屏蔽手套、屏蔽袜、屏蔽帽、导电鞋、屏蔽面罩、导电眼镜、高压静电防护服
	绝缘工具	绝缘靴、绝缘鞋、绝缘手套、绝缘袖套、绝缘胸套、绝缘披肩、绝缘服、绝缘垫
	安全用具	安全帽、安全带（绳）、护目镜、二道防护绳

（1）绝缘杆。

1）绝缘杆的分类。按照不同的用途，经常将绝缘杆分为操作杆、支杆和拉（吊）杆三类。

a. 操作杆。在带电作业时，作业人员手持其末端，用前端接触带电体进行操作的绝缘工具。

b. 支杆。在带电作业中，其两端分别固定在带电体和接地体（或构架、杆塔）上，以安全可靠地支撑带电体荷重的绝缘工具。

c. 拉（吊）杆。在带电作业过程中，与牵引工具连接并安全可靠地承受带电体荷重的绝缘工具。

2）绝缘杆的最小有效长度。绝缘杆的最小有效长度是按目前带电作业中绝缘配合的要求确定的。在各电压等级下，带电作业用绝缘杆最短有效长度，已由部颁《电业安全工作规程》做出具体规定，其要求见表5-11。

表 5-11　　　　　　　　　　　　绝缘杆最短有效长度

电压等级 U_n（kV）		10	35	110	220	330	500	500（DC）*
绝缘杆最短有效长度 L（m）	操作杆	0.7	0.9	1.3	2.1	3.1	4.0	4.0
	支杆、拉（吊）杆	0.4	0.6	1.0	1.8	2.8	3.7	3.7
端部金属接头长度		0.1	0.1	0.1	0.1	0.1	0.1	0.1
手持部分长度		0.6	0.7	0.9	1.0	1.0	1.0	1.0

* 直流500kV带电作业的绝缘杆最短有效长度可参考使用交流500kV的长度，但有较大的安全裕度。

（2）手持操作杆。间接作业的全部操作和等电位的部分操作都是通过手持操作工具完成的。操作杆是绝缘部件，顶部的通用工具或专用工具是模拟手的功能部件。主要用途有：取、递绝缘子，拔、递弹簧销子，解、绑扎线，绝缘支撑，传递工具材料等。操作杆是由绝缘管和杆头工作部件组成，操作杆头部件根据用途不同可更换。常用的杆头部件有：拔销器、递销器、多向拔销器、螺杆取瓶器、弹簧取瓶器、转瓶器、绑线绳子、带电线夹和夹线器。

操作杆的接头可采用固定式或拆卸式接头，但连接应紧密牢固。用空心管制造的操作杆的内、外表面及端部必须进行防潮处理，可采用泡沫对空心管进行填充，以防止内表面受潮和脏污。固定在操作杆上的接头宜采用强度高的材料制成，金属接头其长度不应超过100mm，端部和边缘应加工成圆弧形。

操作杆的总长度由最短有效绝缘长度、端部金属接头长度和手持部分长度的总和决定，其各部分长度应符合表 5-12 的规定。

表 5-12　　　　　　　　　　　　　　　操作杆各部分长度要求

额定电压（kV）	最短有效绝缘长度（m）	端部金属接头长度 （不大于，m）	手持部分长度 （不大于，m）
10	0.70	0.10	0.60
35	0.90	0.10	0.60
63	1.00	0.10	0.60
110	1.30	0.10	0.70
220	2.10	0.10	0.90
330	3.20	0.10	1.00
500	4.10	0.10	1.00

（3）承力工具。承力工具主要指承受导线重量和张力的带电作业工具。常用的承力工具有绝缘滑车组，绝缘拉杆装置（包括托瓶装置），绝缘支撑工具，紧线、吊线装置等。

1）绝缘滑车组。它是绝缘承力工具和牵引工具的联合体，由绝缘绳和绝缘吊钩滑车组合而成。滑轮一般由尼龙、有机玻璃或工程塑料车制或压塑成形，内装轴承；隔板及加强板均用 3240 板制成，吊钩和一般滑车相同，少数关键绝缘部件也用 3240 板制作。

2）绝缘吊线杆。它是承受垂直荷重的绝缘部件，一般两根为一组。按结构可分为：①共用型；②固定型；③杠杆型；④绝缘子托架型。前两种需配合固定器和牵引机具使用。

共用型本体用两片 3240 板制作，长度可调节。上部连接环由铝合金制成，与牵引机具连接；下部吊钩可按导线数需要分成单、双、四钩。平时可缩短长度保管。

压杠吊线杆是用杠杆原理制成的，它兼有承力、牵引、固定三种功能。具有操作省力、能远距离安装及操纵等特点，但它与横担连接，必须符合横担特点，通用性差，荷重也不能过大。

有的把吊线杆做成锯齿形，能安装上下移动的绝缘子托架，可用来更换单片绝缘子，吊线杆需兼受较大的弯曲力。

3）绝缘紧线拉杆装置。绝缘拉杆装置是由绝缘拉杆、金属丝杆、卡具组成，常用于带电更换绝缘子作业时转移绝缘子串所受导线的重力或张力。绝缘拉杆（或拉板）一般用环氧酚醛玻璃布管（或板）制成，两端分别与丝杆及卡具连接，丝杆一般用 45 号钢或合金钢制成。丝杆一端与绝缘拉杆相连，另一端与横担底座或卡具相连，摇动丝杆把手，即将丝杆旋进或旋出，使绝缘拉杆装置收紧或放松。有的采用液压装置代替丝杆。它是能承担导线水平荷重的绝缘部件。更换单串耐张绝缘子需用两根拉杆，如图 5-9 所示；更换双联串耐张绝缘子多数情况只用一根拉杆。

4）绝缘支（拉）杆。支（拉）杆是以电杆杆身为依托的绝缘承力工具，它可以使导线同时做水平及垂直方向的位移。

5）托（取）瓶工具。当载荷临时转移到绝缘器具上去时，绝缘子串松弛后，还必须借助各种托瓶架（钩）来承受绝缘子本身荷重，常见的托（取）瓶装置有托瓶架、吊瓶钩、取瓶器等，它们主要是用绝缘管（板）制作而成，在更换绝缘子时用来承担松弛绝缘子串的全部重量。

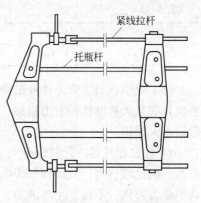

图 5-9　HDL35/110 型紧线拉杆

托瓶架装在绝缘子串的下方，当耐张绝缘子串松弛，两端弹簧销子拔出后，由于绝缘子串不再承受张力，整串便落在托瓶架上，作业人员便可将其拖至横担上，更换不良绝缘子。吊瓶架需安装在绝缘子串上方，用抱杆或滑车组吊到横担上来更换不良绝缘子。取瓶器是用来抓取其中某一片绝缘子钢帽的操作工具，是利用抓子抓住绝缘子串钢帽。当绝缘子串松弛，两端弹簧销子拔出后，操作人员用手握住抓瓶器的把手，将整串绝缘子提到横担上，更换不良绝缘子。它适用于更换 35kV 及以下线路绝缘子。

（4）载人工具。

1）绝缘梯。

a. 绝缘硬梯。绝缘硬梯一般用环氧酚醛玻璃布板或者管材（圆形或矩形）制成。为了携带方便，可做成活动式或折叠式。根据使用方式不同，绝缘硬梯又分为直立硬梯、悬式硬梯及悬挂硬梯。还有一半靠地面支承的丁字梯，以及以杆（塔）身为依托的水平梯（即转臂梯）。①直立硬梯。主要用于变电设备等电位作业。按结构的不同，直立硬梯又分为人字架梯、步梯式拉线梯、柱式拉线梯。②悬臂硬梯。悬壁硬梯的一端固定在横担、杆塔或构架上，另一端用绝缘绳将其悬吊成水平状态，通常做成梯式，也可做成三角形桁架式，以提高其抗弯强度。还有一种将悬臂硬梯固定在角钢上活动固定器。它可以使悬臂梯在水平方向旋转一定角度，以满足作业要求。③悬挂硬梯。悬挂硬梯具有短小轻便的特点。使用时梯子上端悬挂在母线、横担或构架上，下端系有绝缘拉绳以固定悬挂角度，并防止摆动。按其结构形式有步梯式和单柱式之分。

b. 绝缘软梯。软梯由绝缘绳和绝缘管制成，可挂在导线、横担或构架上使用。挂在导线上使用时上部装有软梯架（用金属或绝缘材料制成），加上装有滑动轮，可使软梯在导线上移动。

软梯制作简单，携带方便，作业高度不受限制，绝缘绳和绝缘管容易更换，造价也不高，但攀登软梯时费劲。

2）绝缘斗臂车。绝缘斗臂车可按以下类型进行分类：①根据绝缘斗臂车工作臂的形式，可分为折叠臂式、直伸臂式、多关节臂式、垂直升降式和混合式。②绝缘斗臂车按高度，一般可分为 6、8、10、12、16、20、25、30、40、50、60、70m 等。③绝缘斗臂车根据作业线路电压等级，可分为 10、35、46、63（66）、110、220、330、345、500、765kV 等。

绝缘斗臂车通常在大于 10kV 的线路上进行带电高空作业，其工作斗、工作臂、控制油路和线路、斗臂结合部都能满足一定的绝缘性能指标，并带有接地线。只采用工作斗绝缘的高空作业车一般不列入绝缘斗臂车范围。我国的绝缘斗臂车通常在 10、35kV 和 66kV 的线路上使用。不同电压等级的斗臂车绝缘臂有效长度见表 5-13 所示。

表 5-13 斗臂车的绝缘臂有效长度

电压（kV）	10	35	110	220
有效长度（m）	1.0	1.5	2.0	3.0

（5）牵引机具。带电作业的牵引机具多数以人力为动力，而且多为单人操纵。所以，这些机具都是大速度比的省力机械，如丝杠、液压、蜗轮等收紧机械。滑车组速度比较小，一般需多人操纵。

1）丝杠紧线器。丝杠可分为单行程、双行程和双行程套筒丝杠三种。双行程收紧速度较快，但比较费力，其结构和停电作业用的相同；单行程丝杠适用于端部使用，其丝杠座能调整受力方向，不易产生弯曲力，优点是不侵占带电作业有效净空尺寸；双行程套筒丝杠外形和丝杠型千斤顶相似，但收紧速度快一倍，这种丝杠重量轻，体积小，400mm 行程，荷重 2t，质量仅 1kg。

图 5-10 所示是一种间接更换单个直线绝缘子的工具，其中两根丝杠的扳手采用了一套联动的伞轮棘轮机构，丝杠的收紧与放松都可用操作杆远方操纵。

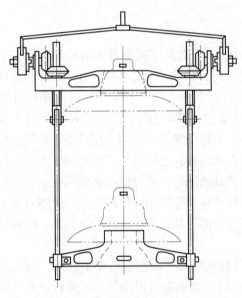

图 5-10 联动远方操纵丝杠

2）液压收紧器。液压收紧器实际上就是液压千斤顶的另一种形式。行程方向相反。它比丝杠型的收紧力更大。液压缸的加工精度高，故行程不能太长，一般和丝杠调整器合成一体，由后者调节空行程。

3）蜗轮紧线器。这是一种利用蜗轮减速机构产生牵引力的工具，蜗杆双侧的掷绳轮可同时收紧两根绝缘绳。

4）扁带收紧器。它类似绝缘滑车组，利用棘轮—杠杆机构收紧绝缘扁带，从而提起重物。

（6）固定器及卡具。它是载荷转移系统的锚固装置，可分为杆塔（横担）上的固定器、卡线器、绝缘子联板卡具和绝缘子卡具四种。

1）塔身（横担）固定器。是一种安装在横担角钢上的固定器，可做成水平位置、垂直位置等多种类型，它的圆形卡头上可安装紧线丝杠。

2）卡线器。它是锚固导线的专用工具，和停电作业时的一样。

3）绝缘子联板卡具。

a. 联板卡具。它利用杠杆原理支座在二联板上，一种是适用于一般两联板，由两片钢板铆接而成，两片钢板夹在二联板外面，卡在 U 形环（或直角挂板）上。另一种只适用于双层两联板，卡具插入部分卡在联板的三枚铆钉上，安装十分方便。

b. 线夹（金具）卡具。是卡在导线耐张线夹及后部金具上的双臂式卡具，卡具的一端卡在螺栓线夹或直角挂板上，另一端连在后部金具上。

4）绝缘子卡具。是输电线路带电检修常用的工具，绝缘子卡具因绝缘子型号、尺寸、钢帽造型及安装方式不同，种类繁多。从材料上看有锻钢、铸钢、铝合金及钛合金之别；从结构上看有栓封门、自动封门和不封门等各种形式。它们有的卡在绝缘子钢帽上，有的则托在绝缘子的瓷件上（对应钢帽部位）。前者具有较大承载能力；后者只能在荷载不大的悬垂绝缘子串上使用。下面以 20kN 级卡具为例进行介绍。

DZK-20 型自封卡和 DJK-20 型间接自封卡适用于额定机电破坏负荷分别为 60、70kN 级的悬式绝缘子铁帽。其结构分别如图 5-11 和图 5-12 所示，主要参考尺寸见表 5-14。

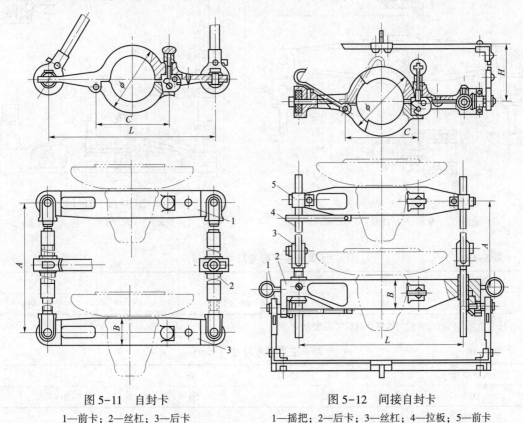

图 5-11　自封卡　　　　　　　　　　图 5-12　间接自封卡
1—前卡；2—丝杠；3—后卡　　　　1—摇把；2—后卡；3—丝杠；4—拉板；5—前卡

表 5-14 　　　　　　　　　**自封卡、间接自封卡主要参考尺寸（mm）**

型号	L	B	C	ϕ	H	A
DZK-20	340	56	150	140		290~470
DJK-20	320	56	150	140	268	350~470

注　卡具内腔尺寸应与绝缘子铁帽尺寸相配合，其最大直径不得大于 110mm。

DHK-20 型活页卡适用于绝缘子串端部连接金具 Z-7 型直角挂板和 WS-7 型双联碗头。其结构如图 5-13 所示，主要参考尺寸见表 5-15。

DXK-20 型斜卡适用绝缘子串端部连接金具 L-1240 型二联板。其结构如图 5-14 所示，主要参考尺寸见表 5-16。

a. 各型卡具的主要技术参数见表 5-17。

b. 自封卡、间接自封卡与悬式绝缘子铁帽及活页、斜卡与绝缘子串端部连接金具均应配合紧密可靠，装卸方便灵活。

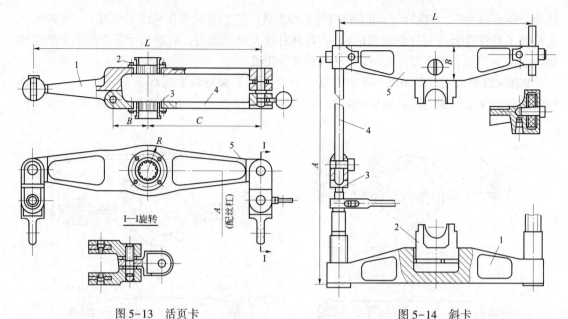

图 5-13　活页卡　　　　　　　　　　　　　　图 5-14　斜卡

1—主体；2—套筒；3—挡圈；4—盖板；5—接头　　　　　1—后卡；2—卡头；3—套筒丝杠；4—绝缘拉板；5—前卡

表 5-15　　　　　　　　　　　活页卡主要参考尺寸（mm）

型号	L	B	C	R	A
DHK-20	400	60	200	45	290~470

注　活页卡内孔尺寸应与线路金具尺寸相配合。

表 5-16　　　　　　　　　　　斜卡主要参考尺寸（mm）

型号	L	B	A
DXK-20	320	56	290~470

注　斜卡内孔尺寸应与线路金具尺寸相配合。

表 5-17　　　　　　　　　　　卡具主要技术参数

型号	额定负荷（kN）	动态试验负荷（kN）	静态试验负荷（kN）	破坏负荷，不大于（kN）	质量，不大于（kg）
DZK-20	20	30	50	60	5
DJK-20					6
DHK-20					3
DXK-20					2

c. 卡具各组成部分零件表面均应光滑，无尖棱、毛刺、裂纹等缺陷。

d. 自封卡的前（后）卡的凸轮闭锁机构要灵活、可靠、有效，摩擦销钉要调整合适，以保证前卡齿轮丝杆机构旋转同步。

e. 自封卡、间接自封卡内腔尺寸应与绝缘子铁帽配合，但其内腔直径不得大于 110mm。否则，应按卡具内腔尺寸适当加大卡具主要轮廓尺寸。

（7）绝缘子清扫工具。绝缘子清扫工作包括机械清扫、气吹和水冲洗三种。线路、变配电设备上水冲洗应用广泛，机械清扫及气吹在变电站内使用较多。

水冲洗设备大致上已在前面介绍过。气吹是利用压缩空气中夹带的固态辅料（锯末或核桃壳屑）来撞击瓷面上的污秽物以达到清扫目的，特别适合于油污绝缘子清扫。

常用的机械清扫装置有手工的，也有电动的，但平普遍存在劳动强度高、通用性差和清扫效果不理想的问题。

（8）安全防护用具。

1）屏蔽服。目前各地使用的屏蔽服大体上可以分为两大类：一类是用各种纤维与单股、双股或多股金属丝拼捻织成的均压布缝制的，称金属丝屏蔽服，其纤维有防火和不防火之分。另一类是棉衣经化学镀银的镀银屏蔽服。

防火纤维金属丝屏蔽服相对于镀银屏蔽服来说，具有载流量大，遇电弧后无明火，不明燃，仅炭化的优点，但存在铜丝容易折断，夏天使用较热的缺点；镀银屏蔽服具有屏蔽效果较好，柔软，夏天使用凉爽等优点，但存在防火性能差，载流量不大，作业过程中由于汗水的腐蚀，容易发生化学作用，使接触电阻加大的缺点。

屏蔽服的屏蔽作用用屏蔽效率来衡量，屏蔽效率为用对数表示的未屏蔽时接收极上的电压与屏蔽后接收极上的电压的比值，单位为dB。屏蔽服分A、B、C型三种，即屏蔽效率高而载流容量小的为A型，有适当的屏蔽效率而载流容量大的为B型，兼有A、B型优点的为C型。

从屏蔽效率看，A、C型为40dB，B型为30dB。前者用于以屏蔽为主的高压和超高压的带电作业；后者用于35kV及以下电压等级的带电作业。

成套屏蔽服装包括上衣、裤子、帽子、手套、短袜、鞋子及其相应的连接线和连接头，屏蔽服按使用条件的不同，分为Ⅰ、Ⅱ两种类型，其技术要求见表5-18。

表5-18　　　　　　　　　　Ⅰ、Ⅱ型屏蔽服的技术要求

类别	屏蔽效率	通流容量
Ⅰ型屏蔽服	高	较大
Ⅱ型屏蔽服	高	较大

一般来说，屏蔽服应具有较好的屏蔽性能，较低的电阻，适当的载流容量，一定的阻燃性及良好的使用性能，整套屏蔽服间应有可靠的电气连接。另外，屏蔽服还应具有耐磨、耐汗蚀、耐洗涤、耐电火花等性能，具体技术指标见表5-19。

表5-19　　　　　　　　　　屏蔽服的各部分技术指标

类别	技术要求（按标准中规定的方法试验）	
屏蔽服型号	Ⅰ	Ⅱ
屏蔽效率	不小于40dB	不小于40dB
熔断电流	不小于5A	不小于30A
衣料电阻	不大于800mΩ	
耐电火花	炭化面积不大于300mm^2	
耐燃	炭长不大于300mm，烧坏面积不大于100cm^2	
透气性	空气流量不小于35L/（m^2·s）	
断裂强度	经向不小于343N，纬向不小于294N	
伸长率	经、纬向不小于10%	

对于整套屏蔽服，各最远端点间的电阻值不大于20Ω；在规定的使用电压等级下，衣服内胸前、背后及帽内头顶处等三个部位的体表场强不大于15kV/m。人体外露部位的体表局部场强不得大于240kV/m，屏蔽服内流经人体的电流不大于50μA，在进行整套屏蔽服的通流量试验时，屏蔽服任何部位的温升不得超过50℃。对于屏蔽服的各部分电阻值要求见表5-20。

表 5-20　　　　　　　　　　　　　　　　屏蔽服的各部分电阻值要求

类别	电阻	类别	电阻
上衣	<15Ω（最远端点之间）	短袜	<15Ω（最远端点之间）
裤子	<15Ω（最远端点之间）	鞋子	<500Ω
手套	<15Ω		

2）绝缘隔离工具。在6~35kV带电作业中，常因安全距离满足不了要求，需要用绝缘物体将带电体或者带电体附近的横担、杆塔有效地遮盖，以保证作业人员和设备的安全。这些绝缘遮盖物体统称绝缘遮盖工具，绝缘隔离工具包括绝缘防护罩（筒或套）、挡板、绝缘隔离板和绝缘服。绝缘防护罩是根据设备外形特点制作的，可以将需隔离的部件罩起来，大都使用塑料模压、热加工或焊接而成，有横担罩、母线罩、针式绝缘子套筒、导线套等。

绝缘隔板（垫、被）常用绝缘硬板、软板及塑料薄膜制作，使用中应注意薄膜老化、刺破、遮蔽不严密等问题。

3）绝缘服。

a. 绝缘服的作用。作业人员身穿整齐绝缘服在配电线路上作业时，一般采用两种方法。第一种方法是身穿全套绝缘服通过绝缘手套直接接触带电体。绝缘服作为人体与带电体间的绝缘防护，可以解决配电线路净空距离过小的问题，但是考虑到绝缘护具本身耐受电压的安全裕度及使用中可能产生磨损，因此，在直接作业中仅作为辅助绝缘而不作为主绝缘，作为相对地的绝缘是高空作业车的绝缘臂或绝缘平台，相间的绝缘防护是空气间隙及绝缘遮蔽罩。第二种方法是通过绝缘工具进行间接作业，绝缘工具作为主绝缘，绝缘服和绝缘手套作为人身安全的后备保护用具。

b. 绝缘服的分类。绝缘防护用具包括绝缘衣、裤、帽、肩套、袖套、胸套、背套等。目前，绝缘防护用具按材质划分为橡胶制品、树脂E.V.A制品、塑料制品等。国外现有两种绝缘服应用于配电网带电作业，一种是由袖套、胸套、背套组成的组合式绝缘服；一种是由上衣、裤子组成的整套式绝缘服。一般来说，绝缘服不仅应具有高电气绝缘强度，而且应有较好的防潮性能和柔软性，使作业人员在穿戴绝缘服后仍可便利地工作。

c. 绝缘服的特点。①外表层材料应具有憎水性、防潮性能好，沿面闪络电压高，泄漏电流小的特点，即使绝缘服短接两相线路，也应确保人员及设备安全。另外，绝缘服还应具有一定的机械强度、耐磨、耐撕裂性。②内衬材料应选用高绝缘强度材料，且憎水、柔软性好，层向击穿电压高，具有一定的机械强度，起主绝缘作用。③内层衬里应柔软，服用性能好。

2. 带电作业工具试验

（1）试验种类。《电业安全工作规程》规程规定，带电作业人员的安全主要依靠所用工具的电气强度与机械强度来保证。为了使带电作业工具经常保持良好的电气性能和机械性能，除了出厂试验外，使用单位还必须定期进行预防性试验，以便及时掌握其绝缘水平和机械强度，确保作业人员的安全。

1) 出厂试验。一般地说，国家标准（以下简称国标）是大多数厂家都接受的较低标准，某些厂标往往高于国标。为了安全，新工具必须按合格证数据试验，不合格者应予退货。

2) 预防性试验。预防性试验又称定期试验，试验标准应略低于出厂试验。试验应按一定周期反复进行，使用时间超过试验周期的工具即认为不合格。

绝缘工具经淋雨、洗涤或环境变迁，怀疑工具电气及机械性能有降低时，应及时进行抽查试验，标准与定期试验相同。

按《电业安全工作规程》要求，带电作业绝缘工具的电气试验要求六个月一次，其机械试验每年进行一次。金属工具的机械试验要求每两年进行一次。

（2）电气试验。绝缘工具电气试验项目及标准见表 5-21。

表 5-21　　　　　　　　　　　　　　绝缘工具的试验项目及标准

额定电压（kV）	试验长度（m）	1min 工频耐压试验		5min 工频耐压试验		15 次操作冲击电压（kV）	
		出厂及型式试验	预防试验	出厂及型式试验	预防试验	出厂及型式试验	预防试验
10	0.4	100	45			—	
35	0.6	150	150				
63	0.7	175	175	—			
110	10	250	220	—			
220	1.8	450	440				
330	28			420	380	900	800
500	3.7			640	580	1175	1050

组合绝缘的水冲洗工具在工作状态下进行电气试验，除按表 5-21 外（指 220kV 及以下电压等级），还应增加工频泄漏试验，试验电压见表 5-22。泄漏电流以不超过 1mA 为合格，试验时间为 5min。

表 5-22　　　　　　　　组合绝缘的水冲洗工具工频泄漏试验电压值

额定电压（kV）	10	35	63（66）	110	220
试验电压（kV）	15	46	80	110	220

试验时的水阻率为 15000Ω·cm（适用于 220kV 及以下电压等级）。

1) 工频耐压试验。

a. 试验标准。按《电业安全工作规程》要求，绝缘工具试验电压值为 $U_S = K_1 K_2 U$。其中 K_1、K_2 分别为过电压倍数、电压升高系数，可由表 5-23 查得。

表 5-23　　　　　　　　　过电压倍数 K_1 及电压升高系数 K_2

电压等级（kV）	K_1	K_2	电压等级（kV）	K_1	K_2
35~66（非直接接地）	4	1.15	330	2.75	1.10
110~154（非直接接地）	3.5	1.15	500	2.5	1.10
110~220（直接接地）	3	1.15			

电压在工具有效长度上整段施加，加压时间 5min，无发热、不放电为合格。

如受加压设备限制，不能整段加压，允许对工具最多分四段，分段试验电压应增加20%，每段试验电压应按长度比例计算。从分段试验与整段试验的等价性随电压等级增高而降低，建议330kV以上工具尽量采用整段试验。

b. 加压方式。规程对此未作规定。一般地说加压方式应尽量符合工具在现场使用实际情况。例如，操作杆有效长度比支（拉）杆长0.3m，所以应将端部0.3m不加电压；绝缘硬梯、绝缘绳分段加压处可用锡箔包绕表面，再加裸铜线加压或接地；绝缘隔离物品两侧面贴锡箔并压紧，一侧加压，另一侧接地。

2）长时间工频耐压试验。对于易击穿的吹塑薄膜等绝缘工具，在工具制作后的验收试验中，应增做长时间上频耐压试验。试验电压按系统动态过电压标准计算，即取$1.4U_p$，耐压时间30min，无发热、无破坏性放电为合格。

3）操作波耐压试验。能源部颁布的《电业安全工作规程》并无此项要求，但不少地区已做此试验，操作波试验电压幅值即为$\sqrt{2}U_s$。波形为$250\pm50/2500\pm100$（μs），正极性，冲击15次无1次放电为合格。

操作波耐压只能在有效长度内整段加压，握手或接地部分接地线。

4）大电流试验。对载流工具（过引线夹、消弧绳、消弧工具）应按最大使用电流做热稳定试验。

试验电流按工具允许使用电流的1.2倍电流。两接引线夹相距1m以上拧紧相配套的导线，用调压器调压，并结合电流表控制大电流发生器使电流升至试验电流。2min测量一次试品温度（导线、线夹），最高温升不超过75℃（参考值）为合格。

（3）机械试验。带电工具的机械试验分静负荷试验和动负荷试验两种。有些工具，如紧线拉杆、吊线杆等，只做静负荷试验；而有可能受到冲击荷重的工具，如操作杆、勾瓶钩、收紧器，除做静负荷试验外，还应做动负荷试验。

1）静负荷试验。静负荷试验是用试品以外的加载工具，以缓慢速度给试品施加荷重，并维持一定加载时间，以检验试品变形情况为目的的试验项目。

按《电业安全工作规程》规定，加载荷重为试品允许使用荷重的2.5倍，持续时间5min，以卸载后试品部件无永久变形为合格。

对紧、拉、吊、支工具（包括牵引器、固定器），允许使用荷重可按出厂铭牌或实际使用荷重；对载人工具以100kg（人和携带工具重）为使用荷重；托、吊、钩瓶工具，以一串绝缘子的重量为使用荷重。

将工具组装成工作状态，模拟现场受力情况施加试验荷重。

2）动负荷试验。动负荷试验是检查试品在受冲击时，机构操作是否灵活可靠的试验项目，因此其负荷量不可太大。《电业安全工作规程》规定用1.5倍使用荷重加在装成工作状态的试品上，操作试品可动部件操作三次，无卡住、失灵及异常现象为合格。

操作杆经常用于拔除开口销或拧动螺丝，因此要做抗冲击和抗扭试验（冲击荷重取500kg，扭矩取250kg·cm）。

带电作业工器具除应按规定进行必须的试验外，还应经常进行外观检查，发现疑问或工器具表面损伤应及时抽出试验。试验不合格者，应停止使用或淘汰。

（4）机电联合试验。绝缘工具在作用中经常受电气和机械负荷的共同作用，因而要同时施加1.5的工作荷重和两倍额定相电压，以试验其机电性能，试验持续时间为5min。在试验过程中，如绝缘设备的表面没有开裂和放电声音，且当电压撤除后，立即用手摸，没有感觉及裂纹等现象时机电试验合格。

（5）屏蔽服试验。新型屏蔽服的验收试验时采用屏蔽效果及载流量试验，包括屏蔽效率试验、衣服电阻试验、衣服熔断电流试验、耐燃试验、耐磨试验、耐洗涤试验、断裂强度和断裂伸长试验、衣料厚度和单位面积重量试验、透气量试验等。其中衣料电阻试验、屏蔽效率试验和熔断电流试验直接关系到保护效果和性能，而耐磨、耐洗涤、耐汗蚀性能则关系到屏蔽服长期使用后的性能状况。

1）衣料试验。

a. 屏蔽效率试验。屏蔽效率与导电材料的性能分布状态有关，也就是说，网络越密、分布得越均匀，屏蔽效率越好，试验中应使用符合规定的正弦电压发生器、测量仪表及其他辅助设施，在规定的试验条件及试品预处理后，首先测出没有试样时接受极上的电压值，以此作为基准值，然后测量出有试样时接受极上的电压值，然后应用式（5-14）计算出分贝值表示的屏蔽率，分贝值越高，表示该试品的屏蔽效果越好。

$$S_E = 20 \lg \left(\frac{U_{ref}}{U} \right) \tag{5-14}$$

式中 S_E——屏蔽效率，dB；

U_{ref}——基准电压，V；

U——屏蔽后的电压值，V。

b. 熔断电流试验。熔断电流试验主要是反映屏蔽服的通流能力，由于Ⅰ、Ⅱ型屏蔽服通流要求不同，所以试验程序也有所区别，对Ⅰ型衣料，是先加 3A 电流，停留 5min 以后，然后按每级 1A 逐级加大电流。每级停留 5min，直至试样熔断为止。对Ⅱ型的布料，是先加 10A 电流。停留 5min 以后，然后按每级 5A 逐级加大电流，每级停留 5min，直至试样熔断为止。试验值是以 6 块试样熔断电流的算术平均值作为衣料熔断电流。

c. 衣料电阻试验。屏蔽服衣料电阻越小，则穿上屏蔽服后人体外表各部位越趋向于一个等位面，衣料电阻测量是在 3 块试样的 15 个测试数据中去掉最大读数值及最小读数值，取中间的 13 个读数值的算术平均值作为衣料电阻值。试品应按标准规定的方法进行取样和试品预处理，试验应在温度为（23±2）℃，相对湿度为 45%～55% 的环境中进行。

在实际使用中通常采用测电阻的方法比较简单。

a. 衣、裤的电阻试验。桌子上垫厚 5mm 的羊毛毡，衣服内垫塑料薄膜并平铺桌面。用底面积 1mm² 质量 1kg 的两块黄铜为电极，如图 5-15 所示，检查衣服最远处各点之间（电极应距各接缝纫缘和加筋线 50mm 远）的电阻。

电阻表量程 0.1～20Ω，误差 10 级，此时测得电阻值不大于 5Ω 为合格。

b. 手套、袜子电阻。试验设备及程序同上，试验电极在手套的中指尖处（或袜子尖处），另一电极压在手套或袜子开口处的分流连接线，其间电阻值不大于 10Ω 为合格。

c. 鞋子的电阻试验。试验另需尺寸为 6cm×18cm 及 12cm×30cm 的黄铜板各一块，板上焊接绝缘软铜线，还需 φ4mm 钢珠数公斤。将鞋子平放在大的那块黄铜电极上，另一块小的放入鞋内底面上，再装入 φ4mm 钢珠，将鞋底盖住并在鞋脚后跟处测量并达到 20mm 深，用电阻表测量两极之间电阻，以不大于 10Ω 为合格，鞋子电阻测量示意如图 5-16 所示。

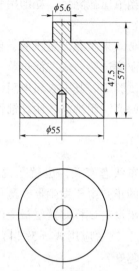

图 5-15　成品电阻试验电极

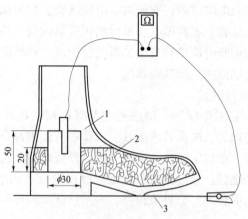

图 5-16　鞋子电阻测量示意图

1—测试电极接线柱；2—钢珠；3—测试电极

d. 整套衣服电阻试验。测量需用人体模型一个，穿上全套屏蔽服试品后，躺卧在条桌上，用黄铜电极垂直放在被测点上，测点距接缝及分流线 3cm 以上，分别测量手套与袜子间及帽子与袜子间的电阻，各最远点的电阻不大于 10Ω 为合格，整套屏蔽服电阻测量接线如图 5-17 所示。

2）耐燃、耐洗涤、耐汗蚀、耐磨损试验。

a. 耐燃。耐燃良好的屏蔽服是采用阻燃纤维材料制成，使屏蔽服衣料在与明火接触及电火花接触时，能阻止明火的蔓延，耐燃试验时共取 6 块试品，按标准规定的方法和程序进行试验，试验中需记下熔断、冒烟、变形、明火燃烧时间，引燃时间，并测量烧坏面积及炭长，6 块试品均需满足炭长不大于 300mm，烧坏面积不大于 100cm^2，且烧坏面不得扩散到试样的边缘的要求。

b. 耐洗涤。要求在多次洗涤后，衣料的电气和耐燃性能无明显的改变，衣料经受 10 次"水洗—烘干"过程后进行试验，衣料电阻不大于 1Ω，技术指标应符合洗涤后的技术要求。

c. 耐汗蚀。人体汗液对屏蔽服中的导电材料有一定的腐蚀作用，应分别进行 3 次耐酸性汗蚀试验和耐碱性汗蚀试验，试验后衣料电阻不大于 1Ω。

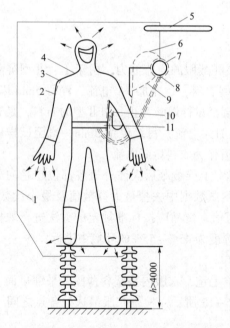

图 5-17　流经屏蔽服及人体电流测量接线图

1—旁路等电位线；2—人体皮肤；3—绝缘连裤内衣；4—屏蔽服；5—高电位线；6—测量电流 I_2；7—屏蔽起来的微安表；8—接点；9—测量电流 I_1 连线；10—衣服连线；11—皮肤上的连接处，通过一根 10cm 有穿孔导电布带紧贴在皮肤上

d. 耐磨。屏蔽服必须具有较长的使用价值，在经 500 次磨损试验后衣料电阻值不大于

（6）绝缘斗臂车试验。绝缘斗臂车的预防性试验项目如表 5-24 所示。

表 5-24　　　　　　　　　　　绝缘斗臂车的预防性试验

序号	试验项目	试验周期
1	绝缘工作斗工频耐压试验	
2	绝缘工作斗泄漏电流试验	
3	绝缘臂工频耐压试验	
4	绝缘臂泄漏电流试验	半年
5	整车工频耐压试验	
6	整车泄漏电流试验	
7	绝缘液压油击穿强度试验	

1）绝缘斗。目前，常用的绝缘斗电压等级为 10kV，预防性试验内容主要是层间、沿面（40cm）工频耐压试验，标准是：45kV/min，不发生击穿和明显发热（容升 10℃）为合格。具有内衬、外斗的绝缘斗，其内衬试验与前述要求相同；外斗可以只做内、外壁垂直沿面耐压试验，沿面距离为 40cm，标准是 45kV/min，不发生击穿和明显发热（容升 10℃）为合格。

2）整车和绝缘臂。其试验电压、绝缘臂辅助试验电极极间距离，应根据绝缘斗臂车电压等级确定。

a. 工频耐压试验：对 10kV 电压等级斗臂车，辅助试验电极极间距离 40cm，标准是 45kV/min，不发生击穿和明显发热（容升 10℃）为合格；对 35kV 电压等级斗臂车，辅助试验电极极间距离 60cm，标准是 95kV/min，不发生击穿和明显发热（容升 10℃）为合格。

b. 泄漏电流试验：对 10kV 电压等级斗臂车，辅助试验电极极间距离 100cm，试验电压为 20kV，其泄漏电流≤500μA 为合格；对 35kV 电压等级斗臂车，辅助试验电极极间距离 150cm，试验电压为 70kV，其泄漏电流≤500μA 为合格。

具体的试验数据参见表 5-25。

表 5-25　　　　　　　　　配电带电作业用高架绝缘斗臂车电气试验标准表

电压等级	试验部件	试验项目、标准					备注
		交接试验		预防性试验			
		1min 工频耐压（kV）	泄漏电流	1min 工频耐压（kV）	泄漏电流	1min 沿面放电	
各级电压	单层作业斗	50	—	45	—	—	斗浸入水中，高出水面 200mm
	作业斗内斗	50	—	45	—	—	
	作业斗外斗	20	—	—	0.4m，20kV，≤0.2mA	0.4m，45kV	泄漏电流试验为沿面试验
	液压油	油杯：2.5mm 电极，6 次试验平均击穿电压≥20kV，任意单独击穿电压≥10kV					更换、添加的液压油应试验合格

续表

电压等级	试验部件	试验项目、标准					备注
		交接试验		预防性试验			
		1min 工频耐压（kV）	泄漏电流	1min 工频耐压（kV）	泄漏电流	1min 沿面放电	
10	上臂（主臂）	0.4m，50kV	—	0.4m，45kV	—	—	耐压试验为整车试验，但在绝缘臂上应增设电极
	下臂（套筒）	50	—	45	—	—	
	整车	—	1.0m，20kV，≤0.5mA	—	1.0m，20kV，≤0.5mA	—	在绝缘臂上应增设电极
35	上臂（主臂）	0.6m，105kV	—	0.6m，95kV	—	—	耐压试验为整车试验，但在绝缘臂上应增设电极
	下臂（套筒）	50	—	45	—	—	
	整车	—	1.5m，70kV，≤0.5mA	—	1.5m，70kV，≤0.5mA	—	在绝缘臂上应增设电极

带电作业用绝缘斗臂车为旋转移动和液压传动装置，其可靠性要求更高，其机械试验周期为6个月。

(7) 保护间隙试验。保护间隙质量不好，将造成系统跳闸率增高。保护间隙的试验应做绝缘支架的耐压试验、整体耐压试验、操作波放电试验及耐弧性试验。

(8) 模拟试验。新带电作业工具或方法在第一次使用之前必须做模拟试验，试验应尽量做到与实际情况相符。

(9) 现场测试。

1) 绝缘子检测。为了判明作业设备的绝缘程度是否满足需要，必须对作业人员可能触及的绝缘子串进行检测。测量可用固定火花间隙测杆，它可以测出零值绝缘子。应按每片最低分布电压50%调间隙；可变间隙杆测量时，应先将固定电极与可变电极按刻度板调零，有电容器的一侧要接高压侧（电源侧）。

2) 水电阻测试。为判断冲洗水质量是否合格，水冲洗前先必须进行水电阻测量。测水电阻表必须是特制的交流低阻值绝缘电阻表，不能用直流表；测试时必须用随表配带的测试管装水，不得乱用；取水时应先用被测水冲洗测管2~3次，水要满无气泡；水电阻应随用随测，不必温度换算。

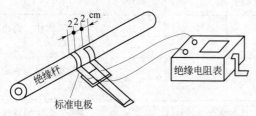

图5-18　用绝缘电阻表测量绝缘电阻

3) 绝缘工具绝缘电阻（局部表面电阻）检测。测量接线应按图5-18进行，非标准电极测量的数据是无效的。

5.6 输电线路带电作业实例

5.6.1 220kV 线路更换绝缘子实例

1. 220kV 线路更换耐张单串绝缘子串

（1）作业方法及工作任务。采用地电位作业法，更换 220kV 线路耐张杆单串绝缘子串。

（2）作业人员。工作负责（监护）人 1 名、杆上作业人员 2 名、地面作业人员 4~5 名，共 7~8 名。

（3）作业工具。作业工具见表 5-26。

表 5-26 作 业 工 具

序号	名称	规格	单位	数量	备注
1	循环绳	φ16mm	根	1	长短根据杆高
2	绝缘拉板	220kV	块	2	
3	前、后卡具		个	2	各一个
4	卡具	3t	套	2	
5	保护绳	φ25mm	根	1	3m
6	托瓶架	220kV	架	1	
7	操作杆	220kV	根	1	带测零及所需操作头
8	短接线	φ4mm×300	根	1	
9	导电鞋		双	2	
10	安全带		条	2	
11	脚扣		副	2	
12	兆欧表	5000V	块	1	
13	万用表		块	1	
14	防潮布		块	1	

（4）操作步骤。

1）工作负责人宣读工作票，交代工作任务，做好作业中的危险点预控和安全措施，明确人员分工后，下令开始工作。

2）杆下作业人员对主要工具、材料及绝缘子进行测量检查合格后方可开始工作。

3）杆上 1 号、2 号作业人员相继登杆，停在横担上的绝缘子挂点处。系好安全腰带，拴好循环绳。

4）地面作业人员将绝缘拉板和卡具组装好，连同操作杆、托瓶架、保护绳依次传至杆塔上。

5）杆上 2 号作业人员测量绝缘子后，用操作杆勾住前卡上的吊环，杆上 1 号作业人员操作后卡，两人配合将前卡卡住耐张线夹颈部，后卡卡住挂点 U 形环，并穿上前卡封口销子，紧后卡固定螺丝利用绝缘拉板作滑道，安装托瓶架。杆上 1 号、杆上 2 号作业人员配合搭好保护绳。

6）杆上 1 号作业人员将循环绳吊住横担端第二片绝缘子，拔绝缘子串两端弹簧销，收紧丝杠至适当程度，将绝缘子串脱离球头挂环后稍向前推，杆上 2 号作业人员用操作杆将绝缘子串脱离前端碗头。

7）地面作业人员收紧循环绳，以老串带新串方法吊起绝缘子，落下老绝缘子，吊起新绝缘子。

8）依相反的顺序装好新绝缘子和弹簧销。

9）确认各部连接可靠后拆卸工具，工作结束。

（5）安全事项。

1）工作前、后必须与调度联系，办理第二种工作票，停用重合闸。

2）导线保护绳应按实际受力情况选用长短合适。

3）收紧丝杆前，应再次检查前卡封口销子是否穿好，后卡固定是否牢固。

4）两条丝杆收紧时，受力要均衡。

5）必须将横担第一片绝缘子短接，才能用手操作第一片绝缘子。

6）吊出绝缘子串时，应防止将托瓶架带出。

7）起、落绝缘子串时，应加溜绳，防止绝缘子串间或与杆塔相撞。

8）转角时，保护绳就搭在外角。

9）工作监护人应始终对杆上作业人员进行不间断监护，随时提醒杆上作业人员注意安全距离和纠正不安全动作。

10）保证良好绝缘子片数符合安全规程规定值。

11）作业人员与带电体安全距离应符合表 5-13 的规定。

2. 220kV 线路更换耐张双串单片绝缘子

（1）作业方法及工作任务。采用等电位作业法，更换 220kV 线路耐张杆双串单片绝缘子。

（2）作业人员。工作负责（监护）人 1 名；等电位作业人员 1 名；杆塔上监护人员 1 名；地面作业人员 1 名。

（3）作业工具。作业工具见表 5-27。

表 5-27　　　　　　　　　　　作 业 工 具

序号	名称	规格	单位	数量	备注
1	循环绳	φ12mm	根	1	长短根据杆高
2	保护间隙	220kV	套	1	
3	保护绳	φ25mm	根	1	3m
4	前、后瓷绝缘子卡		套	1	带丝杠
5	屏蔽服		套	1	
6	操作杆	220kV	根	1	带测零及所需操作头
7	导电鞋		双	1	
8	安全带		条	2	
9	脚扣		副	2	
10	兆欧表	5000V	块	1	
11	万用表		块	1	
12	防潮布		块	1	

（4）操作步骤。

1）工作负责人宣读工作票，交代工作任务，做好作业中的危险点预控和安全措施，明确人员分工后，下令开始工作。

2）杆下作业人员对主要工具、材料及绝缘子进行测量检查合格后方可开始工作。

3）杆上1号作业人员登杆停在横担上绝缘子挂点处，系好安全腰带，拴好循环绳。

4）地面作业人员与1号作业人员配合将操作杆、保护间隙跟斗滑车、保护绳通过传递绳传至杆上。

5）杆上1号作业人员先对绝缘子测量判定零值绝缘子位置，然后配合地面作业人员挂好保护间隙，并搭好保护绳。

6）杆上2号作业人员身穿全套屏蔽服，带循环绳沿绝缘子串进入强电场，停在操作位置，拴好循环绳，将安全腰带打在完好的绝缘子串和保护绳上。

7）地面作业人员将单片绝缘子卡具传给杆上2号作业人员，杆上2号作业人员将卡具卡在坏绝缘子两端的前后绝缘子上，封好卡具，拔出坏绝缘子的弹簧销，收紧丝杠至适当程度，取出坏绝缘子换上新绝缘子。

8）放松丝杠，使绝缘子恢复受力状态，装好弹簧销，拆卸卡具，带循环绳退出绝缘子串。

9）杆上1号作业人员拆除保护绳，地面作业人员拆除保护间隙，工作结束。

（5）安全事项。

1）工作前、后必须与调度联系，办理第二种工作票，停用、恢复重合闸。

2）沿绝缘子串时，手要抓稳，注意保持身体平衡，逐片进入。

3）人体短接绝缘子片数不得超过3片。

4）安装卡具和坏绝缘子前面的一片绝缘子大口一致，两条丝杠处于大口两边。

5）丝杠紧好后，在取出绝缘子前，应再次检查卡具受力情况。

6）工作监护人应始终对杆上作业人员进行不间断监护，随时提醒杆上作业人员注意安全距离和纠正不安全动作。

7）保证良好绝缘子片数符合安全规程规定值。

8）作业人员与带电体，等电位作业人员与地的安全距离以及组合间隙应符合表5-6及表5-7的规定。

5.6.2 500kV 线路更换绝缘子实例

1. 更换 500kV 线路直线杆任意单片绝缘子

（1）作业方法及工作任务。采用等电位作业法，更换 500kV 线路直线杆任意单片绝缘子。

（2）作业人员。工作负责（监护）人1名；等电位作业人员1名；塔上作业人员2名；塔下作业人员4名。

（3）作业工具。作业工具见表5-28。

表 5-28   作业工具

序号	名称	规格	单位	数量	备注
1	循环绳	φ16mm	根	1	
2	绝缘传递绳	φ12mm	根	2	

续表

序号	名称	规格	单位	数量	备注
3	导线保护绳	φ36mm	根	2	
4	滑轮	3t	个	3	
5	提升装置	500kV	套	2	
6	蜈蚣绳	500kV	副	1	
7	屏蔽服	C 型	套	4	
8	托板	500kV	块	1	
9	拔销钳		个	2	
10	操作杆	500kV	根	1	带火花间隙或分布电压测量仪
11	安全带		条	5	
12	防潮布		块	1	根据需要确定大小
13	兆欧表	5000V	块	1	
14	万用表		块	1	
15	风速仪		台	1	
16	湿度仪		台	1	

（4）操作步骤。

1）工作负责人宣读工作票，交代工作任务，做好作业中的危险点预控和安全措施及注意事项，人员分工明确后，下令开始工作。

2）杆下作业人员对主要工具、材料及绝缘子进行测量检查合格后方可开始工作。

3）塔上监护人上塔到便于监护位置。杆上 1 号作业人员带 1 号绝缘传递绳到横担的绝缘子悬挂点处，挂好传递绳。

4）地面作业人员传送绝缘子检测仪到杆上。杆上 1 号作业人员按检测绝缘子的方法检测绝缘子，并将结果报告给工作负责人。

5）杆上 2 号作业人员带 2 号绝缘传递绳及固定传递绳滑轮的短绳上塔到便于控制蜈蚣梯下端沿弧形摆动的塔身处，固定滑轮。地面作业人员用 1 号、2 号传递绳系好蜈蚣绳及保护绳的上下端，传送给杆上 1 号、2 号杆上作业人员固定绑扎。

6）杆上 1 号作业人员安装蜈蚣梯上端，系好保护绳。等电位作业人员到杆上 2 号作业人员处。地面作业人员握紧 2 号绝缘传递绳下端，使蜈蚣梯下端紧靠塔身，等电位作业人员在杆上 2 号作业人员的协助下登上蜈蚣梯，系好二防。

7）地面作业人员均匀释放 2 号绝缘传递绳使蜈蚣梯摆到竖直位置，等电位作业人员进入电场。等电位作业人员登梯到绝缘子串下端。同时杆上 1 号作业人员及时收紧保护绳。杆上 2 号作业人员到杆上 1 号作业人员处。

8）地面作业人员传送提线装置（支座、丝杆、四线钩），杆上 1 号、2 号作业人员与等电位作业人员配合安装提线装置，并使之轻微受力。

9）传送带滑轮的绝缘循环绳及托板，固定好滑轮，并将绝缘循环绳绑在靠横担第三片绝缘子钢帽上。

10）等电位作业人员拔出碗头内的销子，提升导线使碗头能与球头脱开，检查提线装置各处受力是否有异常，确认安全可靠后，将碗头与绝缘子球头脱开。

11）解除上端钢帽内销子的作用，提升绝缘子串使球头与碗头分开。缓缓落下绝缘子串，等电位作业人员将托板卡到被换绝缘子下2片绝缘子钢帽上，同时将保护绳一端绑在该绝缘子下面，托板下落托放在下边两根分裂导线上，将保护绳另一端绑在导线上（防止下面绝缘子脱落）。

12）拔出被换绝缘子片上、下端销子，取出被换绝缘子片，用传递绳下落劣质绝缘子，同时传送完好绝缘子。装好新绝缘子，装上绝缘子两端弹簧销，恢复绝缘子正常连接。

13）再更换其他绝缘子片，全部更换好后，传送绝缘子串，按相反的程序恢复绝缘子与导线和横担连接。等电位作业人员在地面作业人员配合下，退出电场。塔上、地面作业人员配合拆除全部工具，清理工作现场，作业结束。

（5）安全事项。

1）工作前、后必须与调度联系，办理第二种工作票，停用、恢复重合闸。

2）提升装置的固定器，绝缘拉板，丝杠连接应牢靠。

3）安装提线装置时，不得弯曲，提升导线时，两个提杆应同时均匀受力。

4）等电位作业人员应穿合格的屏蔽服，等电位作业人员接触、脱离导线时，应佩戴护目镜。

5）导线保护绳的余绳不宜留的太长。

6）在绝缘子串未脱离导线前，杆上作业人员不得接触横担第一片绝缘子。

7）工作监护人应始终对杆上作业人员进行不间断监护，随时提醒杆上作业人员注意安全距离和纠正不安全动作。

8）工作前先对绝缘子进行零值检测，保证良好绝缘子片数符合表5-7安全规程规定值。

9）塔上作业人员对带电体和等电位作业人员对地的最小距离、绝缘工具的有效长度应符合表5-5、表5-6、表5-8的规定。

10）其他安全事项应严格按照《电业安全工作规程》执行。

2. 更换500kV线路杆塔整串耐张绝缘子串

（1）作业方法及工作任务。采用地电位、等电位配合作业法，更换500kV线路整串耐张杆绝缘子串。

（2）作业人员。工作负责人1名；塔上监护人1名；等电位作业人员1名；塔上作业人员2名；塔下作业人员4名。

（3）作业工具。作业工具见表5-29。

表5-29　　　　　　　　　　　　作　业　工　具

序号	名称	规格	单位	数量	备注
1	循环绳	$\phi16mm$ $\phi12mm$	根 根	2 1	
2	导线保护绳	$\phi36mm$	根	2	
3	托瓶架	500kV	套	1	
4	耐张前后卡具		套	各1	

序号	名称	规格	单位	数量	备注
5	拉棒、丝杆	500kV	套	1	
6	屏蔽服	C型	套	4	
7	操作杆	与电压相符	根	1	带火花间隙或分布电压测量仪
8	安全带		条	5	
9	防潮布		块	1	视需要定大小
10	兆欧表	5000V	块	1	
11	万用表		块	1	
12	风速仪		台	1	
13	湿度仪		台	1	

（4）操作步骤。

1）工作负责人宣读工作票，交代工作任务，做好作业中的危险点预控和安全措施及注意事项，人员分工明确后，下令开始工作。

2）杆下作业人员对主要工具、材料及绝缘子进行测量检查合格后方可开始工作。

3）塔上监护人上塔到适当的监护位置。

4）塔上作业人员携带绝缘传递绳及绝缘子检测仪至塔上，测试劣质绝缘并判断是否能够进行作业，把情况汇报给工作负责人。

5）将软梯挂在所需更换的绝缘子串的导线处。

6）等电位作业人员携带绝缘传递绳攀软梯进入电场。

7）地面作业人员将前、后端卡具，丝杠，拉棒拉上，由等电位作业人员及塔上作业人员安装好，塔上作业人员收紧丝杠，使之轻微受力。

8）地面作业人员将托瓶架拉上，由塔上及等电位作业人员配合将其安装好。收紧丝杠，摘除绝缘子串两端销子。

9）将旧绝缘子拉上横担分解，由绝缘传递绳放到地面，将新绝缘子拉上，安装好。

10）检查各部件受力情况，拆除工具。等电位作业人员沿软梯退出，工作结束。

（5）安全事项。

1）工作前、后必须与调度联系，办理第二种工作票，停用、恢复重合闸。

2）卡具与绝缘拉板连接应牢靠。

3）收紧丝杠时，两个丝杠同时进行，两个拉棒应受力均匀。

4）绝缘子在上、下传递时，应严格控制绳索，避免碰撞。

5）往托瓶架摆放绝缘子时，要轻放轻拉，不要对它有大的冲击。绝缘子串与导线、横担脱离时，应认真检查各装置的受力情况。

6）在绝缘子串未脱离导线前，杆上作业人员不得接触横担侧第一片绝缘子。

7）工作监护人应始终对杆上作业人员进行不间断监护，随时提醒杆上作业人员注意安全距离和纠正不安全动作。

8）扣除工作短接及零值绝缘子外，良好绝缘子片数符合安全规程规定值。

9）塔上作业人员对带电体和等电位作业人员对地的最小距离、绝缘工具的有效长度应符合表 5-5、表 5-6、表 5-8 的规定。

10）等电位作业人员进入电场时应佩戴护目镜。其他安全事项应严格按照《电业安全工作规程》执行。

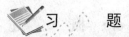 习　题

1. 电对人体的伤害形式及人的感知电流是多少？

2. 简述带电作业的一般安全要求有哪些？带电作业应满足哪三个方面的要求才是安全可靠的？

3. 试述绝缘电阻、电击穿电压、击穿强度、表面放电电压、介质损耗、介质损耗角正切值和相对介电系数的定义。

4. 绝缘材料的机械性能指标有哪些？

5. 过电压的类型有哪些？

6. 静电感应的人体安全防护措施有哪些？

7. 带电作业按作业人员的人体电位划分为几种方式？各种作业方式人体与带电体的关系？

8. 带电作业的特点有哪些？

9. 什么是等电位作业？试述等电位作业的工作原理及等电位过程中存在的主要问题。等电位作业三个不可缺一的条件是什么？

10. 试述带电水冲洗的工作原理。如何减少通过人体的泄漏电流？

11. 带电作业方式中，人体的体表场强有什么不同？在等电位作业前后体表场强有什么变化？

12. 带电作业中影响安全的电流有哪几种？应采取什么措施防护？

13. 试述作业距离、安全距离、有效绝缘长度的定义。

14. 带电作业为什么要退出重合闸？

15. 等电位作业安全的关键是什么？如何保证等电位作业安全？

16. 中间电位带电作业过程中应注意哪些问题？

17. 带电作业工具的试验项目有哪些？现场可做哪些测试工作？

18. 采用等电位法可在导线上进行哪些项目？操作程序怎样？

19. 如何带电进行绝缘子串（直线或耐张）的更换？

20. 屏蔽服的防护原理、作用及应具备的条件？

21. 带电水冲洗中影响设备安全及操作人员人身安全的主要因素有哪些？

22. 什么是沿耐张串进行强电场的作业？为什么称其为等电位作业的特殊方式？其适用于什么场合？主要工作内容是什么？有哪些技术要求？作业过程中应重点解决哪些问题？

23. 哪些属于带电特殊作业？特殊作业要解决的关键问题有哪些？

24. 分析运行线路的导线、地线故障的原因及损伤形式。设计等电位作业法带电处理导线断股的施工方案。

6 架空输电线路的状态检修

6.1 概　　述

6.1.1 状态检修的概念

设备状态检修是根据先进的状态监测和诊断技术提供的设备状态信息，判断设备的异常，预知设备的故障，在故障发生前进行检修的方式，即根据设备的健康状态来安排检修计划，实施设备检修。

输电线路实行状态检修的意义在于改变输电线路单纯的以时间周期为依据的设备检修制度，实现状态检修，可以减少检修的盲目性，降低运行维护费用，提高资金利用率，提高输电线路运行可靠性，减轻工人劳动强度，促进运行维护人员知识更新。

状态检修从理论上讲是比预防检修层次更高的检修体制。状态检修是基于设备的实际工况，根据其在运行电压下各种绝缘特性参数的变化，通过分析、比较来确定电气设备是否需要检修，以及需要检修的项目和内容，具有极强的针对性和实时性。因此，可以简单地把状态检修概括为"应修必修，修必修好"。状态检修与设备状态信息分析密切相关，能直接提高状态检修工作质量的理论与技术，主要包括4个方面的内容，即线路检修准则、设备寿命管理与预测技术、设备可靠性分析技术、专家系统。具体的输电线路状态检修内容如图6-1所示。

如图6-1所示，输电线路状态检修的决策是由设备的健康状态所决定的，而设备的健康状态是根据对设备进行动态监测所采集的数据（状态信息），这些数据包括静态数据、离线监测数据和在线监测数据，再结合设备健康状态表达模型及健康指示参数，运用智能决策算法诊断出来的，并预测设备寿命；必要时提出检修建议和作出检修决策。

输电线路设备状态检修是一种先进的维修管理方式，它要求对线路设备开展严密地监测、全过程质量控制与分析等更精细化的管理，使线路设备始终处于可控、在控的良好状态。通过状态检修，变"到期必修"为"应修必修"，能有效地克服定期维修造成设备过修或失修的问题，同时提高了设备利用率。

6.1.2 状态检修的特点

（1）实时性。输电线路在线监测技术对设备状态实时监测，不受设备运行情况和时间的限制，可以随时检测设备的运行状态，一旦设备出现缺陷，能及时发现并跟踪检测、处理，对保证电网安全更具意义。

（2）真实性。由于在线监测技术根据输电线路设备运行电压和状态下的各项参数进行检测的，检测结果符合实际情况，更加真实和全面。

（3）针对性更强。可根据各项数据的发展和变化来确定检修项目、内容和时间，检修目的明确，针对性更强。

（4）提高了设备供电可靠性。由于实行状态检修，减少了线路停电次数和时间，提高了供电可靠性，避免供电损失，同时也提高了电力部门全员的劳动生产率。

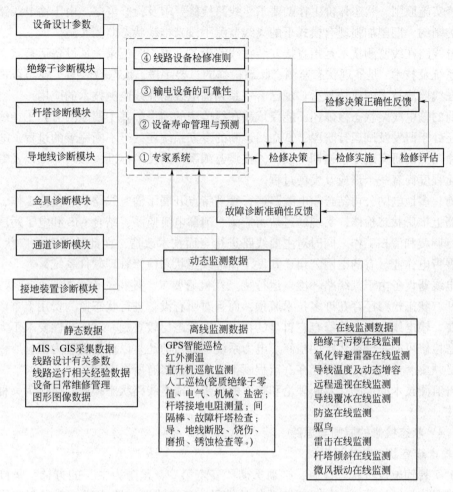

图 6-1 架空输电线路状态检修的主要内容

6.1.3 架空输电线路状态检修现状

多年来，由于受检修手段及诊断技术的限制，对输电线路检修一直沿用"到期必修"的定期检修制度，不能客观的反映设备内在的质量和运行工况等因素的差异，既缺乏合理性和科学性，又具有很大的盲目性。原有的运行检修模式已难以适应高可靠性电网的发展要求。因此按电网目前的设备状况，科学地理解、执行现有规程和有关规定，按不同区域、不同地段、不同设备情况，从实际出发实行输电线路状态检修既是现代高可靠性电网发展的必然要求，也是输电线路管理水平不断提高的需要。

美国最早开展以在线监测为前期的状态检修工作，日本也是从 20 世纪 80 年代开始对电力设备实施以状态分析和在线监测为基础的状态检修，而欧洲很多国家也采用状态检修来提高检修效率。国外统计资料表明，在实施状态检修后，一般可使设备大修周期从 3~5 年延长到 6~8 年，甚至 10 年，并且 1.5~2 年即可收回实施状态检修所增加的投资。我国开展状态检修起步较晚，原水电部 1987 年颁布的 SD 230—1987《发电厂检修规程》指出，应用诊断技术进行预知维修是设备检修的发展方向。应该说，状态检修在国内还是取得了一定的进展。2008 国家电网公司发布了 Q/GDW 174—2008《架空输电线路状态检修导则》，指出了状态检修实施原则、状态评价工作的要求、线路检修要求及检修策略。由于输电线路在线监测技术的制约，期望加强现有模式下的离线监测手段来推动状态监测实施。

输电线路在线监测技术是指直接安装在线路设备上可实时记录表征设备运行状态特征量的测量系统及技术，是实现状态监测、状态检修的重要手段，状态检修的实现与否很大程度取决于在线监测技术的成功与否，现已有一系列输电线路在线监测技术的应用。

当前的输电线路状态检修还不能仅依赖在线监测的结果，其主要原因有：①在线监测系统本身还处于研发及试运行阶段；②在线诊断的专家系统还处于不断完善的过程；③设备老化及寿命预测的研究还处于初期阶段；④在线监测系统的技术标准、诊断导则以及专家系统的智能化程度尚有一个形成及发展过程。

目前，多地电网公司结合输电线路运行管理特点开展了输电线路状态检修工作，在部分输电线路上推广状态检修，实现通过盐密监测、泄漏电流监测，结合 GIS 和电子污区图指导线路进行调爬和清扫工作。同时对主要线路进行全面技术改造，在此基础上推广状态检修，大力开展带电作业。有的电网公司还开发了输电线路状态检修管理软件系统。

输电线路设备由于其线路环境、运行特点及检修要求，使得对有些缺陷实现状态监测、故障诊断、状态检修还存在许多技术瓶颈，而且对所有设备进行状态监测费用上难以承受也没有必要。输电线路状态检修有它自身的特点，即状态比较直观，对实时性要求不太高，未来的状态检修可能完全替代定期检修。电力系统内部目前还是以计划管理为主，所以状态检修方式必须要有计划性，这可能在一定程度上对状态检修有所影响。

随着监测技术的提高，诊断理论和技术的进步，输电线路状态检修必然成为一种主要的检修方式。

6.1.4 状态检修的原则与思路

1. 输电设备状态检修原则

（1）实行输电设备状态检修，必须贯彻"安全第一，预防为主"的方针，坚持"应修必修，修必修好"的原则，依据线路评价的结果，考虑线路风险因素，动态制定线路的检修计划，合理安排状态检修的计划和内容，有效地克服定期维修造成设备过修或失修的问题。严禁应修不修、硬拼设备，使设备安全运行缺乏基础，同时也要防止不加分析、不讲实效，盲目大拆大换。

（2）状态检修必须建立在设备状态检测和运行分析的基础上，必须充分利用现有的、先进的检测手段和诊断技术，积极开发、利用和推广新的检测装置和诊断技术，尽可能掌握设备实际运行状况。

2. 输电设备状态检修思路

（1）制定适应状态检修的细则。根据国家、行业和上级有关要求，制订具体的、可操作性强的架空输电线路运行规程实施细则，对国家和行业标准中的参考性规定，各地市供电公司应针对具体线路实际情况，进一步科学、合理地具体化，以利于贯彻执行。

（2）建立健全组织机构。建立由主管生产领导和总工直接领导，归口单位管理的输电设备状态检修组织机构，建立完善的状态检修技术档案。如材料和器材、施工技术资料、设备缺陷资料、检测和实验报告等。

（3）建立新的生产管理模式。改变传统的整条线路为单位的定期检修模式，以巡视、检测、实验、在线监测和历史数据等综合信息来确定线路设备的状态量，通过状态分析、技术诊断、寿命评估作出检修决策，从而以线路设备单元进行状态检修。

（4）开展输电线路计算机信息管理。通过将输电线路监测装置采集的信息及各监测系统应用产生的应用结果信息进行融合存储，构建完整的输电线路运行状态信息数据平台，在平台基础上逐级实现全状态参数的输电线路故障预警、线路故障分析、监测数据挖掘分析、线路运行状态评估、线路运行环境评估等高级应用，成为指导电网运行、电网改造和设计的基础信息平台。

（5）建立输电线路在线监测系统。除了常规要求的检测外，根据线路的运行经验，对于线路重点段、重点项目实现在线监测，如绝缘子泄漏电流、雷电定位、覆冰、远程可视、振动、舞动等在线监测系统。

（6）建立通信和运输保障系统。通信是线路运行维护的中枢神经，应创造一切有利条件，满足工作需要。按区域划分建立运输保障机制。

（7）建立快速应急抢修系统。该系统主要由经过专业技能培训并训练有素的带电作业、停电检修和特殊工种人员组成，必须具备快速反应的各种抢修方案，熟练使用各种先进的工器具，精通各种作业方法。同时建立强有力的后勤保障体系，如生产抢修备品备件库、抢修专用工器具、现场移动加工设备等。

（8）重视带电作业新技术、新工艺、新材料、新工器具的开发和应用。

6.2 状态检修的状态评价

6.2.1 架空线路状态评价方法

1. 状态量的基本概念

状态量是综合反应线路状况的技术指标，为试验数据和运行情况等参数的总称。状态量包括一般状态量和重要状态量，一般状态量指对线路影响较小的状态量，重要状态量指对线路的性能和安全运行有较大影响的状态量。线路单元是指线路上功能和作用相对独立的同类设备。线路的状态分为正常状态、注意状态、异常状态、严重状态。

状态量由线路的原始资料、运行资料、检修资料以及其他资料构成。状态量的权重分为1、2、3、4四个等级，权重1、2对应一般状态量，权重3、4对应重要状态量。状态量的劣化程度又分为Ⅰ、Ⅱ、Ⅲ、Ⅳ四个级别，劣化程度对应着状态量的评价与扣分。状态量的评价方法可参照表6-1。

表6-1　　　　　　　　　　　　状态量的评价表

权重 状态量劣化程度（基本扣分）	1	2	3	4
Ⅰ（2）	2	4	8	10
Ⅱ（4）	4	8	12	16
Ⅲ（8）	8	16	24	32
Ⅳ（10）	10	20	30	40

2. 架空输电线路的状态评价

线路的状态评价分为线路的单元评价和整体评价两部分，通常根据线路单元状态量的扣分情况，从而对其进行单元评价和整体评价。下面以基础和杆塔为例，列举了线路单元相关状态量的扣分标准，表 6-2 和表 6-3 可作为参照。

表 6-2 　　　　　　　　　　　**线路单元（基础）状态量扣分标准**

线路单元	状态量	权重系数	状态程度	扣分标准	基本扣分	应扣分值
基础	杆塔基础表面磨损情况	4	IV	阶梯式基础整体出现裂缝	10	40
			III	杆塔基础有钢筋外露	8	32
			II	基础混凝土表面有较大面积水泥脱落、蜂窝	4	16
	拉线基础埋深	4	IV	拉线基础埋深低于设计值 60cm 以上	10	40
			III	拉线基础埋深低于设计值 40~60cm	8	32
			II	拉线基础埋深低于设计值 20~40cm	4	16
	拉线棒锈蚀情况	4	IV	拉线棒锈蚀超过设计截面积的 30% 以上	10	40
			III	拉线棒锈蚀超过设计截面积的 25%~30%	8	32
			II	拉线棒锈蚀超过设计截面积的 20%~25%	4	16
			I	拉线棒锈蚀不超过设计截面积的 20%	2	8
	基础护坡及防洪设施损坏情况	4	IV	基础护坡及防洪设施损毁，造成严重水土流失，危及杆塔安全运行；处于防洪区域内的杆塔未采取防洪措施；基础不均匀沉降或上拔	10	40
			III	基础护坡及防洪设施损坏，造成大量水土流失	8	32
			II	基础护坡及防洪设施破损，造成少量水土流失	4	16
	杆塔基础保护范围内基础表面取土情况	3	IV	混凝土杆基础被取土 30cm 以上；铁塔基础被取 60cm 以上	10	30
			III	混凝土杆塔基础被取土 20~30cm；铁塔基础被取土 30~60cm	8	24
	防碰撞设施情况	3	IV	防碰撞设施缺失或损坏，失去防碰撞作业	10	30
			III	防碰撞设施损坏，尚能发挥防碰撞作业	8	24
			I	防碰撞设施警告标示不清晰或缺失	2	6
	基础立柱淹没情况	2	IV	杆塔基础位于水田中的立柱低于最高水面	8	16
			III	位于河滩和内涝积水中的基础立柱露出地面高度低于 5 年一遇洪水位高程	4	8

表 6-3 线路单元（杆塔）状态量扣分标准

线路单元	状态量	权重系数	状态程度	扣分标准	基本扣分	应扣分值
杆塔	杆塔倾斜情况	4	IV	一般铁塔、钢管塔倾斜度≥20‰，50m 以上铁塔、钢管塔倾斜度≥15‰	10	40
			III	一般铁塔、钢管塔倾斜度 15‰~20‰，50m 以上铁塔、钢管塔倾斜度 10‰~15‰；混凝土杆倾斜度 20‰~25‰	8	32
			II	一般铁塔、钢管塔倾斜度 10‰~15‰，50m 以上铁塔、钢管塔倾斜度 5‰~10‰；混凝土杆倾斜度 15‰~20‰	4	16
	钢管杆杆顶最大挠度	4	IV	直线钢管杆杆顶最大挠度>10‰；直线转角钢管杆杆顶最大挠度>15‰；耐张钢管杆杆顶最大挠度>24‰	10	40
			III	直线钢管杆杆顶最大挠度 7‰~10‰；直线转角钢管杆杆顶最大挠度 10‰~15‰；耐张钢管杆杆顶最大挠度 22‰~24‰	8	32
			II	直线钢管杆杆顶最大挠度 5‰~7‰；直线转角钢管杆杆顶最大挠度 7‰~10‰；耐张钢管杆杆顶最大挠度 20‰~22‰	4	16
	铁塔，钢管塔主材弯曲情况	4	IV	主材弯曲度>7‰	10	40
			III	主材弯曲度 5‰~7‰	8	32
			II	主材弯曲度 2‰~5‰	4	16
	杆塔横担歪斜情况	4	IV	歪斜度>10‰	10	40
			III	歪斜度 5‰~10‰	8	32
			II	歪斜度 1‰~5‰	4	16
	铁塔和钢管塔构建缺失、松动情况	4	IV	缺少大量小角钢和螺栓或较多节点板、螺栓松动 15% 以上，地脚螺母缺失	10	40
			III	缺少较多小角钢和螺栓或个别节点板、螺栓松动 10%~15%	8	32
			II	缺少少量小角钢和螺栓，螺栓松动 10% 以下；防盗防外力破坏措施失效或设备缺失	4	16
	连接钢圈、法兰盘损坏情况	4	IV	钢管杆、混凝土杆连接钢圈焊缝出现裂纹	10	40
			III	钢管杆、混凝土杆法兰盘个别连接螺栓丢失	8	32
			II	钢管杆、混凝土杆连接钢圈锈蚀或法兰盘个别连接螺栓松动	4	16

续表

线路单元	状态量	权重系数	状态程度	扣分标准	基本扣分	应扣分值
杆塔	铁塔、钢管杆锈蚀情况	4	IV	锈蚀很严重,大部分小角钢、螺栓和节点板剥壳	10	40
			III	锈蚀较严重,较多小角钢、螺栓和节点板剥壳	8	32
			II	镀锌层失效,有轻微锈蚀	4	16
	拉线锈蚀损伤情况	4	IV	断股,锈蚀截面>17%;UT线夹任一螺杆上无螺帽;UT线夹锈蚀、损伤超过截面30%	10	40
			III	断股、锈蚀截面7%~17%;UT线夹缺少两颗双帽;UT线夹锈蚀、损伤截面积超过25%~30%	8	32
			II	断股、锈蚀截面积<7%;摩擦或撞击;受力不均、应力超出设计要求;UT线夹被埋或安装错误,不满足调节需要或缺少一颗双帽;UT线夹锈蚀、损伤超过截面积的20%~25%;防盗,防外力破坏措施失效或设施缺失	4	16
	混凝土杆裂纹	4	IV	普通混凝土杆横向裂缝宽度大于0.4mm,长度超过周长2/3;纵向裂纹为该段长度的1/2;保护层脱落、钢筋外露。预应力混凝土电杆及构件纵向,横向裂缝宽度大于0.3mm	10	40
			III	普通混凝土杆横向裂缝宽度为0.3~0.4mm,长度超过周长1/3~2/3;纵向裂纹为该段长度的1/3~1/2;水泥剥落,严重风化。预应力混凝土电杆及构件纵向,横向裂缝宽度大于0.1mm	8	32
			II	普通钢筋混凝土杆横向裂缝宽度为0.2~0.3mm;预应力钢筋混凝土杆有裂缝,裂纹小于该段长度的1/3;水泥剥落,有风化现象。预应力混凝土电杆及构件纵向、横向裂缝宽度小于0.1mm	4	16

　　表6-2和表6-3只列出了基础和杆塔的状态量评价标准。在状态评价过程中,若所有单元评价为正常状态,但出现了表6-4中所列的状况之一,则该条线路总体评价为注意状态。当任一线路单元状态评价为注意状态、异常状态或严重状态时,架空输电线路总体状态评价取三种情况中最严重的状态评价。

表 6-4　　　　　　　　　　　　　线路注意状态情况列表

状态量	状态量描述
钢筋混凝土杆裂纹情况	10%以上的钢筋混凝土杆出现轻微裂痕
铁塔锈蚀情况	10%以上的铁塔出现轻微锈蚀情况
塔材紧固情况	3基塔材出现松动情况
导线、地线锈蚀或损伤情况	导线、地线出现5处以上的轻微锈蚀或损伤情况
外绝缘配置与现场污秽度适应情况	外绝缘配置与现场污秽度不相适应，有效爬电比距比污区图要求值低3mm/kV
盘形悬式绝缘子劣化情况	年劣化率>0.1%
复合绝缘子缺陷情况	早期淘汰工艺制造的复合绝缘子
连接金具家族性缺陷情况	由于设计或材料缺陷在运行中发生过故障
线路设计缺陷情况	线路设计考虑不周，致使线路多次发生同类故障

3. 线路单元的状态评价

根据架空输电线路的特点，将其分为基础、杆塔、导线和地线、绝缘子串、金具、接地装置、附属设施和通道环境等8个线路单元。本书中已给出基础、杆塔两单元的状态量扣分标准，其他单元的状态量扣分标准可查阅《电网设备状态检修技术标准汇编第一分册——交流输变电设备检修》。线路单元的评价应同时考虑单项状态量的扣分和该单元所有状态量的合计扣分情况。当任意状态量单项扣分或单元所有状态量合计扣分符合相关状态的扣分规定时，视为线路已处于该状态。表6-5中列出了可以参照的线路单元状态评价标准，该标准描述了单个线路单元的扣分情况与单元状态之间的关系。

表 6-5　　　　　　　　　　　　　线路单元状态评价标准

状态 线路单元	正常状态		注意状态		异常状态	严重状态
	合计扣分	单项扣分	合计扣分	单项扣分	单项扣分	单项扣分
基础	<14	≤10	≥14	12~24	30~32	40
杆塔	—	≤10	—	12~24	30~32	40
导线、地线	<16	≤10	≥16	12~24	30~32	40
绝缘子串	<14	≤10	≥14	12~24	30~32	40
金具	<24	≤10	≥24	12~24	30~32	40
接地装置	—	≤10	—	12~24	30~32	40
附属设施	<24	≤10	≥24	12~24	30~32	40
通道环境	—	≤10	—	12~24	30~32	40

4. 线路整体的状态评价

当整条线路所有单元评价为正常状态，且未出现注意状态时，视为整条线路处于正常状态，若出现任一注意状态，则该条线路视为注意状态。

当任一线路单元状态评价为注意状态，严重状态或危机状态时，架空输电线路总体状态评价按其中最严重的单元状态来界定。

6.2.2 架空输电线路的状态检修

状态检修应按"应修必修，修必修好"的原则进行，依据线路状态评价的结果，考虑线路风险因素、动态制订线路的检修计划，合理安排状态检修的计划和内容。

新投运线路投运初期按电网公司状态检修试验规程规定，应进行例行试验，同时还应对导线弧垂、对地距离和交叉跨越距离进行测量，对杆塔螺栓和间隔棒进行紧固检查，收集各种状态量，并进行一次状态评价。对于老旧线路的状态检修，宜根据线路运行及评价结果，对检修计划及内容进行调整。

线路检修按工作性质内容与工作设计范围，可分为 A、B、C、D、E5 类，其中 A、B、C 是停电检修，D、E 是不停电检修。具体检修项目及检修策略可根据 Q/GDW 174—2008《架空输电线路状态检修导则》等技术标准确定。

6.3　状态检修的工作标准

输电线路状态检修的工作标准总共分为 5 个部分：状态信息收集的工作标准，状态信息评价的工作标准，状态检修计划编制的工作标准，状态检修计划实施的工作标准，状态检修绩效评估的工作标准。这 5 个部分环环相扣，形成了完整的状态检修工作标准。

6.3.1　状态信息收集工作标准

1. 状态信息分类

输电线路状态信息包括设备全寿命周期内表征设备健康状况的资料内容。按照生产过程可分为投运前信息、运行信息、检修试验信息、家族性缺陷信息四类，其中投运前信息主要收集土建施工安装记录、设备安装记录、设备调试记录等；运行信息和检修试验信息主要收集设备停送电操作记录、设备自维护记录、缺陷时间、缺陷部位及描述、缺陷程度、缺陷原因分析、消缺情况、红外和紫外成像检测数据、避雷器带电测试数据，也收集高温、低温、雨、雪、台风、沙尘暴、地震、洪水等信息资料；家族性缺陷信息指经电网总公司或各省公司认定的同厂家、同型号、同批次设备（含主要元件），由于涉及材质、工艺等共性因素导致缺陷的信息。

2. 工作要求

按照电网设备状态检修管理标准要求，输电线路状态信息收集工作共划分为 5 个阶段，包括班组信息收集和录入，工区信息审核和上报，地市公司信息审核和汇总，省公司信息检查和考核，以及公司总部信息督查和发布等阶段。

生产班组及时收集所管辖设备的投产前信息、运行信息和检修试验信息，将信息录入生产管理信息系统。对于家族性缺陷信息，按照"电网设备疑似家族性缺陷上报单"进行信息报送，家族性缺陷正式发布后，在生产管理信息系统中完成相关设备状态信息的变更维护。

生产工区主要任务是及时审核班组输入生产管理信息系统的数据资料，确保信息准确无误，若数据信息不够准确，退回班组进行修改，重新录入审核通过后方可作为正式信息保存和上报。

地市公司生产技术部门按照管辖范围，审核各生产工区报送的状态信息数据和资料，督促检查各生产工区状态信息的收集工作，并对信息收集的及时性、规范性和准确性进行考核。

省公司生产技术部门负责督促、检查、考核各地市公司各类状态信息及家族性缺陷信息的收集、发布和上报情况。省公司设备状态评价指导中心应指导做好 220kV 及以上输电线路设备状态信息的汇总和分析工作。

公司总部生产技术部根据公司系统主设备的状态信息数据，督促检查并考核各省公司状态信息收集整理及家族性缺陷信息收集、发布等情况。电网总公司设备状态评价指导中心应相应地做好协助工作，督促收集并汇总分析 500（330）kV 及以上新线路的建造，关键项目交接试验，运行设备故障信息等。

3. 工作时限要求

家族性缺陷信息在公开发布规定时间内（一般 1 个月），应完成生产管理信息系统中相关设备状态信息的变更和维护。

投运前信息应由基建或物资部门在设备投运后规定时间内（一般 1 周）移交生产技术部门，并于规定时间内（一般 1 个月）录入生产管理信息系统。

运行信息应及时录入生产管理信息系统。检修试验信息应在检修试验工作结束后规定时间内（一般 1 周）录入生产管理信息系统。设备及其主要元件发生变更后，应在规定时间内（一般 1 个月）完成生产管理信息系统中相关信息的更新。

4. 评价与考核

各单位应明确信息维护人员的职责和要求，各省公司应每年对地市公司生产管理信息系统和状态检修辅助决策系统的应用情况进行一次全面评价和考核。

各级生产技术部门应定期检查生产管理信息系统中设备状态信息数据录入是否及时准确，对录入不及时，不准确的单位纳入绩效考核，按照"电网设备状态信息收集工作质量评价考核表"进行评价。

6.3.2 状态评价工作标准

设备状态评价应按照 DL/T 393—2010《输变电设备状态检修试验规程》等技术标准，通过对设备状态信息收集、分析，确定设备状态和发展趋势。设备状态评价应坚持定期评价与动态评价相结合的原则，建立以地市公司三级评价为基础，以各级设备状态评价指导中心复核为保障的工作体系。

1. 状态评价

输电线路状态评价包括设备定期评价和设备动态评价。设备定期评价是指每年为制订下年度设备状态检修计划，集中组织开展的电网设备状态评估、风险评估和检修决策工作，定期评价每年不少于一次；设备动态评价指除定期评价以外，开展的电网设备状态评价、风险评估和检修决策工作，动态评价适时开展。

（1）设备定期评价。按设备运行维护范围建立各级评价工作流程。地市公司编制设备状态检修综合报告，各级评价指导中心负责相应设备评价的复核工作。设备定期评价在地市公司三级评价的基础上，按照管辖范围逐级送省公司，电网总公司复核。

（2）设备动态评价。设备动态评价在地市公司进行三级评价，由地市公司根据评级结果安排相应的检修维护。特殊时期专项评价应按照定期评价流程开展，由地市公司上报输电线路状态检修综合报告以及评价结果为异常和严重的 110（66）kV 及以上设备状态评价报告；省公司上报 500（330）kV 及以上电网设备状态检修综合报告以及评价结果为异常和严重状态的输电线路的状态评价报告。

2. 风险评估

风险评估应按照相关电网输变电设备风险评估导则或标准的要求，结合输电线路状态评价结果，综合考虑安全性、经济性和社会影响三方面的风险，确定设备风险程度，与设备定期评价同步进行。

3. 检修决策

检修决策应以设备状态评价结果为基础，参考风险评估结论，考虑电网发展、技术更新要求，综合调度、安监部门意见，再依据 Q/GDW 174—2008《架空输电线路状态检修导则》等技术标准确定检修类别、检修项目和检修时间等内容。

4. 工作时限要求

设备定期评价的工作时限：每年按电网公司规定时限前，地市公司完成电网输电线路状态检修综合报告，其中 220kV 及以上的状态检修综合报告上报省公司复核；省公司及时完成地市公司上报状态检修综合报告的复核并返回复核意见，完成异常和严重状态的 500 (330) kV 及以上四类主设备状态检修综合报告的编制并上报电网总公司。每年规定时限前，电网总公司完成上报设备状态检修综合报告的复核，并返回复核意见。

设备动态评价的一般工作时限：新投运设备应在 1 个月内组织开展首次状态评价工作，一般在 3 个月内完成。运行缺陷评价随缺陷处理流程完成，家族性缺陷评价在上级家族性缺陷发布后规定时间内（一般 2 周）完成。不良工况评价在设备经受不良工况后一周内完成。检修类别评价在检修后规定时间内（一般 2 周）完成。重大保电活动专项评价应在活动开始前至少提前 2 个月完成，电网迎峰度夏、迎峰度冬专项评价原则上 4 月底和 9 月底前完成。

5. 评价与考核

设备评价工作的监督检查，省公司每年一次，地市公司每季度一次，生产工区每月一次。对设备状态评价工作未按要求开展或开展不力的单位，上级单位应加强督导，必要时进行通报和考核。设备状态检修评价工作质量可参照表 6-6 进行评价考核。

表 6-6　　　　　　　　　　设备状态检修评价工作质量评价考核表

评估项目	评估内容	评估方法	基本得分	评分规则	实际得分	扣分说明
设备评价（60分）	初评意见。初评意见涵盖所辖设备铭牌参数、投运日期、上次检修日期、状态量检测信息、状态评价分值、状态评价结论及班组评价建议等内容	查资料、记录	10	评价设备缺项或信息不全，每处扣 2 分；班组初评意见不具体、不明确，每处扣 2 分，扣完为止		
	初评意见。初评意见涵盖所辖设备铭牌参数、投运日期、上次检修日期、状态量检测信息、状态评价分值、状态评价结论及工区评价建议等	查资料、记录	10	评价设备缺项或信息不全，每处扣 1 分；不明确，每处扣 1 分；报告无评价结论，每处扣 1 分；扣完为止		

评估项目	评估内容	评估方法	基本得分	评分规则	实际得分	扣分说明
设备评价（60分）	综合报告。涵盖状态评价结果、风险评估结果、检修决策及审核意见	查资料、记录	20	评价设备缺项或信息不全，每处扣1分；报告无评价结论或结论不正确，每处扣2分；无检修策略建议，每处扣2分；各种状态设备的计划检修时间、检修等级不全面，不合理，每处扣1分；报告内容缺项，每处扣2分。扣完为止		
	动态评价	查资料、记录	20	未开展新设备投运后的首次评价、检修完成后评价、发现缺陷后评价、设备经手不良工况后评价、新发布家族性缺陷后的评价、特殊时期前的评价、季节性的评价、重要状态量改变后的评价任何一类评价，扣5分；评价设备缺项或信息不全，每处扣1分；不正确，每处扣2分。扣完为止		
风险评估（20分）	评估情况	查资料、记录	10	未进行风险评估不得分；评估结论不明确或未用于检修策略的制订，扣5分。扣完为止		
	风险评估各参数的合理性应会同相关部门确定相关参数值	查资料、记录	10	安监、调度等部门未参与评价，每少一个部门扣5分。扣完为止		
检修决策（20分）	检修决策的正确性和完整性	查资料、记录	20	检修等级不明确或错误，每处扣2分；检修项目不全，每处扣2分；检修时间不确定或错误，扣2分。扣完为止		

6.3.3 状态检修计划编制工作标准

1. 工作内容

年度检修计划是生产单位提出的用于指导生产的工作计划，应包括年度状态检修计划和年度综合停电检修计划两部分。

年度状态检修计划是年度综合停电检修计划的编制依据。根据状态检修综合报告中设备评价结果，设备风险评估结果，设备检修策略以及设备试验基准周期要求编制年度状态检修计划，其中应明确上次检修时间、检修等级、检修内容、检修工期、实施部门、费用预算等内容。

年度综合停电检修应在年度状态检修计划基础上，结合反措、可靠性预控指标及与基建、市政、业扩、技改工程的停电配合要求进行编制。应统筹考虑，统一安排同一停电范围内的设备检修。

2. 工作要求

按照电网公司电网设备状态检修管理标准要求，输电线路状态检修计划编制工作共分为计划启动、编制、审核、批准四个阶段。

电网公司生产技术部门根据状态检修计划编制工作标准每年对省公司的 500（330）kV及以上的输电线路的状态检修计划和综合停电检修计划编制质量进行抽查。省公司生产技术部门应定期检查考核各地市公司季度检修计划的编制质量和执行情况。

对未按时编制状态检修计划或计划中上次检修时间、检修等级、检修内容、检修工期、实施部门、费用预算等内容不完整的，应督促整改、完善，必要时进行通报和考核。

6.3.4　输电线路状态检修计划实施工作标准

1. 工作内容

检修计划实施是状态检修具体执行环节，依据年度综合停电检修计划，按照统一计划，分级管理，流程控制，动态考核的原则具体组织现场检修计划的实施。检修计划实施过程中应充分发挥技术监督在设备状态检修管理中的作用，加强对相关标准执行清理的监督。对严重或异常状态设备应尽快安排设备检修，防止决策失误导致的设备事故和障碍。

2. 工作要求

输电线路检修应按确定的检修策略、检修计划、检测标准开展现场标准化作业。检修计划实施分为准备、实施和总结三个阶段。

（1）准备阶段。省公司生产技术部门主要负责按时将年度检修计划下达地市公司，制定作业指导书范本，督促落实现场标准化作业。组织落实重大检修项目实施的各项准备工作。

地市公司根据省公司下达的年度检修计划，编制本单位年度，月（季）度计划，并将检修任务分解至各责任部门、工区。编制大型复杂检修作业的施工方案，安全技术组织措施和现场标准化作业书，上报省公司审批。

生产工区根据地市公司下达的年度、月度检修计划，编制本工区运行维护设备月度、年度检修实施计划，经批准后下达各相关班组。对检修决策建议分为 A、B、C 三类。因故未能列入当年综合停电检修计划的线路，应组织班组对设备加强状态检测、评价和维护，如果设备状态劣化，应及时安排停电检修。

生产班组根据月度检修计划细化安排班组周工作计划。加强待检线路状态检测，编制检修作业方案，落实检修前各项准备工作。

（2）实施阶段。地市公司组织协调多工区几种检修项目现场工作，检查落实检修方案和标准化作业要求，保证检修作业安全，保证检修质量。审批大中型输电线路检修作业方案和作业指导书，协调落实检修线路送电计划。

生产工区组织开展大中型、多班组配合的检修任务的实施。审核检修作业相关安全技术组织措施和标准化作业指导书。组织落实检修过程中的作业风险控制措施，落实检修作业标准化流程。

生产班组按照计划项目，勘察工作现场，编制相关安全技术组织和现场标准化作业指导书，确定工作负责人，落实人员分工，工具配置及检修备品和材料准备。工作负责人做好技术交底和安全措施交底工作，按照现场标准化作业指导书的要求，组织实施检修作业，做好现场安全、质量和工期控制。

（3）总结阶段。生产班组在现场检修工作结束后，按相关技术规范做好自验收，编制检修工作总结，上报工作完成情况。将检修过程中发现的设备缺陷，及时纳入缺陷流程管理。检修结果和试验记录等及时录入生产管理信息系统。

生产工区开展检修验收工作，对生产班组进行考核。对计划执行情况进行统计分析，及时完成检修后设备状态的评价。根据检修结果，对检修发现的疑似家族性缺陷情况，检修策略及计划的动态优化调整提出建议，并上报地市公司。

地市公司组织检修验收工作，并对各生产工区进行考核，汇总各生产工区上报的检修计划执行情况分析结果，根据检修实际完成情况，动态调整计划安排，并按要求上报省公司。

网省公司统计所辖范围内状态检修计划实施完成情况，分析存在的问题及原因。根据状态检修实施情况对年度状态检修计划及5年检修计划进行动态调整，滚动修改。

3. 现场工作要求

在检修计划现场实施的过程中，应健全各级检修管理体系，严格规范和执行现场标准化作业工作机制，确保检修计划规范、有序、安全、可控地实施。

（1）现场作业分类。结合输电线路设备状态检修的分类原则，根据现场检修作业的性质，内容与作业涉及范围，检修工作复杂程度等，开展现场检修作业的方案执行与准备，作业包括人员组织及分工，备品备件、工器具、材料准备，安排作业现场等内容。

（2）现场作业风险预控分析。生产班组对现场作业进行风险分析并上报生产工区，生产工区进行作业风险应对措施制定，地市公司采取措施控制或降低作业风险并上报省公司，省公司对大型、复杂、涉及公众较多的检修作业现场风险情况进行掌握，并开展现场监督、检查。

（3）作业现场管理。省公司规范大型、复杂、涉及公众较多的作业现场标准化作业指导书的执行，地市公司和生产工区分别按照作业指导书流程开展相关工作，生产班组按作业指导书进行具体检修作业的操作实施，对关键工序及质量控制点进行重点控制和检验，并做好记录和验收签字工作，确保检修质量。

（4）现场作业验收评价。现场作业完成后应严格执行相关验收制度，确认合格后，开展现场作业总结。现场作业总结后，工作负责人应及时对作业的安全和质量进行评价，对标准化作业指导书的应用情况作出评估。

（5）工作时限要求。地市公司每年年初1月明确本年度停电检修实施计划，每季末明确下季度检修工作实施计划。A、B类检修的施工方案，现场安全技术实施措施，标准化作业指导书等应在施工开始前一周批准；C、D类检修工作的标准化作业指导书等应在施工开始前一个工作日批准；E类检修根据工作具体情况在一周内完成标准化作业指导书等相关现场措施的批准。

检修工作完毕，实施班组应在规定时间内（一般1周）完成工作小结，设备检修评价及PMS信息录入等工作，地市公司按月汇总分析，每季度向省公司上报季度检修总体完成情况。

已确定的检修计划原则上不应超期执行，由于电网运行方式，物资供应等外部条件造成检修计划跨年度，需由地市公司主管生产技术的领导批准。

（6）评价与考核。各级生产管理部门和单位要及时跟踪状态检修计划的实施及调整情况，定期形成分析总结报告。输变电设备检修计划执行情况应定期进行检查考核，实行项目跟踪管理，按照设备状态检修绩效评估效果，进行计划项目效益评价，并纳入生产管理考评。

6.4 状态检修的管理体系

输电线路的状态检修是电网状态检修的一个重要组成部分，工作实行统一管理，分级负责。由电网公司各级单位形成完整的状态检修组织体系，各级生产技术部门是状态检修工作的归口管理部门，各级科研试验机构成立输电线路状态评价指导中心，地市公司应明确专业班组状态检修工作职责。输电线路状态检修管理体系坚持"安全第一、标准先行、应修必修、过程管控、持续完善"的基本原则。

6.4.1 各级生产管理机构职责

1. 电网公司生产技术部门

电网公司生产技术部门主要职责是组织制定相关标准，指导各单位规范开展各种检修工作，针对输电线路的职责是输电线路状态检修工作相关管理标准、技术标准和工作标准的制定；组织研究解决输电线路状态检修工作中的管理问题和重大技术问题；组织研究、推广和完善输电线路状态检修技术支持手段和装备配置，深化信息系统应用；负责组织公司系统重大输电线路故障专项分析，组织认定和发布公司系统输电线路家族性缺陷。

2. 网省电力公司生产技术部门

组织所属单位规范开展架空线路状态巡检，及时、准确地收集设备状态信息，掌握所辖区域内主要输电线路的健康状况；组织对地市公司上报的架空线路状态检修综合报告和检修计划进行复核；组织编制省公司状态检修综合报告和年度检修计划，下达所属单位并监督实施，上报异常和严重状态的 500（330）kV 及以上输电线路状态检修综合报告；发布和上报运行维护范围内输电线路设备家族性缺陷，对存在家族性缺陷的进行风险预警管理。

3. 地市供电公司生产技术部门

应用各类状态检修技术手段和装备，指导督促架空线路的相关工区、生产班组及时、准确地收集和录入设备状态信息，全面掌握架空线路的健康状况；及时、规范地开展设备状态评价、风险评估、检修决策、计划编制、计划执行、绩效评估等工作，及时编写本单位输变电设备状态检修综合报告，并上报 220kV 及以上输变电设备状态检修综合报告；负责编制运行维护范围内输电线路状态检修计划，按要求上报 220kV 及以上输变电设备状态检修计划，并根据下达的检修计划安排现场实施；收集、整理并上报疑似家族性缺陷，对已经认定发布的家族性缺陷进行排查和处理。

4. 生产工区

组织开展巡视、检测、试验等工作，指导并督促检查生产班组及时、准确、完整地收集架空线路状态信息，及时录入生产信息管理系统，对架空线路状态信息的准确性负责；督促基层班组对架空线路状态进行班组初评，组织本工区相关专业人员审核班组初评意见，形成工区初评报告，提出输电线路状态评价、风险评估、检修决策初步意见；负责分解落实架空线路检修计划的具体实施措施，项目分解落实到各生产班组，组织实施现场标准化作业；收集、整理、分析架空线路缺陷信息，及时上报疑似家族性缺陷。

5. 生产班组

开展输电线路状态巡检、维护、试验、检修等工作，掌握所辖区内线路设备的运行状态；报告输电线路状态原始资料，按照状态信息管理分工，及时收集设备状态信息，并录入生产信息管理系统，保证信息数据的规范性、准确性和完整性。

6.4.2 设备状态评价指导中心职责

1. 电网公司设备状态评价指导中心

研究和推广在线监测，带电检测新技术，开展输电线路状态检测、检测装置和电气新产品的选型、质量检测和检定工作；对公司系统750kV及以上交流和500（330）kV及以上直流输电线路的评价结果进行复核；对500（330）kV输电线路评价结果为异常状态和严重状态的设备评价报告进行复核；定期对生产信息关系系统的应用和设备状态信息数据的准确性、及时性进行检查；及时收集分析500（330）kV及以上交、直流线路设备的交接试验信息，设备故障等信息等，对省公司报送的设备家族性缺陷信息进行汇总分析，进行公司系统家族性缺陷的认定，提出发布意见。

2. 网省电力公司设备状态评价指导中心

开展本区域内220kV及以上输变电设备定期专项检测的技术指导和重要输电线路设备的定期专项抽检；及时准确地掌握本区域内220kV及以上输电线路设备交接试验，检测和监测缺陷故障等状态信息；收集、汇总、分析设备疑似家族性缺陷信息，进行家族性缺陷的认定，提出发布意见；对220kV及以上设备，以及评价为异常状态和严重状态的110（66）kV主设备的评价结果进行复核；编制异常和严重状态的500（330）kV及以上输电线路设备状态检修综合报告，经省公司生产技术部门审核后报电网总公司；指导地市供电公司规范开展设备状态检修工作，制定设备状态检修策略；定期对生产信息管理系统应用情况和设备状态信息数据的准确性、及时性进行检查。

6.4.3 管理内容

状态检修工作内容包括状态信息管理、状态评价、风险评估、检修决策、检修计划、检修实施及绩效评估七个环节，如图6-2所示。状态信息管理是状态评价和诊断工作的基础。状态信息包括设备投运前信息、运行信息、检修试验信息和家族性缺陷信息四类。输电线路状态信息的收集按照"谁主管，谁收集"的原则进行，并与调度信息，运行环境信息相结合，做好历史数据的保存和备份。输电线路设备状态评价包括设备的定期评价和动态评价。状态评价是准确掌握设备运行状态和健康水平，是开展状态检修的关键。

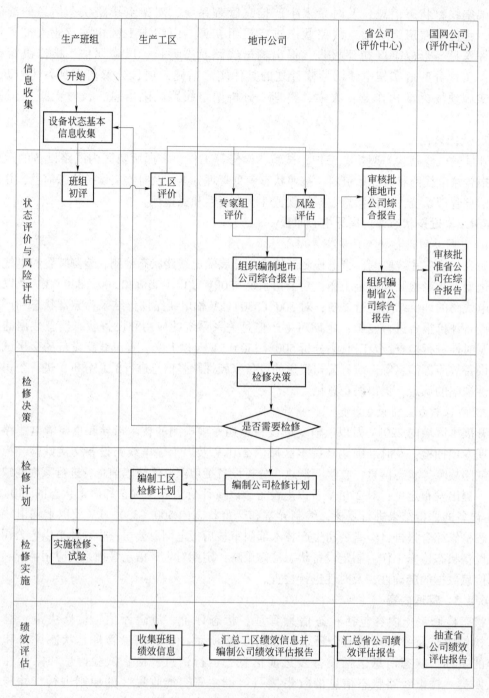

图 6-2 状态检修管理流程图

6.5 总 结

风险评估应按照相关输变电设备风险评估导则或标准要求执行，结合设备状态评价结果，综合考虑安全性、经济型和社会影响三个方面的风险，确定设备风险程度。风险评估与设备定期评价应同步进行。

检修决策应依据国家电网公司输变电设备状态检修导则等技术标准和设备状态评价结果，充分考虑风险评估结论，电网发展、技术更新等要求，综合调度、安监部门的意见，提出明确的输电线路检修维护策略，检修策略要明确检修类别、检修项目和检修时间等内容。同时，检修决策应综合考虑检修资金、检修力量、电网运行方式安排等情况，保证检修决策的科学性和可操作性。

检修计划依据输电线路检修决策制定，旨在统筹管理，统一安排，避免重复停电。检修计划包含年度状态检修计划和年度综合停电检修计划；输电线路的年度综合停电检修计划应在年度状态检修计划的基础上，结合反措、可靠性预控指标与基建、市政、技改工程的停电要求编制。

检修计划实施是状态检修的执行环节，应依据年度综合停电检修计划组织实施，按照统一计划，分级管理，流程控制，动态考核的原则进行；实施过程包括准备、实施、总结三个阶段。

绩效评估是对输电线路状态检修体系运作的有效性、策略适应性以及目标实现程度进行的评价，查找工作中存在的问题和不足，提出改进措施和建议，持续更新和提升状态检修工作水平。其评估指标包括可靠性指标实现程度，效益指标实现程度等评估指标。

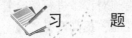 习 题

1. 什么是状态信息？状态信息包含那些？
2. 解释状态检修的含义。
3. 实现状态检修需要那些技术支持？
4. 架空输电线路的状态评价标准和依据有哪些？
5. 初期输电线路状态检修，应做好哪几方面工作？
6. 状态检修管理中职能部门的职责是什么？

7 架空输电线路的管理

7.1 概　　述

7.1.1 运行管理的基本概念

1. 管理概念

电力企业管理是指遵循电力生产经营活动的自然规律和客观经济规律，对统一电力系统及其组成部分，即发电、输变电、配电和用电的生产、流通和消费全过程，实施各项管理功能，进行生产经营活动，以实现电力企业的经营目标，满足社会对电力供应的需求。

2. 设备管理

设备管理是以企业生产经营目标为依据，运用各种技术、经济、组织措施，对设备从设计制造、购置、安装、使用、维护、修理、改造、更新直至报废的整个寿命周期进行全过程的管理。

设备管理的目的是取得最佳的设备投资效果。换句话说，就是要发挥设备效率，并谋求寿命周期费用最经济。

设备管理的任务是采取一系列措施对设备进行综合管理，保持设备完好，利用修理、改造和更新等手段，恢复设备的精度性能，提高设备素质，改善原有的设备构成，充分发挥设备效能，保证产品产量、质量和设备安全运行，降低消耗和成本，促进企业生产持续发展，提高企业经济效益。

设备管理的主要内容包括设备的资产管理、前期管理，使用与维护、润滑与密封、设备的状态检修与故障管理，设备故障诊断技术、设备修理及设备维修的技术管理，动力设备的使用、运行与维护、动力管线的管理与维护、设备的改造更新及设备维修的费用管理，设备管理的信息系统、设备动力工作的目标管理，设备动系统的组织与职能、管理和维修人员的素质要求与培训等。

7.1.2 输电线路的运行管理

输电线路的运行管理必须坚持贯彻"安全第一、预防为主"的方针，积极采用新材料、新技术、新设备、新工艺和科学的管理手段，逐步提高输电线路设备的健康水平。使输电线路的运行管理标准化、科学化、现代化，保证输电线路安全、经济、可靠运行。

1. 管理任务和内容

线路的运行管理就是根据输电线路的运行特点和基本要求，遵照 DL/T 741—2010、DL 409（安全工作规定），全面做好线路运行管理工作。

运行管理的主要任务是提高设备的可用率和供电可靠性，保证电力网安全经济运行和人身安全，保证供电能符合质量标准，降低各种损耗（线损等）。即保证线路安全运行及设备以高质量状态投入运行。

运行管理的主要内容包括生产计划管理、技术管理和定额管理、巡检管理、运行状态监测与故障诊断、设备维修的技术、费用管理等。

运行设备的管理除日常监测维护外，还要对设备进行定期计划维修（大、中、小修），检查设备运行中受损情况，修复检查中发现运行中已产生的损伤部件，更换损坏和参数不合格或超计划寿命的设备单元与部件。

2. 线路的运行管理

(1) 严格执行劳动法规。应按劳动定额标准中有关运行人员的定额标准，确保足额的生产定员；建立健全各级运行单位和必要的管理制度。

(2) 运行单位应建立、健全相关运行管理资料。如线路巡视专责人分工表、线路运行档案、线路运行维护手册、月巡视记录、物巡记录、监察巡视记录、缺陷记录、交叉跨越记录、接地装置记录、导线和地线压接管记录、通道记录、外力破坏记录、特殊区段记录等。设立微机管理或 MIS 系统的电子档案及缺陷管理系统，加速运行信息的科学化管理。

(3) 建立常态的运行分析制度。如每月召开一次运行分析会，分析运行设备的危险点，确定重点控制的危险点，提出防范及应急措施。

(4) 运行单位应积极参加事故分析，贯彻执行反事故措施计划，积极调查事故原因，采集事故现场信息，并对事故发生情况和处理分析情况记录列入运行档案之中。

(5) 运行单位应积极参加新线路的验收和试运行工作。

(6) 运行单位要经常对设备缺陷进行认真分析，总结线路运行经验，当发现设备存在重大缺陷时，在确保人身安全的情况下，现场采取必要的安全控制措施，并及时汇报。

(7) 运行单位要组织护线保电宣传，签订护线保电协议，并将各类相关文档妥善归类存档。

3. 运行人员职责

(1) 熟悉所辖线路的具体情况。包括所辖线路名称、电压等级、线路长度、杆塔数量及分类、起止杆号、分界点确切位置、系统接线和供电情况、杆塔基础形式、杆塔特性。

(2) 运行人员应熟悉线路组成元件的具体情况：如导线、地线型号，金具，绝缘子和附件的型号和电气及机械性能。

(3) 运行人员应熟悉沿线地理地貌、交通道路和村庄、主要交叉跨越、转角、耐张、换位、分支杆号等。

(4) 运行人员应熟悉线路各种运行参数（限距、弧垂、交叉跨越距离等），具备一定的检修技能和事故处理能力。

(5) 运行人员应熟悉电力法、《电力设施保护条例》、违章通知书文书填写和下达方式、法律保障的程序、护线保电群众组织工作的方法。

(6) 运行人员熟悉电力安全工作规程。

7.2　线路运行的技术管理

7.2.1　概述

架空线路的技术管理工作是线路生产管理的重要组成部分，是安全运行的基础。线路能否安全运行，与日常的技术管理工作有直接的关系，只有加强技术处理工作，才能不断总结经验教训，贯彻"预防为主"的方针，提高安全运行的标准。

架空线路从安装完毕、验收合格送电到移交给生产单位后，要保证它能长期安全运行，生产单位的主要任务是在不断提高企业管理水平的同时，建立、健全和完善基本的内容。

技术管理的内容：技术标准、技术规程、规范、条例、设计文本，施工设计方案的编制与贯彻；工艺措施的制定和管理；技术开发和新技术的引进与推广；技术培训、技术总结和技术经验交流；科技规划、科研和技术情报管理；技术资料、技术档案管理等。运行单位应建立和完善输电线路生产管理系统，并在此基础上开展技术管理。按照《架空输电线路运行规程》必须存有有关资料。

7.2.2　运行单位应有的标准、规程和规定

（1）《中华人民共和国电力法》

（2）《电力设施保护条例》

（3）《电力设施保护条件实施细则》

（4）DL/T 741—2010《架空输电线路运行规程》

（5）《输电专业生产工作管理制度》

（6）GB 26859—2011《电业安全工作规程（电力线路部分)》

（7）GB 26164.1—2010《电业安全工作规程（热力和机械部分)》

（8）《生产事故调查规程》

（9）《输电线路相关检测规程和标准》

（10）《电业生产人员培训制度》

（11）GB 50233—2014《110kV～750kV架空电力线路施工及验收规范》

（12）DL/T 782—2001《110kV及以上送变电工程启动及竣工验收规程》

（13）GB 50545—2010《110kV～750kV架空输电线路设计规程》

（14）GB/T 50064—2014《交流电气装置的过电压保护和绝缘配合设计规范》

（15）《带电作业技术管理制度》

（16）《带电作业规程》

（17）《架空线路检修规程》

（18）DL/T 596—2005《电力设备预防性试验规程》

（19）《输变电设备状态评价标准》

（20）《电网调度管理规程》

（21）《电网调度管理条例》

（22）《电网调度管理条例实施办法》

7.2.3　运行单位应有的图表

（1）地区电力系统线路地理平面图。

（2）地区电力系统接线图。

（3）相位图。

（4）特殊区段图。

（5）污区分布图。

（6）设备一览表。

（7）设备评级图表。

（8）安全记录图表。

（9）检测周期计划进度表。

（10）抢修组织机构表。

（11）反事故措施计划表。

（12）线路杆塔经纬度的 GPS 记录。

（13）运行中绝缘子使用情况记录。

7.2.4 运行单位应有的生产技术资料

（1）线路设计、施工技术资料

1）批准的设计资料及图纸。

2）路径批准文件和沿线土地征用协议。

3）与沿线有关单位订立的协议、合同（包括青苗、树木、竹林赔偿，交叉跨越，房屋拆迁等协议）。

4）施工单位移交的资料和施工记录。

5）符合实际的竣工图（包括杆塔明细表及施工图）。

6）设计变更通知单。

7）原材料和器材出厂质量的合格证明或检测记录表。

8）代用材料清单。

9）工程试验报告或记录。

10）未按原设计施工的各项明细表及附图。

11）施工缺陷处理明细表及附图。

12）隐蔽工程检验验收记录。

13）杆塔偏移及挠度记录。

14）架线弧垂记录。

15）导线、避雷线的连接器和补修管位置及数量记录。

16）跳线弧垂及对杆塔各部的电气间隙记录。

17）线路对跨越物的距离及对建筑物的接近距离记录。

18）接地电阻测量记录。

19）每基杆塔对应的绝缘子型号等参数及安装位置记录。

（2）设备台账

（3）预防性检查测试记录

1）杆塔倾斜测量记录。

2）混凝土电杆裂缝检测记录。

3）绝缘子检测记录（含复合绝缘子）。

4）导线连接器测试记录。

5）导线、地线振动测试和断股检查记录。

6）导线弧垂、限距和交叉跨越距离测量记录。

7）钢绞线及地埋金属部件锈蚀检查记录。

8）接地电阻检测记录。

9）雷电观测记录。

10）绝缘子等值附盐密度检测记录。

11）导线、地线覆冰、舞动观测记录。

12）绝缘保安工具检测记录。

13）防洪点检查记录。

14）缺陷记录。

（4）维修记录

（5）线路维修技术记录

（6）线路跳闸、事故及异常运行记录

（7）事故备品清单

（8）对外联系记录及协议文件

（9）运行工作日志

（10）线路运行工作分析总结资料

1）设备健康状况及缺陷消除情况。

2）事故、异常情况分析及反事故措施落实情况与效果。

3）运行专题分析总结。

4）年度运行工作总结。

7.3 生 产 计 划 管 理

输电线路的生产计划管理的目的与任务，是根据电力线路的生产特点及其客观规律，在一定期限内，为完成指定工作任务，把全部生产工作纳入合理的计划之中，事先制订出任务的具体内容、工作步骤和措施。通过编制计划、组织执行计划、检查分析计划执行情况，以此达到组织、协调、指挥、监督生产全过程的目的。

生产计划管理的内容包括：季节性工作项目，年、季、月、周生产工作计划，安全运行技术措施计划，大修工程计划和改进工程等。

1. 季节性工作项目

输电线路的运行管理工作具有季节性，例如污秽管理工作、覆冰管理工作等，运行管理工作随着季节的变化而有所侧重。可根据本单位管辖的线路气息的位置、气象特点、故障情况等，列出运行管理工作项目，并绘制表格。

2. 生产工作计划

（1）年度计划。包括大修工程、改进工程、设备预防性检查试验与维修、反事故措施、安全组织措施、技术培训、假设事故抢修演习等。

（2）季度计划。在时间上只有年计划的1/4，任务是年计划中的一部分。主要是依据经批准落实的年计划及季节性特点以及设备运行状态编制的，在本季度中应完成的任务计划。

（3）月度计划。月度计划牵涉到开工日期、申请停电期限、任务的人员组织、交通工具配置及工作技术、组织安全措施等具体工作。

以上计划制订中，对人力、财力、物质方面和时间上要留有余地，要考虑输电线路运行工作受天气、电网运行方式的影响等因素。

3. 安全运行技术措施计划

安全运行技术措施计划是为了保证线路安全运行而制订的一套十分重要的技术措施计划。其内容有：反事故技术措施计划，防雷、防污闪措施计划，降低事故率措施，安全管理措施等。

4. 大修工程计划

一般来说，35kV 以上线路每 10 年大修一次，每年检修线路总长的 1/10，10kV 线路每 15 年大修一次，每年检修线路总长的 1/15。

5. 改进工程计划

主要是针对更换导线、单杆改双杆、普通绝缘子改防污绝缘子等的实施方案的计划。

7.4　缺陷管理和事故备品管理

线路的缺陷管理是线路运行管理工作中一项十分重要的内容。运行单位都应加强对输电线路设备缺陷的管理，并通过巡视、检测和检修等方法认真发现设备缺陷，做好缺陷记录，定期或不定期进行统计分析，准确划分缺陷等级，适时地消除缺陷，从而确保线路安全稳定运行。

7.4.1　线路缺陷

所谓线路缺陷，是指架空输电线路的本体、附属设施以及外部隐患中凡不符合有关技术标准规定，处于不正常运行状况的，均称为线路缺陷。线路缺陷主要来自三个方面，"本体缺陷"是指组成线路本体的全部构件、附件及零部件，包括基础、杆塔、导线和地线、绝缘子、金具、接地装置、拉线等发生的缺陷；"附属设施缺陷"是指附加在线路本体上的线路标识、安全标志牌及各种技术监测和具有特殊用途的设备等发生的缺陷（如雷电测试、绝缘子在线监测设备，外加防雷、防鸟装置等）；"外部隐患"是指外部环境变化对线路的安全运行已经构成某种潜在性威胁的情况，包括自然界的和人为的（如基础易被洪水冲刷，在线路防护区内违章建房、种树、施工作业等）。发现线路缺陷的主要途径有以下四个方面：

（1）运行人员在巡视线路时所发现的缺陷；

（2）检修人员在检修线路时所发现的缺陷；

（3）在线监测和预防性检查测试中所发现的缺陷；

（4）其他人员（含义务护线员）发现或反映的缺陷和情况等。

上述前三项是线路缺陷的主要发现手段，线路运行维护及检修人员应按有关要求和标准及时准确地发现缺陷、记录缺陷、正确分析判断缺陷，特别是对线路本体和直接威胁到线路安全运行的危急和严重缺陷要一项不漏，及时发现。

7.4.2　缺陷管理标准和组织管理细则

运行单位应加强对设备缺陷的管理，做好缺陷记录，定期进行统计分析，提出处理意见；线路运行图表及资料应保持与现场实际相符；线路设备评级每年不少于一次，并提出设备升级方案和下一年度大修改进项目。

1. 设备缺陷的分类

运行中的线路设备及部分，凡不符合有关技术标准规定者，都叫作线路缺陷，线路缺陷一般按其严重程度分为一般缺陷、重大缺陷和紧急缺陷（也称事故缺陷）三类。

（1）紧急缺陷。紧急缺陷也称危急缺陷或 I 类缺陷，是指不能继续安全运行，随时可能发生事故的缺陷。此类缺陷情况已危及线路的安全运行，随时可能导致线路发生事故，或者已危及人身安全，既危险又紧急的一类缺陷。此类缺陷必须及时发现、尽快消除，或临时采取确保人身和设备安全的技术措施进行处理，随后消除，处理时限通常不应超过 24h。

（2）重大缺陷。重大缺陷也称严重缺陷或Ⅱ类缺陷，是指缺陷已超过运行标准，但在短期内仍可继续安全运行的缺陷。此类缺陷情况对线路安全运行与人身安全已构成严重威胁，紧急程度较Ⅰ类缺陷次之。此类缺陷应在短时间内消除，但消除前须加强监视，以防缺陷加剧。处理时限一般不超过一周（有的最多一个月）。

（3）一般缺陷。一般缺陷也称Ⅲ类缺陷，是指缺陷情况对线路安全运行和人身安全无威胁，在一定期间内不影响线路安全运行的缺陷。此类缺陷有些可随时消除，有些可列入年、季检修计划中加以消除。总之，一般缺陷的处理，一般不过季，最迟不应超过一个检修周期。

对于超高压输电线路其三类缺陷的具体情况可以参照以下确定：

（1）危急缺陷主要情况。

1）导线、避雷线对地距离或导线间距离，或交叉跨越距离严重不符合规程，规定要求且已危及安全运行和人畜安全（净空距离小于 6m）。

2）导线、避雷线断股严重，并超过修补范围，随时有断线的可能（导线铝股断 5 股以上，避雷线钢丝断 2 股以上，大跨越导线铝股断 3 股以上）。

3）导线连接器（线夹）有严重发热和发红现象，其电阻值比同样长度导线大 2 倍及以上。

4）导线上挂有异物如绳、金属线、风筝线等即将可能造成相间或对地短路。

5）绝缘子串有严重放电现象或多片被击穿、破损、自爆或被金属物短路、弹簧销脱落丢失严重以及被测出的零值、劣质绝缘子明显多于运行标准（超过 3 片及以上），对于双串等多串绝缘子串已断一串者；合成绝缘子串护套出现龟裂、脱落者。

6）铁塔基础和拉线基础有明显的上拔和沉陷，并还在继续发展，或经常遭受洪水冲刷和淹没，使基础外露出现不稳定现象，甚至已经出现倾斜；或基础立柱出现严重裂纹、装配基础塌陷、钢筋和支承角钢外露并锈蚀严重者。

7）拉线塔一组拉线中有一塔杆无螺帽或一根已断开，或拉线断股超过截面积的 1/3 及以上，或拉线锈蚀严重者；或任何一组拉线下把螺帽丢失半数以上和联板螺帽丢失者。

8）分裂导线发生翻绞。

9）主要金具特别是承力金具与线夹锈蚀或磨损严重以及已经出现裂纹。

10）线路下方烧柴草、烧荒、森林失火随时会造成线路故障，或在线路下方和附近筑路、大型机械施工、开山放炮、取石挖矿等。

11）大跨越的防振、防舞动及防雷设施出现松脱、丢失，导线、避雷线脱离线夹船托。

12）其他直接危及设备及人身安全的缺陷。

上述危急缺陷一经发现，应立即报本单位生产主管部门和上级生产管理部门，经分析鉴定确认是"危急缺陷"，应确定处理方案或采取临时安全技术措施，由运行维护责任单位立即实施并进行处理，与此同时，也应报所属上级公司生产管理部门并接受其指示。

（2）严重缺陷的主要情况。

1）导线铝胶断 2~5 股，避雷线钢丝断 1~2 股，大跨越导线铝胶断 1~3 股，以及导线断股或磨损比较严重但在补修范围内。

2）导线对树木、建筑物等的净空距离小于 7m，对交叉跨越物的距离小于有关规定。

3）导线振动和电晕现象严重，或导线间隔棒严重位移，松爪掉爪，连接处磨损或放电灼烧。

4）绝缘子串积污严重，有异常响声，在雨雾天放电严重，或一串中有两片零值，或瓷釉龟裂，硬伤超过规范值，或球头、碗头严重锈蚀，或倾斜较严重，有缺销现象等。

5）杆塔倾斜，锈蚀较严重，拉线塔拉线松弛引起杆塔倾斜，或铁塔缺斜材五根以上，或主材弯曲变形、横担歪扭超过规范值，或主材包钢及主要受力构件任一段连续缺螺栓和螺栓严重松动 1/3 以上，但不超过 2/3。

6）拉线严重断股或锈蚀，四侧拉线受力严重不均匀，或同位双拉线下把缺螺帽 2 个以上，但拉线未松脱。

7）大跨越防舞动金具移位，导线、地线阻尼线夹松脱一个。

8）受力金具明显磨损、变形，导线、地线防振锤位移、松脱，间隔棒掉爪。

9）基础边坡不稳定，经常被冲刷、塌方、严重积水，或基础有一般倾斜、沉陷，或基础附近有险石，并可能造成塌方砸伤基础或铁塔。

10）接地网严重腐蚀、断裂，在雷雨季节接地电阻相邻五基不合格或一基地网全部被盗或断开，大跨越塔地网阻值超过规范值。

11）线路防护区附近有开山采石以及易燃易爆物品仓库距线路不足 500m，或在防护区内射击、放风筝等。

12）其他危及线路与人身安全的严重缺陷。

上述严重缺陷一经发现，应于当天报告给本单位或上级公司生产主管部门，本单位应立即组织技术人员到现场进行核实鉴定，如确系"严重缺陷"应立即安排处理并报上级生产主管部门，上级公司只要认定是严重缺陷，应立即安排处理，不必再行上报。

（3）一般缺陷主要情况。

1）导线有断股、松股或一般磨伤现象，子导线不平衡超过规范值。

2）导线对树木、建筑物净空距离小于 8m。

3）防振锤跑出、锤头脱落，压接管、补修管有可见弯曲，均压环有锈蚀或严重偏斜，金具锈蚀。

4）绝缘子串歪斜，铁帽、铁脚、铁件有锈蚀现象，或绝缘子串有积灰，或有一片为零值、劣质和损伤。

5）铁塔缺斜材五根及以下以及缺相应数量的螺栓、螺帽和脚钉等，挂线点处有鸟巢或小型异物。

6）拉线塔四侧拉线受力不均，拉线下把缺一个螺帽或下把四头绑扎松脱或四头折断，或下把被埋。

7）基础保护帽被破坏或开裂，塔脚被埋，基础周围积水或水土流失，在基础保护范围内取土，基础护坡、挡回墙损坏，排水沟被埋等。

8）一根接地引下线与地网未连接或被盗，或接地网外露 5m 以内，一般杆塔个别接地电阻不合格等。

9）防护区内有谷物场或柴草堆积物，或有不符合设计规定的小型建筑物等。

10）杆塔附近有酸、碱等有害物质堆积，或有攀藤物在杆塔上。

11）杆塔上的标志牌、警示牌被盗等。

12）其他不属于Ⅰ、Ⅱ类缺陷的一般性缺陷。

上述一般缺陷一经查到，如能立即消除和制止的，可当即进行，可不作为缺陷处理，如不能立即消除的，应作为缺陷将其记录下来，并填入"缺陷单"和缺陷记录中履行正常缺陷管理程序。

2. 线路缺陷管理标准的制订

缺陷管理标准一般按基础及拉盘、杆塔、导线和地线、绝缘子、金具及拉线、防雷接地装置等，分别制订。为了便于巡线员、护线员现场判断，所制定的标准应尽可能详细，能定量的应有数字标准，不能定量的定性上也要叙述详细明了。任何一条缺陷管理记录，必须同时具备下列要素：①发现缺陷的时间；②缺陷的准确位置；③缺陷的严重程度；④处理建议及需用材料；⑤记录上报人的签名。

缺陷管理标准的制订，除满足上述要求外，还应考虑设备评级标准，制定时应从其相对立的两个侧面来考虑标准的制订。

3. 线路设备缺陷管理程序

缺陷管理是管好、修好线路的重要环节。及时发现和消除缺陷是提高线路健康水平，保证线路安全运行的关键。对于已经发现的线路设备缺陷要进行及时处理，是搞好电力安全生产、提高设备完好率的重要手段，同时也是运行维护人员的重要职责。为了使已发现的设备缺陷不漏项地按规定消除掉，必须有一个科学地管理程序。缺陷管理包括缺陷信息的传递、反馈、消除和验收等内容。

目前所通用的缺陷处理程序是一个"发现—处理—验收"的和"从运行维护人员发现缺陷到缺陷处理完成，再将处理完成信息反馈回运行维护班"的完整闭环运作过程。它们之间都是应用传递"缺陷单""缺陷处理卡"及"缺陷处理台账"的形式去实现的。

由于发现线路缺陷的途径不同，其缺陷处理程序也不同，常用的操作程序可以按以下方式进行。

（1）巡视人员在巡线中发现缺陷时，应及时记录到巡线手册上（或智能巡检仪）。若为严重或危急缺陷，在记录和拍照录像的同时，应立即上报有关生产管理部门或领导，巡视完成后应及时将形成的缺陷记录及拍录资料交付给本班班长，班长过目审查后交班资料员（记录员）分线分类汇总后填写"缺陷单"，班长和经手人签字后一式两份，其中一份留班，一份报送上一级生产管理部门（运行或检修专职），同时运行班长还应将缺陷登录到缺陷管理系统中。

（2）上一级单位专责人根据各班报上的缺陷单中的缺陷类别及情况进行分析、汇总。对于较小缺陷，可直接签署意见后退回运行班，令其下次巡线时消除。其余缺陷列入维护、检修计划，以检修卡或检修任务单的形式经主管生产的领导或总工签字后转给检修班（或带电作业班）。

（3）检修班长根据缺陷内容进行各项准备，履行有关规定手续后安排人员进行消缺，处理完后班长在检修卡或检修任务单上填写消缺情况、消缺日期、消缺班组（或人员），签字后及时转交给上一级单位。

（4）上一级运行专责人对返回的单子进行登记，并将该缺陷注销。然后转回运行班。运行班接到回单后，将缺陷处理情况进行记录，并在班内注销该缺陷。

（5）运行班组在下次巡线时，应对缺陷的消除情况进行核实验收，如发现缺陷尚未消除或处理不符合要求，则运行班长负责收集整理签字后交上一级生产管理部门，并重新按程序办理，直至缺陷消除。

上述为缺陷处理的正常程序，各单位由于维护量、生产建制等不同，在运作程序细节上可能有所差别。但总体的要求是实行闭环式管理。另外还有三方面特殊情况应作如下处理。

（1）若检修人员或其他管理人员在线路检修时又发现了新的缺陷，则发现人在现场要及时将缺陷记录下来，由检修班统一交给上一级单位专责，并纳入缺陷处理程序。

（2）对于线路通道内发生的"外部隐患"（或叫软缺陷），而且线路运行单位可能处理不了，则应向上一级主管部门汇报，上一级主管部门可以派人与运行单位一起向引发外部隐患的有关单位或个人取得联系（必要时还要依靠当地政府、公安、林业等部门）加以消除，或者直接下达"影响线路安全运行整改通知书"（或危及通知单）督促其处理。此类缺陷可不受该缺陷处理时间的限制，但须另列账册专门予以记录。

（3）对于沿线群众或义务护线员报告（或反映）的缺陷，应由责任巡视人员或分公司线路专责人到现场及时核实，并做好现场记录，按缺陷性质分别纳入缺陷处理程序。

线路设备在缺陷处理中还应注意以下方面。

（1）缺陷记录分杆上和杆下两部分分别记录，并要求各一式两份。分别存报班、站、生技科，以便安排处理。

（2）杆塔上差少量螺丝或个别螺栓松动，除已经构成重大缺陷外，可不列入缺陷上报，而由巡线人员自己处理。对于重大缺陷，巡线班（运行班）应当天向工区汇报，工区应立即组织线路运行技术人员等到现场鉴定，确认是重大缺陷的，应向主管业务部门（生技部门）、线路专责人汇报。对于紧急缺陷，工区接到巡线班汇报后应在第一时间向生技部门及主管运行的总工程师汇报，由生产技术部门组织安全监督部门、工区等部门专业技术人员在总工程师主持下进行鉴定。

（3）地面维护班组工作票及停电检修班组工作票，要认真按格式填写使用。

7.4.3 事故备品管理

1. 备品的概念

运行单位储备事故备品的目的是为了及时的消除线路缺陷，防止发生故障，加速事故抢修，缩短停电时间，提高线路健康水平，保证安全供电。

（1）事故备品的范畴。

1）在正常运行情况下不易磨损，检修中一般也不需要更换，但在损坏后将造成线路不能正常运行，必须立即更换者。

2）部件一旦损坏不易修复和购买，或材料特殊而恢复生产又属于急需者。如：各种不同规格的导线，各种不同规格的避雷线、绝缘子和金具等。

（2）非事故备品的零部件及材料。

1）轮换性（如检修轮换部件）和正常检修需要更换的零部件。

2）消耗性备品（如正常运行情况下容易磨损的零部件，在检修中所用的一般材料、工具、仪器等）。

3）部件损坏后短时间内可以修复、购买、制造者；检修特殊项目需要的大量材料不属于事故备品。

2. 管理方法及程序

（1）专人管理，不同类别的事故备品应有标记，应设专库、专架存放，妥善保管，保证其不受损伤，不出现变质和散失。

（2）要定期检查试验，建立清册，单独立账，分类存放。同时应根据电网公司《电力工业生产设备备品管理办法》的规定建立有关验收、保管、定期检查、领用、退库存、修理补充等规定。保证事故备品的质量并做到随时可用。

（3）事故备品应注意其保存年限，定期更换补充。金属备品应定期做好涂油防腐工作。

具体实施时，各输电线路运行单位可根据自己具体情况，将规程、条例、图表、台账和各种记录等由资料室集中保存，有的规程可人手一册，有的可采用张贴公示。

7.5 线路设备的管理

输电线路线路运行中的线路各元件既要符合线路运行规程，也应满足设计规程及施工验收规范中的各项具体要求。输电线路设备的管理是通过技术措施和组织管理措施来实现的。

7.5.1 线路设备的检测

对线路设备进行检测，是为了发现日常巡视检查中不易发现的隐患，以便及时加以消除，并为检修工作提供依据。

线路设备的检测有两种方式，即人工检测和自动检测。其中人工检测又可分为带电检测和停电检测。具体项目有如下：

（1）线路杆塔倾斜度、挠度的测量。

（2）线路绝缘子等值附盐密度检测与绝缘电阻检测，一般每年结合大修时进行。

（3）导线弛度、限距及交叉跨越距离的测量。

（4）连接点的测温。包括导线接续金具、耐张金具、引流连接金具等。

（5）接地电阻测试。测试的重点是多雷区、大跨越及变电站、发电厂出口段 $1 \sim 2km$。

（6）杆塔、金具及地埋部分钢件锈蚀情况的检查或抽查。

随着我国的科技进步和高科技的运用，对线路设备的检测项目会越来越多，检测手段也会越来越先进准确。但要真正做到运行维护的线路设备可控和在控，实际操作中需要注意以下三点：

（1）线路检测使用的仪器、设备应定期进行检查、校验，确保其准确、完好，避免产生误判。

（2）线路检测人员应掌握各种检测仪器、设备的性能及使用方法，测试的数据应准确，记录应清晰、完整，测试资料应妥善保管。

（3）对测试数据应全面进行统计、分析，以便从中找出规律和特点，为进一步制定防范措施提供依据。

7.5.2 线路设备的评级

架空送电线路设备评级工作是掌握和分析设备运行状况、加强设备管理、有计划地提高设备健康水平的一项有效措施，为线路安全运行提供可靠的基础。

1. 设备评级的原则

设备评级应根据设备实际运行状况，按设备评级标准的要求，并结合线路运行经验进行。在具体评级评定一个单元的级别，应综合衡量设备的状况，并以单元总的健康水平为准。

线路设备评级以条为单位，支接线和和 T 接线应包括在一条线路之内，同杆架设的双回路按两个单位统计。

线路设备的单元划分的一般原则，是以线路耐张段为基础来进行的，每个耐张段为一个小单元，即从小号侧耐张塔的小号耐张压接管出线 1m 至大号侧耐张塔的小号耐张压接管内的所有设备；大跨越为一个单元，即从大跨越小号侧耐张塔的小号耐张压接管至大跨越大号侧耐张塔的大号侧耐张压接管内的所有设备。

2. 设备评级的分类和划分

根据线路设备健康情况，可将设备分为 Ⅰ、Ⅱ、Ⅲ类，其中 Ⅰ、Ⅱ 类设备为完好设备，Ⅲ类设备为不良设备。

Ⅰ类、Ⅱ类、Ⅲ类设备的确定原则：

Ⅰ类设备能达到设计要求，技术性能及运行状况良好，技术资料、图纸均齐全，各单元中无重大或紧急缺陷，保证设备安全、满供。

Ⅱ类设备是基本完好设备，设备存在一般缺陷，但能保证安全运行。主要技术资料、图纸均具备。单元中个别部件不符合要求，主要技术资料、图纸均具备，无危急缺陷存在。

Ⅲ类设备是存在重大或紧急缺陷，线路单元主要部件存在重大或紧急缺陷，试验测试的主要项目不合格，主要技术资料、图纸均不全，不能保证线路安全经济运行。

3. 设备评级的办法

线路设备评级以条为单位，由运行单位的生产主管部门负责组织。线路设备评级工作应根据线路实际运行状况，依据《架空输电线路评级管理办法》，按照设备等级划分的原则和缺陷分类标准，按相应的技术管理程序，对管辖的设备进行评级。设备评级是设备健康状况的综合反映。

设备完好率、设备Ⅰ类率的统计方法：

$$Ⅰ类率 = Ⅰ / (Ⅰ + Ⅱ + Ⅲ) \times 100\%$$

$$完好率 = (Ⅰ + Ⅱ) / (Ⅰ + Ⅱ + Ⅲ) \times 100\%$$

一般要求，设备Ⅰ类率 85% 以上，完好率 100%。

4. 设备评级标准

(1) Ⅰ类设备标准。Ⅰ类设备标准指设备技术性能良好，能保证线路长期安全运行。

1) 杆塔、基础及导线、地线。

a. 杆塔结构完好，塔材仅有轻微锈蚀，铁塔主材无弯曲、断裂现象，塔材各部件连接牢固，螺栓齐全，塔身倾斜不超过 5%，铁塔基础牢固，防洪措施完善。

b. 导线、地线无金钩、松股、烧伤的缺陷，断股已做处理，接头符合要求，有防振措施，导线、地线弛度符合要求，500kV 线路误差在 -2.5% ~ +6% 之间，三相导线相间差不超过 200 ~ 500mm。交叉跨越及各部电气间隙虽不符合规定要求，但不影响安全运行，地线有一般锈蚀。

2) 绝缘子及金具。

a. 绝缘子表面无裂纹、击穿，铁件完好无裂纹，仅有轻微锈蚀，绝缘子串连接牢固，直线绝缘子串偏移不超过规定值，污秽区绝缘子有防潮措施。

b. 个别绝缘子烧伤、破损现象，但不影响安全运行，绝缘子虽有零值，但不超过规程规定。

c. 线路各部金具齐全，安装牢固，强度符合要求，防振锤安装牢固。

3) 防雷接地装置及拉线。

a. 防雷设施齐全，基本符合设计要求。各部件间隙、绝缘配合、架空地线保护角、绝缘地线放电间隙基本符合规程要求，接地装置完善，接地电阻基本符合要求。

b. 接线装置完善，无松股、断股现象，金具螺帽齐全，拉线和拉线棒虽有一般锈蚀，但强度符合要求，拉线基础无严重下沉、塌方、缺土现象。

4) 其他。线路防护区、巡线通道均符合规程要求，设备标志牌齐全，运行、试验等资料记录齐全。

(2) Ⅱ类设备标准。Ⅱ类设备指设备技术性能完好，个别零部件虽存在一般缺陷，但不影响线路在一定期限内安全、经济运行。

1) 杆塔及基础。塔结构完整，塔材有一般锈蚀，铁塔主材无明显弯曲、断裂现象，螺栓齐全，个别螺栓有松动现象，塔身倾斜不超过10%，铁塔基础牢固，防洪设施完善。

2) 导线、地线。导线、地线无金钩、松股、烧伤等缺陷，断股已做处理，接头无裂纹、鼓、残现象，有防振措施。导线、地线弛度符合要求，500kV 线路误差在 −3% ~ +6% 之间，三相导线相间差不超过 200~500mm，交叉跨越及各部电气间隙虽不符合规程要求，但不影响安全运行，地线有一般锈蚀。

3) 绝缘子及金具。

a. 绝缘子表面无裂纹、击穿，铁件完好无裂纹，仅有轻微锈蚀，绝缘子串连接牢固，直线绝缘子串偏移不超过规定值，污秽区绝缘子有防污措施。

b. 个别绝缘子有烧伤、破损现象，但不影响安全运行，绝缘子串虽有零值，但不超过规程规定。

c. 线路各部金具齐全，安装牢固，强度符合要求，防振锤安装牢固。

4) 防雷接地装置及拉线。

a. 防雷设施齐全，基本符合设计要求。各部件间隙、绝缘配合、架空地线保护角、绝缘地线放电间隙基本符合规程要求，接地装置完善，接地电阻基本符合要求。

b. 拉线装置完善，无松股、断股现象。金具螺帽齐全，拉线和拉线棒虽有一般锈蚀，但强度符合要求，拉线基础无严重下沉、塌方、缺土现象。

5) 其他。线路防护区、巡线通道均符合规程要求，设备标志牌基本齐全，运行、检修、试验等主要资料记录齐全。

(3) Ⅲ类设备标准。线路主要设备有重大缺陷，不具备以上Ⅰ、Ⅱ类设备标准的均属于Ⅲ类设备。

7.5.3　架空输电线路设备的更新与改造

处于自然环境的输电设备的腐蚀与磨损是不可避免的，它直接影响到设备的原有性能与寿命，一旦发生设备的腐蚀与磨损要对设备进行维修、更新与改造。同时按了解和掌握设备的磨损规律，采取适当预防和补偿措施，减少设备磨损，延长设备使用寿命。

设备磨损分有形磨损和无形磨损两类。有形磨损也称实体磨损，属可见磨损。这种磨损又分为两种。

（1）机械磨损。是指设备运行中零部件之间的相对运动造成的磨损。这种磨损与设备的使用状况紧密相关，磨损到一定程度就要修理或更换。

（2）自然磨损。是指设备在运行中受到自然力的作用而造成的磨损。如腐蚀、锈蚀、绝缘老化等。

设备有形磨损的规律分初期磨损、正常磨损、急剧磨损三个阶段。一般情况下，在急剧磨损到来之前，就应该对设备进行检修。

无形磨损也称精神磨损。是指同类型设备生产出来后，引起原有设备贬值。它也分为两种。

（1）同类设备贬值。特点是还能用，只不过要重新估价。

（2）优于原设备的新设备。特点是影响原有设备的继续使用，必要时应考虑更新（如绝缘子、间隔棒）。

对设备有形磨损的局部补偿先进行修理（大、中、小修）。对设备的无形磨损的局部补偿是进行现代化改造，对设备的有形和无形磨损的完全补偿则是设备更新。如图7-1所示。

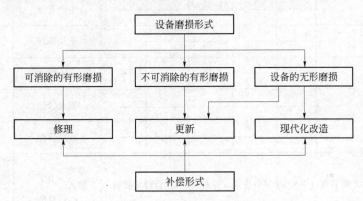

图7-1　设备磨损的处理

电网企业是维护性企业，主设备安装使用后不宜进行大面积更新，大多数是采用对现有设备进行技术改造来提高设备的技术经济性能，因为它投资少，见效快。

7.5.4　架空输电线路设备全面管理

1. 设备全面管理的内容

设备全面管理从宏观上讲分成两类管理，即：设备的技术管理和经济管理。其中设备的技术管理包括设备选购与制造→验收→安装→试运行→使用→维修→技术改造→报废各阶段的管理，也叫物质运动形态管理；设备的经济管理包括最初投资、维修费用、折旧、更新改造资金等管理，也叫价值运动形态的管理。电力企业要对以上两个方面的内容进行综合的科学管理，充分发挥设备的最佳效能，取得最佳的经济效益（输出/输入=生产率），这也是企业活动的目的。

对于线路运行维护单位来讲，重点要搞好以下三个内容的管理。

（1）设备的使用管理。针对设备的特点，合理使用，精心维护，为正确使用设备，规定一系列有关规章制度，用各种形式把运行维护人员、技术人员、管理人员组织到设备管理中来（即全员参加设备管理），使设备管理工作建立在广泛的群众基础之上。

（2）设备的检查、保养与维修。它是设备管理工作量最大的环节，包括：规定检查、定期巡视、维修、编制检修计划、组织施工、备材备件与储备。

（3）设备的更新与技术改造。根据发展要求，有计划有步骤地对现有设备进行必要的更新与改造。

2. 设备全面管理中的全员生产维修

（1）全员生产维修的基本概念：包括三个方面，即全效率、全系统、全员参加（统称三全）。所谓全效率，即综合效率，力求以最少的资金、人力、设备材料和最佳的工艺、努力完成生产计划（P）、保证质量（Q）、降低成本（C）、搞好安全（S）、提高劳动情绪（M），其中 Q、C、S、M 是 P 的保证条件，P 则要符合和达到 Q、C、S、M 所预计的各项规定。设备管理与生产经营活动关系样表见表 7–1。

表 7–1 设备管理与生产经营活动关系表

输出 ＼ 输入	人	设备	原材料	管理方法	管理部门
计划（P）	→		→	生产管理	生技
质量（Q）	→		→	质量管理	生技
成本（C）	→		→	成本管理	财务
安全（S）	→		→	安全管理	生技
劳动情绪（M）	↓		↓	劳动管理	劳资
管理方法	定员管理（劳资）	设备管理（生技）	资产管理（材料）	$\dfrac{输出}{输入}$＝生产率 经营目标	分公司

注 1. 横向箭头代表以人力、设备材料、原材料的同时投入（即输入），来构成生产管理、质量管理、成本管理、安全管理、劳动管理的方法、分别用该方法对应完成输出，即：生产计划（P）、质量（Q）、成本（C）、安全（S）、劳动情绪（M）。

2. 纵向箭头代表人、设备材料、原材料的全寿命管理，即人、设备、原材料在各个输出阶段［生产计划（P）、质量（Q）、成本（C）、安全（S）、劳动情绪（M）］发挥作用，这种各个阶段的纵向有效组合，形成了人、设备材料、原材料的管理方法，即：定员管理、设备管理、资产管理。

所谓全系统，就是以设备为对象，建立起设备的寿命系统，就是设备的设计制造、施工安装、日常检查维修，各阶段的有机组合。

所谓全员参加，从纵向讲，企业领导到一线工人都参加设备管理，这样能及时发现缺陷，及时消除缺陷，使大量事故消灭在萌芽状态。从横向讲，把凡是与设备有关的部门（规划、设计、制造、安装、使用维护）都组织到设备管理中来，分别承担相应责任。

（2）全员生产维修的内容。可归纳为以下四个方面：

1）对设备进行预防性检查，它是生产维修的核心。预防性检查可分为点检与定期巡视两种，点检又包括定期点检（地网、绝缘子）和专题点检（腐蚀、磨损等）。

2）根据检查结果确定维修方式，如图 7–2 所示。

3）建立健全维修记录，进行设备可靠性统计分析。

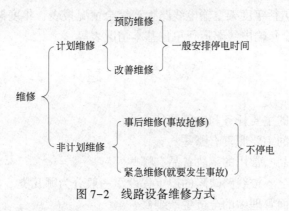

图 7-2　线路设备维修方式

4）生产维修目标管理与成果评价。

7.6　线路运行分析与总结

7.6.1　运行分析

运行分析工作实际是在线路运行一段时间后对线路运行情况进行深入地分析总结工作，通过对线路及各项管理的科学分析，找出存在问题，为后一段时间的安全运行提供经验。所以运行单位的生产主管部门每年至少应组织两次运行分析会，运行班组每月组织一次，以便对所辖线路运行状况进行分析，找出存在的主要问题，提出改进措施或整改计划。一般运行分析包括以下主要内容：

（1）巡视、检测和检修工作情况分析。

（2）线路缺陷情况分析。

（3）事故及障碍情况分析。

（4）特殊区段线路运行情况分析。

（5）电力设施保护工作落实情况的分析。

（6）运行及设备管理中存在的问题与不足等。

运行单位及班队每次分析后应根据分析情况形成书面报告、记录等。专题分析应有专题分析资料。对于有价值的、特殊的或带有普遍性的专题报告还应及时报上一级生产主管部门。上一级生产主管部门每年至少应进行一次运行分析，在广泛听取各基层运行单位的运行分析总结的基础上，统一意见，列出整改计划，明确成绩，交流经验，提出解决方案。

7.6.2　生产总结

生产总结分半年（即年中）总结和年度（即年终）总结。各级生产管理部门和运行单位均应按年度工作总结的要求，做好生产与线路运行总结。一般应包括六方面内容：

（1）包括所辖线路的自然情况、变化情况及各项生产指标的完成情况，也称基本情况。

（2）运行管理主要工作。

（3）线路故障情况及其分析，做到分析有理、有据、得法。

（4）存在的主要问题及分析、改进措施。

（5）今后的（或下半年的）工作目标（方向）及建议。其中工作目标（方向）要现实可行，具有可操作性。

（6）填写表格，包括年度架空输电线路生产综合情况报表、年度架空输电线路跳闸与事故原因分类统计表、全年输电线路运行单位基本情况表等。

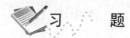

习　题

1. 线路运行管理的主要任务和内容是什么？
2. 运行管理人员的主要职责有哪些？
3. 什么是事故备品？常用的事故备品有哪些？
4. 什么是线路缺陷？按线路缺陷的严重程度，一般分为哪几类？如何发现线路缺陷？
5. 什么是设备全面管理中的全员生产维修？
6. 线路管理中，如何对线路设备进行评级？

8 特高压输电线路的运行维护

8.1 概　　述

8.1.1 电压等级

交流输电电压一般分高压、超高压和特高压。高压（HV）通常指 35~220kV 电压。超高压（EHV）通常指 330kV 及以上、1000kV 以下的电压。特高压（UHV）定义为 1000kV 及以上电压。

高压直流（HVDC）通常指 ±600kV 及以下的直流输电电压，而 ±600kV 以上的电压称为特高压直流（UHVDC）。

输电电压等级分类见表 8-1。

表 8-1　　　　　　　　　　　　　　　输电电压等级分类

名称	交流	直流
高压	35~220kV	≤600kV
超高压	330~1000kV	—
特高压	≥1000kV	>600kV

各国由于经济条件、管理体制、资源分布和地理环境等不同，采用的电压等级系列也不相同。美国采用了两种电压等级系列，系列一为 765/345/138kV，系列二为 500/230/115kV。俄罗斯采用了两种电压等级系列，系列一为 750/330/150kV，系列二为 500/230/115kV。加拿大采用了两种电压等级系列，系列一为 735/345/138kV，系列二为 500/230/115kV。在欧洲，包括英国、法国、德国和瑞典等大多数国家，采用的电压等级系列为 400/220/110kV。我国电网经过几十年的发展，已经形成 1000/500/220/110（66）kV 和 750/330/110kV 两个交流电压等级序列，以及 ±500（±400）kV、±660kV、±800kV 直流输电电压等级。

8.1.2 特高压发展现状

目前，我国超高输电线路以 220、330、500kV 交流输电和 ±500kV 直流输电线路为骨干网架。华东、华北、华中、东北 4 个区域电网和南方电网已经形成了 500kV 的主网架；西北电网在 330kV 网架的基础上，正在建设 750kV 网架。第一条 750kV 的官厅至兰州东输变电工程运行安全稳定。

中国的特高压技术研究比较晚，起始于 1986 年。中国电力研究院、武汉高压研究所、电力建设研究所和有关高等院校开展了特高压输电的技术研究，利用各自特高压设备进行了特高压外绝缘放电特性研究，特高压输电对环境影响的研究，架空线下地面电场的测试研究，工频过电压、操作过电压的试验研究等。武汉高压研究所于 1994 年建设了 1000kV 级，长 200m，8 分裂导线水平排列的试验线段。电力建设研究所 2004 年建设的杆塔试验站可进行特高压单回路 8×800 分裂导线，30°~60° 转角级杆塔进行原型强度试验，还可进行特高压输电线路防振设计方案试验。

2009年1月6日第一条1000kV晋东南—南阳—荆门特高压交流试验示范工程建成投入运行。是目前世界上运行电压最高、输送能力最大、代表国际输变电技术最高水平的特高压交流输变电工程。2010年10月我国第一条±800kV云南—广东直流特高压建成投运。后来相继建成投运淮南—浙北—上海1000kV交流同塔双回特高压输电工程、复龙—奉贤±800kV直流特高压输电示范工程、锦屏—苏州南±800kV直流特高压输电工程、宜宾—金华±800kV直流特高压输电工程、天山—中州（哈密—郑州）±800kV直流特高压输电工程。总长度达26 394.6km。表8-2为国家电网公司在运输电线路状况（2014年年底）。

表8-2   国家电网公司在运输电线路状况（2014年年底）

电压等级	回数	长度（km）	杆塔基数
1000kV	14	3099.3	4877
750kV	96	14 169.0	28 596
500kV	1508	110 268.6	225 763
330kV	512	23 841.6	57 035
220kV	11 042	268 773.7	686 866
110kV	25 251	302 421.3	1 012 191
66kV	5125	54 952.9	228 796
±400kV	1	1034.3	2360
±500kV	7	6378.7	13 552
±660kV	1	1333.3	2811
±800kV	4	7793.0	15 737
合计	43561	794 065.8	2 278 584

在建淮南—南京—上海1000kV交流输电工程、锡林郭勒盟—山东1000kV交流输电工程、宁东—浙江±800kV直流输电工程。

规划建设的特高压交直流输电线路将实现全国"五纵五横"特高压交流网架。规划的特高压直流27项特高压直流输电工程具备4.5亿kW电能大范围配置能力，满足输送5.5亿kW清洁能源的需求。

8.1.3 特高压输电的特点

特高压输电的优点：输送容量大、送电距离长、线路损耗低、占用土地少、工程投资省、联网能力强。

（1）输送容量大。按自然功率输送能力，特高压交流输电是500kV交流输电的5倍，在采用同种类型的杆塔设计条件下，1000kV特高压交流输电线路单位走廊宽度的输送容量约为500kV的3倍。特高压直流输电线路输送容量据计算，一回±800kV特高压直流输电线路可以送640万~900万kW电量，相当于现有±500kV高压直流输电线路的2~3倍。各电压等级单回线路自然功率输送能力见表8-3。

表 8-3　　　　　　　　　　　　各电压等级单回线路自然功率输送能力

电压（kV）	220	330	500	765	1100	1500
功率（MW）	132	295	885	2210	5180	9940

（2）输送距离远。在输送相同功率的情况下，特高压交流线路可将目前的 500kV 线路最远送电距离延长 3 倍；损耗只有 500kV 的 25%～40%；采用 1000kV 线路输电，可节省 60%的土地资源；单位输送容量综合造价不足 500kV 输电方案的 3/4。以输送 2000MW 电力为例，如用 500kV 常规线路只能送 400km，而用 l000kV 来送，可达 1300km 以上。特高压直流输电线路输电距离长，长达 1500km，甚至超过 2000km。

（3）大幅降低输电损耗。特高压输电具有低损耗的技术优势，与超高压输电相比，特高压输电线路损耗大大降低，1000kV 线路损耗是 500kV 线路的 1/4，可以有效降低特高压电网的运行成本，实现全周期的经济优化。以输送 10 000MW 计算，用特高压交流输电线路 1100kV 送电时的电能损耗只有 500kV 时的 1/5。在导线总截面积和输送容量相同的情况下，±800kV 特高压直流输电线路的电阻损耗不及±500kV 高压直流输电线路的一半。

（4）节约线路走廊用地。线路走廊的宽度取决于导线布置方式、塔型、电气安全、线路产生的环境影响限值等多方面因素。以输送容量同为 8GW 为例，将苏联所采用的 1150kV 线路与 500kV 线路作比较，所需的线路走廊宽度见表 8-4。

表 8-4　　　　　　　　　　　　线 路 走 廊 宽 度 比 较

电压等级（kV）	500		1150
线路结构	单回路	双回路	单回路
一条线路的走廊宽度（m）	45	45	90
输送 8GW 所需线路条数	6	3	1
需要的走廊总宽度（m）	270	135	90

特高压交流输电可节省约 2/3 的土地资源，显著提高线路走廊的输电效率，节约宝贵土地资源实现电力工业的可持续发展。一回特高压直流输电线路的走廊宽度远小于 2～3 回 ±500kV 高压直流输电线路的走廊宽度之和。因此采用±800kV 特高压直流输电线路可提高输电走廊利用率、节省大量的土地资源，减少土地保护费，减少植被破坏和水土流失。

（5）节省投资。采用特高压输电技术可以节省大量导线和铁塔材料，以相对较少的投入达到同等的建设规模，从而降低建设成本。在输送同等容量的条件下，特高压交流输电与超高压输电相比，节省导线材料约为 1/2，节省铁塔用材约 2/3。

1000kV 交流输电方案的单位输送容量综合总价约为 500kV 输电的 3/4。发展特高压输电可以有力促进大水电、大火电、大核电集约开发，减少全国装机，降低燃煤成本，减少弃水用量，降低电力工业总成本。

总之，特高压的发展将根据我国能源和负荷的分布特点进行建设，特高压交流输电定位于主网架建设和跨大区联网输电，特高压直流输电定位于大型能源基地的远距离、大容量外送；形成我国坚强的特高压交直流混合输电网络。

8.2 交流特高压输电线路

8.2.1 交流特高压输电线路的特点

与现有的高压、超高压线路相比，特高压交流输电线路具有以下特点。

1. 结构参数高

1000kV 特高压交流输电线路杆塔的高度和宽度均较超高压输电线路增加较多，绝缘子串长、绝缘子片数多、吨位大。输电线路截面积大，分裂多。

（1）杆塔结构大。为确保足够的电气间隙和间距要求，特高压输电线路设计杆塔高、塔头尺寸大、绝缘子串长（较 500kV 绝缘子串长约一倍）、片数多（同一铁塔上绝缘子的数量比超高压线路约多 8 倍）、吨位大（单串直线瓷质绝缘子串重约 1.5t）。线路最低对地距离高达 26m，绝缘子串长度一般超过 10m。考虑一定的弧垂，水平排列的特高压线路杆塔的呼称高一般超过 50m，三角排列的特高压线路杆塔呼称高超过 60m，同杆并架线路杆塔一般超过 80m。杆塔强度更大，塔的强度主要受使用应力和塔高决定，由于特高压导线、金具更重，导线高度又比较高，塔的使用应力超过 500kV 杆塔 2 倍，高度约为 2 倍，因此交流特高压线路杆塔主材和基础的强度为常规 500kV 线路杆塔的 4 倍以上。杆塔根开更大，为优化设计，节省塔材，特高压线路适当放大了杆塔根开，一般杆塔根开约为 15m×15m 水平。为解决塔高限制区和采空区的问题，可采用门型塔和分体耐张塔的特殊设计。图 8-1 为晋东南—南阳—荆门 1000kV 特高压交流试验示范工程选用的杆塔结构。

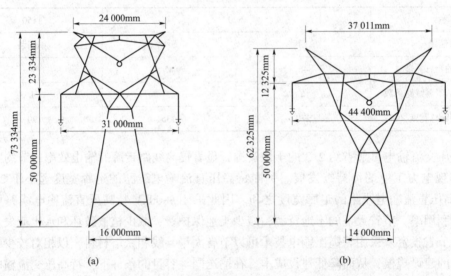

图 8-1 晋东南—南阳—荆门 1000kV 特高压交流试验示范工程选用的杆塔结构
(a) M 型三角排列猫头型塔；(b) M 型水平排列酒杯型塔

（2）绝缘子类型及组串方式。绝缘子的电气性能、机械强度和防污秽性能高，绝缘子串长，检测和检修、更换困难等因素，要求绝缘子有更高的运行可靠性。目前运行的特高压线路上所用绝缘子按形状和材质分主要有盘形瓷质绝缘子、盘形钢化玻璃绝缘子和棒形复合绝缘子三类，通常耐张串采用瓷质绝缘子和玻璃绝缘子组串，直线串采用复合绝缘子，组串型式有 2-4 联的 I 型串并联和 V 型双串；布置方式有垂直布置、水平布置和 V 串布置等。

根据目前我国特高压输电污秽外绝缘科研课题的初步研究结论以及相关会议协调的结果，1000kV 交流特高压架空线路的污秽外绝缘基本配置为：I 级污区采用 300kN、结构高度 195mm 的盘形绝缘子 50 片，串长达 9.75m。以我国晋东南—南阳—荆门 1000kV 特高压输电线路示范工程为例。耐张串为 2 联绝缘子，水平排列，与铁塔连接为 2 挂点，2 联绝缘子通过整体联板及 2 联板与 8 根子导线相连．每联为 54 片 55kN 瓷式绝缘子，整串长度达 12.96m，单联绝缘子重 1.269t，整个耐张串长 17.0~17.6m，整个耐张串重 3.268t。

（3）导线结构。特高压线路直流线路导线结构为六分裂，交流线路导线为八分裂，两边相导线间水平距离 40m 以上，两地线间水平距离 30m 以上，三角排列杆塔的导线中相与边相的垂直距离 20m 以上。子导线间采用阻尼间隔棒。

2. 运行参数高

1000kV 特高压输电线路投入运行后，其电晕效应和电磁场效应会对环境造成一定的影响。特高压线路由于电压升高、导线电晕而引起的各种问题，特别是环境问题（无线电干扰、可听噪声等）将比超高压线路更为突出。根据国外超高压和特高压线路的研究经验，导线电晕引起的可听噪声必须限制在一定的水平。

（1）可听噪声。交流输电线路电晕产生的可听噪声由宽频带噪声和纯音两部分组成。从建设、设计和运行经验来看，超高压交流输电线路的无线干扰是线路设计的控制条件，线路设计满足无线电干扰后，可听噪声自然满足。对特高压交流输电线路来讲，可听噪声将是线路设计的主要条件。到目前为止，各国并未正式制定正式特高压交流输电线路可听噪声的限制标准，国际上特高压交流输电线路可听噪声的限制值范围为 50~60dB（A）。

根据 Q/GDW178—2008《1000kV 交流架空线路设计暂行规定》，我国特高压交流输电线路可听噪声限值规定如下：距线路边相导线对地投影外 20m 处，雨天可听噪声限值为 55~58dB（A）。

（2）无线电干扰和电视干扰。我国 1000kV 交流特高压输电线路的无线电干扰限值目前暂取 58dB，参考频率为 0.5MHz，参考点为边相导线投影外 20m 处。

（3）工频电场。我国特高压交流输电线路工频电场限值建议，按下述方法确定 1000kV 交流输电线路下 1.5m 处工频电场强度限值：对于一般地区，场强限值取 7kV/m；对于非大众活动或偶尔有人经过的区域，场强限值可放宽至 12~15kV/m。

（4）工频磁场。我国有关科研设计单位曾对 1000kV 交流特高压输电线路的工频磁场进行了计算，计算时导线对地最低高度取 15~23m，对于单回路和同塔双回路，在额定电流下，地面上 1m 处的最大磁感应强度均小于 35μT。对我国超高压输电线路的工频磁场的普测分析表明，500kV 输电线路对应 1000A 电流时，地面上 1m 处工频磁感应强度的典型值为 20μT。可见，当输送最大功率时，特高压输电线路的工频磁场水平与超高压输电线路的工频磁场水平相当。

3. 线路长、沿线地理环境复杂

特高压线路由于输送距离大，线路长，大多贯穿南北或东西，沿线经过地区的地形地貌复杂、气候多变、气象条件恶劣，许多地区为事故多发区。如山西、河南、湖北、湖南、江西等地均属于我国输电线路冰害和舞动的易发区，华北为污闪事故区等。加之途经的高海拔山区具有明显的立体气候特征，微地形、微气象条件复杂。在一个小范围内，由于地形变化，气候会有很大差异，从而给特高压线路部分区段带来复杂的运行工况。

4. 可靠性要求高

因 1000kV 特高压交流输电线路的输送容量大，在电网中的地位重要，故必须确保其安全运行的高度可靠性。特高压线路带电作业，由于结构荷载、零部件尺寸、电压等级的大幅度变化，需要准备较为特殊的工器具。例如大吨位绝缘子卡具、大吨位提线器、导线保护绳、专用绝缘子检测工具。

8.2.2　故障及预防

特高压交流输电线路因大气自然条件、自身特点及缺陷因素和外界环境的影响而发生雷击、污闪、大风、振动、覆冰及其他故障等，为了满足特高压线路高可靠性运行的要求，我国在特高压输电线路工程建设过程中建立了世界一流的特高压交流试验基地和特高压直流试验基地，对特高压输电线路相关运行参数进行了大规模的综合试验，包括特高压设备性能试验，特高压线路几何尺寸等线路优化设计试验，雷电、污秽、覆冰、振动等故障类型的综合参数在线监测试验，线路电磁环境保护试验，并具备特高压运行、检修、带电作业综合培训功能及条件。因此，使得特高压线路在设计、施工阶段就充分考虑线路故障的防范。表 8-5 中数据为 2013~2014 年国家电网系统特高压线路跳闸率和故障停运率。

表 8-5　　　　　2013~2014 年国家电网系统特高压线路跳闸率和故障停运率

电压等级（kV）	跳闸数（次）		故障停运数（次）	
	2013 年	2014 年	2013 年	2014 年
1000	3	1	3	0
750	3	9	2	4
±660	0	0	0	0
±800	5	6	2	1
合计	11	16	7	5

1. 雷击故障及预防

1000kV 特高压交流输电线路杆塔的高度和宽度均较超高压线路增加较多，因此线路遭雷击的概率也会增加，防雷将是 1000kV 特高压交流线路故障防治的重点之一。特高压架空输电线路由于其杆塔较高、电压等级较高，其雷害要比一般输电线路严重。由于特高压输电线路的绝缘水平很高，使得雷击避雷线或塔顶而发生反击闪络的可能性降低，而杆塔高度的升高则使绕击较易发生，因此线路的防雷保护应当以防绕击为主。

特高压线路绕击闪络率较超高压线路增加很多的原因，除杆塔高度大大增加以外，还因为导线上工作电压幅值很大，易由导线上产生向上先导，这些因素会使避雷线屏蔽性能变差，特高压线路的雷击跳闸故障将主要由绕击造成，但并不能完全忽略由雷电引起的反击，一是高幅值雷电仍有发生概率，二是有多种影响因素可造成反击耐雷水平下降，因此仍需采取必要的反击防护措施。

特高压线路在设计阶段对不同地形、地段采取有针对性的防雷保护措施，特高压输电线路一是采用较小的边导线保护角，甚至负保护角；二是尽可能降低杆塔的高度。单回线路，平原地区杆塔的边导线保护角宜选在 5°以下，山丘地区杆塔的边导线保护角宜采用-10°左右的负保护角。而特高压双回线路除尽可能降低杆塔全高以外，宜全线采用-10°左右的负保护角。变电站进出线 2km 范围内采用−5°保护角的酒杯塔，并加装地线。这些措施的实施使得特高压线路防雷水平比 500kV 线路有大幅提高。

目前晋东南—南阳—荆门线在变电站进出线段 2km 内，采用酒杯塔，负保护角，并考虑加装第 3 根地线的防雷设计；在平原地区，对地面倾斜角小于 20°的路段，采用地线保护角小于 4°猫头塔，对地面倾斜角大于 20°；山区，采用地线保护角小于−2°酒杯塔。

超高压线路中常用的多种防护措施也适用于特高压线路。如降低杆塔的接地电阻、架设耦合地线、加强线路维护防止绝缘水平下降方法、减小保护角、采用塔上侧向避雷针、加装避雷器等措施。详细内容见第 2 章。

2. 污闪及预防

交流特高压输电线路由于其电压等级高，绝缘子串长达十几米，以特高压试验示范工程为例，该线路横跨多个地区，所经地区大部分为 b 级、c 级和 d 级污区，使得特高压交流线路的防污闪问题更加突出，从而对线路绝缘子防污特性也提出了更高的可靠性要求。因此提高特高压线路防污闪性能是保障特高压线路可靠运行的一个十分重要的方面。

（1）污秽外绝缘特性分析。目前确定输电线路绝缘子的串长通常有两种方法。

1）根据线路所经地区的污秽级别要求的相应爬电比距来决定绝缘子的串长。该方法简单易行，在工程设计中被广泛采用且经过实践的验证，但该方法没有与绝缘子的污闪电压建立起直接的联系，且不同绝缘子爬电距离的有效系数也由人工污闪电压的试验结果确定。

2）根据试验得到绝缘子在不同污秽程度下的耐污闪电压，使选定的绝缘子串的耐污闪电压大于该线路的最大工作电压，并留有一定的裕度。该方法与实际绝缘子的污耐受能力直接联系在一起，是一种较好的绝缘子串长的确定方法；但该方法还需做较多试验。目前我国应用百万级人工污秽实验室对绝缘子串长，绝缘子单、双 I 串、V 型串结构绝缘子进行了 50% 人工污秽工频耐受电压（$U_{50\%}$）的试验，并得出了相关结论。

我国根据工作电压选取的 1000kV 特高压输电线路所需绝缘子片数与国外数据相比基本是合理的，也有一定的裕度。但在确定环境污秽等级时一定要考虑到发展，取上限值并留有一定裕度，才能确保特高压输电线路的防污性能。

（2）防污措施。按照电网公司防污设计的原则，目前特高压线路防污闪事故措施主要是从设计上通过增加绝缘子串长，提高泄漏距离来提高耐污闪的能力；在污秽严重地区采用大吨位、高强度的合成绝缘子；加强污区图的制定与修订，根据实际情况使用防污闪涂料，开展带电清扫技术的研究与应用等综合措施；开发在线监测系统，实时掌握线路的污秽情况，及时进行绝缘子清扫等防污闪措施。

3. 风灾故障预防

1000kV 交流特高压架空线路与超高压线路一样会导致一些风灾故障，而且由于特高压线路的结构特点和重要性，防止风灾事故的发生更为重要。

1000kV 特高压交流线路杆塔的高度大幅增加，使得线路的风速高度换算系数将增大；1000kV 交流特高压架空线路的风速不均匀系数应按 0.75 逐基杆塔进行校核。同时，因线路绝缘子串更长，在相同的风偏角下空气间隙减小的幅度更大。而输电线路发生风偏放电时，重合成功率较低。而且特高压所采用的 8 分裂导线较高压、超高压线路所采用的 2、4、6 分裂导线更易受到各种速率风的影响。

特高压线路具有档距大、挂点高、分裂数多、导线截面积大等特点，给线路的防振、防舞带来了新的问题。虽然特高压线路分裂导线安装具有良好耗能减振作用的阻尼间隔棒，但从高可靠性要求出发，对特高压线路仍需进行防振设计。在导线易舞动带区域，对于导线防舞动设计应与特高压输电线路设计同时进行。

（1）防微风振动措施。特高压线路采用多（六、八等）分裂导线，并采用阻尼间隔棒，由于阻尼间隔棒具有良好的耗能减振作用，子导线的微风振动水平较相同条件下的单导线小得多，从这个角度而言，多分裂导线的微风振动防治存在有利的因素。

我国 500kV 普通线路四分裂导线若安装阻尼间隔棒，则在档距不超过 500m 时一般不安装防振锤，当档距超过 500m 时安装 1~2 个防振锤。目前，我国特高压线路的防振仍然参照超高压线路的方式进行了防振设计。

（2）防舞动措施。由于特高压线路具有导线分裂数多、导线截面积大、架线高、档距大等利于舞动的特点，特高压输电线路在特定条件下将会发生舞动。从舞动的特征、舞动的强度等方面来看，特高压线路与超高压线路大体相同。我国特高压输电线路是典型的大截面、多分裂（6 分裂、8 分裂）导线，因此具有利于舞动发生的条件。特高压线路舞动发生的条件与其他电压等级输电线路基本相同，一般是：风速 6~25m/s，覆冰厚度 3~25mm，气温 -6~0℃，地形一般为平原开阔地、江河湖面等。

目前中国电力科学研究院在充分调研和总结已有防舞研究成果的基础上，研究建立了适用于我国特高压输电线路的防舞措施。通过研究分裂导线覆冰扭转特性及扭转振动与横向振动的耦合问题，建立了分裂导线失谐防舞机理，设计了失谐间隔棒防舞装置；基于减轻导线覆冰不均匀性原则研制了线夹回转式间隔棒；基于舞动稳定性机理设计了双摆防舞器；并建立了相应防舞器的防舞设计方法。

清华大学孟晓波等在建立了 3 自由度多档导线模型的基础上，研究分析了特高压输电线路覆冰厚度、脱冰量、档距大小、耐张段中档数、导线悬挂点高差、不均匀脱冰等因素对导线脱冰跳跃的影响，为特高压输电线路导线排列、铁塔选型、档距配置等提供了理论依据。

（3）防风偏措施。特高压线路杆塔的大高度和超长的绝缘子串，使得线路发生风偏事故的可能性增加，特别是重污区的"I"型合成绝缘子因串长，重量轻，在微气象区的影响下发生风偏故障的可能性较大。因此，在线路途经局地强风带地区时，应进行防风偏设计并采取防风偏措施。目前主要从设计上根据实际的微气象环境条件合理提高局部风偏设计标准，对事故多发地区的线路空气间隙适当增加裕度；在可能引发强风的微地形地区，合理采用"V"型串。对运行中易产生风偏故障区域的绝缘子下方加装重锤；研制特高压直流线路塔上气象参数和风偏参数的在线监测系统，适时监测塔上风速及风向、雨量、导线风偏运行轨迹、风偏角、导线与杆塔间的风偏间隙等措施。

8.2.3 交流特高压线路的测量

特高压输电线路具有以下特点：杆塔高，塔头尺寸大；绝缘子串长，片数多，吨位大；导线截面积大，分裂数多；金具尺寸大，吨位大；输送容量大，运行电压高，运行的可靠性要求高等。

从外部运行环境来说，我国特高压交流输电线路具有沿途地理环境复杂、灾害性频发、大气污染较重等特点。虽然特高压输电线路的检测如杆塔接地电阻检测，导线、地线弧垂观测杆塔倾斜等所采用测量方法与超高压相同。但不良绝缘子检测、导线与接续金具检测等现有的一些接触式测量方法已经不能满足特高压线路的测量要求。飞行器巡测、非接触式测量和在线监测将是特高压输电线路检测的发展方向。

以不良绝缘子测量为例：

特高压线路绝缘子串长达十米左右或更长，现有的不良绝缘子检测装置已不便直接应用于特高压交流输电线路，研究相应的输电线路不良绝缘子检测装置是十分必要的。

对于用于特高压输电线路的接触式不良绝缘子检测装置，需要着重从安全性、可操作性、准确性和可靠性等方面考虑。

对于特高压线路，非接触式不良绝缘子检测装置在操作上相对于接触式的检测装置要便利，目前的非接触式不良绝缘子检测装置还存在测量准确度低，抗干扰能力差，适用性不强的缺点。因此应针对特高压输电线路的特点，研制高精度的非接触式检测装置。

目前采用的非接触测量方式主要红外线与紫外线成像检测两种，它可以对线路上的各种设备进行在线发热检测。如瓷绝缘子与复合绝缘子的劣化与破损；绝缘子表面的积污程度；导线、金具（耐张线夹、接待管、修补管、并沟线夹、跳线线夹、设备线夹）的温升，以及设备缺陷导致的电晕或放电的紫外线成像检测。

紫外线检测与红外线检测是一对互补性的检测手段。这是由它们的工作原理与特点所决定的，在特高压输电线路的运行维护中，如果将它们结合起来使用，就能形成一个完整的现代化遥感检测手段。现将紫外线检测与红外线检测的特点与功能进行对比，见表8-6。

表 8-6　　　　　　　　　　　紫外线检测与红外线检测的特点与功能对比

序号	项目	紫外线检测	红外线检测
1	工作波段（nm）	0.25~0.28	8~14
2	检测仪的敏感区	紫外线辐射	红外线辐射
3	检测对象	与电晕有关的电气设备缺陷或故障	与发热有关的电气设备缺陷或故障
4	受阳光干扰的影响	无，可在白天工作	有，不能在阳光下工作
5	受天气影响	高湿度，低气压下，容易促使电晕发生，易于观测到	高温天气易干扰检测，白天与雨天均不易检测

但从表8-6中可以看紫外线检测与红外线检测技术仍然存在不足的地方。

目前，直升机携带红外线与紫外线成像仪等远距离检测仪器的巡线技术发展很快。直升机巡线可准确快速的发现杆塔，金具、导线、地线、绝缘子等各种线路设备的缺陷与故障。

在线监测技术应用是输电线路实现状态检修的主要信息来源之一，在线监测技术是特高压线路真正实施状态检修的前提条件，已经研究开发的架空线路在线监测技术和在线监测系统众多，如气象参数监测，微风振动监测，温度监测，覆冰监测，绝缘子污秽监测，杆塔倾斜监测及防盗，防鸟监测系统等。但由于软件和硬件的种种原因使得在线监测技术在实际的应用中存在准确率低、可靠性较差、工作不稳定等问题。需加大投入来发展输电线路的在线监测技术，为发展输电线路数字化管理提供必需的前提依据。

8.2.4　交流特高压线路的带电作业

特高压线路传送容量大，运行可靠性要求高，并网运行后，停电检修机会较少，特高压线路带电作业将成为确保特高压电网长周期安全稳定运行的重要技术手段，开展特高压线路带电作业方法研究十分必要。

通过确定 1000kV 线路带电作业安全距离、组合间隙、工具最小有效绝缘长度、作业方式及作业工具、安全防护用具及防护措施等，一是可以为交流特高压线路提供设计参数，二是为线路投运后的带电检修和维护提供技术依据和参数，保障交流特高压线路带电作业的安全展开，从而提高线路运行可靠性和电网运营的经济效益。

在实际的特高压线路上开展带电作业工作，还有一些问题需要深入研究。

（1）杆塔高，配合难度大，1000kV 线路杆塔塔高平均达 77m，比 500kV 和 750kV 线路杆塔高得多，带来的问题是上下通话和协调配合难度加大，对作业队伍素质要求更高，作业高度增加后风速的影响也呈加大趋势，因此对安全风险的控制是作业方案中必须着重考虑的。

（2）作业工具长、大、重，电气间隙长 12m 左右，作业时在间隙内移动必须安全稳妥，控制自如，导线荷重比 500kV 线路重一倍以上，承力工具荷载加大后自身重量和操作难度也成了问题，影响到作业方式的改变。

（3）安全防护要求高，1000kV 线路带电作业人员的电场防护、电流防护等安全防护比500kV 和 750kV 线路要高得多，例如 1000kV 屏蔽服带有屏蔽面罩，500kV 线路进入等电位时一般直接用手抓导线（穿着全套屏蔽服），但 1000kV 线路如果用同样方法可能会造成电弧灼伤，因此必须使用电位转移棒。

1. 安全距离和组合间隙

（1）地电位作业。国内外大量额实验表明，人在导线（等电位）时对杆塔构架的放电电压 $U_{50\%}$ 要比人在塔身（地电位）时对导线的低。地电位作业时，塔上地电位作业人员与带电体的最小安全距离见表 8-7 的规定，绝缘工器具最小有效绝缘长度满足表 8-8 的规定。

表 8-7　　　　　最 小 安 全 距 离

海拔高度 H（m）	最大过电压（p.u）	最小安全距离（m）	
		中相	边相
H≤500	1.72	6.5	5.8
500<H≤1000		6.8	6.0
1000<H≤1500		7.0	6.3
1500<H≤200		7.4	6.6

表 8-8　　　　　绝缘工器具最小有效绝缘长度

海拔高度 H（m）	最小有效绝缘长度（m）
H≤500	6.7
500<H≤1000	6.8
1000<H≤1500	7.0
1500<H≤2000	7.2

（2）等电位作业。

1）中相V串、边相I串进入等电位最小组合间隙。通过边相、中相组合间隙最低放电位置试验、操作冲击放电试验，得到作业人员通过绝缘工具进入边相、中相高电位时，最小组合间隙应满足规定要求，规程要求进入边相、中相等电位最小组合间隙见表 8-9。

表 8-9 进入边相、中相等电位最小组合间隙

海拔高度 H（m）	最大过电压（p.u）	最小组合间隙（m）	
		中相	边相
H≤500	1.72	6.7	6.4
500<H≤1000		6.9	6.7
1000<H≤1500		7.2	7.0
1500<H≤2000		7.6	7.3

2）耐张串带电作业进入等电位最小组合间隙。等电位电工沿耐张绝缘子串进入高电场时，人体短接绝缘子片数不得多于 4 片。耐张绝缘子串中扣除人体短接和不良绝缘子片数后，良好绝缘子最少片数应满足表 8-10 的规定。

表 8-10 最小组合间隙和良好绝缘子的最少片数

海拔高度 H（m）	良好绝缘子串总长度最小值（m）	单片绝缘子结构高度（mm）	良好绝缘子最少片数（片）
H≤500	6.8	170	40
		195	35
		205	34
500<H≤1000	7.2	170	43
		195	37
		205	36
1000<H≤1500	7.6	170	45
		195	39
		205	38
1500<H≤2000	8.0	170	47
		195	41
		205	39

注 1. 表中数值不包括人体占位间隙，作业中需考虑人体占位间隙不得小于 0.5m。

2. 若采用其他高度结构的绝缘子时，其良好绝缘子串总长度不得小于本表要求。

2. 等电位方法

等电位进入方法有多种，常见的有绝缘滑轨吊椅法、绝缘吊篮法、绝缘软梯法等，这些主要用于进入直线塔 V 串和悬垂串导线、档距中央导线等电位，进入耐张塔等电位有绝缘吊篮法、绝缘软梯法、"跨二短三"法等，分别适合于不同的工况条件。

（1）绝缘滑轨吊椅法。该方法仅适用于直线塔。在铁塔塔身与 V 串、悬垂串导线之间搭设硬质绝缘导轨，将吊椅安装在导轨上，吊椅可沿导轨滑动、在地电位电工绳索控制下，作业人员乘坐吊椅沿水平方向，从塔身地电位向导线滑动，进入等电位。

（2）绝缘软梯法。该方法分为地面绝缘软梯法、塔上绝缘软梯法两种。前者作业方法为，用射绳器或人工将引绳搭在导线上，用引绳将绝缘软梯拉至导线上悬挂好，作业人员从地面沿软梯向上进入等电位。

（3）绝缘吊篮法。绝缘吊篮法分为塔上绝缘吊篮法，地面绝缘吊篮法。即地电位电工控制吊篮的升降，等电位电工乘坐吊篮进入等电位，不同的是塔上绝缘吊篮法是从塔身出发，相关工器具要逐件运至塔上，而地面绝缘吊篮法是从地面出发，由下向上进入等电位。

（4）跨二短三法。该方法仅适用于耐张塔。该方法不需要工器具辅助，等电位电工从塔身沿绝缘子串进入等电位。移动过程中，双脚交替骑跨 1 片、2 片绝缘子，双手交替抓扶短接 2 片、3 片绝缘子，谓之"跨二短三"。根据绝缘子结构尺寸不同，在其他绝缘子串上，也存在"跨三短四"的情况。

等电位作业的进入方法及适用范围见表 8-11。

表 8-11　　　　　　　　　　　　　进 入 等 电 位 方 法

序号	方法	特高压线路模拟演练经验	适用范围
1	滑轨吊椅法	铁塔塔窗间隙较大，使得滑轨等硬质绝缘工具尺寸大、重量大，给工具的使用、运输、传递带来一定的困难，难以施舍	不适用于特高压线路
2	地面吊篮法	特高压线路铁塔较高，单靠人力无法将带电作业人员提升至等电位，需使用机动绞磨、绝缘绞磨等工具，与塔上吊篮法相比，工器具种类较多，特别是塔位地形较差时，作业效率较低。但另一方面，当需要在档距中央进入等电位且导线较高时，可适当采用，只是需要开挖地锚。或采用旋转式快速植入地锚。进入等电位可行，工器具轻便，不需要机动绞磨	档距中央导线处进入等电位
3	塔上吊篮法	便于携带和使用，人力即可实现操作，进入等电位路径较合理，作业人员劳动强度较小。绳索机构布置方便，安全系数高	直线酒杯、猫头塔的中相、边相进入等电位
4	地面软梯法	进入等电位可行，使工具少，机动性强，但进入等电位路径长，作业人员劳动强度大	档距中相进入导线等电位
5	塔上软梯法	进入等电位过程可行，使工具少，机动性强，但相对于吊篮法，耗费体力较大，且由于是从上往下进入等电位，在电位转移棒短接导线、脱离导线的过程中操作不便	直线塔的中相、边相进入等电位，但推荐采用
6	跨二短三法	进入耐张塔导线等电位可行，使工具少，操作简便，但原有的电位转移棒需要改进	耐张塔绝缘子串进入等电位

3. 特高压线路带电作业工器具

（1）绝缘工具。在带电作业中，绝缘杆和绝缘绳常常用来制作支、拉、吊操作工具。由于塔窗构架临近效应的影响，绝缘工具处于中相时的放电电压总是低于边相的，因此，为确定绝缘工具的有效长度及作业方式的安全性，试验中结合实际工况，将两根绝缘吊杆和四根绝缘绳并联布置在中相位置。计算求得绝缘工具的最小有效绝缘长度，见表 8-12。

表 8-12　　　　　　　　　　　　绝缘工具的最小有效绝缘长度

海拔高度 H（m）	最小有效绝缘长度（m）
$H \leqslant 1000$	6.8
$1000 < H \leqslant 2000$	7.2

（2）电位转移棒。电位转移棒是等电位电工进出等电位时使用的金属工具，用来减小放

电电弧对人体的影响及避免脉冲电流对屏蔽服装可能造成的损伤。

1000kV 线路电压很高，当带电作业人员进入等电位约 0.5m 的地方开始拉弧，作业人员不使用电位转移棒时电弧光强且脉冲放电电流较大，使用电位转移棒时电火花明显减弱。这是因为使用电位转移棒可以使进入等电位时作业人员离带电体的距离增大，从而使人与带电体构成的电容变小，相应减小了电位转移时的脉冲电流。

（3）特高压专用大吨位绝缘子卡具。带电作业用绝缘子卡具，即组装在绝缘子串的金具、绝缘子、导线或横担上，用于更换绝缘子及金具的金属工具。

（4）特高压专用大吨位提线器。带电作业用提线器是指用于更换 V 形或 I 形直线悬垂绝缘子串或绝缘子串上的金具，采用钩、扛等方式将导线与起重拉棒、起重工具连接，达到提升导线目的的金属工器具。

（5）导线保护绳。导线保护绳指的是配合导线提升操作，对导线实施二道保护的承受瞬间冲击力的承力绳索。特高压线路铁塔高，档距大，导线分裂数多，绝缘子串长度更长，因此，开展某些需要提升或收紧导线的检修作业时，需要配置符合特高压线路检修作业实际的导线保护绳，确保检修安全。

4. 安全防护

（1）1000kV 带电作业安全防护用具。1000kV 带电作业用屏蔽服是 1000kV 带电作业中重要的安全防护用具。屏蔽服是用均匀分布的导线材料和阻燃纤维等制成的服装，穿后使处在高电场中的人体表面形成一个等电位屏蔽面，防护人体免受高电场的影响，屏蔽服起屏蔽电场和旁路电流的作用。1000kV 带电作业用屏蔽服与 500kV 带电作业用屏蔽服保护人体的机理是相同的，二者区别是 1000kV 带电作业用屏蔽服使用的电压等级较高，电场强度较强。

（2）作业中的安全注意事项。根据 1000kV 线路的带电作业试验结果，作业中应注意的安全事项有：

1）等电位作业。①等电位作业人员应穿戴 1000kV 带电作业专用屏蔽服，加戴屏蔽效率不小于 20dB 的网状面部屏蔽罩，其与周围带电体及接地体的距离必须满足最小安全距离要求；②等电位作业人员进入或脱离等电位时的最小组合间隙必须满足规定要求；③等电位作业人员进入或脱离等电位时应用电位转移棒转移电位，电位转移棒长度为 0.5m；④等电位作业人员进出强电场时应有后备保险带；⑤从杆塔、地面向等电位电工传递工具时，要用干燥、清洁的绝缘绳。

2）地电位。①地电位作业人员应穿戴屏蔽用具；②在绝缘子两端悬挂绝缘工具等绝缘件时，绝缘件的有效长度必须满足规定要求；③使用绝缘操作杆时，绝缘杆的有效绝缘长度必须满足规定要求；④绝缘体上的金属部件，在没有接地前，处于地电位的人员禁止徒手直接接触。

3）感应电压的安全防护。当 1000kV 线路运行时，带电回路在周围产生空间电场，由于电场的作用，皮肤表面积聚的电荷将对人体产生刺激，这类意外刺激有可能引发二次事故。因此，在对 1000kV 线路进行检修和维护作业时，塔上作业人员应采用以下防护措施：①作业人员应穿戴全套屏蔽服（包括导电手套和导电鞋），屏蔽服的各个连接点必须接触良好；②塔上电工接触传递绳上较长的金属物体前，应先使其接地。

8.3　直流特高压输电线路

8.3.1　直流特高压输电关键技术

直流架空线路和交流架空线路相比，在机械结构设计和计算方面，并没有显著的差异。但在电气方面，则有很多不同的特点，对于特高压直流输电线路的建设，应重视以下方面的研究：

（1）电晕效应。直流输电在正常运行情况下允许导线发生一定程度的电晕放电，由此将会产生电晕损失、电场效应、无线电干扰和可听噪声等，导致直流输电的运行损耗和环境影响。特高压输电由于电压高，如果设计不当，其电晕效应可能会比超高压工程的更大。通过对特高压直流电晕特性的研究，合理的选择导线型式和绝缘子串、金具组装型式，以降低电晕效应，减少运行损耗和对环境的影响。

但是和交流电晕相比，直流电晕损耗与电压的相关性稍小，与气候条件的相关性更要小得多，而且几乎和导线直径的大小以及是否为分裂导线无关。和交流线路的情况相反，直流线路的全年电晕损耗基本上取决于好天气时的数值。在坏天气时（雨、雪、大雾等），直流线路的电晕损耗不过比晴天时增加几倍，而交流线路则增加几十倍甚至上百倍。

当导线表面电位梯度相等时，双极直流线路的年平均电晕损耗仅为交流线路的50%~65%。

（2）绝缘配合。直流输电工程的绝缘配合对工程的投资和运行水平有极大影响。由于直流输电的"静电吸尘效应"，绝缘子污染速度快，电气强度下降得多，腐蚀问题严重。直流特高压输电线路绝缘子的积污和污闪特性与交流的有很大不同，由此引起的污秽放电比交流的更为严重，因此输电线路及换流站外绝缘的设计是否合理、正确，是特高压直流成败的关键，合理选择直流线路的绝缘配合对于提高运行水平非常重要。由于特高压直流输电在世界上尚属首例，国内外现有的试验数据和研究成果十分有限，因此有必须对特高压直流输电的绝缘配合问题进行深入的研究。

直流输电线路的绝缘配合设计就是要解决线路杆塔和档距中央各种可能的间隙放电，包括导线对杆塔、导线对避雷线、导线对地以及不同极导线之间的绝缘选择和相互配合，其具体内容：针对不同工程和大气条件等来选择绝缘子型式和确定绝缘子串片数，确定塔头空气间隙、极导线间距等，以满足直流输电线路合理的绝缘水平。

（3）电磁环境影响。采用特高压直流输电，对于实现更大范围的资源优化配置，提高输电走廊的利用率和保护环境，具有十分重要的意义。但与超高压工程相比，特高压直流输电工程具有电压高、导线大、铁塔高、单回线路走廊宽等特点，其电磁环境与±500kV 直流线路有一定差别，由此带来的环境影响必然会受到社会各界的关注。同时，认真研究特高压直流输电的电磁环境影响，对于工程建设满足环境保护要求和降低造价至关重要。

特高压直流输电线路除了具有与交流输电线路相似的电磁环境问题外，还存在以下两个不同点：

1）直流特有的离子流场问题，离子流是由空间电荷运动形成，离子流场对导线下物体产生明显的灰尘吸附作用。

2）换流站的电磁环境问题。换流站的可听噪声很大，会对附近居民正常生活造成影响，且换流站接地极的地电位对交流系统的影响比较严重，对于特高压直流线路，这些问题更加严重。

因此，特高压直流线路除了特高压交流线路通常要考虑的电场、磁场、线路可听噪声、无线电干扰等对环境的影响外，还有考虑离子流效应、换流站强噪声对外界的影响以及换流站对交流系统的影响。

8.3.2　直流特高压输电线路元件的特点

1. 导线型式

在特高压输电工程中，线路导线型式的选择除了要满足远距离安全传输电能外，还必须满足环境保护的要求。其中，线路电磁环境限制的要求是导线选择的最主要因素，同时，从经济上，线路导线型式的选择还直接关系到工程建设投资及运行成本。因此特高压直流导线截面积和分裂型式的研究，除了要满足经济电流密度和长期允许载流量的要求外，还要在综合考虑电磁环境限值以及建设投资、运行损耗的情况下，通过对不同结构方式、不同海拔高度下导线表面场强和起晕电压的计算研究，以及对电场强度、离子密度、可听噪声和无线电干扰的分析，从而确定最终的导线分裂型式和子导线截面积。对于 ±800kV 特高压直流工程，为了满足环境影响限值要求，尤其是可听噪声的要求，应采用 $6×720mm^2$ 及以上的导线结构。金沙江一期的 ±800kV 特高压直流送电线路的极导线结构将在 $6×800mm^2$、$6×720mm^2$ 和 $6×630mm^2$ 中优选。

2. 杆塔及基础

在输电线路建设过程中，杆塔型式的选择与结构设计是否合理也影响着电网运行的可靠性和稳定性。特高压输电的电气间隙和间距要比普通输电线路大，杆塔要更高，一般电线离地至少 26m。绝缘子串的长度要超过 10m，三角排列的杆塔呼称高度要大于 60m，同杆并架杆塔要大于 80m。杆塔支撑强度大，杆塔的强度要求主要是塔高和使用应力决定的。特高压输电线路的使用应力是 500kV 杆塔的两倍，故其杆塔强度是 500kV 线路杆塔的四倍。杆塔根开大，特高压线路的杆塔根开大约是 15m×15m。

现在我国特高压直流输电线路杆塔型式主要包括拉线杆塔、单回路和双回路自立塔、单回路转角塔等，见图 8-2 所示，其中耐张塔主要为自立塔。拉线杆塔所需钢材数量少，其质量只为自立杆塔质量的 60%～80%，但是拉线杆塔建设往往需要占据大面积的耕地，并且后期维护管理存在较大难度，随着科学技术的快速发展，以及各类杆塔型式的更新，拉线杆塔应用数量在不断减少。单回路自立塔包括了自立式猫头塔和自立式酒杯塔，它占地小，适用地形广，适用于土地占用费较高的地区。双回路塔，与两个单回路相比，少一个线路走廊，可显著减少走廊宽度。

由于特高压线路的功能要求，其所用杆塔类型多，结构尺寸和重量大，与此相应的基础类型也具有多样化，结构复杂，性能要求高，运行维护困难等特点。

3. 绝缘子

（1）直流线路绝缘子的工作条件与技术要求和交流线路绝缘子有以下不同：集尘效应强、污闪电压低、老化快、钢脚的电腐蚀严重等，因而一种性能良好的交流绝缘子不一定就是好的直流绝缘子。

（2）在同样条件下直流绝缘子比交流绝缘子更易受到污染。在实验室内进行的对比试验表明：直流电压下的污染度约为交流电压下的两倍。但在室外试验场进行的观测表明：两者

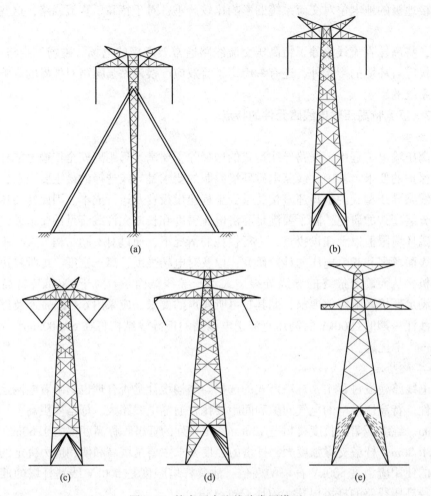

图 8-2 特高压直流线路常用塔型

(a) 拉线塔；(b) 自立直线塔（I 串）；(c) 自立直线塔（V 串）；(d) 自立转角塔；(e) 干字型耐张塔

相差没有这样大，这是雨水冲刷和风吹等因素的影响。

（3）直流绝缘子的结构型式一般均为耐污型，即具有较长的表面泄漏距离，以利于缩短绝缘子串的总长度。美国的研究表明：理想的直流绝缘子的泄漏距离 L 与高度 H 的比值范围为 2.5 ~ 3.0（普通交流绝缘子为 2.0 左右）。此外，直流绝缘子还应具有良好的自洁性能。

世界上投运的高压直流架空线路中，瓷质、钢化玻璃和复合绝缘子均有采用，其中应用最多的是钢化玻璃和瓷质绝缘子，复合绝缘子的应用也在逐渐增多。目前国外直流输电线路的玻璃绝缘子主要是由法国 SEDIVER 公司供货，而瓷质绝缘子主要是由日本 NGK 公司供货。

特高压输电线路绝缘子要求较之一般电压等级的输电线路绝缘子的要求更高，所用绝缘子除了必须具有更高的电气性能、机械强度和防污秽性能外，还需从特高压线路绝缘子串更长，检测和检修更换困难等因素考虑。因此，要求绝缘子有更高的运行可靠性。

4. 金具

特高压输电线路金具包括间隔棒、悬垂金具、耐张金具、跳线金具、联塔金具和保护金具等。

特高压输电线路分裂导线上的间隔棒大多采用铝合金材料的阻尼间隔棒，其既可保证各子导线之间适当的间距，又可以通过关节处嵌入的橡胶垫消耗振动能量，对抑制微风振动和次档距振荡效果明显，且磁滞损耗小，节约电能，减轻重量。

根据耐张串绝缘子的配置，耐张金具型式有双联（550kN）耐张串金具、三联（420kN）耐张串金具和四联（300kN）耐张串金具，耐张用八分裂联板采用了组合型式联板，通过联板组合先由二变四，再通过4个二联板变为8个挂点。

跳线金具采用预制式铝管硬跳线和鼠笼式硬跳线两种型式，预制式铝管跳线是以两根水平排列的铝管代替原有的八分裂软导线。两根水平排列的铝管通过间隔棒相隔，两端以四变一线夹、引流线、连接金具等与导线相连，耐张塔结构及使用方式的不同，预制式铝管跳线的结构型式也不同。按照悬挂方式有直挂式和斜挂式转角内侧两种型式的预制式铝管跳线型式，整个跳线装置未装绝缘子串。但在铝管两端各500mm处加装一可调式爬梯，它的作用是拉提铝管，使铝管跳线不下沉，可以为检修人员从耐张串下到铝管跳线检修时作梯子用。鼠笼式硬跳线是将4根软导线编结成一种鼠笼形的结构，使之成为一刚性体，鼠笼式硬跳线比预制式铝管硬跳线少两个中间接续环节，其过流特性优于预制式铝管硬跳线。

特高压线路的防护金具（均压环）与500kV线路所用的型式相似，只是环体尺寸及管子外径有区别。目前用于1000kV线路的均压屏蔽方式主要为在分裂导线两侧安装均压屏蔽一体的均压屏蔽环或在分裂导线两侧安装屏蔽环的同时，另在绝缘子串的线端安装2只均压环。

由于特高压线路导线分裂数多，导线截面积大，金具承受的荷载也随之增大。因此，特高压线路金具具有结构较复杂，尺寸大，性能要求、工艺质量和机械强度要求高等特点。

8.3.3 故障预防

由于直流特高压线路输送距离大，线路长，大多贯穿南北或东西，沿线经过地区的地形、地貌复杂（途经中低山、丘陵、山前平原、山间凹地、垅岗、河流、漫滩等），气候多变，气象条件恶劣，许多地区为事故多发区（如山西、河南、湖北、湖南、江西、贵州等地均属于我国输电线路冰害和舞动的易发区）。华北为污闪事故区等，加之途经的高海拔山区具有明显的立体气候特征，微地形、微气象条件复杂，在一个小范围内，由于地形的变化，气候会有很大的差异。

1. 直流特高压输电线路防雷

（1）特高压直流输电线路雷击特点。特高压直流线路和特高压交流线路类似，由于高度高，线路更易遭受雷击，且较高的运行电压和极线高度更易引发绕击雷害。

对于特高压直流双极线路，两极导线的工作电压分别为正极性和负极性，当雷击塔顶时，直流线路两极绝缘子串同时发生闪络的概率远小于三相交流线路两相绝缘子串同时闪络的概率。而负极性的耐雷水平远高于正极线，在雷电流超过线路耐雷水平时，一般正极先行反击闪络，而负极不会发生绝缘闪络，由于直流输电系统的两极具有运行上的独立性，这时负极性导线仍能正常输电，体现出了双极直流线路较好的不平衡性绝缘特性。

正极线有较强的产生上行先导的能力，与处于正极导线侧的避雷线产生的上行先导竞争拦截雷电下行先导，使得雷电绕击正极性导线的概率大大增加，正极线侧的避雷线竞争拦截雷电下行先导，未起到完全保护正极线的作用。所以，对特高压直流线路，正极性线路更容易遭受雷击。

对于特高压直流线路来说，其雷电过电压产生的机理与防雷性能的分析计算基本上与交流架空线路相同，但直流线路有其自身的特点：

1）定电流调节器使故障电流的增大倍数小于交流线路。

2）雷击闪络故障时，直流线路两侧控制系统能快速降压。从故障发生至故障最大电流的时间很短，仅 20~100ms，再经 30~60ms 降至零值。故障点没有电磁耦合形成的电流，可从零值重新启动，因而故障点去游离时间短，只需 100~200ms。重新启动后，经过 200~300ms 恢复至额定工作电流。为了提高再启动成功率，还可采用"多次自动再重启"，甚至"降压再启动"。

3）特高压直流输电线路绝缘较强，反击耐雷水平高，反击闪络概率较低，且由于两极线电压相差大，双极同时发生反击闪络的概率极低。

（2）特高压直流线路防雷措施。根据特高压直流线路雷击的特点，特高压输电线路防雷措施如下：

1）减小避雷线保护角，以降低绕击闪络率。

2）降低杆塔的冲击接地电阻，加强避雷线的接地效果，以降低雷电反击故障的可能性。

3）对于大档距线路，在减小避雷线保护角的同时，还需考虑避雷线与极线间有足够的空气间隙距离。

4）对已运行的线路，可在杆塔顶部设置塔顶避雷针或安装避雷线侧针，减小杆塔处极线的绕击范围。由于是非常规防雷措施，这两种措施的有效性和适用性还有待在直流输电线路运行中检验。

运行特高压线路防雷的重点为防绕击，从降低架空地线保护角着手保证架空线路的低绕击率。当特高压直流线路经过地面倾角较大的山区或雷电活动较频繁的地区时，应加强线路的防雷措施，如适当增加绝缘子片数及减小避雷线保护角等，降低线路绕击闪络率。根据 IEEE-SA 标准委员会的建议，特高压直流输电线路绕击闪络率应在 0.05 次/（100km·a）以下，因此建议特高压直流输电线路应采用负保护角来有效防雷。

2. 直流特高压输电线路防污闪

特高压线路电压等级高，且线路路径长，途径不同类型污秽地区。近年来，大范围雾霾天气时有发生，使得特高压线路防污闪问题更加突出；对于重冰区、冰区重叠地带，还有可能在融冰过程中发生冰闪。因此，特高压线路对绝缘子的防污闪特性提出了更高的可靠性要求。

（1）直流绝缘子串的自然积污特性。中国电力科学研究院于 20 世纪 80 年代中，首先在其户外高压试验场内建成一座直流自然积污试验站。1987~1990 年，中国电力科学院与华北电力设计院、西北电力设计院合作，先后在拟建线路所经之地陕北富县和线路终端建设了富县积污站和魏庄积污站。2000~2004 年，为满足三峡右岸—上海 ±500kV 直流输电工程外绝缘设计的需要，国家电网公司直流网联咨询公司与 ABB 公司达成合作协议，由中国电力科学研究院负责在该工程两换流站站址附件建设了黄渡积污站和郭家岗积污站。以下自然积污特性是借鉴自然积污站直流场的试验结果，以及 ±500kV 输电线路绝缘子的试验结果得出的。

1）绝缘子表面污秽灰盐比。试验结果显示，直流电压下支柱绝缘子表面的灰密为盐密的 2.9~4.6 倍，统计平均值为 5.2 倍；线路盘形绝缘子表面的灰密为盐密的 1.8~4.8 倍，统计平均值为 4.5 倍。一般来说，在我国内陆地区，北方的灰密与盐密比值较南方更大一些；自然污染源的灰密和盐密比值较人为污染更大一些。

2）上下表面不均匀的污秽分布。在交流下，绝缘子表面各点的污染度是比较均匀的；在直流下，不但总的污染度大于交流，而且绝缘子下表面的污染度要比上表面大得多。模拟实验表明，直流支柱绝缘子和瓷棒形绝缘子通常上下表面盐密比可按 1/1 考虑；而通用直流盘形线路绝缘子上下表面的盐密比可按 1/2~1/4 考虑。

3）沿悬式绝缘子串的污秽分布。这种不均匀分布一般是导线端积污多，串中部和杆塔横担侧积污相对较少。正极性导线的绝缘子串要比负极性导线的绝缘子串吸附更多的污秽，这反映了污染特性中的极性效应，在同一极性电压下，通用型（钟罩形）绝缘子串污秽分布较外伞形更不均匀。

4）绝缘子的直流耐压随污染度的增大而降低，而且比交流下降得更多。在同样条件下，绝缘子串的负极性直流闪络电压约比正极性时低 10%~20%，所以通常取负极性作为耐压试验条件。

（2）污闪防治技术及对策。目前特高压线路防污闪事故措施主要是从设计上通过增加绝缘子串长，提高泄漏距离来提高耐污闪的能力；在污秽严重地区采用大吨位、高强度的合成绝缘子，加强污区图的制定与修订；根据实际情况使用防污闪涂料，开展带电清扫技术的研究与应用等综合措施；开发在线监测系统，实时掌握线路的污秽情况，及时进行绝缘子清扫等防污闪措施。

与交流输电线路一样，直流特高压输电线路仍然采取定期清扫，调爬，涂硅油、硅脂和地蜡，采用室温硫化橡胶防污闪涂料，采用复合绝缘子及复合套管，清洗等污闪防治技术及对策。

直流特高压输电线路的覆冰、微风振动、舞动、风偏等故障预防措施详细内容见前面章节。

8.3.4 直流特高压输电线路检测技术

直流特高压输电线路的多数检测项目可采用第 3 章介绍的输电线路带电测试方法。本节重点讲述接地电阻的测量。

直流特高压输电线路的接地问题，近年来在我国特高压输电工程建设中日益凸显，集中体现在直流接地极的选址和运行，其中选址工作在面对复杂地质情况下，容易出现直流偏磁，影响周边交流系统的正常运行，从而危及整个地区的电力系统安全稳定运行。

1. 直流偏磁的产生

我国目前已投入运行的高压直流输电系统，基本都是采用两端直流输电系统，在两端直流输电系统中，接地极起到钳制中性点电位，流通不平衡电流以及在极线故障或者检修时为电流提供大地返回通路的作用，是直流输电系统中重要的组成部分。

采用直流输电大地回线方式的优点是可靠性较高，不用建设金属中线，大幅节省直流工程造价，但接地极的运行也带来了一些问题，强大的直流电流流过接地极所表现出的效应可分为电磁效应、热力效应和电化效应三类，而这三类效应中尤以电磁效应带来的危害最严重。当强大的直流电流经接地极注入大地时，会在极址土壤中形成一个恒定的直流电流场，并可能出现大地地电位升高，地面跨步电压和接触电势等超过允许值的情况，因而会造成人和牲畜的安全问题。抬高的地电位，也会对极址周围的金属管道、铠装电缆、具有接地系统的电气设施等产生负面影响。

近年来由接地极入地电流造成的对接地极附近的电力设施以及埋地金属管道的影响问题在我国的直流输电工程中多次出现，而其中以接地极周边电力变压器的直流偏磁影响问题尤为突出。特别是随着特高压直流输电工程的快速发展，接地极的入地电流不断增加，接地极对换流站以及附近变电站的直流偏磁影响越来越严重。如今年建成的哈密换流站接地极造成周边变电站的直流偏磁超标，最远的超标变电站距极址中心几百千米；金华换流站接地极造成换流站以及周边几十座变电站偏磁电流超标问题，严重影响区域电网的运行可靠性，治理费用很高。接地极对周边电力系统的直流偏磁影响范围广，会影响整个区域电网的运行可靠性。

2. 直流偏磁现象的应对方法

（1）直流工程接地极选址在相对地广人稀，距离变电站位置比较远的地方。例如巴西等地区，由接地极入地电流引起的变电站直流偏磁电流超标的问题并不严重。

（2）直接采用金属中线运行方式，不存在接地极对周边电力系统的影响。

（3）变电站的中性点装设隔直装置。例如南方电网公司的直流工程中，存在接地极对周边变电站直流偏磁影响的问题，特别是在受端的广东地区，大量变电站的中性点装设了隔直装置。由于南方电网公司直流输电工程的受端相对固定，通过装设在主变中性点的直流测量装置，取得了大量偏磁电流运行数据，可以较为准确的评估受端站接地极对周边电力系统直流偏磁的影响。

3. 接地电阻的测量方法

随着直流输送容量不断提升，接地极引起的电力系统偏磁电流超标问题日益严重，在直流输电接地极的设计中，有很多参数需要考虑：土壤温升、接地极的接地电阻、接地极的使用寿命、接触电压和跨步电压及接地极附近地下设施的腐蚀等。而这些参数是基于接地极附近大地土壤建模的基础之上的，所以土壤电阻率的测量是直流输电接地极设计的基础。

接地极土壤电阻率勘测。交流接地网和高压直流输电接地极的土壤电阻率测量通常采用电测法。随着高压直流输电工程的发展，特别是特高压直流输电工程建设，其入地电流达到4000A，接地极半径达到500多米。在接地极或邻近接地极附近的大地表面，电位梯度主要是上层土壤电阻率的函数，而接地极的电阻却主要是土壤电阻率的函数，在接地装置的尺寸大时更是如此。为了满足高压直流输电接地极设计需要，特别是特高压直流输电工程的需要，大地电磁测深法（MT）将广泛应用于高压直流接地极土壤电阻率的测量中。

1）电测探法。主要用于极址表层（小于2km）土壤参数测量。当电压极距大于300m时，地中干扰电流对测试结果影响很大。用一对电流探极向大地引入电流，用另一对探极测量所产生的电位差，然后利用测得的电压和电流关系，计算出所测土壤的电阻率值。

2）大地电磁测探法。由于太阳风引起电离层的扰动，产生向地球辐射的电磁波。由于不同频率的电磁波在地下传播时具有不同的趋肤深度，不同频率的地面波阻抗反映了不同深度范围内的介质电阻率。通过观测地面上不同频率的波阻抗或视在电阻率，可以得到一个观测点上的视在电阻率（或相位）—频率曲线。由视在电阻率—频率曲线可以通过一定的反演方法获取地下不同厚度范围内的电阻率分布。大地电磁测探法采用的频率范围是320～

0.0005Hz，具有勘探深度大的特点。

8.4 特高压输电线路的运行维护

根据国家电网公司特高压电网建设规划，到 2020 年前后，全国特高压电网线路将达到近 20000km，形成"一特四大"的坚强国家电网。随着投运线路条数的增多，线路运行维护的相关问题愈加突显。

8.4.1 特高压输电线路的检修特点

（1）线路荷载大，对检修用承力工器具要求高。由特高压线路的结构特点可知，特高压线路的架空线（架空导线、地线）、杆塔、绝缘子、金具等结构尺寸大，载荷大，因此需要开发研制满足承载能力和安全要求，便于操作的检修工器。

（2）绝缘子串更换难度大。特高压线路中，直线塔大多数采用 V 型合成绝缘子串，而且串型多（整体型、分段组装型），串身长。使得绝缘子串（片）的更换难度比一般电压等级线路要困难许多，检修作业中需解决导线垂直荷载大，耐张串导线水平应力较大，V 型悬垂串与耐张串长度均较长，绝缘子的片数多，连接金具、保护金具多等导致的检修难度关键技术问题。绝缘子检修中需解决作业方式的设计和选择，检修工具的研制或改造，作业中绝缘子的强度及与其他附件之间的干涉问题等。

（3）电压等级高，停电损失大，带电作业为首选检修方式。特高压线路的检修方式应以带电作业为主。特高压线路塔头尺寸大，作业空间大，为带电作业提供了一定的便利。同时对带电作业的安全性则要求更高。采用安全有效的特高压带电作业方法，制定科学、合理的安全保障措施以及研制性能优异、稳定的带电作业工具和防护用具是保证带电作业安全的重要内容。

8.4.2 特高压输电线路运行维护技术

1. 试验基地建设

目前我国已经建成投运的特高压试验研究体系包括"四个基地，一个中心"，即特高压交流试验基地（武汉），特高压直流试验基地（北京昌平），高海拔试验基地（西藏当雄），杆塔试验基地（河北霸州）和国家电网仿真中心（北京）。

特高压直流试验基地由污秽环境实验室、绝缘子试验室、试验大厅及特高压直流试验线段等主要实验设施构成。截至目前，中国电科院在特高压直流试验基地开展了 40 余项特高压、超高压直流试验研究，为已建成的特高压试验示范工程和在建特高压工程的规划、设计、建设和运行维护提供了强有力的技术支撑。

西藏高海拔试验基地是对特高压直流试验基地的补充，其定位为西藏电网建设和西电东送输电工程建设需要提供全方位的技术支持，为高海拔条件下的超高压、特高压输电关键技术创造试验条件。该试验基地位于西藏自治区当雄县羊八井镇境内，地处拉萨市西北，距拉萨市区约 95km，海拔高度为 4300m，占地 6000m²，主要包括户外试验场、试验线段、人工污秽试验室三大试验功能区，可开展：①高海拔条件下的空气间隙放电及设备外绝缘特性研究；②高海拔条件下直流电磁环境特性研究。

2. 直升机巡线检修技术

（1）直升机巡线技术。为解决特高压线路覆盖面积大、沿线地形复杂、输电线路杆塔高的特点，常规线路巡视方法难以满足其巡视要求的问题，直升机巡线迅速、快捷、效率高。每天可以完成大约 80~100 基塔的双侧检查任务，具有质量好、不受地域影响，能快速发现线路缺陷并且安全性好等优点。

（2）直升机载人检修技术。超、特高压输电线路线路长，跨越高山峻岭，地形复杂。直升机带电作业具有迅捷、高效的特点，可满足快速排除故障、恢复安全运行的要求。直升机载人进行输电线路的金具检修、清洗绝缘子、线路走廊清理等技术已经在输电线路运行维护中得到应用。随着更多的特高压输电线路投入运行，发展直升机载人检修技术将具备明显的优势。

开展直升机带电作业技术的系统研究，①研究不同机型直升机开展带电作业的适用项目和作业方法；②研制针对项目特点的配套工器具；③制定安全工作规程和作业细则，并在现有基础上建立一套完整的直升机带电作业标准体系；④探索和积极开展特高压交、直流线路直升机带电作业的实际应用。同时，还应积极开展无人机巡视和遥感遥测的研究和应用。

3. 绝缘斗臂车作业技术

输电线路绝缘斗臂车为带电作业人员提供便捷的作业平台，其安全性高、使用便利，在欧美等发达国家分别在 220、500、750kV 交流输电线路上均有应用。国内目前还未开展超高压线路的斗臂车检修作业。因此，开展绝缘斗臂车在 500kV 交流、±500kV 直流、±660kV 直流、750kV 交流等超高压线路上的研究和应用，直至拓展研究至 ±800kV 特高压直流输电线路的带电作业。

4. 在线监测技术

在线监测技术是特高压线路实施状态检修的前提条件。不仅能及时获取被监测设备的实时状态，为线路的安全运行提供保障，还可为状态检修提供依据。目前研究开发的架空线路在线监测技术和在线监测系统众多，可有效应用于特高压线路上的主要有气象参数监测、微风振动监测、温度监测、覆冰监测、绝缘子污秽监测、杆塔倾斜监测及防盗、防鸟监测系统等。

目前在晋东南—荆门特高压交流试验示范工程上共安装微风振动、舞动、杆塔倾斜、气象和风偏、视频、覆冰及绝缘子盐密共 7 类 87 套在线监测装置，在线监测数据统一接收、展示、状态预测、预警和统计分析。结合特高压航测数据，可提供基于三维可视化技术的在线监测显示和控制平台，实现了关键监测点设备状况的在线查询，促进了特高压工程运行维护水平的提升。

5. 带电作业技术

带电作业作为特高压输电线路检修的重要手段，将有效保证特高压输电线路不间断持续供电，对确保电网的安全、可靠、稳定运行具有十分重要的意义。目前特高压线路的带电作业项目主要是带电检测、维护和修理等。

我国在 500kV 以下电压等级输电线路带电作业已有较为成熟的经验，并对 750kV 输电线路带电作业进行了大量研究，在带电作业方式、工具、作业人员的安全防护等方面已有成熟的研究成果的基础上，国网公司电力科学研究院结合晋南荆试验示范工程进行了 1∶1 真型试验，在国内外首次系统地开展了交流 1000kV 输电线路带电作业研究。针对系统过电压水平、海拔高度的不同，试验研究确定了各工况及作业位置的最小安全距离、最小组合间隙、绝缘工具最小有效绝缘长度等，自主研究生产的绝缘工具、带电作业屏蔽服等均可满足交流 1000kV 输电线路带电作业要求。为确保特高压线路安全、稳定、可靠运行，运行维护单位积极开展特高压带电作业技术研究，全力加强特高压线路运行维护工作的研究和实践。

6. 维护关键技术及工器具研制

特高压线路投运时间较短，运行中的检修工作尚未全面开展，根据其结构特点分析其检修关键技术是"防患于未然"的需要，1000kV 线路在荷载上大幅提升，尺寸大幅增加，这些结构参数的变化，都将引起检修工器具的结构及参数的变化，必须研制新的工器具才能满足特高压线路检修的需要。因此设计、科研和运行单位应致力于包括检修模式、不同检修项目的关键技术、技术难点和危险点分析、检修工器具研制、标准化作业方法、安全规范等的研究工作，研制各类适用于特高压线路检修和检测的工器具。

加大检修作业工器具的研究。①深入开展高强度柔性绝缘材料的技术研究，进一步增强其机械强度及绝缘性能，通过研制软质柔性绝缘吊拉工器具代替较长且不便于操作的硬质绝缘拉吊杆；②研究耐候性能更强的新一代带电作业软、硬质绝缘材料，提高在现场作业环境下的绝缘性能，确保作业人员和运行设备的安全；③研制承载等电位电工进出高电位的轻型化、机械化装置；④研发便于作业人员现场操作的工器具，进一步提高工作效率，减轻作业人员劳动强度；⑤结合特高压线路长串绝缘子型式特点，研制机械化、智能化的长串绝缘子检测设备；⑥开发并应用新型高强度金属材料，优化设计并研制大吨位绝缘子卡具，并开发更加轻巧的液压提线更换装置。

总之，随着信息化、智能化技术的发展，我国电网建设水平提高和输电技术的进步，输电线路运行维护与管理水平的趋势体现如下。

以在线监测、数字化巡线为基础，以可靠的设备状态智能诊断系统为前提；大力发展带电作业技术，提高输电线路的状态检修水平，全面实施状态检修。

以在线监测、数字化巡线为前提，以智能诊断、状态检修为高级应用，结合三维数字化地理信息系统。实现运行系统全数字化，运行决策制度智能化。

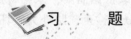

习　题

1. 我国的电压等级划分及电压系列是什么？
2. 特高压输电的特点有哪些？
3. 交流特高压与直流特高压输电的区别有哪些？
4. 简述特高压输电线路运行维护的发展趋势。

附录　专业术语的定义

1. 输电线路保护区——导线边线向外侧水平延伸一定距离，并垂直于地面所形成的两平面内的区域。

2. 微气象区——是指某一大区域的局部地段。由于地形、位置、坡向及温度、湿度等出现特殊变化，造成局部区域形成有别于大区域的更为特殊且对线路运行产生影响的气象区域。

3. 微地形区——为大地形区域中的一个局部狭小的范围。微地形按分类主要有垭口型微地形、高山分水岭微地形、水汽增大微地形、地形抬升微地形、峡谷风道微地形等。

4. 采动影响区——地下开采引起或有可能引起地表移动的区域。

5. 线路的电磁环境——输电线路运行时线路电压、电流所产生的电磁场效应、磁场效应以及电晕效应所产生的无线电干扰、电视干扰和可听噪声对人和动物的生活环境和生活质量可能产生的影响，包括静电感应、无线电干扰水平、地面电场强度、地面磁感应强度、可听噪声水平、风噪声水平等参数对人和动物的生活可能产生影响的环境限值。

6. 线路巡视——为掌握线路的运行情况，及时发现线路本体、附属设施以及线路保护区出现的缺陷或隐患，并为线路检修、维护及状态评价（评估）等提供依据，近距离对线路进行观测、检查、记录的工作。根据不同的需要（或目的）所进行的巡视。

7. 正常巡视——线路巡视人员按一定的周期对线路所进行的巡视，包括对线路设备（指线路本体和附属设备）和线路保护区（线路通道）所进行的巡视。

8. 故障巡视——运行单位为查明线路故障点、故障原因及故障情况等所组织的线路巡视。

9. 特殊巡视——在特殊情况下或根据需要，采用特殊巡视方法所进行的线路巡视。特殊巡视包括夜间巡视、交叉巡视、登杆检查、防外力破坏巡视以及直升机（或利用飞行器）空中巡视等。

10. 离线监测——采用带电作业或停电作业方式，由测试人员在设备本体上或将样品送试验室进行测试的方法。

11. 在线监测——在运行的线路上利用传感器采集数据，通过远程数据传输，计算机分析统计实现自动监测的方法。

12. 绝缘电阻测试——是指在绝缘体的临界电压以下，施加直流电压时，测量其所含离子沿电场方向移动形成的电导电流。

13. 工频交流耐压试验的目的——工频交流耐压试验的目的是考验被试品是否符合在交流电压下运行的实际工况，考验被试品绝缘承受电压的能力。

14. 钢化玻璃——为了改善机械特性在其内部造成有预应力的玻璃。

15. 复合绝缘子（合成绝缘子）——由两种或以上的绝缘材料（芯体和外套）复合并装置金属连接件构成的绝缘子。

16. 爬电距离——两个导电部分之间，沿绝缘体表面的最短距离。

17. 爬电比距——电力设备外绝缘的爬电距离与设备或使用该设备的系统最高电压

之比。

18. 憎水性——固体材料的一种表面性能，水在憎水性的固定表面形成的是一种相互分离的水滴或水珠状态，而不是连续的水膜或水片状态。

19. 憎水性的减弱与恢复特性——清洁或污秽的复合绝缘子伞裙护套的憎水性在某些外界因素作用下减弱，外界因素停止作用后其憎水性自然恢复。

20. 红外测温——利用红外辐射原理，采用非接触方式对被测物体表面的温度进行测量。

21. 等值附盐密度——绝缘子绝缘表面上污秽沉积物的等值盐量，将绝缘子绝缘表面上全部污秽沉积物以及上述等值盐量的 NaCl 分别溶解在相同体积的蒸馏水中，它们具有相同的体积电导率。在单位绝缘表面上的等值附盐量称等值附盐密度。

22. 杆塔高度——杆塔最高点至地面的垂直距离，称为杆塔高度。

23. 杆塔呼称高度——杆塔最下层横担至地面的垂直距离称为杆塔呼称高度，简称呼称高。

24. 悬挂点高度——导线悬挂点至地面的垂直距离，称为导线悬挂点高度。

25. 线间距离——两相导线之间的水平距离，称为线间距离。

26. 根开——两电杆根部或塔脚之间的水平距离，称为根开。

27. 架空地线保护角——架空地线和边导线的外侧连线与架空地线铅垂线之间的夹角，称为架空地线保护角。

28. 杆塔埋深——电杆（塔基）埋入土壤中的深度称为杆塔埋深。

29. 跳线——连接承力杆塔（耐张、转角和终端杆塔）两侧导线的引线，称为跳线，也称引流线或弓子线。

30. 导线的初伸长——当导线初次受到外加拉力而引起的永久性变形（延着导线轴线伸长），称为导线初伸长。

31. 档距——相邻两基杆塔之间的水平直线距离，称为档距。

32. 分裂导线——一相导线由多根（有 2、3、4、6、8 根）组成型式，称为分裂导线。它相当于加粗了导线的"等效直径"，改善导线附近的电场强度，减少电晕损失，降低了对无线电的干扰，及提高送电线路的输送能力。

33. 弧垂——对于水平架设的线路来说，导线相邻两个悬挂点之间的水平连线与导线最低点的垂直距离，称为弧垂或弛度。

34. 限距——导线对地面或对被跨越设施的最小距离。一般指导线最低点到地面的最小允许距离。

35. 水平档距——相邻两档距之和的一半，称为水平档距。

36. 垂直档距——相邻两档距间导线最低点之间的水平距离，称为垂直档距。

37. 代表档距——一个耐张段里，除孤立档外，往往有多个档距。由于导线跨越的地形、地物不同，各档距的大小不相等，导线的悬挂点标高也不一样，各档距的导线受力情况也不同。而导线的应力和弧垂跟档距的关系非常密切，档距变化，导线的应力和弧垂也变化，如果每个档距一个一个计算，会给导线力学计算带来困难。但一个耐张段里同一相导线，在施工时是一道收紧起来的，因此，导线的水平拉力在整个耐张段里是相等的，即各档距弧垂最低点的导线应力是相等的。我们把大小不等的一个多档距的耐张段，用一个等效的假想档距来代替它，这个能够表达整个耐张力学规律的假想档距，称为代表档距或称为规律档距。

38. 导线换位——输电线路的导线排列方式，除正三角形排列外，三根导线的线间距离是不相等的。而导线的电抗取决于线间距离及导线半径，因此，导线如不进行换位，三相阻抗是不平衡的，线路越长，这种不平衡越严重。因而，会产生不平衡电压和电流，对发电机的运行及无线电通信产生不良的影响。送电线路设计规程规定"在中性点直接接地的电力网中，长度超过 100km 的输电线路均应换位"。一般在换位塔进行导线换位。

39. 导（地）线振动——在线路档距中，当架空线受到垂直于线路方向的风力作用时，就会在其背风面形成按一定频率上下交替的稳定涡流，在涡流升力分量的作用下，使架空线在其垂直面内产生周期性振荡，称为架空线振动。

40. 杆塔——杆塔是支承架空线路导线和架空地线，并使导线与导线之间，导线和架空地线之间，导线与杆塔之间，以及导线对大地和交叉跨越物之间有足够的安全距离。

41. 常规杆塔型号表示方法：

（1）按杆塔用途分类代号含义：

Z——直线杆塔	D——终端杆塔
ZJ——直线转角杆塔	F——分支杆塔
N——耐张杆塔	K——跨越杆塔
J——转角杆塔	H——换位杆塔

（2）按杆塔外形或导线布置型式代号含义：

S——上字型	SZ——正伞型
C——叉骨型（鸟骨型）	SD——倒伞型
M——猫头型	T——田字型
V——V 字型	W——王字型
J——三角型	A——A 字型
G——干字型	Me——门型
Y——羊角型	Gu——鼓型
B——酒杯型	

参 考 文 献

[1] 胡毅. 带电作业工具及安全工具试验方法 ［M］. 北京：中国电力出版社，2003.

[2] 胡毅. 输电线路运行故障分析与防治 ［M］. 北京：中国电力出版社，2007.

[3] 刘振亚. 特高压直流输电线路维护与检测 ［M］. 北京：中国电力出版社，2009.

[4] 刘振亚. 特高压交流输电线路维护与检测 ［M］. 北京：中国电力出版社，2008.

[5] 中国电力科学研究院. 特高压输电技术交流输电分册 ［M］. 北京：中国电力出版社，2012.

[6] 陈家斌，许长斌，卓华. 电力架空线路运行维护与带电作业 ［M］. 北京：中国水利电力出版社，2006.

[7] 王清葵. 送电线路运行和检修 ［M］. 北京：中国电力出版社，2003.

[8] 蒋兴良，易辉. 输电线路覆冰及防护 ［M］. 北京. 中国电力出版社，2002.

[9] 郭应龙，李国兴，尤传勇. 输电线路舞动 ［M］. 北京. 中国电力出版社，2003.

[10] 国家电网公司人力资源部. 输电线路运行 （上、下）［M］. 北京. 中国电力出版社，2010.

[11] 李博之. 高压架空输电线路架线施工计算原理 ［M］. 北京. 中国电力出版社，2008.

[12] 李光辉，高虹亮. 架空输电线路运行与检修 ［M］. 北京：中国三峡出版社，2000.

[13] 陈景彦，白俊峰. 输电线路运行维护理论与技术 ［M］. 北京. 中国电力出版社，2009.

[14] 何金良，曾嵘. 电力系统接地技术 ［M］. 北京：科学出版社，2007.

[15] 中国南方电网有限责任公司超高压输电公司，±800kV 直流架空输电线路运行规程，2009.

[16] 司文荣，张锦秀，傅晨钊，等. 2003～2011 年上海地区雷电活动规律及落雷参数分析 ［J］. 华东电力，2012，40 （10）.

[17] 肖海东，杨旸，高虹亮，等. 500kV 架空地线耐磨金具的研究 ［J］. 水电能源科学，2010，28 （6）.

[18] 陈及时. 架空输电线路交叉跨越距离温度换算方法的讨论 ［J］. 电力建设，2004 （02）.

[19] 焦成义. 输电线路架空线弧垂弛度的观测 ［J］. 科技信息，2012 （27）.

[20] 舒印彪，胡毅. 交流特高压输电线路关键技术的研究及应用 ［J］. 电机工程学报，2007，27 （36）：1-6.

[21] 周大华，陈早明，周王新，等. 1000kV 交流特高压试验示范线路运行分析 ［J］. 湖北电力，2009，［增］：73-74.

[22] 王世杰，汤强，康凯. 特高压输电线路绕击率的分析计算 ［J］. 电力学报，2010，25 （5）：385-387.

[23] 陶保震，黄新波，李俊峰，等. 1000kV 交流特高压输电线路舞动区的划分 ［J］. 高压电器，2010，46 （9）：3-7.

[24] 高雁，杨靖波，韩军科. 超-特高压多回路杆塔结构可靠性分析 ［J］. 电网技术，2010，34 （9）：181-184.

[25] 葛栋，杜澍春，张翠霞. 1000kV 交流特高压输电线路的防雷保护 ［J］. 中国电力，2006，39 （10）：24-28.

[26] 金成生. 线夹回转式防舞动间隔棒在特高压输电线路中的应用研究 ［J］. 上海电力，2010 （3）.

[27] 朱宽军，刘超群，任西春，等. 特高压输电线路防舞动研究 ［J］. 高电压技术，2007，33 （11）.

[28] 黄新波，张国威. 输电线路在线监测技术现状分析 ［J］. 广东电力，2009，22 （1）.

[29] 孟晓波，王黎明，侯镭，等. 特高压输电线路导线脱冰跳跃动态特性 ［J］. 清华大学学报 （自然科学版），2010，50 （10）.

[30] 蔡敏. 特高压输电线路运行维护技术的研究现状分析 ［J］，电网技术，2011 （12）.

[31] 梁志峰. 2011～2013 年国家电网公司输电线路故障跳闸统计分析 ［J］. 华东电力，2014 （11）.

[32] 熊承荣. 输电线路状态检修模式及分类方法的探讨 ［J］. 湖北电力，2005 （04）.

［33］胡毅，刘凯，彭勇，等．1000kV 特高压输电线路检修专用绝缘子卡具的研制［J］．高电压技术，2014，40（7）：1921-1931.

［34］胡毅，刘凯，刘庭，等．超/特高压交直流输电线路带电作业［J］．高电压技术，2012，38（8）：1809-1819.

［35］姚金霞，程学启，朱振华．2008 年山东电网雷电活动和雷击跳闸统计分析［J］．山东电力高等专科学校学报，2008（12）．

［36］程云堂，钱尼华，陈韶昱，等．复合材料电力金具能耗仿真与试验分析［J］．浙江电力，2015（01）．

［37］仝伟，仝娜，宋宁宁，等．智能电网建设中新型金具应用若干问题的探讨［C］．第四届全国架空输电线路技术交流研讨会论文，2013（07）．